品質工学応用講座

コンピュータによる情報設計の技術開発

—シミュレーションとMTシステム—

刊行委員会委員長
田口　玄一

編集主査
矢野　宏

日本規格協会

品質工学応用講座

刊行委員長	田口　玄一	財団法人日本規格協会
幹　事	矢野　宏	財団法人日本規格協会
編集委員会		
主　査	矢野　宏	財団法人日本規格協会
委　員	出口　淳一	セイコーエプソン株式会社
委　員	浜田　和孝	日産自動車株式会社
委　員	福本　康博	マツダ株式会社
委　員	矢野　耕也	株式会社ツムラ
執　筆	安達　範久	マツダ株式会社
	阿部　誠	株式会社いすゞ中央研究所
	石毛　和典	コニカミノルタビジネステクノロジーズ株式会社
	伊藤　満	株式会社電制
	伊藤　幸和	富士電機リテイルシステムズ株式会社
	垣田　健	マツダ株式会社
	樫本　正章	マツダ株式会社
	神原　憲裕	株式会社電通国際情報サービス
	救仁郷　誠	富士ゼロックス株式会社
	栗原　憲二	日産自動車株式会社
	芝野　広志	コニカミノルタビジネステクノロジーズ株式会社
	柴原　直利	富山医科薬科大学
	白川　智久	東京電機大学
	鈴木　隆之	株式会社シー・アイ・ジェイ
	高木　俊雄	コニカミノルタビジネスエキスパート株式会社
	高田　圭	セイコーエプソン株式会社
	田口　玄一	財団法人日本規格協会
	田中　智之	石川島播磨重工業株式会社
	手島　昌一	株式会社プローブ
	徳安　敏夫	コニカミノルタビジネステクノロジーズ株式会社
	中島　尚登	東京慈恵会医科大学
	南百瀬　勇	セイコーエプソン株式会社
	椎野　和幸	マツダ株式会社
	福岡　信弘	クラリオン株式会社
	福本　康博	マツダ株式会社
	藤本　良一	石川島播磨重工業株式会社
	堀　雄二	マツダ株式会社
	松田　公邦	株式会社丸山製作所
	溝口　修理	コニカミノルタフォトイメージング株式会社
	矢野　耕也	株式会社ツムラ
	矢野　宏	財団法人日本規格協会
	山田　卓也	株式会社セコニック
	渡辺　光夫	株式会社東海理化

（敬称略・五十音順）

「品質工学応用講座」刊行に当たって

本講座は，1988年3月から1990年11月にかけて日本規格協会が出版した「品質工学講座」全7巻の後を受けて刊行するものである．

品質工学講座では，品質工学の基本的な理解を深めるため，第1巻と第2巻でオフラインとオンラインの品質工学についてを，また，第3巻と第4巻で品質工学の手法ともいえるSN比と実験計画法についてを，さらに日本と欧米の一般的で初歩的な事例を第5巻と第6巻でまとめたほか，第7巻ではすべての分野で共通的な計測における事例をまとめた．

その主旨は，品質工学の全体像を広く普及し，品質工学に初めて接する読者に品質工学を体系的に理解してもらうことを狙ったためである．幸いにして，品質工学講座の各巻は多くの読者を獲得し，当初の狙いは成功したと考えられる．

この品質工学応用講座では，品質工学の適用場面を技術開発を中心にした．すなわち，品質工学そのものが技術開発のための汎用技術すなわちエンジニアリングテクノロジーであることを明確にするためである．そのために，動的機能の展開を行うなど機能そのものを研究・評価する立場を今まで以上に深化させている。

このような品質工学を理解し，実践するには具体的な適用事例を参考にすることが最も良い方法であると考えられるため，この品質工学応用講座では多くの事例を収録するとともに分野別に品質工学を適用することにより，品質工学のもつ技術開発としての面がより鮮明となり，文字どおり「工学」としての形を整えるに至ったといってよいであろう．

しかしながら，このことは個々の技術のノウハウに触れる可能性が高くなり，さらに新たに事例を作り直す必要が生じたりして，企業からの事例の提供という前提部分で苦慮することとなった．したがって，収録した事例の中には，データを変換したり名称を伏せたりしたものもあるが，これらの事例を品質工学の適用の方法論として理解すればその価値は極めて高いものといえよう．

この品質工学応用講座が，技術の研究を促進し，多くの企業における技術開発の効率をアップするための一助になれば幸いである．

最後に，事例提供を許可していただいた企業トップの方々，忙しいさなかに事例作りに協力していただいた多くの方々にお礼を申し上げるとともに，種々の疑問点やご叱正をお寄せいただくことをお願いしたい．

1992年11月

品質工学応用講座刊行委員会

ま え が き

本書の企画は，シミュレーションに品質工学を適用して，いわゆる実物を設計しない試作レスによる最適化の成書化から始まった．しかし，品質工学の創始者である田口玄一博士は，範囲を拡張してコンピュータによる情報システムの設計へ品質工学を活用することとした．そのために，シミュレーションだけでなく，パターン情報のためのいわゆるMTシステムの最近の進展までも紹介することになった．MTシステムは田口博士が21世紀のパターン認識技術と主張されるように，著しく変化発展している．

シミュレーションのパラメータ設計にしろ，MTシステムにしろ，コンピュータの進化なくしては，解析不可能である．しかし，これまでの品質工学と同様に，単に計算手法としては処理しきれず，常に対象とした技術への理解が不可欠である．しかし，品質工学は専門技術は議論しないといわれる．すなわち，専門技術によらない，品質工学の評価技術の適用の道を探ることである．このため，技術への理解と議論しないということの狭間のニュアンスのとらえ方が難しい．それを理解するためには，可能な限り個別の事例にあたることが必要である．そこに本書をはじめとして，応用品質工学講座の存在意味がある．

第1章から第6章までは，田口玄一博士の執筆で，第1章は品質工学のフィロソフィーについての田口博士の主張である．第2章は2段階設計の本質と，それがシミュレーションへの適用に有利という話である．第3章はゴルフを対象として，具体的にシミュレーションのパラメータ設計の話のあと，いわゆる21世紀の標準SN比の基本形となった，プリンタのカラーリボンの具体的な説明である．第4章が非線形の場合のシミュレーションにおける標準SN比で，ITTキヤノンの例であり，第3章よりさらに本質的であろう．特にこれまであいまいであった品質工学とタグチメソッドの関係も語られている．シミュレーションに限らず，田口博士の考え方の神髄である．第5章がMT

システム，第 6 章がいわゆるソフトウェアのバグ発見の方法である．

第 7 章では編集者が本書を読むにあたっての手がかりとなる解説を行っている．第 8 章がシミュレーションの従来的なパラメータ設計であるが，形としては分かりやすい．第 9 章が標準 SN 比の初期の適用例である．第 10 章では品質工学のパラメータ設計の意義を検討している．

第 11 章から第 13 章が機械設計への適用であり，第 14 章から第 18 章が鋳造，射出成形のシミュレーションの例である．第 19 章，第 20 章が熱的なシミュレーションである．第 21 章が電子回路のシミュレーション，第 22 章から第 24 章はいわゆる化学系である．

第 25 章以下が MT システムで，第 25 章がレース用車両の異常検出，第 26 章が画像評価，第 27 章が健康診断で，これには経済性評価まで含まれている．第 28 章は医療の情報化システムの設計である．第 29 章は漢方診断への MT システムの適用という新しいものである．さらに第 30 章は企業診断へ最新の TS 法の適用事例である．

第 31 章から第 33 章はソフトウェアのバグ検出のための事例で，これらの応用はこれからの課題であろう．

以上のように，本書は品質工学の新しい分野への多種多様な事例の紹介であり，今後の品質工学の発展にとって不可欠なものとなり得ると信じている．ただし，品質工学の変化・発展が速いので，本書を手がかりとしてさらに多くの研究事例が発表されることを期待したい．

本書を刊行するにあたり，日本規格協会の石川健，菊嶋純両氏に大変なお手数をわずらわせた．深く感謝する．本来，もっと早く出版されるべきであったのに，時間がかかったのは，田口玄一博士のすぐれた考え方を理解する時間も含め，ひとえに編集者の責任である．

2004 年 6 月

矢 野　　宏

目　次

第 1 章　R&D における研究開発期間の短縮―試作レス，テストレスへ

1.1　R&D とマネジメント

機能性の評価は，R&D（研究開発，Research & Development）の長の問題である．それは R&D 内の全部の研究開発活動に対する能率化を推進する．R&D 部門の長の仕事は，専門技術ではない．専門家は新しい技術や新しい製品開発をやる人たちであり，それらの仕事の能率化は専門技術ではなく日本では汎用技術といわれ，欧米では技術戦略と呼ばれている．

研究開発や技術部門のトップの仕事は技術開発の戦略である．技術開発の戦略に次の 4 種類がある．それは専門技術ではない．広い範囲の技術分野に長期に役立つものである．

① **技術テーマの選択**　独創的な新製品につながる基礎的な研究で商品企画の前に行うことが望ましい．テストピース，小型の研究，シミュレーションによる研究法につながる．

② **コンセプトやシステムの創造**　信頼性を高くできる複雑なシステムを考えて，パラメータ設計をさせる．複雑なほど制御因子が多くなるのでロバスト設計に有利になる．

③ **パラメータ設計のための評価**　この中には機能性の評価とその下流への再現性のチェックがある．前者が SN 比で後者が直交表の使用による加法性のチェックである．

④ **様々なツールを用意する**　コンピュータのみでなく，有限要素法，回路計算法などのツールを用意する．筆者が米国に紹介した直交表による差分計算法は現在多くの分野で使われている．直交表は差分計算用の汎用的ツールである．

この 4 つの戦略の中で，品質工学はどの項目にも関係している．②は品質工学と関係なさそうだが，品質工学は問題が起こってから対策を考えるのではなく，最初から複雑なシステムを考えパラメータ設計を行うべきだとしている

からである．しかし，品質工学はその方向付けをするだけで手段の内容に深くかかわっていないのである．③が品質工学の中心である．取引のための性能評価にも使える．

技術は，戦術と同じくタクティクスであり，戦略，ストラテジーではない．個々の専門技術は具体的な解（設計や手段）を提供する仕事である．新製品，新技術は技術者の研究の結果得られた具体的な手段である．しかし，それらは数年間しか役立たないことが多くしばしば短期間により良い新製品，より良い技術を次々に創出しなければ競争に負けてしまうことになる．コンセプトを考え，システムを選択することは創造の仕事であり，技術者の担当である．システムの中の設計定数を決めることは設計作業でしかなく，合理化，コンピュータ化を行うべきである．

技術は真理のように永遠に又は長期に持続するものを追求することではない．しかし，広範に十分長い間使用できるものでなければ戦略とは呼ばれない．R&Dに対する投資は企業の存続を目的として永遠に続くマネジメントの行為である．それは企業の戦略であるから，売上げの何%かを常に投資し続けることになる．R&Dを担当した責任者は具体的な技術活動を通して企業の生存，成長のために競争力のある新技術，新製品を不断に開発し続けなければならない．日本の金融部門には三菱総研，野村総研のような研究部門はあっても業務の無人化などの研究開発，R&Dに対する投資はほとんどなかった．

R&D部門そのものの仕事は，新製品，新技術の開発であるが，その仕事の仕方について広範囲の技術活動の合理化，能率化が重要になるのである．技術開発のほとんどの分野で共通に使える手段は，技術開発の戦略そのものということができる．そのような手段は汎用技術ともいわれている．

汎用技術の中心の1つは，計測技術，評価技術の能率化である．その理由は，開発担当者はアイデアがないためではなく自分のアイデアの評価に実験（シミュレーションを含む），試作，テストを必要とし，そのためにR&D活動のほとんどの時間と経費を使っている．シミュレーションを含む実験やテストの合理化の中心は，**研究室で小型で，テストピースの研究で，大規模生産や**

様々な市場の使用条件（計画した設計寿命の期間も含む）で十分に機能し，公害などのトラブルも少ない製品を開発することである．技術者は創造能力がないわけではない．自分の現在のアイデアが駄目だと明白にならない限り次のアイデアを考えようとしないのである．したがってアイデアの評価の合理化，特に予測的評価が大切である．

R&D に対するトップ経営者の役割は，投資と人事である．経営者は経営戦略を担当していて，生産する商品の種類を決めたり，商品の設計を行うスタッフ部門（R&D 部門や設計部門）の長の人事や予算の配分を決めることになる．決めたことが正しいかどうか不明のまま行うことが多いが，企業競争による経営責任は負わなければならない．経営責任の評価は財務諸表である，バランスシートや損益計算書で行われている．

経営の中で戦術（タクティクス，tactics）にあたるものは，商品開発である．商品開発には次の 2 つの面がある．

- **商品品質**：消費者が望んでいるもの，機能，外観をいう．
- **技術品質**：消費者が望まないもの，機能のばらつき，使用コスト，公害をいう．

技術担当，特に商品設計者は，上記 2 種類の品質を頭に入れながら，ロバストな設計をすることである．競争会社があるときには，品質に対して競合会社のものと比較して優れていることが望まれる．そのような評価はベンチマークテストといわれる．ベンチマーキングは，上記 2 つの品質の比較とコストの評価をすることである．すなわち，技術部門（戦術を担当する部門）の評価は，生産コストの比較のほかに商品品質の評価と技術品質の評価で行われる．

1.2　商品品質（目的機能）の設計と生産性

製造業者の場合は品揃えも含めて商品の企画をする．できればユーザーの要求する商品の提供である，いわゆるオーダーメードである．トヨタ自動車では，車種，外観，カーナビを含めて様々なオーダーに対して 3 週間でデリバリーが可能だそうである．見本として数種類はすぐにデリバリーできるようにするが，何百万種の要求に応じるにはある程度の時間がかかる．もちろん生産技術部門は多品種一品生産を能率よく生産する工程を設計することが合理的な生産工程である．

もちろん機能だけが重要なものもある．外から見えない部品，ユニット，サブシステムなどである．それらは目的機能のみの改善でよい．

筆者は生産性を次のように定義している．まず社会全体の生産性（GDPと言ってもよい）は社会の一人一人の自由の総和が大きいことである．自由の中には自由に欲しいものが手に入ることも含まれているが，他人から強制されたり，自由の束縛がないことである．IT時代である．電子マネーシステムが設計されたら，ほとんどの行員などが不要になるから，銀行などの失業率が高まることになる．10 000人でやっていた仕事が100人でできるようになったとき，その銀行の労働生産性は100倍上がったことになるが，9 900人が失業して何も生産しなかったら，**社会全体の生産性は上がらない**のである．新しい仕事を開発することが大切である．

生産性の増加（この中には質の高いものを同じ価格で売り出すことも含まれている）を担当する作業が技術研究であるが，生産性の高いシステムを設計してくれる人を雇う必要があり，それがR&D研究所である．そして生産性の増加は元に戻ることはないのである．もちろん生産性の増加によって失業した人に新しい仕事を与えるのは，その銀行である必要はない．新しい産業は，レジャー産業が中心になるといわれている．例えば，海外旅行のみでなく，宇宙旅行まで考えれば旅行産業には限界がないのである．

GDPを一定の割合で増加させるのは政府の任務であると思う．物価（名目GNP）を一定の割合で増加させることは重要でないが，そうすることは所得の格差を少なくすることには有用である．なぜなら，今一番借金をしているのは政府だからである．GDPが名目上3%増加すれば，数百兆円と言われる借金が，十数兆円ずつ年々減るからである．政府は，物価を一定の割合（米国では3%が目標であったと聞いた），例えばGDP 3%ずつ増加させたいとき，**名目ならば簡単である**．年々名目賃金総額を3%ずつ上げればよいのである．労

働者の賃金をどれだけ上げたら名目 GDP が 3% 上がるかである．それは**名目であるので生活水準（真の GDP）が 3% 上がることになるわけではない**．生産性の上げにくい小学校教育などは，失業者を少なくするために，1 クラスの人数を今より少なくするなどである．給料を 3% 上げ，1 クラスの人数を減らしたり，多くのカリキュラムにすることは，3% より多いコストの増大を招く．それが社会全体の生活水準の向上である．失業者に何もさせないで，失業手当てを出すくらいなら，失業手当てにプラス X である給料を出して，1 クラスあたりの人数を減らしたり，様々なカリキュラムを作り，新しい教育をやるべきである．失業者を救う重要な方法である．

そのような費用を政府が負担するのか，一部を生徒の家庭が負担するのかを議論しているのではない．20 年以上も続く学校時代の生活水準の向上とは何かを考えるべきである．生徒数が減って校舎が余っている今が最大のチャンスである．

老後の生活水準を良くするためには多くの経費が必要であるとしてその議論がにぎやかである．しかし，老人の生活水準は健康でぼけていない生活ができることが望ましい．そのための技術，どうしたら死ぬまでぼけないで健全な生活ができるかの研究が大切である．不自由になったりぼけ始めてからそれを治療する薬を作ることも技術であるが，不自由な老人の手助けをしたり話相手になるようなロボットを作るよりは，ぼけないうちに老人の話相手になるような社会組織や話相手になるロボットを作る方が重要である．

大切なことはそのような手段の開発であり，開発の能率化である．そのための専門の研究所を作ることである．死ぬまでぼけないで自由な生活をしている老人がいる．どうしたらそのように健康になるのかの研究が大切で，筆者は品質工学の中心である MT システムによる研究が大切だと信じている．同じことは，企業の健康診断にもいえることである．健康な企業になるための診断方法を研究する．企業の中には，いつまでも元気で健全な経営をしている企業がある．健全な経営と不健全な経営をどうして評価し予測をするのか，それが経営戦略の中心になる評価である．それはただ結果を評価する財務会計とは異なる新しい評価技術である．

1.3 システム（コンセプト）の選択

技術者は目的機能を持つシステム又はコンセプトを提供する人である．その方法には多くの手段があるが，それはすべて人工的なシステムである．人工的なものであるからその発明に一定期間独占使用権を与えている．品質工学の立場からは，システムは複雑なものほど良い．例えばトランジスタは増幅用に考えられた素子である．

しかしトランジスタはあまりにも簡単なシステムで増幅機能のばらつきを減らすことはできない．実用化された増幅器は，オペアンプと呼ばれている回路である．オペアンプはトランジスタの20倍くらい複雑な回路である．

前節にも示したように，2つの機能性

① 標準条件で目的機能に近づける設計研究，合わせ込み，チューニングという．

② 市場の様々な使用条件で，設計使用期間で機能が変わらないようにする機能のロバストネスを評価し設計する方法

を改善するための設計研究の合理化とは何かである．2つの機能性を改善するためには，設計で自由に決められるパラメータ（設計定数）ができるだけ多くなければならない．**非線形で複雑なシステムほどロバストネスの改善が大きくできる**ことになる．

ヒューレット・パッカードのトランジスタ発振器の設計例が『新製品開発のパラメータ設計』（日本規格協会，1984）の第16章に出ている．制御因子が多いので直交表 L_{108} を用いている．

マネジメントの仕事は，技術部門の各プロジェクトの責任者が効率の良い開発研究をやるように誘導する責任がある．その内容の1つができるだけ複雑なシステムを考えさせることである．上記の回路には膨大な数の制御因子がある．複雑なシステムは単純なシステムを含んでいるので，それだけ機能を安定化し，しかも理想機能に近づけられるのである．

得るが，それこそパラメータ設計の中の制御因子として有用かどうかを研究すべきである．簡単なシステムから出発して駄目ならシステムを複雑にする方法では，途中で許容差による改善となりロバストネスの最適設計の研究はうまくいかないのである．ヒューレット・パッカードの設計者の意図を参考にしてほしい．ただその時の設計研究の方法は十分とは言えなかった．

品質工学ではシステムの選択は専門技術の仕事であるが，システムは複雑な方がよいとしている．その理由は制御因子（設計者が自由に取捨や水準を選べる設計定数）が多いから機能のロバストネスも目的機能への合わせ込み（チューニング）もうまくできるからである．

1.4 機能性の評価

機能性の評価，特に開発時にユーザーの使用条件を考えて予測する評価が大切である．シミュレーションでユーザーの使用条件をどのように考えるかの戦略が本書の主要な内容である．本書はコンピュータ内で信頼性の設計をする具体的な方法を提案している．ハードにもソフトにも有用である．

1.5 設計のためのツール

設計の研究の能率を上げるツール（手法，技法）には汎用的ツールと専門的ツールがある．

① 汎用的ツール
- 計算機
- 直交表

② 専門的ツール
- 有限要素法ソフト
- 回路計算用ソフト
- そのほか

③ 計測標準

などがある．しかし，これらのツールの中で品質工学特有のツールとして直交次のような記事が『日経メカニカル』誌（1996年2月19日発行）に出ていたので，その記事をここに引用させていただく．

『ニコン開発本部事業開発部主任の細川哲夫氏らが日立マクセルと世界で初めて開発した「LIMDOW（光変調ダイレクトオーバーライト方式）ディスク」は，タグチメソッドによって悪魔のチューニング（目的機能に対する合わせ込み）から脱出した典型的な例．これは読み書き可能な次世代の光磁気ディスク（MO）だ．データの書き込み速度が従来のMOの約2と速い．新しいデータを古い記録の上に直接書き込めるからだ．従来のMOは，新しいデータを記録するために古い記録をいったん消去しなければならなかった．

ただしそのためには，従来のMOが基盤上に磁性層を1層形成すればよかったのに対し，LIMDOWでは最低6層，最大9層の磁性層を形成する必要がある．この製造工程が全く安定せず，開発陣が苦しんだ．1つの膜を形成する工程の主な設計パラメータは約10種類．それが9層あるとすると，合計90以上の設計パラメータを適正に調整しなければならない．

これだけでも「開発がどの方向に向かっているのか見失ってしまうほど複雑」(細川氏)．しかも，磁性層を多層化すると各層間の交互作用が起きる．つまり，ある層の最適製造条件をいじると，別の層の製造条件に影響する．加えて,「製品を評価する特性値として何を採るかによっても最適条件がコロコロと変わってしまうため，開発が一種の混乱状態に陥ってしまった．

試作と実験に明け暮れて6年が過ぎた．6年やっても，まだ満足に機能する試作品が得られない．そこで，タグチメソッドを開発に導入したところ，その後3年で多層膜の形成工程を安定させることができ，1995年に量産化のメドがついた．LIMDOW方式のMOディスクは既に国際標準化機構（ISO）の国際規格になっており，大手といわれるディスクメーカーのほとんどが開発を急いでいる．同社は製品化に成功した初めてのケースであり，独占市場を築いている．』

現在写真フィルムの構造も20層前後もある．本当に不要な部品や層もあり表を取り上げる．直交表以外も品質工学と関係があり重要であるが，それは情報処理の道具としてすべての分野に重要であり，品質工学特有ではない．直交表はいろいろな変数の出力への効果を調べるのに有効である．

これらのツールの中で直交表は差分計算のみでなく品質工学の中の手法として特有の点は**下流条件に対する機能性の再現性の評価**である．

研究室で誤りの多い理論式によるシミュレーションによる設計，テストピース，小型などの限られた条件（寿命試験は 1 日以内，ノイズに対するテスト条件は 2 条件にする）で大規模生産，様々な使用条件で機能性が良いものを評価するには，ユーザーで起こる信号とノイズを考えた評価が必要である．

しかし設計者は，システムの最適化を制御因子といわれている設計定数（ユーザーの使用条件ではなく，設計者が自分で自由に決められる設計の手段で，システム選択，パラメータの水準選択の両方を含む）を変えて最適化する．機能性の評価を使っても，信号因子，ノイズ，計測特性がまずいと最適条件がうまく求まらないことになる．最適条件がうまく求まるかどうかは下流条件（大規模生産条件，市場の様々な使用条件）で成立するかどうかの再現性の評価である．開発時に再現性の評価をするために開発担当者がパラメータ設計を直交表を利用して行うか，開発完了時に品質保証部などで，機能性の評価をベンチマーク法で評価すべきである．前者の方が改善ができるので望ましいが，後者の方法でも設計者に SN 比を用いるようにさせるパラダイムシフトが期待される．

品質工学では，信頼性を含めて目的である出力特性を精度良く説明できる公式や関係式を作ることは物理学であり，工学的立場ではないとしている．どんなに結果を予測する式を作っても，そこにはロバストネスも経済も考慮されていないのである．物理学は自然現象を良く説明できる理論や公式を作ることである．そのような理論は科学として重要であるが，人工的な設計をすることには直接関係がないことである．技術者は自然界にない製品や生産工程を設計するからこそ，そこに独占使用権が与えられるのである．真理は特許にはならないのである．真理は万人に普遍だからである．設計の差はそのコストと品質と呼ばれる市場トラブルの比較，**ユーザー段階での生産性の差**で比較されるのである．ここにいう生産性は使用者の立場での生産性である．各マーケットセグメントごとに他社の設計より，ずっと安くて，故障，公害などのトラブルがずっと少なければその企業は市場占有率が上がるのである．市場生産性が良いとは，標準条件での商品品質が良いだけでなく生産コストが安いので，**他社よりも安く売ることができ，他社よりも技術品質が良いこと**（故障が少ない，使用コストが少ない，公害が少ないなどの社会コストが少ない）**である**．

問題は，生産に入る前に，社会に出荷する前に生産コストや市場における技術品質を予測し，改善できるかである．商品品質も含めた市場生産性は企業の利益を出すための手段である．市場生産性を上げるという目的に対する手段が設計と生産である．設計研究時に，そのような市場生産性がどれくらい正しく予測できるかである．市場生産性の予測には，商品としての市場性のほかに生産コストの予測と機能性の予測が必要である．その予測（相対予測）を行うのが，設計の評価である．設計の評価は開発完了時にも行うが，最適設計を研究するためには，設計を自由に変えることができる開発時に行うべきである．そのためには，**研究室の条件（シミュレーション，テストピース，小型，限定されたテスト条件）で最適設計を見つけなければならない**．設計条件を変えたとき，その効果が下流条件（実製品，大規模生産工程，様々な寿命も含めた使用条件）でも成立するかどうかである．それが下流への再現性の問題である．

下流での再現性があるように設計を研究するには，信号とノイズのほかに評価特性を変えなければならない．最適設計が下流でも最適であるためには，市場の様々な使用条件はすべて信号かノイズであることを知り，合理的なSN比を求めるための信号の水準とノイズの水準作りと計測特性の選択をしなければならない．すなわち合理的なSN比が重要になるのである．したがって，直交表に制御因子の主効果のみを割り付けるのは制御因子のSN比への主効果に加法性があるかどうかのチェックのためである．**制御因子の出力への関係を調べるためではない**．

設計変数の目的特性への因果関係の研究という伝統的方法を止めさせ，機能性の評価をさせなければならない．そのようなパラダイムシフトが技術部門への戦略であり，研究のマネジメントである．

1.6　タグチメソッド（Taguchi Methods）と品質工学

タグチメソッドは米国で作られた言葉でだれも定義した人はいない．タグチメソッドを使ったという実施例や，タグチメソッドの講習会に参加したときの講義内容を基に，欧米の多くの人はタグチメソッドとはこんなものだと自分流に解釈しているのが現状である．

メソッドの意味は手法である．タグチメソッドを用いたとしている実施例では

① **直交表を用いている**

② **SN 比を用いている**

③ **損失関数を用いている**

などの特徴を持っている．自分たちの今まで用いてきた手法とは異なっているという理由で上記①，②，③のいずれかの手法を用いていればタグチメソッドだと思っている人が大半である．

もう少し品質工学に理解のある人は，シンセシスとアナリシスの 2 段階設計を次の 4 段階に分けたことがタグチメソッドの最も大きな特徴であるとしている．

① シンセシス：ステップ 1　システム選択

② シンセシス：ステップ 2　パラメータ設計

③ アナリシス：ステップ 1　許容差設計

④ アナリシス：ステップ 2　許容差の決定

ベル電話研究所の一部の人たちは，パラメータ設計をロバストネスの改善を第 1 段にして，その後で標準使用条件で信号の効果を目標曲線に合わせるチューニング作業を第 2 段で行う 2 段階設計がタグチメソッドの特徴であるとしている．

また別の人たちは，変数を次の 3 種

- **制御因子**（設計の方法で設計者がその水準を自由に決めることができる変数）
- **信号因子**（ユーザーが出力を変えるために用いる変数で，能動的と受動的の2種がある）
- **誤差因子**（使用条件の中で，信号の効果を変える変数で受動的と能動的の2種がある）

に分けて，内側直交表に制御因子を割り付け，外側にユーザーの使用条件である信号因子と誤差因子を割り付け，SN比を求めて最適化する手法がタグチメソッドの特徴であると言っている．

これらは，メソッドという面から見ればいずれもそれまでに用いてきた方法との間に差があるので，タグチメソッドという一語で表現したくなったのではないかと思う．それらのメソッド自体は表面的にはタグチメソッドの一面をつかんでいると言ってもよいが，そこには**なぜそうするのかというフィロソフィ（考え方）もなければ，なぜそういうことができるのかという数理上の基盤も議論していない点に問題があり，混乱が生じているのである**．

1.2節で述べたように，品質工学では，市場における品質問題は使用条件の差や品物間のばらつきによるのだから，1950年前後から制御因子を直交表に割り付け，使用条件などによる出力の値のばらつき（ランダムでない）を小さくする設計研究をしてきた．コントロールができないか困難な製造条件や使用条件と制御因子との間の交互作用を求めるか，製造条件，使用条件による出力特性の変化の大きさ（変化率，レンジ，分布の差で求める）を最小にするという実験が1950年代の中心であった．制御因子の割り付けの手法として直交表を自由に使う手法が中心であった．現在でも直交表に制御因子を割り付ける手段は依然として品質工学でも用いている．しかし，様々な直交表を自由に使うことは重要でないとして，**直交表を用いるならL_{18}**（又はL_{12}かL_{36}）を用いることを勧めている．品質工学の中心的な手法として**評価特性に動的SN比を用いること**については1960年代には計測法に，1970年代にはあらゆる機能に対して拡張が行われた．動的SN比の計算を勧めるようになった理由は，変動の分解を統計数理を基礎においた実験計画法から切り離すことができたためである．すなわち，**レスポンスに対して分布も数学的モデルも考えないで計算の基礎を2次形式の理論に置いたことによるのである**．2次形式そのものの数理は，エルミート形式の数学の特殊な場合で，技術そのものとは何の関係もない．技術と関係させるのは，2次形式ではなくスペクトル分解の考え方で，エネルギーとしての波の強さをいろいろな周波数成分に分解する手法である．それは形式的には，エルミート形式の分解を関数空間であるヒルベルト空間で行ったものと同じ数学的背景である．

しかしスペクトル分解は形式的な分解ではなく，波の強さであるエネルギー成分による分解である．したがって，エルミート形式による分解でも複素成分のない実数部だけの2次形式の分解でも精神（内容）ではスペクトル分解にその基礎を置いている．入力信号Mも出力（計測）特性yもどちらも2乗したとき仕事量やエネルギーに比例するデータであることが本質的に重要なことだと考えている．したがって，目的機能でも基本機能でも入力信号も出力データも仕事量やエネルギーの平方根に比例するものであることが望ましいのである．しかし，信号Mも出力特性yも仕事量やエネルギーの平方根に比例していることが明白でないことが多いので，エルミート形式や2次形式の分解がうまくいくとは限らない．そこに直交表に制御因子のみを割り付け，**1950年代と同様に制御因子の加法性の検証を行う必要があるのである**．直交表による制御因子の効果の再現性の検証は再現性の改善とは関係ない．**再現性がないときは，出入力関係の特性値を変えて再現性があるように努力すべきだというのが品質工学の立場である**．タグチメソッドを知っているという人たちの間にそのことが十分に理解されていないことに問題があるのである．

1980年以降，米国の研究部門で仕事を手伝っている間に，米国のR&Dでは，実物を用いないで**テストピースによる基礎技術の研究**が中心であることを知り，**基本機能（generic function）で研究することの重要性**を知ることができた．したがって，可能な限りテストピースによって基本機能を改善すべきことを主張するようになったのが1980年代の半ばになってからである．

1980年代の後半になってもタグチメソッドとしての手法は今までと同様に次のとおりである.

① ユーザーの使用条件である信号因子と誤差因子を取り上げ動的SN比を求める.

② 制御因子は直交表L_{18}に割り付ける．シミュレーションではL_{36}かそれ以上を用いる.

③ SN比の改善を小型化，高速化に応用して社会全体の生産性を上げる.

④ SN比を十分大きく改善できなかったときは，誤差因子を調合しないで直交表に割り付け，許容差設計をする．しかし，この手法はできるだけしない.

⑤ 生産時の工程管理，製品管理はオンライン品質工学を利用して設計する.

最初の3つの手法は源流にまでさかのぼっての使用を重要視しているが中流，上流での研究でも上記の手法を用いることも多い．中流の品質特性では許容差設計やオンライン品質工学も必要である．下流は消費者品質，中流が製造品質，上流は設計品質，源流が汎用的な技術品質である.

タグチメソッドは，理想機能の定義，信号因子，誤差因子として何を取り上げるべきかの具体的内容については，考え方（フィロソフィ）をいうだけで，具体的な仕事は技術者の担当だとしている．品質工学はタグチメソッドより広く具体的な内容を含んでいる．技術者はシステムを選んだ後，制御因子，理想機能，信号因子，誤差因子に対して具体的，個別的な案を提案しなければならない．特にノイズについての戦略が最も大切である.

その提案が良ければ，制御因子を割り付けた直交表の実験がうまくいき，下流への再現性が得られることになる．下流への再現性のチェックは直交表L_{18}などに主効果のみをできるだけ多く割り付けて実験をし，最適条件に対する利得を求め，その再現性のチェックをすべきである．それもタグチメソッドに入れるなら，それが**直交表の使い方に対するタグチメソッド**である．それは直交表を一部実施法といわれている効率の良い実験の割り付けとして用いているのではなく，大きな交互作用の有無をチェックするためで，**交互作用がなくなる**

ような特性値（SN 比がその手段）と制御因子の水準の作り方が大切であるとしている．これもフィロソフィであって解答ではない．

品質工学の中に入るものは，品質とコストの改善を行う個別的な技術的内容も含む全技術活動である．個別問題（システムの選択と理想機能を考えた制御因子，信号因子，誤差因子の分類と水準の作り方）は，各技術者のプロジェクトごとの問題であるが，品質工学の中のタグチメソッドは，考え方をコメントするだけで解答を与えるわけではない．公表されている同種のプロジェクトの実施例は解答を与えてくれるが，公表例は少なく，十分にカバーしてくれない．タグチメソッドは，個別プロジェクトに対する技術研究の方法に対するフィロソフィと機能性の評価や改善のためのパラメータが決まったとき，実験の仕方と SN 比と感度の求め方を具体的に与える方法である．SN 比と感度 S を求める数理を直交展開（一般の直交多項式でない）に置き，2 乗和の分解の基礎をパワーである出力の分解としている点が最も重要な特徴である．

改善後に損失関数を用いて，生産性の改善を行うこともタグチメソッドの重要な手段で，そこではマネジメントと関係がある．米国ではその概念が SN 比より先に広まった．

第2章　シミュレーションによるロバスト設計

2.1　2段階設計と機能のロバストネス

ロバスト設計は，1950年代は，変化率を最小にしたり，環境や劣化の条件（ノイズ）と設計方法との交互作用で研究したが，1960年代以降は通信で用いてきたSN比という機能性の評価測度をすべての技術分野に用いるようにした．それは，全出力を信号の効果と誤差の効果に分解する2次形式の世界に拡張した1つの尺度で研究するようにしたからである．参考文献1), 2)などにその方法がまとめられている．

1980年，筆者はベル電話研究所（ベル研）で，256Kのマイクロプロセッサーの生産技術の研究を手伝った．ベルマック4のマイクロプロセッサーでは，1.5 cm四方のチップに直径2 μmの穴を23万個，所定の位置にあけなければならない．穴の直径がばらつくので困っていたのである．穴の直径のばらつきの大きさは，その標準偏差で表すことができる．製造工程の条件を変えて，標準偏差（穴の大きさの分布）を最小にするパラメータ設計を18回の直交表による実験で行った．大きな成果を上げたがその実験は極秘扱いであった．しかし1982年BSTJの5, 6月にその全貌が発表され，世界中から1 000通に余る問合せの手紙が来たという．米国におけるロバスト設計（ばらつき原因をばらつかせたまま，目的特性を均一にする方法）の始まりであった．

1984年，ベル研の回路設計研究所を訪問し，設計研究の方法について討論した．回路設計はまず標準使用条件で目的機能を持つものを設計する．それが完成すると16種類のノイズ条件（例えば電源電圧の変動，温湿度などの変化，劣化テスト前後など）で機能の信頼性がチェックされる．16種類の市場のノイズ条件で，標準条件と同じように機能してくれればロバスト設計ということになり，設計完了である．

しかし，16種類のいくつかの条件でうまく機能しないとき，設計条件を変えて，それらの使用条件でも目的機能を持つように合わせ込みをやっていたのである．**設計のパラメータを変えて合わせ込むことは標準使用条件のみで行う**

べきことであり，**様々な使用条件でも機能するように設計のパラメータで合わせ込むのは誤っている．信頼性はノイズとの交互作用の測度 SN 比を用いるべきだと主張したのである．**設計定数とノイズとの交互作用の利用であり，設計定数自体の出力値への因果関係を利用してはならないということである．ユーザーの使用条件（ノイズ）と自由に設定できる設計定数との交互作用を SN 比で求め，ユーザーの使用条件（環境や劣化）が変わっても機能（正しくなくてもよい）が変わらないロバストネスを改善してから，標準使用条件で目的機能に合わせ込む方法を主張したのである．タグチ式 2 段階設計である．

第一にロバストネスを改善し，次に標準使用条件（工場の条件も標準使用条件である）で目的機能に合わせ込むのである．この新しい 2 段階設計方法に付けられたのがタグチメソッドという名前である．

2.2　試作レス，テストレスの方法，シミュレーション設計方法での 2 段階設計

欧米ではシミュレーションによる設計が中心だが，シミュレーションで市場の様々な使用条件で機能のロバストネスをどう設計するかで困っていた．使用環境条件も，劣化条件もシステムや製品の寸法や物性を変えて機能が駄目になるのだから，システムや製品の設計定数（システム要素や部品，素子のパラメータ）を設計値の前後に微小変化（例えば ±1%）させて，それを直交表に割り付けるか調合した 2 条件で SN 比を求め，ロバストネスを設計するのがタグチメソッドである．目的機能ではなく，できるだけ多くの設計定数を設計値の前後にばらつかせてロバストネスの測度 SN 比で改善する．そのあとで，標準使用条件で目的機能に近づけるのである．この新しい 2 段階設計法でシミュレーション設計も行う．**実システム，実機とのギャップは標準条件で行うので，シミュレーション設計の中心はロバストネスのみである．**

目的機能に近づけるのが合わせ込みである．合わせ込みは 3 個以内の設計定数で行う．シミュレーションによるロバストネスの設計の方法を次の第 3 章に，様々な場合の設計例を第 4 章に紹介する．しかし数理の基礎や SN 比

の求め方は文献3)を見よ.

製造業では，製品設計と生産工程の設計，通信，交通，金融などのサービス業では，サービスを生産するシステムの設計の良否が企業の生死を左右する．設計作業にはいままで

① シンセシス

② アナリシス

の2段階があるといわれてきた．品質工学では，シンセシスを更に次のように2段階に分けて設計研究を行うのである．

ⓐ システム（コンセプト）の選択

ⓑ システムパラメータ（設計定数）の中心値の決定，パラメータ設計という．

前者ⓐは，設計者の創造性が望ましい問題で，新しい方法ならば特許で保護される．後者ⓑは，開発のスピードに関係し品質工学に関係する問題である．設計者が自由に決定できる設計定数の水準値（システムパラメータの中心値）をどう決めたかで，様々な使用条件の下で商品の機能の確実性が異なるのである．設計定数の中心値の組合せを変えて商品の機能が様々な使用条件の下で理想機能からばらつきを小さくする方法，すなわち機能のロバストネスの改善を行う方法は**パラメータ設計**と言われている．機能のロバストネスの改善後に，更にコストとのトレードオフをすることで，生産性の向上（品質とコストの両方の和を改善）を損失関数を利用して行う方法も品質工学の問題である．しかし，ここではパラメータの設計の場合の戦略のみを解説する．

設計研究の中心は，ⓐのシステムの選択とⓑのパラメータ設計である．新しいシステムやコンセプトを創造することは大切であるが，それらについてパラメータ設計を完了しない限り，そのシステムは市場で十分な競争力を持つかどうか不明である．したがって，**選んだシステムに対して短期間に効率よく，パラメータ設計を完了することが大切である**．大きなシステムやフィードバックを含む系では全体をサブシステム，ユニット，部品，素子，素材などのモジュール（要素）に分割し，先行開発か併行開発をすることがシステム全体の設計

の能率を上げるのに重要である．システムの適切なモジュールへの分割方法は，システム設計のリーダーの仕事である．しかしどんなに分割しても機能は市場での評価を考えて行う．

設計で大切なことは，商品（製品）が**市場で機能するように機能のロバストネス**（信頼性）を改善することである．市場の様々な条件で，設計寿命の間，機能するようにパラメータ設計研究をすることである．特にシミュレーションで研究する方法である．現在のシミュレーション設計は目的機能に近づくように設計研究をしている．目的機能に近づけるのはロバストネス（**標準SN比**）を改善したあとで標準条件のみで目的機能に近づければよいのである．まず，**ばらつきを減らす第1段階が大切である**．

環境条件，劣化条件はシミュレーションでは取り上げる必要はない．その代わり，シミュレーションの中のパラメータを水準値のまわりにばらつかせればよいのである．システム（複雑なものがよい）のパラメータはすべて制御因子であり，誤差因子である．シミュレーション計算に時間がかかる場合は全誤差因子を調合して，2水準にする．調合には誤差因子の定性的傾向を知っているかその傾向を調べなければならない．それは初期設計条件（制御因子の第2水準のことが多い）で誤差因子のみを割り付けた直交表でそれらの効果を調べる．第3章の設計例では，調合しているが，調合ができない場合などは第4章に述べる．

また，誤差因子は全部を調合しなくてもよい．例えば，大きい方の数個のみでもよい．ロバストネスを改善したあとでの目標曲線への合わせ込みの多くは比例項の係数 β_1 と2次項の係数 β_2 で行うのでよい．それについては3.7節を見よ．

市場の様々な使用条件（無数に近い使用環境で劣化はすべて異なり，各条件で寿命試験などはできないので，機能性の測度SN比のためのノイズ戦略）での機能性の評価方法は，それまでのシミュレーションによる設計研究方法を根本から変える方法であった．それらの戦略は次のようである．

(1) 使用環境，劣化で何が起こるか不明であるから，設計パラメータのすべての水準に誤差を与える．調合するときは誤差条件は2水準のみでよい．第1段階はロバストネスを誤差の2水準のみで行うことが多い．

(2) 信号の水準のどの場合でも，制御因子のロバスト（SN比が大きい）な水準はほとんど変わらない．このことは有限要素法などでメッシュが粗くてもまた数点でロバストネスの改善ができる．

(3) 目標機能への合わせ込みは後で，標準使用条件のみで1，2の制御因子又は信号因子の校正でできる．そのために直交展開を用いて比例項と2次項の係数，β_1, β_2 への効果を調べてチューニング因子の候補を調べる．まれには3次の項も考慮する．

2.3　2段階設計，品質工学ではばらつき（標準SN比）の改善を最初に行う

品質工学では，消費者の使用条件はすべて信号かノイズと考えている．信号は能動的信号と受動的信号に分かれる．能動的信号は消費者が能動的に使用する変数で，出力特性を変えるためのものである．受動的信号は計測器や受信機のように，真値の変化や信号を計測し出力を求めるシステムである．研究をするときは，真値を変えたり，発振信号を変えて研究することができるから，開発研究では能動的と受動的を区別する必要は少ない．

2段階設計で最も大切なことは，ノイズに対する対策に制御因子の出力への因果関係を用いてはならないということである．2.1節で述べたようにベル研の回路の研究所で回路研究（例えば論理回路）を標準条件でテストをし目的機能のものを作る．その後で16種の使用条件で機能のテストをする．品質工学では，多くは2種のノイズのみで行うが，それはコストを除いて重要なことではない．問題は，**使用条件（ノイズ）による差を設計条件で合わせ込み（チューニング）をしてはならない**ということである．合わせ込みは標準使用条件において制御因子，信号因子と出力の間の因果関係を用いて行う．

技術モデルや回帰関係で使用条件に対する差の修正を行うのは誤っている．その理由は，使用条件は無数であり，クレーム対策に技術者をチューニングに送りこむことは不可能である．修正作業は標準条件である工場現場でのみ行う

対策である．使用条件であるノイズに対する対策は，制御因子との交互作用で行うべきだというのが品質工学の立場である．市場クレームの責任はほとんど設計者にある．

2.4 第1段階，ロバストネスのテストの方法と標準 SN 比の求め方

ハードの設計（システムを含む）でも，シミュレーション設計でも，信号因子を M，その理想的な機能としての出力を $m=f(M)$ とおく．2段階設計では，直交表に制御因子（標示因子を含む）を割り付けたら各実験番号で，ノイズのない標準使用条件 N_0，負側調合条件 N_1，正側調合条件 N_2 で**表 2.1** のような出力を求める．k 水準の信号因子 $M_1, M_2, \cdots, M_k$ における N_0 の出力値を改めて信号因子の水準値として SN 比を求める．表 2.1 の N_0 の $M_1, M_2, \cdots, M_k$ はシミュレーションの場合は $f(M_1), \cdots, f(M_k)$ を改めて $M_1, \cdots, M_k$ としたもので，シミュレーションの場合は内側直交表の N_0 におけるシミュレーションの出力値である．

第1段階におけるばらつきの改善には次の表 2.1 から，標準 SN 比を求める．**感度は求めない**．これらの数理は参考文献 3) を見よ．

表 2.1 SN 比解析用データ

N_0	M_1,	M_2,	$\cdots$,	M_k	線形式
N_1	y_{11},	y_{12},	$\cdots$,	y_{1k}	L_1
N_2	y_{21},	y_{22},	$\cdots$,	y_{2k}	L_2

SN 比の計算のみで，感度は求めても無駄である．第1段階では標準 SN 比を最大にする．

新しい信号 M と N_1, N_2 の出力の関係はゼロ点比例式である．したがって2つの線形式は次のように求める．

$$L_1=M_1y_{11}+M_2y_{12}+\cdots+M_ky_{1k}$$
$$L_2=M_1y_{21}+M_2y_{22}+\cdots+M_ky_{2k} \quad (2.1)$$

全2乗和 $$S_T=y_{11}^2+y_{12}^2+\cdots+y_{2k}^2 \quad (f=2k) \quad (2.2)$$

比例項の変動

$$S_\beta = \frac{(L_1 + L_2)^2}{2r} \quad (f=1) \tag{2.3}$$

信号の大きさ（有効除数）

$$r = M_1^{\ 2} + M_2^{\ 2} + \cdots + M_k^{\ 2} \tag{2.4}$$

比例項の差の変動

$$S_{N\times\beta} = \frac{(L_1 - L_2)^2}{2r} \quad (f=1) \tag{2.5}$$

誤差変動　$S_e = S_T - (S_\beta + S_{N\times\beta}) \quad (f=2k-2)$ (2.6)

誤差分散　$V_e = \dfrac{S_e}{2k-2}$ (2.7)

総合誤差分散（ノイズの大きさ）

$$V_N = \frac{S_{N\times\beta} + S_e}{2k-1} \tag{2.8}$$

信号 M の N_0 での出力値を改めて信号値として SN 比を求めるのが標準 SN 比である．そのとき，信号の大きさ r（$=M_1^{\ 2}+M_2^{\ 2}+\cdots+M_k^{\ 2}$）の 2 倍で，分子の信号の大きさを校正して実験ごとに同じに（1 になる）しているから，分母の誤差分散も $2r$ で割らなければならない．すなわち

$$\eta = 10\log\frac{\frac{1}{2r}(S_\beta - V_e)}{\frac{1}{2r}V_N} = 10\log\frac{S_\beta - V_e}{V_N} \tag{2.9}$$

実際には，実験ごとの信号の大きさは $2r$ であるから，(2.9) 式よりもっと分かりやすい次式で標準 SN 比を求めてもよい．

$$\eta = 10\log\frac{2r}{V_N} \quad (r = M_1^{\ 2} + M_2^{\ 2} + \cdots + M_k^{\ 2}) \tag{2.10}$$

(2.9) 式，(2.10) 式はほとんど同じになる．どちらを用いてもよいとする．

ここでは分かりやすい (2.10) 式を用いることにする．(2.10) 式は，分子は N_0 における出力の信号の大きさであり，分母は単位あたりのノイズの大きさである．分母の方も $2k$ で割りたくなる人は，そうしてもかまわない．

誤差因子を外側の直交表に割り付けたときは，N_0 の出力値である信号 M_1, M_2, …, M_k の 2 乗和を r，外側直交表の大きさを n として，ノイズの N_1, N_2, …, N_n 水準のデータで標準 SN 比を求める．信号をその直交表に割り付けることもある．

$$\eta = 10\log\frac{nr}{V_N} \tag{2.11}$$

データが N_1, N_2 の 2 個から n 個になるだけで計算式は同様である．

$$S_T=S_\beta+S_{N\times\beta}+S_e \quad (f=kn) \tag{2.12}$$

外側に直交表をとっても計算時間が短い場合と，ノイズが調合できないときに行う方法である．

また回路設計の場合には，一般には出力が複素数である．複素数の場合は，出力をその大きさと位相又は角速度に分けてそれぞれの SN 比を求める．出力が

$$Z=x+jy \tag{2.13}$$

のとき，出力パワーの大きさは，エルミート形式の分解により標準 SN 比を求める．4.8 節の実施例を見よ．回路設計では，エルミート形式の分解でパワーの設計をするより，位相の安定性や周波数（角速度）の安定性が重要なことが多い．位相 θ は Z のデータから次式で求められるが，それは正負の値をとる実数であるからゼロ望目の SN 比である．

$$\theta = \tan^{-1}\frac{y}{x} \tag{2.14}$$

これについても 4.9 節の実施例を見よ．

2.5　第 2 段階，標準 SN 比の最適条件におけるチューニング

標準 SN 比を最適化した後で，目標機能に合わせ込むための品質工学の方法

を説明する．目的機能とは，信号 M と出力 y の関係である．理想関係が比例関係の場合は分かりやすい．その場合は，標準SN比を最適化した後で，元の信号 M として N_0 における出力 M のデータを求める．理想関係を，M^* に対して m を理想出力とするときは，

$$M=\beta m \tag{2.15}$$

として，SN比最適条件における N_0 のデータを**表 2.2** のように求める．

表 2.2　チューニング用のデータ

元の信号の水準	$M_1{}^*$	$M_2{}^*$	$\cdots$	$M_k{}^*$
目標値	m_1	m_2	$\cdots$	m_k
N_0 の出力値	M_1	M_2	$\cdots$	M_k
差	y_1	y_2	$\cdots$	y_k

合わせ込みでは，差を考えて，比例項，2次項，高次項がともにゼロになるようにする．しかし，ここでは N_0 の目標値 m と N_0 の出力値 M の間の理想関係を (2.15) 式とする．したがって，比例項の β_1 を1にし，2次項などの高次の項はゼロが理想である．そのためには次のような直交展開を考える．

3個の設計定数で，β_1 を1に2次，3次の係数，β_2, β_3 をゼロにチューニングする方法である．β_1 を1にすることは信号ででき，簡単なことが多い．

合わせ込みのための直交展開は普通は比例項を初項とする直交展開で次のようである．すなわち，一般式の3次項までは次のような式である．ここに m は信号 M^* に対する理想値，目標値である．

$$M=\beta_1 m+\beta_2\left(m^2-\frac{K_3}{K_2}m\right)$$

$$+\beta_3\left(m^3+\frac{K_3K_4-K_2K_5}{K_2K_4-K_3{}^2}m^2+\frac{K_4{}^2-K_3K_5}{K_3{}^2-K_2K_4}m\right)+\cdots \tag{2.16}$$

ただし $K_1, K_2, \cdots$ は $M_1, M_2, \cdots, M_k$ の目標値 $m_1, m_2, \cdots, m_k$ を用いて

$$K_i=\frac{1}{k}\left(m_1{}^i+m_2{}^i+\cdots+m_k{}^i\right)\quad(i=2,3,\cdots) \tag{2.17}$$

である．K_2, K_3, …は m が与えられているので定数である．実際には 3 次より高次の項は不要のことが多い．ほとんど 2 次項までしか計算しない．公式の誘導は 2.6 節を見よ．

実際には，(2.16) 式の各項の大きさを分散分析して，その大きさを調べてからチューニングをする．表 2.2 で差 y に対する展開でもよいが，ここでは，N_0 の出力を目標値 m に合わせるものとする．$\beta_1=1$ でほかの β はゼロが望ましい．

(2.16) 式において，比例項 $\beta_1 m$ は，β_1 を 1 にするか m を $1/\beta_1$ 倍にしてもよい．3.5 節のプリンタの場合は，比例定数

$$\beta_1 = \frac{L_1}{r_1} \tag{2.18}$$

が 1 でないとき，信号である角度 M^* を修正してもよい．標準条件のリボンの位置で例えば目標に比較して 8% 行き過ぎであるなら，角度を 8% 少なくすることでチューニングできる．したがって β_1 修正は容易なので，チューニングの中心は β_2 である．β_2 の目標値はゼロである．$\beta_2=0$ ならば曲率がゼロになる．β_2 の値に効く制御因子で合わせ込むことになる．β_2 に効果のある制御因子を見つけることが望ましい．3.6 節を見よ．

2.6　直交展開の公式の証明

品質工学では，信号因子 M^* の k 水準に対してその目標値を $m_1, m_2, \cdots, m_k$ とする．$m_1, m_2, \cdots, m_k$ に対して SN 比最適条件に対して，N_0, N_1, N_2 に対する確認作業を行うのだが，合わせ込みには N_0 のデータのみが必要である．その値を $M_1, M_2, \cdots, M_k$ とする．$M_1, M_2, \cdots, M_k$ が $m_1, m_2, \cdots, m_k$ と一致していれば合わせ込み（チューニング）は不要である．チューニングは今まで最小 2 乗法又は逐次的な方法で行われてきたが，直交展開を用いる品質工学の方法を述べる．

ここでは，$m_1, m_2, \cdots, m_k$ が有限の目標値で，$M_1, M_2, \cdots, M_k$ が $m_1, m_2, \cdots, m_k$ より小さくも大きくもなり得る場合のみを示す．直交展開の式は

$$M=\beta_1 m+\beta_2(m^2+am)+\beta_3(m^3+b_1m^2+b_2m)+\cdots \tag{2.19}$$

において，各項が直交するようにa, b_1, b_2, …を決める．直交条件は各項のmの水準の積和がゼロになることである．

第1項と第2項では直交条件は

$$\sum_{i=1}^{k} m_i\left(m_i^2+am_i\right)=0 \tag{2.20}$$

より

$$a=\frac{-\sum_i m_i^3}{\sum_i m_i^2}$$
$$=\frac{-K_3}{K_2} \tag{2.21}$$

ここに

$$\left.\begin{aligned} K_2&=\frac{1}{k}\left(m_1^2+m_2^2+\cdots+m_k^2\right)\\ K_3&=\frac{1}{k}\left(m_1^3+m_2^3+\cdots+m_k^3\right)\end{aligned}\right\} \tag{2.22}$$

したがって，第2項は

$$\beta_2\left(m^2-\frac{K_3}{K_2}m\right) \tag{2.23}$$

となる．

次に第3項は，第1項，第2項の両方に直交しなければならない．K_2, K_3, K_4, K_5でm_1, m_2, …, m_kの2乗和，3乗和，4乗和，5乗和をkで割った平均(2.17)式とすれば連立方程式は次のようになる．

$$K_4+b_1K_3+b_2K_2=0 \tag{2.24}$$

$$K_5+b_1K_4+b_2K_3-\frac{K_3}{K_2}\times K_4-b_1\frac{K_3}{K_2}\times K_3-b_2\frac{K_3}{K_2}\times K_2=0 \tag{2.25}$$

整理して

$$\left.\begin{aligned} &K_4 + b_1 K_3 + b_2 K_2 = 0 \\ &\left(K_5 - \frac{K_3 K_4}{K_2}\right) + b_1 \left(K_4 - \frac{{K_3}^2}{K_2}\right) = 0 \end{aligned}\right\} \tag{2.26}$$

これを解いて

$$b_1 = \frac{-\left(K_5 - \dfrac{K_3 K_4}{K_2}\right)}{K_4 - \dfrac{{K_3}^2}{K_2}}$$

$$= \frac{K_2 K_5 - K_3 K_4}{{K_3}^2 - K_2 K_4} \tag{2.27}$$

$$b_2 = \frac{-1}{K_2}\left(K_4 + \frac{K_2 K_5 - K_3 K_4}{{K_3}^2 - K_2 K_4} \times K_3\right)$$

$$= -\frac{{K_4}^2 - K_3 K_5}{{K_3}^2 - K_2 K_4} \tag{2.28}$$

したがって第 3 項は

$$\beta_3\left(m^3 + \frac{K_3 K_4 - K_2 K_5}{K_2 K_4 - {K_3}^2} m^2 + \frac{{K_4}^2 - K_3 K_5}{{K_3}^2 - K_2 K_4} m\right) \tag{2.29}$$

となる.

このような直交展開の目的は見通しの悪い伝統的な最小 2 乗法を避けて，合わせ込みを分かりやすくするためである．β_1 の合わせ込みは 1，β_2 以上の項はゼロである．β_1 を 1 にする方法の 1 つの良い方法は信号による調整である．β_1 が 1 でなくても信号 M^* を

$$\frac{1}{\beta_1} \text{倍}$$

にすることでできる．これは 3.8 節のリボンシフトのメカニズムでは，角度の補正である.

参 考 文 献

1) SN 比分科会：ダイナミックな特性と SN 比，日本規格協会，1976

2) 田口玄一，ほか：新製品開発におけるパラメータ設計，日本規格協会，1984
3) 田口玄一：品質工学講座第1巻，開発・設計段階の品質工学，日本規格協会，1988

第3章　シミュレーションによる機能設計の方法

3.1　ゴルフの機能，シミュレーションの公式と因子の分類

シミュレーションによる企業の設計例は3.2節に述べるが，その前に分かりやすい簡単な例としてゴルフの場合で説明する．ゴルファーは，ゴルフボールをゴルフクラブのヘッドで打って，ある目標の位置にドロップさせたい．目標の位置はプレイヤーが決めることは当然である．目標地点にゴルフボールが落ちても，そこからゴルフボールが転がるが，その問題はいまは考えない．落ちる点のロバストネスをシミュレーションで研究する．もちろんそのようなころがりまでを考えた方がトータルシステムとして望ましいが，ドロップする点のばらつきを小さくすることは全体のシステムでも良いに決まっている．システムのロバストネスは部分でも研究できるのである．

ゴルフボールの質量を m (kg)，ゴルフクラブのヘッドの（等価）質量を M (kg)，ゴルフクラブのヘッドがボールに当たるときの速度が V (m/s)．反発のロス係数を b，ボールの飛び出す角度を α（度），引力定数を g (kg/s^2) として，到達距離 y (m) は次式で与えられるとして設計する．

$$y = \frac{4}{g} \frac{\left[\left(1 - \frac{b}{2}\right)V\right]^2}{\left(1 + \frac{m}{M}\right)^2} \sin 2\alpha \tag{3.1}$$

このような公式は，ばらつきの研究では正しい式とかなり異なっていてもよい．設計者は公式が正しくないとうまくいかないと思っている人が多い．公式はある程度近似的（例えばいくつかの変数をおとしていてもよい）なものであればよい．またサブシステムとして一部分の近似式でもよいのである．

(3.1) 式の変数 V, q, Q, b, α はハードの設計定数であるが，飛距離をほぼ目標値に合わせるのは打つ力を考えて角度 α（ゴルフクラブの選択）である．引力定数 g はプレイする場所の高度に関係する．速度 V はゴルファーがどれくらいのスピードでゴルフボールを打つかのスピードである．品質工学では

(3.1) 式の中のパラメータから次のように分類する．

① ハードウェアの制御因子：ゴルフボールやゴルフクラブのメーカーの設計定数の因子である．m, M, b, α の水準を変えてロバストネスへの効果を求めるための因子である．α は目標値までの距離がどうであるかによって選ぶゴルフクラブの種類である．制御因子の最適水準を選ぶことは，ハードの設計者の技術能力を表す．

② 標示因子：誤差因子の中で広い使用条件を示すものだが，どの水準でも性能が良いことを示すために取り上げられた因子である．車の場合なら，低速，中速，高速条件という変数である．ここでは引力定数 g が標示因子である．標示因子は水準を決められないが，どの水準でもロバストにしたいのである．

③ 信号因子：ゴルフクラブの信号因子は第1に角度 α である．飛距離によってゴルフクラブを選ぶことになる．目標距離とのわずかの差の調整には打つときの力を変えて V を変えるのだが，できるだけそのような調整は少なくしたいのである．調整用信号因子として V を取り上げる．角度 α の水準 α_1, α_2, α_3 で SN 比の効果を求める．距離で選ぶ α はいろいろなクラブを用意することが大切になる．

④ 誤差因子：プレイをするときのノイズには，風，空気抵抗，温湿度，劣化などがある．それらの影響が少ないロバストな設計をするのに，設計定数を水準値の前後にばらつかせてシミュレーション計算をするのである．そのような誤差を与えるノイズ因子はできるだけ多い方がよいが公式は複雑になる．3.5 節の例ではユーザーで存在するノイズを取り上げないで，設計因子を設計定数の水準値の前後に微少変化させて，ノイズの代わりにしている．それがシミュレーションによる設計の最も重要な戦略（技略）である．すべての設計定数を水準値の前後に少しばらつかせるのである．

3.2 ゴルフの場合—シミュレーションによるロバストネスの設計

ロバストな設計を求めるために制御因子と標示因子に対して，次の**表 3.1** のように 3 水準をとった．第 2 水準が初期設計値であり，第 1 水準はそれより小さい水準，第 3 水準は大きい水準である．

表 3.1 内側因子の水準と外側因子（ノイズ）の調合

	因子		列	1	2	3	負側	正側
制御因子	反発のロス	b	2	0.1	0.2	0.3	+1%	−1%
	クラブヘッドの速度	V (m/s)	3	30	40	50	−1%	+1%
	クラブヘッドの重さ	M (kg)	4	1.6	2.0	2.4	−1%	+1%
	ボールの重さ	m (kg)	5	0.04	0.05	0.06	+1%	−1%
	仰　角	α（度）	6	20	25	30	−1 度	+1 度
標示因子	重　力	g (m/s^2)	7	9.7	9.8	9.9		

制御因子と標示因子を直交表 L_{18} に**表 3.2** のように割り付けた．因子と列の順番はどうでもよい．表 3.2 の割り付けの実験番号 No.1 は，どの因子も第 1 水準であり，b_1=0.1，V_1=30，M_1=1 600，m_1=100，α_1=20，g_1=9.7 の場合である．データ欄の N_0, N_1, N_2 のデータは 3 条件 N_0, N_1, N_2 に対する飛距離の計算値の平方根である．N_0 は直交表の条件，N_1 は飛距離を標準条件より短くする負側条件 b=0.101 (+1%)，V=29.7 (−1%)，Q=1 594 (−1%)，q=101 (+1%)，α=19 (−1) である．N_1 は負側最悪，N_2 は正側最悪，N_0 は誤差のない標準条件である．直交表の 18 条件に対して N_0, N_1, N_2 の飛距離の値を求め，その平方根を求めたのが表 3.2 のデータ欄の数値である．

平方根をとったのは，SN 比を求めるには信号の効果の大きさとノイズの効果の大きさを求める必要があるからである．そのための計算法は，2 次形式による 2 乗和の分解である．その場合，2 乗が仕事量やエネルギーの大きさになっていることが望ましい．2 乗がエネルギーに比例するように平方根を求めるのである．データの求め方は

表 3.2　割り付けとデータ（距離の平方根）

No.	b	V	Q	q	α	g	e		データ			標準 SN 比 η (db)
	1	2	3	4	5	6	7	8	N_0	N_1	N_2	
1	1	1	1	1	1	1	1	1	14.32	13.86	14.77	29.96
2	1	1	2	2	2	2	2	2	20.73	20.19	21.26	31.76
3	1	1	3	3	3	3	3	3	27.28	26.70	27.85	32.52
4	1	2	1	1	2	2	3	3	14.57	14.18	14.95	31.56
5	1	2	2	2	3	3	1	1	20.89	20.43	21.34	33.24
6	1	2	3	3	1	1	2	2	22.60	21.86	23.32	29.82
7	1	3	1	2	1	3	2	3	14.86	14.53	15.19	33.07
8	1	3	2	3	2	1	3	1	16.90	16.34	17.46	29.59
9	1	3	3	1	3	2	1	2	23.02	22.39	23.64	31.32
10	2	1	1	3	3	2	2	1	15.47	15.07	15.87	31.75
11	2	1	2	1	1	3	3	2	21.93	21.46	22.38	33.57
12	2	1	3	2	2	1	1	3	23.86	23.09	24.61	29.94
13	2	2	1	2	3	1	3	2	13.36	12.92	13.79	29.75
14	2	2	2	3	1	2	1	3	19.84	19.31	20.35	31.64
15	2	2	3	1	2	3	2	1	25.94	25.37	26.50	33.24
16	2	3	1	3	2	3	1	2	14.87	14.53	15.20	32.95
17	2	3	2	1	3	1	2	3	16.79	16.22	17.34	29.54
18	2	3	3	2	1	2	3	1	23.18	22.55	23.80	31.38

$$N_0 \text{のデータ} = \frac{4}{9.7} \times \frac{\left[\left(1 - \frac{0.1}{2}\right) \times 30\right]^2}{\left(1 + \frac{0.04}{1.6}\right)^2} \times \sin(2 \times 20) \text{ の平方根}$$

$$= 14.32 \tag{3.2}$$

$$N_1 \text{のデータ} = \frac{4}{9.7} \times \frac{\left[\left(1 - \frac{0.101}{2}\right) \times 29.7\right]^2}{\left(1 + \frac{0.040\,4}{1.584}\right)^2} \times \sin(2 \times 29) \text{ の平方根}$$

$$= 13.86 \tag{3.3}$$

$$N_2 \text{のデータ} = \frac{4}{9.7} \times \frac{\left[\left(1-\frac{0.099}{2}\right)\times 30.3\right]^2}{\left(1+\frac{0.039\,6}{1.616}\right)^2} \times \sin(2\times 31) \text{ の平方根}$$

$$= 14.77 \tag{3.4}$$

である．表 3.2 のデータから，SN 比の求め方は次のようである．信号が 1 水準でも，N_0 の出力 13.81 を信号値として，N_1, N_2 の線形式は，N_0 の出力の信号値を M，N_1, N_2 のデータを y_1, y_2 として動特性としての線形式 L_1, L_2 を次のように求める．

$$L_1 = M \times y_1$$

$$L_2 = M \times y_2 \tag{3.5}$$

したがって，r を信号値 M の 2 乗和（y_1, y_2 にかかる係数 M の 2 乗和だが，1 水準で M である）M^2 で割って求める．

$$S_\beta = \frac{(L_1+L_2)^2}{2r}$$

$$= \frac{(My_1+My_2)^2}{2M^2}$$

$$= \frac{(y_1+y_2)^2}{2} \quad (f=1) \tag{3.6}$$

$$S_{N\times\beta} = \frac{(L_1-L_2)^2}{r}$$

$$= \frac{(y_1-y_2)^2}{2} \quad (f=1) \tag{3.7}$$

$$S_T = y_1^2 + y_2^2 \quad (f=2) \tag{3.8}$$

したがって，標準 SN 比 η は信号の大きさ M^2 をノイズの大きさ V_N で割って次式で与えられる．

$$\eta = 10\log\frac{4M^2}{(y_1-y_2)^2} \tag{3.9}$$

No.1 のデータでは

$$\eta = 10\log\frac{4\times 14.32^2}{(13.86-14.77)^2}$$
$$= 29.96 \quad \text{(db)} \tag{3.10}$$

これは，出力の信号の大きさを単位にとったときのノイズの大きさのSN比である．SN比の計算はいままでどおり次のようにしてもよい．ただし，分子である信号の大きさをほぼ1に標準化したもので，分母にも同じ係数をかけて求める．SN比は次のようである．

$$\eta = 10\log\frac{\frac{1}{2r}\left(S_\beta - V_e\right)}{\frac{1}{2r}V_N}$$
$$= 10\log\frac{S_\beta - V_e}{V_N} \tag{3.11}$$

N_0の値を信号値とするのだから，その大きさは全出力の中で$2M^2$であり，ノイズの大きさはV_Nでその比(3.10)式は

$$\eta = 10\log\frac{2M^2}{V_N} \tag{3.12}$$

としたのである．(3.10)式か(3.11)式かはどちらでもよい．(3.11)式で$S_\beta \gg V_e$としてV_eを省略した式である．

(3.10)式でSN比を求めたのが表3.2の標準SN比である．

3.3　要因効果と最適条件

標準SN比が求まったら，要因効果を求める．それが**表3.3**の水準別平均である．

これをグラフに示したのが**図3.1**の要因効果図である．要因効果図から分かることは，飛距離については角度が非常に大きく，ほかの制御因子の効果は小さい．ゴルフボールを落としたい位置によって，クラブを選んでフルに近いスイングをすることが望ましいことになる．できるだけ角度は大きい方がよいからで，各ゴルフクラブに対して，フルスイングしたときの飛距離が目標の位置

表 3.3　SN 比との水準別平均

	1	2	3
b	31.58	31.54	31.31
V	31.52	31.56	31.37
Q	31.55	31.52	31.38
q	31.57	31.51	31.35
α	29.76	31.57	33.10
g	31.50	31.53	31.40

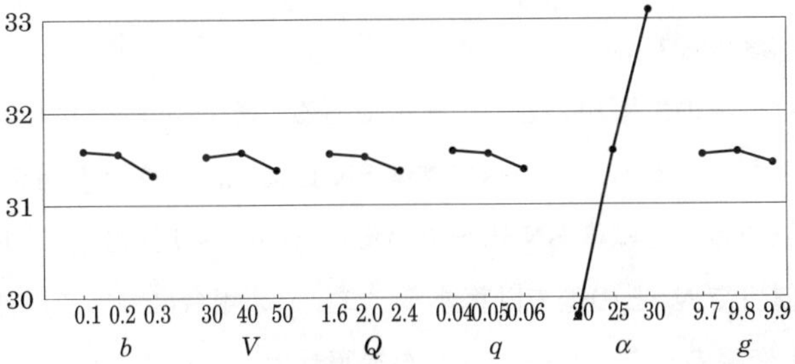

図 3.1　標準 SN 比への効果

にとどく最大の角度のものを選ぶことになる．そのとき SN 比が大きくなる．また様々な角度となるゴルフクラブが作られている理由である．

最適条件は $b_1V_2Q_1q_1\alpha_3$ である．V_2 が最大になったが V_1 とほとんど SN 比の値に差がない．SN 比は制御因子に対して一般に単調である．だから，ほとんど第 1 水準か第 3 水準がベストになる．表 3.3 から，最適条件は $b_1V_1Q_1q_1\alpha_3$ として確認計算をする．実際には，外挿した予想最適条件で確認計算をすることを勧める．

3.4　下流，条件への再現性のチェック

再現性は，シミュレーションの式のまずさ（この中には正しくない公式や公式で省略した多くの変数のみでなく，ハードを十分表現していない誤差も含まれている）を確認計算でチェックしてきた．もちろんその方法は有用と考えられるが，ここには表 3.3 から直接再現性の評価をする方法について述べる．確

認計算の方法については3.5節の例を参照せよ．

表3.1から，b, V, Q, q, αの標準SN比への1次効果を求める．正しくは表3.2のSN比の分散分析から各要因の1次効果を求める．

$$S_{bl}=0.175\,2 \tag{3.13}$$

⋮

$$S_{\alpha l}=33.300\,0 \tag{3.14}$$

⋮

$$S_{gl}=0.038\,5 \tag{3.15}$$

$$T_l=33.848\,1 \tag{3.16}$$

ゴルフには，風の影響が大きなノイズである．そのノイズはゴルフボールの方向への誤差が主である．方向への標準SN比には，わざと方向を曲げる信号すなわち回転を考えて標準SN比を求める．方向のSN比は電子回路の位相と同じくゼロ望目でN_0との差で計算する．ゴルフの場合については述べないが，4.7節の位相変調のシミュレーションを参照せよ．ゼロ望目の意味をそこで説明する．

これらの1次効果は一般には表3.2の標準SN比の分散分析から行われる．全2乗和を求める．

$$\begin{aligned} S_T &= 29.96^2+\cdots+31.38^2-\frac{283.84^2}{18} \\ &=34.318\,9 \end{aligned} \tag{3.17}$$

全2乗和で1次効果の合計S_{Tl}を割ったものが下流への再現性の予測である．それをρとおくとρが利得の下流における信頼性の推定値である．

$$\begin{aligned} \rho &= \frac{S_{Tl}}{S_T} \\ &= \frac{33.848\,1}{34.318\,9}\times 100 \\ &= 98.63 \quad (\%) \end{aligned} \tag{3.18}$$

SN比への要因の中にカテゴリー的なものがある場合には1次効果は求められない．その場合にはその効果を1次効果の仲間に入れて再現性の信頼度ρ

を求める．目標点へのチューニングは，打つときの速さ V でゴルファーが行うことである．ハードの設計時でのチューニングはなしでロバストネスを改善する．シミュレーションにおけるチューニングは 3.5 節の設計例を参照せよ．利得の信頼度は (3.18) 式から

$$予想される利得=シミュレーションでの予測\times(1\pm0.013\,7) \quad (3.19)$$

と推定する．利得とは初期設計の SN 比を最適条件の SN 比から引いたものである．

3.5　シミュレーションによる設計例―プリンタのシフト機構のシミュレーション設計計画

設計例は 1990 年米国の第 8 回 Taguchi シンポジウムで発表された沖電気の例で，出席者の多くに大きな影響を与えた．

図 3.2 の機構の改善を沖電気が行った方法を 21 世紀の方法で解析法を修正したシミュレーションによる設計を紹介する．オリジナルは参考文献 1) を見よ．

プリンタのカラーリボンシフト機構は，4 色のカラーリボンを印字ヘッドの正しい位置にガイドすることである．

1980 年代の後半で沖電気が開発した機構では，リボンガイドはリボンカートリッジから繰り出されるリボンを印字ヘッドに対して正しい位置にガイドし，位置決めを行うものである．リボンカートリッジ先端の回転変位量とリボンガイドのスライド量とが一致するのが理想的な動作である．しかし，現実には 2 つの中間リンクによる動作変換を行っているため，両者に移動量の差が生じる．この差が 1.45 mm 以上になると「リボンほつれ」（リボンのエッジを打ってしまい繊維がほつれる）や「混色」（隣接する色帯を打ってしまう）などの障害が発生し，機能を著しく損なうことになる．機能限界 $\varDelta_0$ は 1.45 mm である．

この場合の信号因子 M は，回転角度 M でその目標値は**表 3.4** のようである．

パラメータ設計のため 13 個の制御因子が**表 3.5** のように取り上げられた.

これらの制御因子は内側直交表 L_{27} に割り付けられた．制御因子の割り付けは L_{36} の方がよいし，誤差因子は，制御因子以外の設計定数も含めて調合するのがよい.

システムが複雑な場合には，すべての制御因子が標準 SN 比に影響する．したがって大きな改善をしたかったら，システムを複雑にしできるだけ多くのパラメータを取り上げる方がよい.

製造や使用条件によるばらつきはすべての設計のパラメータである因子の水準値をばらつかせる．これらをそのまま誤差因子とすると誤差因子の数が多くなり，実験（計算）回数が増加する．そこで，誤差因子の調合を行った.

調合に先立ち，因子の効果を把握するため，制御因子を第 2 水準に固定し

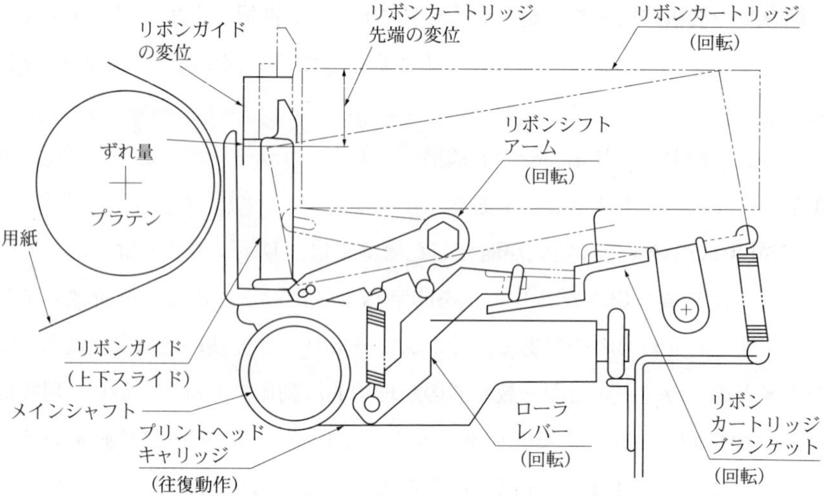

図 3.2　カラーリボンシフト機機構（断面図）

表 3.4　信号である回転角度と目標値（5 水準）

回転角度（度）M	1.3	2.6	3.9	5.2	6.5
目標値（mm）m	2.685	5.385	8.097	10.821	13.556

表 3.5 因子と水準

（単位 mm，F のみ角度）

因子 / 水準	1	2	3
A	6.0	6.5	7.0
B	31.5	33.5	35.5
C	31.24	33.24	35.24
D	9.45	10.45	11.45
E	2.2	2.5	2.8
F	45.0	47.0	49.0
G	7.03	7.83	8.63
H	9.6	10.6	11.6
I	18.0	20.0	22.0
J	80.0	82.0	84.0
K	23.5	25.5	27.5
L	61.0	63.0	65.0
M	16.0	16.5	17.0

表 3.6 誤差因子が目的関数に与える定性的影響

誤差因子	A'	B'	C'	D'	E'	F'	G'	H'	I'	J'	K'	L'	M'
作用する方向	+	−	−	+	+	+	−	−	−	+	+	−	+

て各因子が目的特性に与える定性的影響を調べた．この結果を**表 3.6** に示す．

表 3.6 のように誤差因子が目的特性に与える効果（方向）がわかったので，負側の最悪条件と正側の最悪条件の組合せから，**表 3.7** のように調合誤差因子の 2 水準 N_1, N_2 を設定した．

調合せずに外側で直交表に割り付けることもある．

1990 年の発表では，回転角度ごとに望目特性で安定性を確保した上で，回転角度ごとの目標値への調整は連立方程式により求めているため，かなり面倒な計算になっている．動作の安定性という意味では，様々なノイズの下での動作が標準条件下での動作と差がないことが保証されればよい．そこで，回転角度ごとの標準条件に対する出力を改めて信号 M の値としてノイズの下で出力に対する SN 比を向上させる方法が考えられる．その方法を示したいが元の計算をするプログラムが手許にないので，代わりに N_1, N_2 の角度ごとの平均値

表 3.7　調合誤差因子の 2 水準

因　子	N_1	N_2
A'	−0.1	+0.1
B'	+0.1	−0.1
C'	+0.1	−0.1
D'	−0.1	+0.1
E'	−0.05	+0.05
F'	−0.5	+0.5
G'	+0.1	−0.1
H'	+0.1	−0.1
I'	+0.1	−0.1
J'	−0.15	+0.15
K'	+0.15	−0.15
L'	+0.15	−0.15
M'	−0.15	+0.15

を標準の代用にした．この方法は，N_1, N_2 の出力が標準の出力に対して絶対値がほぼ等しく，符号が異なっているときにはほぼ正しい．標準条件の出力値を信号に用いる SN 比を標準 SN 比，平均値を代用するときの SN 比を平均値代用標準 SN 比という．計算法は普通の SN 比と同じである．ここには平均値を N_0 の出力の代わりに用いる平均値代用標準 SN 比の方法を示す．この設計では，N_0 の出力値は N_1, N_2 の出力値の平均におおよそ等しいのである．図 3.4 を見よ．

3.6　SN 比（平均値代用標準 SN 比）の求め方と最適条件

直交表（ここでは L_{27}）の No.1 の場合，標準条件で計算された回転角度ごとのスライド量，及び，N_1, N_2 の下でのスライド量が**表 3.8** のようである．標準条件の出力（M）は N_1, N_2 の出力の平均である．

信号の大きさは N_0 の出力の 2 乗和

$$r=3.255^2+\cdots+14.825^2$$

$$=496.495\,672 \qquad (3.20)$$

の 2 倍で SN 比 η は

表 3.8　No.1 のデータ

回転角（度） 標準条件（M）	1.3° 3.255	2.6° 6.245	3.9° 9.089	5.2° 11.926	6.5° 14.825	線形式 L
N_1	3.013	5.833	8.590	11.400	14.320	472.604 910
N_2	3.497	6.657	9.588	12.460	15.330	516.016 082

表 3.9　2 乗和の分解

Source	f	S	V
β	1	988.620 992	988.620 992
$N\times\beta$	1	1.906 221	1.906 221
e	8	0.120 247	0.015 031
(N)	9	2.026 468	0.225 163
T	10	990.647 460	

$$\eta = 10\log\frac{2r}{V_N}$$

$$= 36.43 \qquad (3.21)$$

である．

No.2 以下についても標準条件におけるスライド量を信号にして SN 比を求めるべきだが，ここでは信号の水準値は実験番号ごとの N_1, N_2 の出力の平均として計算した値である．No.1 ～ No.27 のすべてで異なることになる．

以下に，割付けと SN 比を**表 3.10** に示す．要因効果図を**図 3.3** に示す．ただし，図 3.3 にはチューニングのための 1 次係数 β_1 と 2 次係数 β_2 も示した．合わせ込みについては 3.7 節を見よ．

最適条件は $A_1B_3C_3D_1E_1F_1G_3H_1I_4J_1K_1L_3M_3$ で，この条件は，沖電気で指摘されたものと同じである．確認計算の合わせ込む前と合わせ込んだ後の動作範囲を図 3.3 に示した．

このシミュレーションの計算には技術戦略が示され，多大の影響を米国の一部に与えた．しかし米国では誤差因子を調合しないで，外側の直交表に誤差因子を割り付けてSN比を求めることが多い．図3.3に近似的な標準SN比とチューニングのための1次係数，2次係数への制御因子の効果図を示した．それは参考のためでしかない．

図3.3の標準SN比のグラフから，最適条件を求める．$A_1B_3C_3D_1E_1F_1G_3H_1I_1J_1K_1L_3M_3$である．初期条件，環境条件と更に外挿した最適条件の3種の設計に対して，N_0, N_1, N_2の出力を求めて確認計算をする．利得の予想は，外挿条件ではほぼ最適条件の2倍になると期待される．このようなことがシミュ

表 3.10　割付けと平均値を用いたSN比

No.	A 1	B 2	C 3	D 4	E 5	F 6	G 7	H 8	I 9	J 10	K 11	L 12	M 13	η (db)
1	1	1	1	1	1	1	1	1	1	1	1	1	1	36.43
2	1	1	1	1	2	2	2	2	2	2	2	2	2	34.87
3	1	1	1	1	3	3	3	3	3	3	3	3	3	33.44
4	1	2	2	2	1	1	1	2	2	2	3	3	3	39.41
5	1	2	2	2	2	2	2	3	3	3	1	1	1	33.40
6	1	2	2	2	3	3	3	1	1	1	2	2	2	36.03
7	1	3	3	3	1	1	1	3	3	3	2	2	2	36.99
8	1	3	3	3	2	2	2	1	1	1	3	3	3	41.09
9	1	3	3	3	3	3	3	2	2	2	1	1	1	34.35
10	2	1	2	3	1	2	3	1	2	3	1	2	3	35.99
11	2	1	2	3	2	3	1	2	3	1	2	3	1	34.79
12	2	1	2	3	3	1	2	3	1	2	3	1	2	33.22
13	2	2	3	1	1	2	3	2	3	1	3	1	2	38.05
14	2	2	3	1	2	3	1	3	1	2	1	2	3	38.18
15	2	2	3	1	3	1	2	1	2	3	2	3	1	37.79
16	2	3	1	2	1	2	3	3	1	2	2	3	1	34.66
17	2	3	1	2	2	3	1	1	2	3	3	1	2	30.86
18	2	3	1	2	3	1	2	2	3	1	1	2	3	35.94
19	3	1	3	2	1	3	2	1	3	2	1	3	2	37.90
20	3	1	3	2	2	1	3	2	1	3	2	1	3	36.05
21	3	1	3	2	3	2	1	3	2	1	3	2	1	34.82
22	3	2	1	3	1	3	2	2	1	3	3	2	1	30.52
23	3	2	1	3	2	1	3	3	2	1	1	3	2	35.43
24	3	2	1	3	3	2	1	1	3	2	2	1	3	31.56
25	3	3	2	1	1	3	2	3	2	1	2	1	3	35.17
26	3	3	2	1	2	1	3	1	3	2	3	2	1	35.82
27	3	3	2	1	3	2	1	2	1	3	1	3	2	34.78

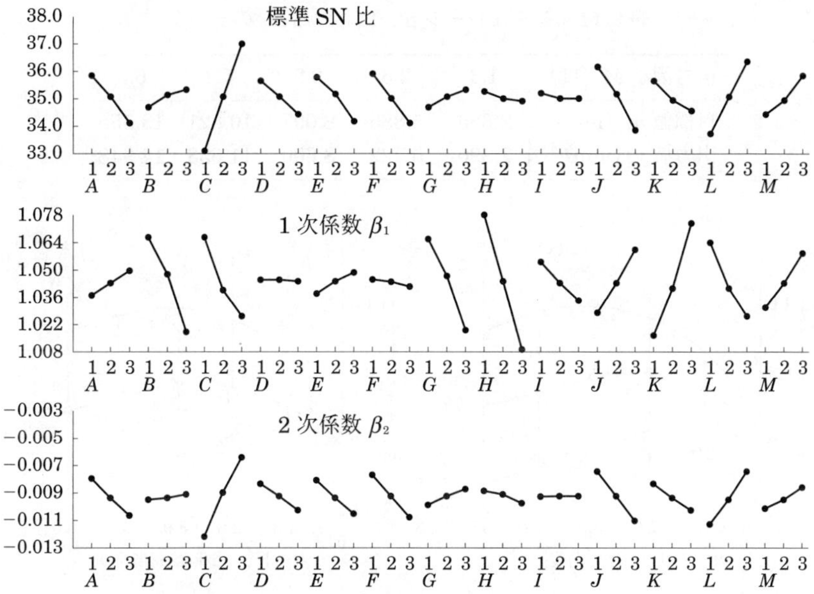

図 3.3　要因効果図，SN 比と β_1, β_2

レーションによる設計の重要さである．ここには N_0 のデータがないので，N_1, N_2 の平均値で N_0 の出力の代用とする．そのことは沖電気による報告図 3.4 から分かる．元の設計値の出力の平均値は，N_1, N_2 の真中付近にあるからである．シミュレーションでは，制御因子も誤差因子も少しだけ変えて行う．しかし大胆に外挿して良い条件を求めることを勧める．

3.7　目的機能への合わせ込み，直交展開の方法

最適条件での N_0 のデータ（ここでは N_1, N_2 の平均）を**表 3.11** に示した．目標値からの差を示したのが**図 3.4** の右側の図である．

図 3.4 からも分かるように，目標値からの差は比例定数が正で，しかも曲率もある．差に対する比例定数を 0（差でなければ比例定数を 1）にし，曲率もゼロにしたのである．それが 2 次までの合わせ込みで，沖電気は 2 因子で合わせ込みをやり図 3.4 の左の図のようになったことを報告している．ここには新しい合わせ込みの方法を示す．新しい方法の方が簡単で能率的である．

表 3.11　シミュレーションにおける N_0 のデータ

信号因子 M（度）	1.3	2.6	3.9	5.2	6.5
目標値 m（mm）	2.685	5.385	8.097	10.821	13.555
出力値 y（mm）	2.890	5.722	8.600	11.633	14.948

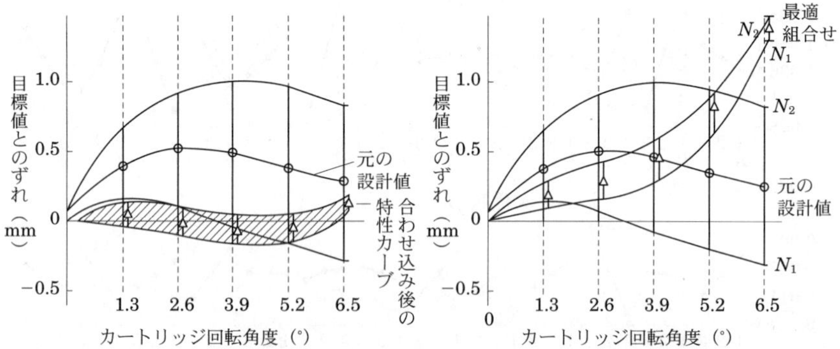

図 3.4　合わせ込む前（左）と合わせ込み後（右）の動作範囲

SN 比最適条件では，N_0 のデータは N_1, N_2 の平均として表 3.11 のようである．信号因子の角度 M に対する目標値 m の値と出力 y である．

表 3.11 をグラフで示せば図 3.4 の右側のようである．

図 3.4 から分かることは，目標値に対して SN 比最適での出力値（標準条件における）は比例定数が 1 でなく，その上に曲率を持ってずれていることである．比例定数（β_1 で示す）が 1 より大きいので β_1 を 1 にする代わりに M を補正することにする．すなわち β_1 を 1 にする代わりに信号 M を (3.22) 式の M^* に補正すればよい．ほかの例では，信号 M を (3.22) 式に従って M^* に補正できない場合もある．

$$M^* = \frac{1}{\beta_1} \times M \qquad (3.22)$$

$\beta_1 - 1 = 0$ になるように信号因子で補正する場合が一般的だが，場合によっては制御因子で合わせ込むこともある．どちらを用いるかは設計者の自由で品質工学の上では規定せず，比例項のチューニングは容易だからということでほとんど説明をしてこなかった．

制御因子で補正するためのデータ解析を説明する．信号で補正するのが普通であることを忘れないことである．

表 3.11 のデータで，目標値 m と標準条件 N_0 での出力値 y はずれている．そのずれを小さくするのが合わせ込みである．合わせ込みの精度を問題にする．そのためには直交展開式 (2.16) 式の第 1 項，第 2 項の大きさを出力値 y の 2 乗和の直交分解で行う．目標からの差で分散分析をすることも多い．

まず全出力の変動 S_T は自由度 5 で

$$S_T = 2.890^2 + \cdots + 14.948^2$$
$$= 473.812\,784 \quad (f=5) \tag{3.23}$$

また比例項の変動 S_{β_1} は，

$$S_{\beta_1} = \frac{(m_1y_1 + m_2y_2 + \cdots + m_5y_5)^2}{{m_1}^2 + {m_2}^2 + \cdots + {m_5}^2}$$
$$= \frac{(2.685 \times 2.890 + \cdots + 13.555 \times 14.948)^2}{2.685^2 + \cdots + 13.555^2}$$
$$= 473.695\,42 \tag{3.24}$$

また比例項の係数 β_1 の推定は次式による．

$$\beta_1 = \frac{m_1y_1 + m_2y_2 + \cdots + m_5y_5}{m_1 + m_2 + \cdots + m_5}$$
$$= \frac{436.707\,653}{402.600\,925}$$
$$= 1.084\,7 \tag{3.25}$$

信号による合わせ込みは，信号である角度 M を 1/1.084 7 に補正することである．制御因子を使う方法は β_1 に効く制御因子を 1 つ用いる方法である．

次に直交展開式 (2.16) 式を用いて 2 次項の解析をするには次の定数 K_2, K_3 を求めて 2 次項の式を作ることである．

$$K_2=\frac{1}{5}\left(m_1{}^2+m_2{}^2+\cdots+m_5{}^2\right)$$
$$=\frac{1}{5}\left(2.685^2+\cdots+13.555^2\right)$$
$$=80.520\,185 \tag{3.26}$$

$$K_3=\frac{1}{5}\left(m_1{}^3+m_2{}^3+\cdots+m_5{}^3\right)$$
$$=\frac{1}{5}\left(2.685^3+\cdots+13.555^3\right)$$
$$=892.801\,297 \tag{3.27}$$

したがって2次項は(2.16)式の第2項から

$$\beta_2\left(m^2-\frac{K_3}{K_2}m\right)=\beta_2\left(m^2-\frac{892.801\,297}{80.520\,185}m\right)$$
$$=\beta_2\left(m^2-11.089\,7m\right) \tag{3.28}$$

次にβ_2を求めたり，2次項の変動を求めるためには$m_1, m_2, \cdots, m_5$に対する2次項の係数$w_1, w_2, \cdots, w_5$を次式で求める必要がある．

$$w_i=m_i{}^2-11.089\,7m_i \quad (i=1, 2, \cdots, 5) \tag{3.29}$$

実際に求める．

$$w_1=2.685^2-11.089\,7\times2.685$$
$$=-22.567 \tag{3.30}$$
$$w_2=5.385^2-11.089\,7\times5.385$$
$$=-30.720 \tag{3.31}$$
$$w_3=8.097^2-11.089\,7\times8.097$$
$$=-24.232 \tag{3.32}$$
$$w_4=10.821^2-11.089\,7\times10.821$$
$$=-2.907\,6 \tag{3.33}$$
$$w_5=13.555^2-11.089\,7\times13.555$$
$$=33.417 \tag{3.34}$$

これらの係数$w_1, w_2, \cdots, w_5$を用いて2次項の線形式L_2は次式で求まる．

$$L_2=w_1y_1+w_2y_2+\cdots+w_5y_5$$

$$=-22.567\times2.890+\cdots+33.477\times14.948$$
$$=16.299\,5 \qquad (3.35)$$

これから2次項の変動 $S_{\beta 2}$ は，線形式 L_2 の係数 w_1, w_2, …, w_5 の2乗和 r_2 を

$$r_2=w_1{}^2+w_2{}^2+\cdots+w_5{}^2$$
$$=(-22.567)^2+\cdots+33.477^2$$
$$=3\,165.33 \qquad (3.36)$$

で求めて L_2 の2乗を割れば求まる．線形式の変動はその2乗を単位数（係数の2乗和）で割れば求まる．したがって

$$S_{\beta_2}=\frac{16.299\,5^2}{3\,165.33}$$
$$=0.083\,932 \qquad (3.37)$$

また2次項の係数 β_2 の推定値は次式で求める．

$$\beta_2=\frac{L_2}{r_2}$$
$$=\frac{16.299\,5}{3\,165.33}$$
$$=0.005\,149 \qquad (3.38)$$

したがって，SN比を最適化した設計で，標準使用条件 N_0 の出力データを求めたら，目標値との比較の分散分析表は，**表 3.12** のようになる．これは通常の実験計画における ANOVA である．

表 3.12 合わせ込みのための ANOVA
（2次項まで）

Source	β	S	V
β_1	1	473.695 042	
β_2	1	0.083 932	
e	3	0.033 900	0.011 300
T	5	473.812 874	
(β_2+e)	(4)	(0.117 832)	(0.029 458)

このような目的機能との比較の2乗和の分析は，合わせ込み（チューニング）前に行う重要なステップである．それは合わせ込みの前に合わせ込みの精度を予測できるからである．

図3.4は最適条件に対するシミュレーションによる動作範囲である．合わせ込みの前よりばらつき範囲が数分の1に減っている．

3.8　合わせ込みの経済評価

合わせ込みの経済評価は，SN比の場合と異なって絶対的な評価である．実際に合わせ込みをする前に経済評価が次のようにできるからである．

3.5節より機能限界 Δ_0 は1.45 mmだから損失関数 L_1 は

$$L = \frac{A_0}{{\Delta_0}^2}\sigma^2$$

$$= \frac{A_0}{1.45^2}\sigma^2 \tag{3.39}$$

ここに，A_0 は市場で機能限界1.45 mmを超えたときの損失で，クレーム先で修理などのクレーム処理のコストである．ここでは A_0=30,000円と仮定する．σ^2 の中には合わせ込みの誤差とSN比誤差が含まれている．それらは独立である．

SN比誤差の絶対評価は困難である．その理由は環境，劣化，品物間の誤差はその大きさの絶対値が不明である．SN比の利得は損失の相対比較である．しかし，合わせ込み誤差は，その誤差分散を次のように求めて絶対評価ができる．

(1)　1次項のみ合わせ込みしたとき

誤差分散 ${\sigma_1}^2$ は次のようになる．

$${\sigma_1}^2 = \frac{S_{\beta_2} + S_e}{4}$$

$$= \frac{0.083\,932 + 0.033\,930}{4}$$

$$= 0.029\,458 \tag{3.40}$$

(2)　2 次項まで合わせ込んだとき

誤差分散 $\sigma_2{}^2$ は次のようである．

$$\sigma_2{}^2 = \frac{S_e}{3} = \frac{0.033\,930}{3} = 0.011\,30 \tag{3.41}$$

そしてこれらを (3.39) 式に代入すればよいからである．1 次項のみを合わせ込みしたとき損失は

$$L_1 = \frac{30\,000}{1.45^2} \times 0.029\,458 = 420.3 \quad (円) \tag{3.42}$$

1 次項，2 次項の合わせ込みをしたときの損失は

$$L_2 = \frac{30\,000}{1.45^2} \times 0.011\,30 = 161.2 \quad (円) \tag{3.43}$$

したがって 2 次項まで合わせ込めば，1 次項のみの場合より

$$420.3 - 161.2 = 259.1 \quad (円) \tag{3.44}$$

の改善である．月産 2 万台でも月に約 518 万円の品質改善である．

参 考 文 献

1) 国峰尚樹：機構設計における寸法パラメータの最適化―メカニズム動作精度の向上―　第 8 回タグチシンポジウム，1990

第4章　シミュレーションによる機能性の設計—様々な問題

4.1　シミュレーションによる機能性の設計——様々な問題

コンピュータの中で計算式を用いて，目的機能のロバストネス（信頼性）を設計する方法として

第1段　ロバストネスの設計

第2段　目標機能への合わせ込み

を説明した．第1段と第2段の両方で機能の確実性，信頼性が設計される．しかし，実際の問題では，信号，ノイズ，計測特性についていろいろの場合が発生する．

① 信号Mと出力特性yの理想関係を信号の途中で変えたいとき

② ノイズが調合できないとき

③ 信号もノイズも複素数の場合

④ 信号もノイズも多次元ベクトルのとき

⑤ 信号の種類が非常に多いとき

これらの中で①を4.2節で，③を4.3節で解説した．どれも設計の実施例である．②は誤差因子を外側の直交表に割り付ける方法である．4.6節を見よ．④，⑤は第8章からの実施例及び第5章，第6章を参照してほしい．

消費者の使用条件は不明のものが多いから，シミュレーションの式の中のすべてを誤差因子にして，ノイズとすることが信頼性の上で重要である．例えば標準の電源電圧が100 Vのとき，その中心値は変圧器などで変えられるが，100 Vの前後に±5 Vくらいばらついているときその対策をどうするかである．一般にノイズ因子は制御因子よりはるかに多い．したがって，シミュレーションではすべての因子についても微少変化を与えてノイズの効果を評価することを勧める．

また，制御因子もあまり大幅に変えないで，シミュレーションの計算でどちらの方向がロバストかを調べる．標準SN比の最適点は，制御因子の中間点にないことが多いからである．SN比に対する制御因子の効果はほとんど単調で

ある．制御因子の水準について，取り上げた範囲の最適水準のみでなく，それぞれの制御因子について外挿した実施可能の水準も取り上げる．すなわち次の3条件

① Q_0：初期（現行）条件

② Q_1：シミュレーションの実験で取り上げた範囲の最適条件

③ Q_2：外挿したもっと良いと思われる条件

で確認実験（シミュレーションによる）をしてみることを勧める．

実施例に示されているそれぞれの設計はその時代としてはすぐれたものであるが，最新の方法から見ると問題があり，参考にするときは注意して読むことを勧める．

4.2　スイッチの機能の設計

2000年10月31日のASIシンポジウムでITTから次のような実施例の発表があった．ITTは品質工学の応用としては世界のトップ企業の1つである．この実施例は社内の第13回Taguchi Methods Symposium（非公開）でも発表され，同社のコンサルタント，Madhav Phadke, Shin Taguchi，発表者であるSylvain Rockon（フランス），Peter Walcox（米）の間に激しい議論があったと聞いていた．表題は次のとおりである．

“New Ultraminiature KMS tact switch optimization using Taguchi's parameter design method”

携帯電話用も兼ねた新超小型のKMSのタクトスイッチで，フランスのITTキヤノンのドール部門で開発されたものである．このスイッチは少なくとも30万回2ニュートンの目標力でスイッチの作動を行うとともに，作動が指先に知覚できる機能であることが要求されている．同社では2002年の市場の大きさは3 000万個と予想していた製品である．

図4.1のような曲線が目的機能である．スイッチを押していく途中の道程（deflection，時間で表してもよい）でまず押し圧力が最大（目標値は2ニュートンであるが2段階設計では目標値は後で考える）になり，そのあと急に

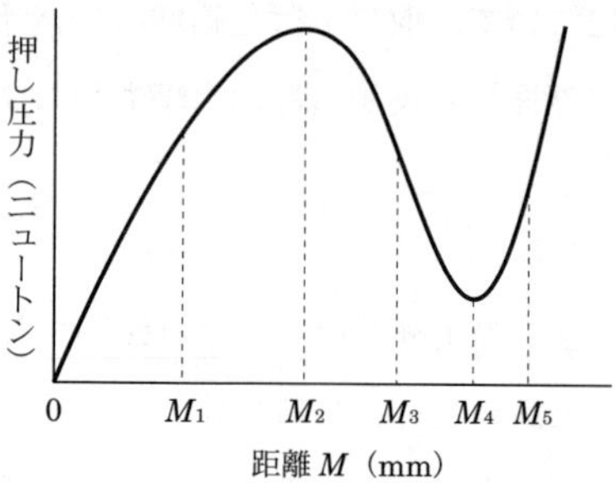

図 4.1　スイッチ機能，信号と押し圧力の関係

押し圧力がゼロに近づく（ゼロにならなくてもよい）のが良い．押し圧がゼロに近づいた点からは急速に圧が上がってそれ以上は大きく動かない方が良い．このようなスイッチの機能は携帯電話のみでなく，すべてのスイッチについても言えることである．

スイッチの最大押し圧力の点を M_2，最小の押し圧力の点を M_4 とする．コンピュータシミュレーションは途中の圧力をほぼ連続的に求める．その曲線は図 4.1 のように，M_2, M_4 の 2 点で信号 M に対する関係を大きく変えたいのである．特に M_2 点でスイッチが入ったことがユーザーに分かるようにしたいのである．その後はあまり大きく動かないように M_5 の近傍では急速に押し圧を大きくする．

このようなスイッチ機能は，携帯電話のみでなくパソコンのキーなども含めてすべてのキーやスイッチにある．キーを押し続けると M_2 点でクリックし，その後は押す力 y が急に小さくなり，ある所 M_4 で最小値をとるが，それ以後は急速に大きくなる．M_2 の点，M_4 の点はそのような信号（deflection，押込み量）M に対して機能を示す曲線が急に変化する点である．M_2, M_4 は信号と出力の関係を変化させる点である．したがってこの研究は，2 つのタイミング点（M_2, M_4 に対する信号値）M_2, M_4 で理想的な圧力に変化することが要求されているのである．そういう意味で，前章の沖電気のプリンタにおけるリボンのシフト機構と並んでシミュレーションによる機能性の研究としては画期的な設計事例である．前者は 1990 年の ASI シンポジウムで発表され，米国に大きな影響を与えた．シミュレーションによるロバストネスでは，環境や劣化からノイズを取り上げないで多くが制御因子である設計定数の水準値の前後のばらつきをノイズとして調合してSN比を求めた点にある．後者はスイッチの機能は途中の信号の水準値で現象が突然に変わることを目的とする複雑な動的機能を理想とする曲線が要求されている例である．

どんな場合でも1つの信号に対してはSN比はできるだけ1つにするのが品質工学の立場である．ITTの例は新しい複雑な機能を1つのSN比で取り上げようとして中点の比例式だけを考えた．そのようなSN比の計算では不十分であった．事例の方法がまずいと言っているのではない．信号は全範囲でSN比を求め，ノイズは2水準にして1つのSN比を求める．

2段階設計の考え方と異なっていてまずいということである．2例とも品質工学の手法の上で画期的な例である．ここでは新しい考え方を説明する．

4.3　信号のとり方とノイズのとり方

図4.1では発表と異なり信号の水準値を5通り（シミュレーションで求めたすべての点の方が良い）にとる．

① M_1 ：ゼロと M_2 の中間である

② M_2 ：圧力が最大になる水準値で実験ごとに変わる

③ M_3 ： M_2 と M_4 の中間で $(M_2+M_4)/2$ である

④ M_4 ：圧力が最小になる点で実験ごとに変わる

⑤ M_5 ： M_4 の外で適当にとってよい．不明なら，$M_5=M_4+(1/2)\times(M_4-M_2)$ とする．

M_2, M_4 は観測された水準の値の点でその上で理想的な曲線を考える．理想機能を $\beta_0(M)$ とおく．β_{10}, β_{20}, β_{30} は正，負，正の定数である．ここでは理想機能 $\beta_0(M)$ を

$$\beta_0(M)=\begin{cases}\beta_{10}M & (\beta_{10}>0 \text{ で } M\le M_2)\\ \beta_{20}M & (\beta_{20}<0 \text{ で } M_2\le M\le M_4)\\ \beta_{30}M & (\beta_{30}>0 \text{ で } M>M_4)\end{cases} \tag{4.1}$$

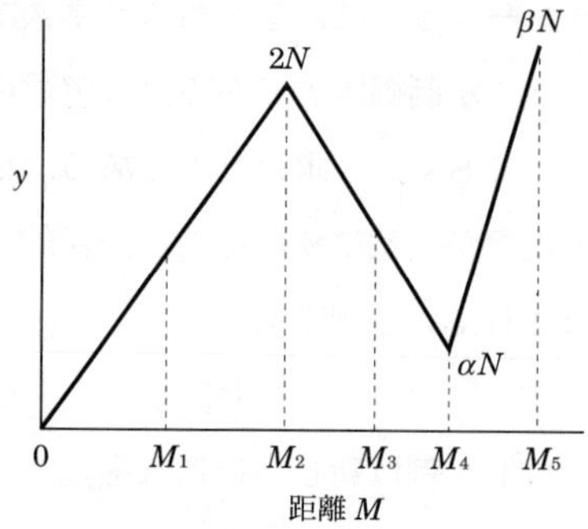

図 4.2　理想曲線

とする．理想曲線は**図 4.2** のようである．

品質工学（品質を高める工学であるがその汎用手段すなわち戦略がタグチメソッドである）では M_2 の点に目標値は $2N$，M_4 の点ではある小さな値 αN としているが第 1 段階のロバスト設計ではそのことは考えない．このように信号 M に対して多段の理想機能が要求されたときのロバストネスの評価はどのようにしたらよいのだろうか．

この場合，実用上 2 つの機能と考える．1 つはタイミングの機能だがそれは信号としての機能押込み量 M と圧力 y の関係のばらつきが減ればチューニングのみで済む．したがって，信号 M に対する圧力のデータの SN 比を求めることで十分と考える．

ノイズのとり方は，制御因子などの水準値のそれぞれに対して前後にばらつきをとり，調合するのが普通である．この論文では $\boldsymbol{Q}, \boldsymbol{P}$ が材料の厚さと寸法のばらつきであるが誤差因子の調合のことは報告には詳しく書いていない．品質工学の立場からは，$\boldsymbol{Q}, \boldsymbol{P}$ を含めた全誤差因子について調合する．ノイズとして取り上げた寿命試験はハードの場合 1 時間くらいの寿命試験なら行うこともあるが，1 回目と 30 万回目という 2 水準をどのようにしてシミュレーションの中に入れたのか論文からは分からない．劣化による変化があってもそれはノイズ因子の 2 水準の幅に，例えば寸法に反映させるだけでよい．寿命，環境はシミュレーションでは直接には取り上げない．

問題は標準条件（初期でしかも標準使用条件）N_0 での圧力のデータがとられていないことである．誤差を調合して次のように N の 3 水準をとる．調合できないときは誤差を外側の直交表に割り付ける．ここでは

① N_0=標準条件

② N_1=負側条件（出力が重要な点 M_2 で N_0 より小さくなる条件）

③ N_2=正側条件（出力が重要な点 M_2 で N_0 より大きくなる条件）

としてシミュレーションで**表 4.1** のようなデータを求める．プリンタのリボン動作と同じである．もし，N_1, N_2 で N_0 の前後にほぼ等しく動くことが予想されるときは，N_1, N_2 の平均値を N_0 のデータとしてもよい．N_1 と N_2 の平均値が N_0 のデータにほぼ等しいときである．

表 4.1　シミュレーションデータ

M の観測値	M_1	M_2	M_3	M_4	M_5
N_0	y_{01}	y_{02}	y_{03}	y_{04}	y_{05}
N_1	y_{11}	y_{12}	y_{13}	y_{14}	y_{15}
N_2	y_{21}	y_{22}	y_{23}	y_{24}	y_{25}

実際のシミュレーション計算では非常に多くの信号の水準値に対して，図 4.1 のような出力のほぼ連続曲線を求めてから M_1, M_2, M_3, M_4, M_5 に対する圧力を求めたのが 4.6 節の**表 4.2** である．表 4.2 において，信号 M は M_2, M_4 が観測値で，M_1, M_3 はそれから次のように決めた値，M_5 は適当な値である．

$$M_1 = \frac{1}{2} M_2 \tag{4.2}$$

$$M_3 = \frac{1}{2}(M_2 + M_4) \tag{4.3}$$

4.4　SN 比の求め方

表 4.1 のデータから，SN 比 η と感度 S を求める．ロバストネスとは標準条件 N_0 での機能が品物間のばらつき，使用環境の変化，劣化などで変わらない

ことである．標準条件での機能は第1段階のロバストネスの開発研究では目標曲線と変わっていてもよい．N_0 における機能がノイズによって変化しないようにしたいのである．ロバストネス（機能性）の評価では N_0 の出力 y_{01}, $y_{02}, y_{03}, y_{04}, y_{05}$ が信号である．したがって，理想機能は次の比例式になる．

$$y=\beta y_0 \tag{4.4}$$

ユーザーの信号 M と混同しないように，$y_{01}, y_{02}, \cdots, y_{05}$ を改めて $M_{01}, M_{02}, \cdots, M_{05}$ とおけば，理想関係は

$$y=\beta M_0 \tag{4.5}$$

である．M_0 は標準条件での出力 y の値であり，その5水準は制御因子を割り付けた内側直交表の実験番号ごとに異なるのである．したがって実験番号ごとに異なった信号の水準でSN比 η を求めることになる．$M_{01}, M_{02}, \cdots, M_{05}$ は観測値 $y_{01}, y_{02}, \cdots, y_{05}$ であることを忘れずに次のように計算する．

$$S_T={y_{11}}^2+{y_{12}}^2+\cdots+{y_{25}}^2 \quad (f=10) \tag{4.6}$$

$$L_1=M_{01}y_{11}+M_{02}y_{12}+\cdots+M_{05}y_{15} \tag{4.7}$$

$$L_2=M_{01}y_{21}+M_{02}y_{22}+\cdots+M_{05}y_{25} \tag{4.8}$$

$$S_\beta=\frac{(L_1+L_2)^2}{2r} \quad (f=1) \tag{4.9}$$

$$r={M_{01}}^2+{M_{02}}^2+\cdots+{M_{05}}^2 \tag{4.10}$$

$$S_{N\times\beta}=\frac{{L_1}^2+{L_2}^2}{r}-S_\beta \quad (f=1) \tag{4.11}$$

$$S_e=S_T-(S_\beta+S_{N\times\beta}) \quad (f=8) \tag{4.12}$$

$$V_e=\frac{S_e}{8} \tag{4.13}$$

$$V_N=\frac{S_e+S_{N\times\beta}}{9} \tag{4.14}$$

これからSN比 η は次式で求める．もちろん標準SN比である．

$$\eta=10\log\frac{2r}{V_N} \tag{4.15}$$

N_0 の出力 M_1, M_2, M_3, M_4, M_5 の 2 乗和が r である．信号に対する出力がどんなに複雑でも，N_0 の出力に対しては比例式の SN 比である．

SN 比 η の最適条件こそロバストネスだからである．M_2, M_4 での圧力 y の目標値 $2N$，αN はチューニングという合わせ込みの問題は次節に述べる．合わせ込みについては標準条件の出力を信号の目標値に合わせることである．

上の SN 比は N_1, N_2 における M_2, M_4 の変化を誤差から除いている．その理由は，M_2, M_4 がノイズで変化するのはスイッチ動作が早くなったり遅くなったりしてもたいして困らないからである．図 4.1 の曲線で，M_2 の圧力が $2N$ で，M_4 の圧力が αN でありさえすればよいからである．動作点の安定性がどうしても不安というなら，動作点 M_2, M_4 のデータを SN 比の最適条件に対して，N_0, N_1, N_2 における動作点 M_2, M_4 のデータをとって調べるとよい．

動作点のばらつきを少なくするための SN 比を求めてロバスト設計を行うこともある．それは圧力 y と動作点 M のどちらが重要かという問題になる．1 つの信号に対する機能性（機能のばらつき）の問題は 1 つを改善すれば他も改善されることが多いということである．その点が今までの設計研究の方法（出力が M_2, M_4 の目標値 M_{20} と M_{40} を目標に合わせることとそこでの圧力を目標値 2 ニュートン，α ニュートンに一致させることを同時に設計空間でサーチする方法である．信号 M の機能限界と目標圧力の機能限界を求め，その逆数の重みをつけた誤差の 2 乗和を最小にする方法と言ってもよい）と異なるのである．

今までの研究方法は，目的を調べている．品質工学の中のタグチメソッドの本質は目的機能性を改善したいとき

① **目的機能との差を直接評価してはまずい．**

のである．タグチメソッドでは 2 段階設計をせよということである．すなわち，

② 第 1 段階：ノイズによるばらつきを小さくするロバストネスの設計

③ 第 2 段階：標準条件での目的機能へのチューニング（合わせ込み）設計

シミュレーションでは，ノイズは設計定数のすべてからとったり，一部の設

計定数のみからとることもある．そのためには制御因子の初期条件でノイズのみを割り付けて研究することが多い．

4.5　設計の第2段階，チューニングの方法

ロバストネスとは機能がばらつかないことである．このスイッチの目的機能は，M_2, M_4 とそこでの圧力 y_2, y_4 である．前節に示したように SN 比を最大にする設計条件で確認計算をする．N_0 のデータで M_2, M_4, y_2, y_4 が目標値と一致していればチューニングは不要である．チューニングは昔から技術者が行ってきた方法でもある．N_1, N_2 のデータは不要である．

(1)　M_2, M_4 の変位点はスイッチ全体の押し深さのどの辺で圧力が最大（目標値は2ニュートン）になり，最小値は αN，例えば0.5ニュートンになっていたらユーザーは納得するかどうかである．ユーザーの要求に合わせるのは標準条件 N_0 のみの研究でよい．M_2, M_4 をどれくらいにするかはユーザーの好みに合わせることでそれほど要求が精密ではないのが普通である．信号であるスイッチの動く範囲をどれくらいにし，その範囲の何％くらいのところに M_2 をとるかである．その点 M_2 を全体の距離（発表者は deflection と言っている）の例えば30％から60％の位置ならば普通は十分である．むしろ全体の動く範囲をどうするかの方が重要なチューニングである．M_4 の位置はもっと自由である．M_2 でクリックするならそこでスイッチが入ったと分かるからユーザーはすぐに押すのをやめてよいからである．しかし，目標範囲から大きくずれているときには目標範囲に合わせ込むことになる．制御因子の中で SN 比にはあまり効かないが，M_2 の値に大きく効くものを選んでよい．直交表に割り付けたものと別の設計定数を使ってもよい．

(2)　M_2, M_4 の値を目標範囲に入れた後で，M_2 で圧力 y の値を $2N$ に近づけなければならない．その方法は SN 比を求めたロバスト設計のデータの中の感度に効く制御因子1個で行うのが普通である．

今その制御因子を B とする．SN 比最適条件で因子 B のみ動かして M_2 での y を求める．

条件	圧力のデータ y
B_1	y_1
B_2	y_2
B_3	y_3

これから B の 3 水準が等間隔（間隔 h）で，データ y_1, y_2, y_3 が求められているなら，1 次式で展開して，

$$y=m+b\,(B-\bar{B}) \tag{4.16}$$

ここに，変数 B の中心 B_2 は $\bar{B}$ であり，定数 m と 1 次係数 b は次のように求める．

$$m=\frac{1}{3}\left(y_1+y_2+y_3\right) \tag{4.17}$$

$$b=\frac{-y_1+y_3}{2h} \tag{4.18}$$

である．したがって B を次のように求めれば N_0 における M_2 の圧力はちょうど 2N になる．これがチューニングである．

$$B=B_2+\frac{2N-m}{b} \tag{4.19}$$

4.6 信号と各制御因子の水準値のまわりのノイズを外側直交表に割り付ける場合

スイッチの設計で信号因子の 5 水準は今までどおりである．誤差因子は，少なくとも制御因子の数だけある．内側と同じ直交表 L_{18} か L_{12} に割り付けることが普通である．誤差因子を $A'B'\cdots H'$ としてどれも水準値の前後に，例えば ±2% にとる．その誤差には環境による変化や劣化も考慮されているが，およその変化でよい．ただし，制御因子 A は 2 水準で誤差因子 A' も 2 水準とする．

内側直交表の番号ごとに外側に**表 4.2** のような割り付けでデータを求めることになる．外側の直交表 L_{18} の 18 水準 $N_1, N_2, \cdots, N_{18}$ ごとに連続（に近い）

曲線から，M_2, M_4 を読みとり，M_1, M_2, M_3, M_4, M_5 の出力を読みとる．それが表 4.2 のデータである．

M_1, M_2, …, M_5 は標準使用条件でのグラフから読んだ信号因子の出力の読み値である．y_{11}, y_{12}, …, y_{15} はノイズ条件 N_1 での押し圧の読み値である．上のようなデータが制御因子を割り付けた実験番号に存在する．表中の L_i は

$$L_i=M_1y_{i1}+M_2y_{i2}+\cdots+M_5y_{i5} \quad (i=1, 2, \cdots, 18) \tag{4.20}$$

表 4.2 は表 4.1 の N の水準が N_0 以外に 18 水準 N_1, N_2, …, N_{18} となっただけである．

$$S_T=y_{11}{}^2+y_{12}{}^2+\cdots+y_{18.5}{}^2 \quad (f=90) \tag{4.21}$$

$$S_\beta=\frac{L^2}{18\times r} \quad (f=1) \tag{4.22}$$

表 4.2　外側のデータ

N	誤差因子								N_0 の信号因子の読み値					線形式
No.	A' 1	B' 2	C' 3	D' 4	E' 5	F' 6	G' 7	H' 8	M_1	M_2	M_3	M_4	M_5	
1	1	1	1	1	1	1	1	1	y_{11}	y_{12}	y_{13}	y_{14}	y_{15}	L_1
2	1	1	2	2	2	2	2	2	y_{21}	y_{22}	y_{23}	y_{24}	y_{25}	L_2
3	1	1	3	3	3	3	3	3	⋮	⋮	⋮	⋮	⋮	⋮
4	1	2	1	1	2	2	3	3	⋮	⋮	⋮	⋮	⋮	⋮
5	1	2	2	2	3	3	1	1						
6	1	2	3	3	1	1	2	2						
7	1	3	1	2	1	3	2	3						
8	1	3	2	3	2	1	3	1						
9	1	3	3	1	3	2	1	2	⋮	⋮	⋮	⋮	⋮	⋮
10	2	1	1	3	3	2	2	1	⋮	⋮	⋮	⋮	⋮	⋮
11	2	1	2	1	1	3	3	2						
12	2	1	3	2	2	1	1	3						
13	2	2	1	2	3	1	3	2						
14	2	2	2	3	1	2	1	3						
15	2	2	3	1	2	3	2	1						
16	2	3	1	3	2	3	1	2	⋮	⋮	⋮	⋮	⋮	⋮
17	2	3	2	1	3	1	2	3	⋮	⋮	⋮	⋮	⋮	⋮
18	2	3	3	2	1	2	3	1	$y_{18.1}$	$y_{18.2}$	$y_{18.3}$	$y_{18.4}$	$y_{18.5}$	L_{18}
													計	L

$$S_{N\times\beta} = \frac{L_1{}^2 + L_2{}^2 + \cdots + L_{18}{}^2}{r} - S_\beta \quad (f=17) \tag{4.23}$$

ただし，r は M の 2 乗和である．

$$S_e = S_T - (S_\beta + S_{N\times\beta}) \quad (f=72) \tag{4.24}$$

$$V_e = \frac{S_e}{72} \tag{4.25}$$

$$V_N = \frac{S_e + S_{N\times\beta}}{89} \tag{4.26}$$

$$\eta = 10\log\frac{18r}{V_N} \tag{4.27}$$

外側に誤差因子を直交に割り付けるのは，調合するための解析より，外側直交表 L_{18} の実験の方が簡単な場合である．SN 比の最適条件でのチューニングには，M_1, M_2, M_3, M_4, M_5 の値，特に M_2 と M_4 の値が用いられるだけである．したがって，4.5 節と全く同じである．

4.7　PM 変調の安定性

位相変調の実験例で直交表を用いたものは公表されていない．ここでは，制御因子が 2 個 A, B の住友電工の実験である．その中の A_1B_1 のデータのみを示す．SN 比の求め方が機能性の評価で，2 元配置か直交表を用いるかなどは担当者の実験計画の問題である．またベンチマークの場合ならほとんど 2 種類の設計 A_1, A_2 の比較のことが多い．

ここでは SN 比の計算法を示すのが目的であるから 1 つの条件 A_1B_1 のデータのみで解説する．まず実験例について設計担当者の説明の文章を紹介する．

ダイオード高周波位相変調回路は高周波の基準位相信号に対し，ダイオードの反射係数を利用して同相と逆相の信号を出力する機能を持つ．ネットワークアナライザでは，基準位相波を入力すると変調波信号の同相波の振幅（$-E_0$），逆相波の振幅（E_1）と位相差 θ が測定できる．同相波の振幅が $-E_0$ であれば理想の逆相波の振幅も E_0 であるが，E_1 が E_0 でなかったり，位相差 θ があるこ

とは，実際の逆相波は

$$E_1 \cos\theta + j E_1 \sin\theta \qquad (4.28)$$

になっていることを示している．理想の逆相波と実際の逆相波が一致していることが望ましい．また，周囲温度や基準位相信号の周波数にも左右されないことが大切である．

理想の逆相波と実際の逆相波が一致していることが望ましいということに対しては，理想の逆相波を信号 M，実際の逆相波を y として，$y=\beta M$ を理想関係とおくこともできるが，本来の入力である基準位相信号に対して同相波（180° ずれたものが理想の逆相波）が比例関係になければならない．したがって，信号因子は基準位相信号として，理想の逆相波と実際の逆相波の違いは，周囲温度や周波数を誤差とするSN比で評価することになる．

制御因子として，

A ：回路の種類 A	A_1, A_2, A_3, A_4
B ：ダイオードの条件	B_1=基準値−1
	B_2=基準値
	B_3=基準値+1（mA）

をとり，A と B の組合せによる最適条件を見いだすため，基準位相信号の電圧を入力パワーの信号とした．

$$M_1=7.07,\ M_2=22.36,\ M_3=70.71\ \text{(mV)}$$

周囲温度 z（3水準），基準位相信号の周波数 f（3水準）に対して，同相波の振幅と逆相波の振幅及び位相を求めた．A_1B_1 に対するデータを**表 4.3** に示す．なお，基準の位相波 k_1 に対する実際の逆相波 k_2 の理想値からの差を示した．

通信とは電波の計測である．同相波の振幅とその位相（これは基準点でゼロとしている）が計測されている．まず全複素数を用いた解析法を示し，その後で変調波（同相波も変調波であるが，その位相はゼロ点としている）としての逆相波の動的SN比を示す．しかしここでは理想的逆相波からの差を求めているので，機能という複素数としての大きさは等しく位相がゼロになるのが理想機能である．

表 4.3　A_1B_1 のデータと線形式 L

z	f	k \ M	M_1=7.07 実部	M_1=7.07 虚部	M_2=22.36 実部	M_2=22.36 虚部	M_3=70.71 実部	M_3=70.71 虚部	線形式 L
z_1	f_1	k_1	6.02	0.00	19.03	0.00	58.12	0.00	L_1
		k_2	4.89	−3.63	15.67	−11.04	49.77	−33.69	L_2
	f_2	k_1	5.90	0.00	18.63	0.00	55.79	0.00	L_3
		k_2	5.53	−2.42	17.80	−7.05	56.29	−21.05	L_4
	f_3	k_1	5.63	0.00	17.71	0.00	52.40	0.00	L_5
		k_2	5.90	−1.36	18.80	−3.59	56.35	−10.79	L_6
z_2	f_1	k_1	5.80	0.00	18.54	0.00	55.94	0.00	L_7
		k_2	5.09	−3.12	16.00	−9.76	49.82	−30.77	L_8
	f_2	k_1	5.66	0.00	18.04	0.00	52.47	0.00	L_9
		k_2	5.61	−1.85	17.83	−5.62	55.85	−17.82	L_{10}
	f_3	k_1	5.44	0.00	17.08	0.00	49.21	0.00	L_{11}
		k_2	5.86	−0.89	18.56	−2.44	58.30	−7.88	L_{12}
z_3	f_1	k_1	5.78	0.00	18.20	0.00	52.61	0.00	L_{13}
		k_2	5.10	−2.86	16.03	−8.96	49.47	−29.14	L_{14}
	f_2	k_1	5.65	0.00	17.71	0.00	50.13	0.00	L_{15}
		k_2	5.59	−1.59	17.73	−4.78	55.17	−16.66	L_{16}
	f_3	k_1	5.40	0.00	16.95	0.00	47.38	0.00	L_{17}
		k_2	5.80	−0.61	18.32	−1.73	57.41	−7.56	L_{18}

この例は実験例である．本当は設計定数に微小変化をさせた誤差因子を直交表に割り付けるが，出力のパワーと出力の位相について別々に N_1, N_2 をとり，ノイズを 4 水準に調合したシミュレーションのデータが望ましかった．しかし複素数の標準 SN 比を求める方法の貴重な例として使用させていただく．

4.8　品質工学の立場，エルミート形式の SN 比

4.7 節のような新しい実験やシミュレーション実験の例を出してくれるのが品質工学の研究の上で望ましいのである．PM に対する品質工学の立場の研究ができるからである．

品質工学の立場から，同相波 k_1 の安定性のデータが本当は欲しいのである．シミュレーションでは可能である．しかし，表 4.3 は複素数出力の計測データ

である．k_1 は同相波の読み値，k_2 は同相波を 180° ずらしたものと変調した出力の値を比較したデータである．したがって，k_1 の出力の大きさを M としたとき，k_2 の実部 X と虚部 Y に対して次式

$$y\left(=\sqrt{X^2+Y^2}\right)=\beta M \tag{4.29}$$

が理想である．k_1 の出力を M として，k_2 の出力 y が (4.29) 式で，温度 N も周波数 f もノイズである．それれは，出力 M の 27 水準（NfM の組合せ）に対して比例関係を計算するのが標準 SN 比である．

位相変調では，出力の大きさではなく，信号による位相を変調させたデータを用いるのだから，

$$\theta=\tan^{-1}\frac{Y}{X} \tag{4.30}$$

を求める．この場合 θ が 0 になる（同相波を 180° 変換したものからの X と Y の差を求めているから）ことが理想である．この場合 θ はゼロが望ましいのでゼロ望目である．次節では，位相変調に対するゼロ望目の SN 比と感度の求め方を示す．30° 間隔の位相変調なら，信号 M を考えて動特性である．

4.9　位相変調の SN 比

表 4.3 のデータは複素数の実部（X）と虚部（Y）の比から位相角を求める．角度を θ とおく．k_1 の位相はゼロ（基準）であるから k_2 の位相を求めればよい．$z_1f_1M_1$ の θ は

$$\begin{aligned}\theta&=\tan^{-1}\frac{-3.63}{4.89}\\&=36.6\ \ (^\circ)\end{aligned} \tag{4.31}$$

このように zfM のすべての組合せについて位相角を求めたのが**表 4.4** である．

表 4.3 のデータは，理想的な位相からの差を求めているのだから，表 4.4 の θ はすべてがゼロであることが望ましい．ハードの設計（例えば反射部分の長さ）を変えて，f による位相角の差はゼロに校正できると考えられる．f_1, f_2, f_3

表 **4.4** 位相角のデータ（単位：度）

		M_1	M_2	M_3	計
N_1	f_1	36.6	35.2	34.1	105.9
	f_2	23.6	21.6	20.5	65.7
	f_3	13.0	10.8	10.3	34.1
N_2	f_1	31.5	31.4	31.7	94.6
	f_2	18.3	17.5	17.7	53.5
	f_3	8.6	7.5	7.7	23.8
N_3	f_1	29.3	29.2	30.5	89.0
	f_2	15.9	15.1	16.8	47.8
	f_3	6.0	5.4	7.5	18.9

で θ の中心値を補正してゼロに調整できる.

全 2 乗和　$S_T = 36.6^2 + 35.2^2 + \cdots + 7.5^2$

$$= 13\,229.79 \quad (f = 27) \tag{4.32}$$

一般平均の変動

$$S_m = \frac{1}{27}(105.9 + 65.7 + \cdots + 18.9)^2$$
$$= 10\,533.66 \quad (f = 1) \tag{4.33}$$

周波数間の変動

$$S_f = \frac{(105.9 + \cdots + 89.0)^2}{9} + \frac{(65.7 + \cdots + 47.8)^2}{9}$$
$$+ \frac{(34.1 + \cdots + 18.9)^2}{9} - S_m$$
$$= 2\,532.73 \quad (f = 2) \tag{4.34}$$

誤差変動 S_e は S_T から S_m 及び S_f を引いて

$$S_e = S_T - (S_m + S_f)$$
$$= 163.40 \quad (f = 24) \tag{4.35}$$

したがって誤差分散 V_e は

$$V_e = \frac{S_e}{24}$$

$$= \frac{163.40}{24}$$

$$= 6.80 \tag{4.36}$$

これから SN 比 η は角度は正負になるからゼロ望目の SN 比として次式で求める．

$$\eta = 10 \log \frac{1}{V_e}$$

$$= 10 \log \frac{1}{6.80}$$

$$= -8.33 \quad \text{(db)} \tag{4.37}$$

この SN 比では，各周波数に対して平均の位相角は標準条件でチューニングでゼロにできるとしている．この場合の誤差の単位は角度の度（°）である．標準偏差 σ は

$$\sigma = \sqrt{6.80}$$

$$= 2.6 \quad (°) \tag{4.38}$$

である．したがって安全係数が 5.5 のときは，角度を 30° 間隔にできることを示している．360° を 12 等分，12 進法で情報処理ができそうである．σ が 2.6 で安全係数 5 ならば ±13°，したがって 30° 間隔ならば OK である．これは A_1B_1 の場合である．直交表で最適条件を求め σ を半分にできれば，360° を 36 進法にできる．

周波数 f ごとにチューニングをしないとき S_f は誤差になる．V_N は

$$V_N = \frac{S_f + S_e}{26}$$

$$= \frac{2\,532.73 + 163.40}{26}$$

$$= 103.7 \tag{4.39}$$

したがって

$$\sigma = \sqrt{V_N}$$

$$= \sqrt{103.7}$$

$$\fallingdotseq 10.2 \tag{4.40}$$

これでも，SN 比が約 10 db 改善できれば，周波数に対するチューニングなしに 12 進法の PM が可能になる．

位相を利用する情報処理は始まったばかりである．複素平面も普通の平面も同じである．ゴルフの場合もゴルフボールの方向（故意に方向を変えたい場合は信号になる．その信号はゴルファーが出す）の SN 比はここに述べたものと同じになる．角度を変化させる角速度は周波数問題で，時計，FM に用いられている．

4.10　信号の諸問題

信号の水準が多い場合に立体構造のばらつきのシミュレーションの場合である．立体的な変化は，構造物の様々な距離について，信号としての変位と誤差を求めるべきである．構造物の 2 点間の距離について N_0 とノイズ条件 N（正側，負側はとれない）で，SN 比を求める．信号の水準を何十，何百水準にとれば N は 1 水準でも構わない．あらゆる方向での距離について，N_0 の信号値と N_1 の間の SN 比をとることですむ．

情報システムの設計では，現在までのあらゆる情報を利用するために，それらを信号値と考え予測や診断を行っている．それらについては第 5 章を見よ．

あらゆるコンピュータソフトやそれらを含んだシステムでは，ユーザーの操作はすべて信号である．信号が数十，数百にもなる．それについては第 6 章を見よ．

参 考 文 献

1) 18th Annual ASI Taguchi Methods Symposium Proceedings "Robust Engineering" 2000.
2) 立田浩，合田要祐，笹本融，高岡晴彦：高周波位相変調回路の安定性設計，品質工学，Vol.7, No.3, pp.73–78, 1999

第 5 章　多次元情報システムの設計

5.1　情報システムの設計における MT システムの考え方

MT（マハラノビス・タグチ）システムは，ある集団に対する多次元の情報を総合して，集団全体に 1 つの尺度を導入し，パターン認識をする情報処理のソフトな技術である．21 世紀の中心的技術の 1 つになると言われている．パターンの中には，音声の波，手書き文字などの関数空間からのベクトル量や，健康診断，経済情報などの高次元空間の様々なデータも含まれている．その方法は，多次元空間の中に単位空間を定義しその中に 1 つの尺度を作る．その尺度を形式的に単位空間外の対象に延長した尺度の精度に対する評価（SN 比の求め方）の手法である．

MT システムの基礎は次の 2 つである．

① パターンを考えた尺度の単位空間としての部分集合の選択

② 計測項目の選択

前者については，異常な集団を単位空間としてはならないということである．MT システムの指導原理は，トルストイの有名な小説『アンナ・カレーニナ』の冒頭の 1 行である．

「幸福な家庭は皆同じようだが，不幸な家庭はそれぞれの事情がさまざまである.」

単位空間は健康診断ならば，普通の健康な人の集団であり，企業診断なら普通の企業の集団である．今までの診断研究がうまくいかなかったのは，診断のために異常である病人の研究をやったり，企業診断では良い企業と悪い企業の差を表現する判別関数やあてはめでしかない回帰分析の研究をしたからである．診断の合理化を行うには，単位空間としてよく似ている普通の健康人の集団のパターンを研究しなければならない．1 人 1 人の健康度（正しくは不健康度）を 1 つの数字で表現したいときは，本来完全に健康な人をゼロ点とし，健康でない度合いの単位量を決めて，すべての人間（被験者）に不健康の程度のものさしを作りたいのである．

しかし,医師に相談しても完全に健康な人とはどういう人間か明白でないし,まして不健康の尺度の単位量は不明で定義できないという答えが返ってくるだけである.

仕方がないので,「健康人の集団を定義してください」とお願いすると,「この人たちは今年の健康診断で健康と診断された受診者です」と答えてくれた.「医師の定義した健康人に対して,どんなデータが得られるか教えてください」と聞くと例えば,性,年齢,身長,体重,上下の血圧値やコレステロール値,血糖値など健康診断の項目を教えてくれる.

項目の選択は担当者の自由であるし,単位空間の定義も担当者の自由である.誤った単位空間を選んだり,項目群に対してまずい選択をしたとき,全対象に対する尺度が大きな誤差を持ち,病人に対する病状の悪さのものさしの精度が悪くなるのである.それは長さの測り方に対して,計測法を決め,ゼロ点と単位量を任意に決めてもよいが,その計測法がどれくらいの精度を持っているかは,分かっている実際の長さを計測して,その精度を出さなければならないことと同じである.

MT システムでも同じである.診断などのための多次元空間に 1 つの尺度を導入したいのである.そのものさし(尺度)が良いかどうかは,病状の分かっている病人に対して,多次元の総合距離を求め,病状の程度とほぼ比例しているかどうかを調べることが必要である.

単位集団の定義と項目群の選択した後の設計方法として MT システムの尺度には次の 3 種がある.

① MTA 法(マハラノビス・タグチ・アジョイント法)　分散共分散行列をベースとする方法.文献 1), 2), 3) を見よ.MT 法を含む.

② MT 法(マハラノビス・タグチ法)　相関行列の逆行列が正しく求まる場合に有効な方法.文献 3).

③ TS 法(タグチ・シュミットの方法)　直交成分に分解する方法.文献 1), 2), 3).

5.2　MTシステムの設計，MT法の場合

ここでは相関行列の逆行列が十分な精度で求まる伝統的なMT法で説明する．将来はすべて，分散共分散行列を基礎とするMTA法か，TS法（タグチ・シュミット法）になると予想している．

単位空間が決まり，項目（k 項目とする）が決まると，単位空間に属する n 人の対象から，

項目ごとの平均値　　m_1，m_2，…，m_k

項目ごとの標準偏差　　σ_1，σ_2，…，σ_k

を求める．

菌のIDなどで，ある項目に対して単位空間内でばらつきがゼロのときは，相関係数が求められないので，分散共分散行列をデータベースとするMTA法による．

相関行列が求まり，しかもその逆行列が求まる場合はインドの統計学者マハラノビスが始めた方法でMT法と呼ぶ．相関行列の逆行列が数式上は求まっても，共線性があるとまずいがその判定は単位集団外のメンバー（信号という）に対する精度をSN比で評価する以外にない．MTA法はどんな場合にも使えるが計算時間がMT法に比べて長くなる．

相関行列の逆行列を A とする．

$$A=(a_{ij}) \tag{5.1}$$

単位空間の大きさ n の全部の対象にマハラノビスの距離の2乗，D^2 を次式で求める．

$$D^2=\frac{1}{k}\sum_{ij}a_{ij}\left(\frac{X_i-m_i}{\sigma_i}\right)\left(\frac{X_j-m_j}{\sigma_j}\right) \tag{5.2}$$

${D_0}^2$ を計算したらその平均は1になる．すなわち

$$\frac{1}{n}\left({D_1}^2+{D_2}^2+\cdots+{D_n}^2\right)=1 \tag{5.3}$$

(5.3) 式は単位空間内でのマハラノビスの距離の計算が正しいことを意味している．MT法の尺度は (5.2) 式のパラメータ，m_i, σ_i, a_{ij} を用いて単位空間外

の対象（l 個とする）に対して次の距離を求める．

$$D^2 = \frac{1}{k}\sum_{ij} a_{ij}\left(\frac{X_i - m_i}{\sigma_i}\right)\left(\frac{X_j - m_j}{\sigma_j}\right) \tag{5.4}$$

これらの距離は，単位空間内ではないので，一般には大きな値になるが，それが正しいかどうかはSN比による評価で行う．それについては5.3節，5.4節を見よ．

5.3　マハラノビスの距離とその精度の評価

MT法は，統計学にあるような2つの母集団の比較でも検定でもない．多次元空間に1つの尺度を入れる手法のことである．尺度であるから，それは総合計測法であり，SN比はその総合計測法の精度を求めるためである．

どんな情報システムにもその目的がある．一般健康診断は，健康の程度を1つの尺度で求めることである．MT法では，健康人の集団を定義して，その集団に対する多次元計測項目（オリジナルな項目でも誘導項目でもよい）を決める．この場合の目的はすべての対象に対して健康な人からどれくらいの距離かを求めたいのである．

しかし，健康人でも，1人1人の健康度は異なるのである．健康人の集団1人1人のマハラノビスの距離は1前後の値をとる．その平均は1であるが，真の健康度の値は不明である．健康人の中を2つに分けた場合を考える．若いスポーツマンの人たちに対して求めたマハラノビスの距離の分布と，健康人の集団であるがそれ以外の人たちのマハラノビスの距離の分布にかなりの差があり，前者の方が小さい距離を中心に分布していれば，健康度の距離として使えるのではないかという証拠にはなると思われる．健康人の中心が健康人のゼロ点である．

しかし，そのようなチェックはかなりあいまいである．MT法では，健康人の中でも1人1人の健康度は異なっているが，健康度の真値（医学上の）は不明なのだから，単位空間内の分布は考えないで，疾病を持っている人（病気が明白の人，入院している人も含める）に対して，(5.4) 式の単位空間からのパターン差の距離（マハラノビスの距離というが，マハラノビス空間からのパターン差）を求めて，その大きさに対して医学上から見た妥当性や精度を評価するのである．

マハラノビスの距離を求める公式 (5.4) は，単位空間内の項目から求めたデータベースでしかないから，その公式が単位空間に属さない病人（信号という）に対して有効かどうかは，全く別問題である．単位空間で定義された公式で，病人の距離を計算したとき病気の種類や病状の程度でその距離が異なってくるが，その異なり方が医師の判断と一致するかどうかが最も重要な評価である．

ハードウェア製品の場合には性能が良いとか悪いという言葉がある．性能が良いとは，工作機械なら，様々な製品のどれに関しても工作性能が良いことである．ソフトウェア製品の場合も同じように評価できる．

ハードの設計でもシステムの設計でも，両方とも信号因子 M と出力特性の間に理想関係を考え，それをゼロ点（関数空間におけるゼロ点で，それ自体関数であるからゼロ関数と言うべきかもしれない）とし，それからのずれの大きさの単位は，信号因子 M の単位量に対する出力特性の変化量の大きさで校正し，校正後の誤差を求めるのである．すなわちSN比は，真数で

$$\eta = \frac{\beta^2}{\sigma^2} \tag{5.5}$$

ではなく，次のような校正後の誤差分散の逆数である．

$$\eta = \frac{1}{\sigma^2/\beta^2} \tag{5.6}$$

β を単位量として平均2乗誤差の平方根，標準偏差 σ がその何倍であるかの悪さの程度を示すものさしで，σ^2/β^2 の逆数をSN比として定義したのである．

予測，診断などのソフトの場合も基準点と単位量を定義したいのである．例えば健康診断の場合，k 個の計測項目に対して理想的な健康状態が分かればそれがゼロ点である．また理想的な健康状態からずれの大きさとしての単位量をどう定義するかが健康度（非健康度）のものさしそのもので，それが校正問題で，単位量の定義である．しかし，**専門家は理想的な健康状態の定義も，非健**

康度の単位量の定義も分からないという．そこでやむを得ず健康人の集団を定義してくださいとお願いしている．そのような集団の定義は自由である．品質工学（の中のタグチメソッド）はそのような定義は担当者の問題で全く自由であるとしている．自由であるから，何をどう定義してもよいのである．それは担当者の能力そのものである．項目と単位空間（マハラノビス空間）の定義から，単位空間のゼロ点（各項目の平均値のベクトル）とそこからの距離を式 (5.4) で定義したのである．

単位空間内，単位空間外の両方を通して距離がどれくらい正しいかは，普通単位空間外の対象で SN 比を求め計測（予測を含む）精度を調べる．単位空間外の対象に対してその真値が分かる場合を 5.4 節に，真値が分からないが分類の組が分かる場合を 5.5 節に述べる．

5.4　信号の水準値が分かる場合の SN 比の求め方

多くの応用分野の中には，単位空間外の対象に対して，推定や予測したい真値が分かる場合がある．例えば金融における資金の貸しつけの場合，約束どおり金利を払い続けたり，返却した人のみで単位空間を定義しデータベースを作る．貸倒れになった人 l 人について，貸倒れの金額を $M_1, M_2, \cdots, M_l$ 円として，比例式の SN 比を求める．SN 比を求めるためのデータは**表 5.1** のようである．理想関係は距離 D を y として

$$y=\beta M \tag{5.7}$$

である．

表 5.1 から SN 比を求めるには，まず全変動 S_T を求める．

表 5.1　SN 比のためのデータ
信号の値（貸倒れ金額）M と距離 D

項目＼人	1	2	…	l
信　号　M	M_1	M_2	…	M_l
距　離　D	D_1	D_2	…	D_l

$$S_T=D_1^{\,2}+D_2^{\,2}+\cdots+D_l^{\,2} \tag{5.8}$$

また比例項の変動 S_β は次のように求める.

$$S_\beta=\frac{\left(M_1D_1+\cdots+M_lD_l\right)^2}{r} \tag{5.9}$$

$$r=M_1^{\,2}+M_2^{\,2}+\cdots+M_l^{\,2} \tag{5.10}$$

$$S_e=S_T-S_\beta \tag{5.11}$$

$$V_e=\frac{S_e}{l-1} \tag{5.12}$$

したがって, SN 比 η と感度 S は

$$\eta=10\log\frac{\frac{1}{r}\left(S_\beta-V_e\right)}{V_e} \tag{5.13}$$

$$S=10\log\frac{1}{r}\left(S_\beta-V_e\right) \tag{5.14}$$

感度 S としての比例定数 β を次式で求めることも多い.

$$\hat{\beta}=\frac{M_1D_1+\cdots+M_lD_l}{r} \tag{5.15}$$

天気予報, 経済予測, 検査や企業診断など最終的には真値が分かるものが多い. それらの場合は, 本節に示した方法で SN 比を求めることになる. **情報システムの設計はほとんど予測か診断（パターン認識を含む）の精度向上である. 信号の水準値が不明のときは次の 5.5 節の方法を用いる.**

任意の対象に対して, 距離 D を求めて, 目的特性（貸倒れ金額など）に対する推定をする方法を述べる. そのときの真値 M の推定値とその誤差の標準偏差 σ は次のように求められる.

(5.13) 式の SN 比の真数を η, 感度である比例定数を β とする. 推定値は次の比例式

$$D=\beta M \tag{5.16}$$

を M について解いて予測値と誤差範囲を次式で求める.

$$M=\frac{D}{\beta}\left(1\pm\frac{1}{\sqrt{\eta}}\right) \tag{5.17}$$

ただし，(5.17) 式の SN 比 η は，SN 比の真数

$$\frac{\beta^2}{\sigma^2} \tag{5.18}$$

である．

SN 比が 10 db なら真数は 10，20 db なら真数は 100 である．20 db のときの誤差は

$$\frac{1}{\sqrt{\eta}}=\frac{1}{\sqrt{100}}=0.1 \tag{5.19}$$

である．SN 比が 20 db なら，例えば貸倒れ金額は ±10% の精度（変動係数とも言われている）で推定できることになる．

5.5　真値が不明だが分類できる場合の SN 比の求め方

(5.4) 式の D^2 が信用できるかどうかは，健康診断のように真値不明のときは次のように判断する．健康でないことが明白に分かっている病人に対して，D の値が医学上信用できるかどうかを SN 比を用いて評価しなければならない．医者が診断し明白に病気と分かった患者がどれくらい単位空間から離れているかの評価をするために，単位空間に属さない病人 l 人に対して，(5.4) 式の D^2 の平方根を求めて，それを $D_1, D_2, \cdots, D_l$ とおく．l 人に対してそれがすべて軽症ならば，$D_1, D_2, \cdots, D_l$ の平均を求めて，それを軽症患者の平均距離とする．基準空間の平均距離 1 と軽症患者の平均距離を $\bar{M}_1$ として，疾患の程度を $\bar{M}_1$ で計測していることになる．しかし，それでは精度評価が不十分である．疾病の種類ごとに評価する必要がある．ここでは肝炎を代表として説明する．

いま，ある肝疾患の患者が l 人いるとき，それらの人たちをできるだけ症状の種類や程度で幾つかのクラスに分類する．例えば，l=10 人として，軽度肝疾患 3 人，中程度肝疾患 5 人，重度肝疾患 2 人として，その人たちの距離 D_1, $D_2, \cdots, D_l$ を求める．距離 D の代わりに，次のデシベル値

$$y=10\log D^2 \tag{5.20}$$

を用いることもある.

肝疾患である患者は，単位空間から離れていることが望ましいのみでなく，疾患の程度に対する距離が重症になるほど大きいことである．症状の程度で分けた3組を M_1, M_2, M_3 として (5.4) 式を用いてその距離を求める.

M_1　軽度の3人　D_1, D_2, D_3

M_2　中程度の5人　$D_4, D_5, \cdots, D_8$

M_3　重度の2人　D_9, D_{10}

M_1, M_2, M_3 の各グループ内でも症状の程度は異なっているはずであるが，専門家でも区別できないのでやむを得ず，M_1, M_2, M_3 は次の値（距離の平均値）を症状の程度の真値（信号の値である）と見なすのである.

$$\overline{M}_1=\frac{D_1+D_2+D_3}{3} \tag{5.21}$$

$$\overline{M}_2=\frac{D_4+D_5+\cdots+D_8}{5} \tag{5.22}$$

$$\overline{M}_3=\frac{D_9+D_{10}}{2} \tag{5.23}$$

専門家には，M の順番が $\bar{M}_1<\bar{M}_2<\bar{M}_3$ になっているかどうかも大切である．専門家の分類と矛盾する尺度は医者は使ってくれない．肝臓癌と劇症肝炎のどちらが距離が大きいかなどは別問題で，それは疾患の種類の診断問題でもっとあとで議論する.

M_1, M_2, M_3 の各グループ内の個人間の症状の差の程度は不明なので，M_1 のグループの3人は同じ信号値（信号という言葉を用いているのは，健康人の集団からの差の程度を見るためで，通信でノイズからの差として信号をつかまえることと同じである）を持っているとする．また M_2 の5人は同じ $\bar{M}_2$ を，M_3 の2人は同じ $\bar{M}_3$ を持っているとする.

しからば，症状の悪さを評価する計測値の精度であるSN比は次のように求めることができる.

全変動　$S_T = D_1{}^2 + D_2{}^2 + \cdots + D_{10}{}^2$　(5.24)

比例項の変動

$$S_\beta = \frac{\left[\overline{M}_1(D_1+D_2+D_3)+\overline{M}_2(D_4+\cdots+D_8)+\overline{M}_3(D_9+D_{10})\right]^2}{3\left(\overline{M}_1\right)^2+5\left(\overline{M}_2\right)^2+2\left(\overline{M}_3\right)^2}$$

$$= \frac{\left[3\left(\overline{M}_1\right)^2+5\left(\overline{M}_2\right)^2+2\left(\overline{M}_3\right)^2\right]^2}{3\left(\overline{M}_1\right)^2+5\left(\overline{M}_2\right)^2+2\left(\overline{M}_3\right)^2}$$

$$= 3\left(\overline{M}_1\right)^2+5\left(\overline{M}_2\right)^2+2\left(\overline{M}_3\right)^2$$

$$= \frac{(D_1+D_2+D_3)^2}{3}+\frac{(D_4+\cdots+D_8)^2}{5}+\frac{(D_9+D_{10})^2}{2} \quad (f=3) \quad (5.25)$$

誤差変動　$S_e = S_T - S_\beta \quad (f=7)$　(5.26)

これから，誤差分散 V_e を求めてSN比 η は

$$\eta = -10\log V_e \quad (5.27)$$

SN比 η は本来，次式

$$\eta = 10\log\frac{\frac{1}{r}\left(S_\beta - V_e\right)}{V_e} \quad (5.28)$$

を用いるべきだが，V_e は S_β に比較して小さいので (5.28) 式の対数の中の分子は次のようにほとんど1になるからである．r も S_β も同じだからである．

$r =$ 信号の2乗和

$$= 3\left(\overline{M}_1\right)^2+5\left(\overline{M}_2\right)^2+2\left(\overline{M}_3\right)^2 \quad (5.29)$$

$$S_\beta = 3\left(\overline{M}_1\right)^2+5\left(\overline{M}_2\right)^2+2\left(\overline{M}_3\right)^2 \quad (5.30)$$

(5.28) 式のSN比は，M_1, M_2, M_3 のグループ内の個人差の分散 V_N に対するSN比である．本来なら症状の程度に対する医学上の症状の真値 M_1, M_2, …, M_{10} があって，M_1, M_2, …, M_{10} に対する D_1, D_2, …, D_{10} から，比例式のSN比を求めるべきである．真値が信号で，D_1, D_2, …, D_{10} は推定値である．地震，気象，貸倒れ，経済などの分野では真値はあとで分かるので，予測値と真値の

間にSN比を求めることも容易である．医学の診断の場合には，病気の種類と症状の程度の2つの真値問題がある．病気の種類の診断は直交表とSN比を用いて行うが，いまここでは程度のみを問題にしている．したがってSN比のみでなく，妥当性では，$\bar{M}_1 < \bar{M}_2 < \bar{M}_3$ となるのみでなく，医学の視点から，M_1, M_2, M_3 に程度として，例えば医者が $M_1=3$，$M_2=9$，$M_3=27$ の点数を与えれば，それらを真値と考えてSN比を求めることになる．その場合，S_T は(5.24)式で与えられるが，比例項の変動は次式で与えられる．

$$S_\beta = \frac{\left[3\left(D_1 + D_2 + D_3\right) + 9\left(D_4 + \cdots + D_8\right) + 27\left(D_9 + D_{10}\right)\right]^2}{1890} \tag{5.31}$$

またSN比 η は $r=3^2\times3+9^2\times5+27^2\times2=1\,890$ として次式で求める．

$$\eta = 10\log\frac{\frac{1}{1890}\left(S_\beta - V_e\right)}{V_e} \tag{5.32}$$

ここに

$$V_e = \frac{1}{9}\left(S_T - S_\beta\right) \tag{5.33}$$

筆者としては，程度を少しくらい誤ってもよいから，医学上の見地から症状の程度を数値で与えることが望ましいと思っている．

ここに示したSN比は，誤差分散の中に軽度，中程度，重度の各クラスの中の個体差を含んでいる．個体差は信号の大きさで，その大きさを $\sigma_m{}^2$ とすれば，

$$\sigma_e{}^2 = \sigma_m{}^2 + \sigma_N{}^2 \tag{5.34}$$

である．SN比は本来，次式

$$\eta = 10\log\frac{1}{\sigma_N{}^2} \tag{5.35}$$

で与えるべきだが，$\sigma_m{}^2$ は共通だから診断方法の設計問題（項目の選択と単位空間の定義）には共通に入るので比較には妥当性を持っている．しかし，正しい誤差の評価や利得の計算には損な評価で，正しいSN比よりずっと悪く出て

いることになる．

多次元情報をコンピュータ内で設計して診断や予測の精度を上げるのは，ハードの設計で機能性を上げる問題と同じである．制御因子は

単位群の決め方：a 水準

項目の選択：項目数 k 個

である．項目が k 項目あれば，単位群の決め方が a 水準として $a\times2^k$ の設計問題である．項目によっては対数変換なども考えられ，$a\times3^k$ のこともある．これらの設計研究はすべてコンピュータ内で行う設計研究である．情報システムの設計は 21 世紀の中心技術の 1 つになるだろう．

5.6　パターン認識の汎用システム

MT 法の欠点は単位群内の標準偏差がゼロになる問題と項目間の共線性に対して無力であることである．その問題の解決には，分散共分散行列を出発点とする情報システムの設計，MTA 法が必要になる．MTA 法については文献 1) を見よ．MTA 法は，その多重化を含めればどんな場合にも応用可能である．

また，経済予測，企業診断では，単位群を平均的な部分集合（真ん中に近い部分集合）にとらなければうまくいかない．単位群の考え方の基礎は，均一であるほど良いからである．例えば健康人は均一に近い．病気の種類を限定しても初期やほとんど回復した病人は健康人に近いが，重い人は健康人から遠いのである．まして様々な病気（未知のものも含めて）の人となればそのばらつきは大きく，均一性は考えられないのである．企業診断の場合も同様である．悪い企業もばらつきが大きく，優れた企業もそれぞれ特徴を持っているのである．平均に近いものを単位群にとったときは，MT 法は不適切で，シュミットによる項目の直交分解を用いた多次元情報システムの設計 TS 法（タグチ・シュミット法）が重要である．TS 法についても文献 1), 2) を見よ．

21 世紀では，MTA 法が中心になると思われるが，20 世紀からの TS 法も有用で，今後多数の応用例が発表されることが期待される．

参 考 文 献

1) 兼高達貮編：MT システムにおける技術開発，日本規格協会，2002
2) Taguchi, Jugulum: The Mahalanobis-Taguchi stratety, John Wiley & Sons, Inc. 2002
3) 田口玄一，矢野宏監修：MT システムソフト，MT 法，MTA 法，TS 法，（株）オーケン，2004

第6章　ソフト製品の品質テスト

6.1　ユーザーフレンドリーは消費者品質

日本のソフト製品には一般に長い解説書がついているのが多い．しかし，解説書なしでも使えるようにディスプレーに表示するのが消費者品質の改善である．

米国の現金支払機でディスプレーによる使い方の説明をする．ユーザーの使用ステップは次のとおりである．

キャッシュを引き出したいとき，機械の前に立つと，あいさつのあとディスプレーには次のように表示が出ている．

ステップ(1)　**カードを挿入してください**．カードを挿入すると，次のステップの表示が出る．

ステップ(2)　**ID番号を押してください**．××××と出ているので，4桁の番号を押す．正しいときは次の表示になる．正しくないときはもう一度押してくださいと出る．3回までしか試行できない．

ステップ(3)　**チェックアカウントからならこのボタン，普通預金口座ならこのボタンというように幾つかのボタンのどれかを押してください**．ボタンを押すと，次の表示がディスプレーに出る．

ステップ(4)　**引き出したい金額を押してください**．1回に引き出せるのはある銀行では300ドルまでであるし，1日に合計300ドルしか引き出せない．もし，1回に300ドル以上押したり，1日に例えば200ドルを2回押すと2回目には限度外ですと出る．OKのときは次の表示になる．

ステップ(5)　**ただいま計算中です．しばらくお待ちください**．数秒で現金が出る．表示は次のように変わる．

ステップ(6)　**現金をおとりください．計算書が必要ですか**．必要がないときはNo，必要のときはYesと押す．

ステップ(7)　**取引は終了です**．Yesのときは計算書が出てくる．

このように，説明用の解説書を読まなくても何も知らない人でも最初から使用できる．このように，**解説書なしで，ユーザーが利用できるようになっていることがユーザーフレンドリーのソフト**である．ソフトウェアはユーザーが使用するものであるから，ユーザーが使いやすいことが消費者品質が良いことである．品質工学の解析用ソフトもユーザーフレンドリーであることが望ましいが，残念ながら，現在のソフトはそうなっていないものが多い．使用解説書が必要で残念である．

台湾の空港などにある電話器は20か国のボタンがあり，日本のところを押すと日本国内の交換手が出る．米国のATMは英語のみの表示で，英語の分からない人にはフレンドリーでない．

品質には，2種類の品質

○消費者品質（消費者の望むもの，機能と外観）

○技術品質（消費者の望まないもの，故障，公害，コスト）

がある．一般の品質工学は技術品質のみを取り扱う．技術品質が良いとは信号が正しいときあらゆる消費者の使用条件でトラブルがないことである．ソフトの製品は消費者が使うものである．消費者（ユーザー）の様々な使い方に対して説明書を読まなくても使えることが消費者品質が良いということである．もちろん，様々な使い方の範囲が広いことは機能範囲が広いことであるが，機能範囲が広くても，ユーザーフレンドリーでないものは多くのユーザーには使いこなせないことになり，無駄な機能である．

最近の家庭用製品では，例えばテレビ，電気洗濯機でも多くの機能がついている．初心者には解説書なしでは多くの機能を使いこなせない．現在は情報化時代だというのに，ソフトの設計がまずいのである．テレビのリモートコントロールにも洗濯機にも，また電卓やパソコンにもディスプレーをつけて，解説書なしでもすぐに使えるようにしたいものである．CS（顧客満足度）とはそのようなことである．

機能範囲が広いことは，価格とともにマーケットサイズを広げるのに有用であるが，すべての機能に関して使用説明書を読まなくてもだれでも使えるようになっていることが大切である．様々な機能がついていても，説明書を読まなくても使えるのでなければ，説明書を覚えるのが大変で将来一般消費者のマーケットを失うのである．

6.2　ソフト製品の消費者品質問題とその対策，信号作りの場合

ソフト製品について消費者品質の話をしたが，それはデバッグ（ソフトウェア設計のミスを見つけるテスト）とは関係がない．デバッグは，設計者の意図どおりの機能をしないで誤った結果を出すことを見つけることである．すなわち機能のミスが起こることである．ソフト製品はユーザーが使用するものであるが，そこには様々な機能と多くのステップがあり，すべての機能，すべてのステップに意図した出力（正しい出力）が得られるかどうかがデバッグのテスト問題である．

ソフトの機能の誤りは，ユーザーの信号作りのミスである．あらゆる機能に対してすべてのステップで正しく機能するかどうかのテスト問題を考えよう．

① 機能の選択という信号因子

② 選んだ機能に対するステップごとの信号因子

のあらゆる組合せに対するテストとして，全部の組合せのテストは実用上できないので，直交表による合理的なテストを行う．直交表の組合せに対して機能の種類やステップごとの信号を正しく入力したときの出力を調べてチェックする方法は6.6節で説明する．それはデバッグのためのテストの合理化である．デバッグテストの合理化に直交表が有用である．直交表を用いるバグのテスト方法をとり上げ，解析法を含めて6.6節で説明する．

ここで問題にするのはソフト製品の場合のノイズである．ノイズは使用環境の中で，その影響がない方が良いものである．信号はその効果がなければならないものである．消費者の使用環境で起こる重要なノイズの1つは信号のミスである．信号のミスがあっても正しく機能するものの設計は不可能といってよい．その理由は，信号の効果は結果を変えることだからである．

信号のミスについてはハード製品でも同じことである．インドで，ある技術

者が射出成形品の寸法がばらついて困っているが，ばらつき原因の1つが型寸法のばらつきであるという．自分たちは目標寸法に対するばらつきを研究しているのだと言う．しかし，型寸法は製品の寸法を変えるためで，型寸法は信号であるから，型寸法に対して製品寸法が比例することが理想機能でなければならない．型寸法は信号であるのだから，型寸法がばらついても製品寸法がばらつかないようにするのは基本的な誤りであると言った．型寸法のばらつきを小さくするには，射出成形の場合は，その型を作るときの生産技術が重要である．それは型の製造技術である．

同じことはソフトの製品でも言えるのである．ソフトでは信号を出すのはユーザーである．信号作りの誤りを減らすことが大切で，それがユーザーフレンドリーな設計の目的である．ユーザーフレンドリーの目的は，使用者が

① 訓練を受けたり，説明書を読まなくてもよいようにする．

② 初心者でも信号指示の誤りをなくす．

ユーザーフレンドリーは前節に述べた．そのほかに入力の上で計画していない誤った操作をユーザーがやったときにそのシステムはダウンしないのみでなく，操作ミスを教えてくれることが大切である．前節の現金支払い機の場合なら，ID番号が誤っているとき，「ID番号は誤っています」と教えたり，300ドルより多い金額を押したとき，「300ドルまでです」と教えたり，1日に2回で300ドルを超えるときも「本日分は終わりました」とか，「本日分はあと50ドルまでしかお取り扱いできません」と教えることである．

ユーザーフレンドリーであることは，解説書を読まなくてもよいということだけでなく，消費者のミスを教えてくれることである．このような消費者品質対策は米国の方が日本よりずっと優れている．すなわち，ユーザーの使用する変数である信号に対しては（信号という言葉は一般には普及していない）海外の方が進んでいるものが多い．

信号を入力するときのユーザーのミスはノイズであるが，そのようなノイズはノイズが起こらないようにするか，ノイズがあったとき，システムはミスを教えてくれることである．信号の許容範囲でのミスならば，ミスは直せないが，

その信号をディスプレーに表示して確かめさせることはできる．ディスプレーを見て，自分の出した信号が誤りでないことをチェックしてOKのボタンを押すのである．

以上が信号作りのミスの予防と信号のミスに対するソフトの設計による対策で，消費者品質対策である．

6.3　ソフト製品における環境ノイズとその対策

ソフトの使用環境の中心問題は，信号因子のステップ数が多いことである．あらゆる信号の組合せ条件に対するテストは実用上不可能で，直交表の使用を勧めてきた．それは，機能の種類とそれぞれの機能に対するステップごとの信号の組合せである．

デバッグは，信号が正しいときの機能が中心だが，信号ミスに対してディスプレーで教えることも大切な機能であると言った．しかし，本節では信号以外のノイズを考える．

1つは使用環境として，現金支払機の場合，現金の在庫がなくなったとか機械の故障を知らせることである．使えなかったというトラブルのかなりの割合が電源が入っていなかったことであるなどとも言われている．それならば，電源が入っていなかったときディスプレーには「最初に電源を入れてください」という表示をすればよい．そのような表示は電源なしにできることである．電源を入れたらその表示は消えることになっている．電源が入っているかどうかは使用環境であるが，いわゆるノイズではない．ノイズとはその効果があってはならないものである．すなわち電源が入っていないかどうかは信号の誤りで，前節の問題の仲間である．

ここに言うノイズは，ソフトとしてはすべてがOKだが，現金の在庫がないなどの機械の故障である．現金の在庫がなくなったときは，ディスプレーにそのことを表示する．また，預金残高がなくてもクレジットとして幾らまでOKという場合も多く，現金を出すことになる．

ハードの故障を自己診断することは高度の技術が必要であるが，コピー機の紙詰まりなどは故障表示が既に行われている．また紙詰まりのときのユーザーによる修理も使用説明書には書いてあるが，本当はディスプレーで説明する方が望ましい．紙詰まりが分かったのだから，すぐにディスプレーにその修理方法をユーザーフレンドリーに表示して，ユーザーが自分で処理できるようにしておくことである．

このように使用環境の条件でトラブルが起こらないようにするのは，ハードのロバスト設計（紙送りの機能性の設計）であるが，そのような故障が皆無でない限り，紙詰まりに対する表示や修理方法をユーザーフレンドリーに設計するのはソフトウェアの設計問題である．故障表示問題は，センシングシステムの設計で，ソフトの設計よりはセンシングシステムというハードの設計である．ハードを含んだ情報システムの設計は後でも議論する．

ここでは，各機能に対して，ステップの手順どおりに正しく信号を入れても使用環境で応じられない場合を問題にする．現金支払い機の場合の在庫不足の話はしたが，同じことは特急券などの指定券が要求どおりとれない場合である．ディスプレーはそのとき買手の立場を考えて相談にのってくれるようになっていることが望ましい．

特急券の場合で要求どおりの席がとれないとき，ディスプレーには「要求どおり席はとれません」と表示するだけでなく，次善の解を与えることである．禁煙席を指定（禁煙席を指定するのは誤っている．喫煙をする人は，喫煙をする権利を要求しているのだから喫煙者が要求すべきで，何もしなければ禁煙席が選ばれるようになっている方が当然である．能動的な要求がある人がその要求を出すべきである．窓側の席が欲しい人はその要求を出すべきで，どこでもよい人は何も要求しなくてもよいようにソフトを設計すべきである）しているのに，その席がなかったとき，「喫煙席ならあります」と表示する．また禁煙席で窓側を要求している人には，「窓側でなければ禁煙席もあります」という表示をして，それでも買いたいときには，そこのボタンを押すか，窓側の指定をやめてもう一度最初の手順からやり直すことになる．

ディスプレーを少し大きくして，全部の要求と結果を示してそれがOKならボタンを押して購入する．そうでないときでも「ありません」という表示のほかに幾つかの信号を示しておいて，指定取消しのボタンを押すとその指定がないときOKが出るようになっていれば，最もユーザーフレンドリーである．すなわち最終段階で，要求の切符がとれなかったときでも，例えば次のように他の案を表示する．

① 乗車日

② 列車名

③ 喫煙席

④ 窓　側

出発駅や到着駅も表示されていてよいが，それらは変えることは無意味である．項目①，②，③，④だけライトが点滅表示があり，それらのボタンを押すと指定取消しである．もう一度押すと指定復活とする．

表示には，「要求どおりの席はありません」，ライトが点滅している項目について，「指定を順に取り消してください．指定の取消しの順に席があるかどうかを調べて表示します」，窓側の指定を取り消しても席がないときは，「席がありません」という表示をそのままにしておく．次に喫煙も取り消したとき席があれば，ソフトは窓側，通路側などについてもチェックをし，窓側の席があれば，「禁煙席，窓側」の表示を出す．それでOKであればOKのボタンを押すと，禁煙席以外は要求どおりの券を購入することになる．

ハードウェアの機能が駄目になったとき，切符の自動販売機では，「故障しています」という表示のみでよい．自動販売機を管理している部門の責任で修理，交換などをすべきだからである．しかし家庭用製品の場合には，紙詰まりの場合に述べたようにユーザーがハードのトラブルを修理できるようになっていることが望ましい．

情報処理が格段に進歩した現在，ディスプレーにユーザーフレンドリーに修理方法が示され，ユーザーが自分で修理できるようにすることである．しかしそれは特別な道具が必要でない場合である．そのような場合の一つが，電源が入っていないとか，電池の寿命がきたときである．特に電池の寿命切れによるリモコンなどのトラブルは多いのである．電池がなくなったことを表示している製品は少ない．それもソフトの設計問題である．

6.4 品質工学の解析用ソフト

ロバスト設計を中心としたIBMの社内用ソフトを数年前にインドで見せてもらった．100万ドルもかけたソフトであるが，ほとんどあらゆる実験計画の割付けを取り扱っているために，ユーザーフレンドリーというわけにはいかないし，様々な場合のデータ（不ぞろいとか欠測など）に対しては十分な機能を持っていない．

日本にも幾つかのソフト（品質工学用，MT法用）があるが，十分にユーザーフレンドリーになっていない（2002年の現在）のは残念である．そのために，現在はExcelに精通した人のみが，ほとんどあらゆる場合のデータに対してその解析ができるが，一般の初心者は大変である．品質工学は基本機能を問題にするが，SN比や感度の求め方，特に化学反応のデータや化学分析に対して，校正方法を含めたSN比の計算方法に対してユーザーフレンドリーではない．そこにユーザーの不満がある．

6.5 2種類の信号因子とソフトウェア

品質工学では，ユーザーの使用条件はすべて信号因子か誤差因子としている．信号因子はユーザーが能動的（アクティブ）に使うか受動的（パッシブ）に使うかは別として，その効果がなければ困るものである．

ソフトウェア（ソフト製品）の設計で，コンピュータを含むシステムを使って何か仕事をしたいとき，そのソフトウェアはユーザーの能動的信号因子である．一方，調査データ（様々なセンシングデータも含む）を用いて，検査，診断，予測などをする場合のデータの集まりは受動的信号因子である．いずれも様々なユーザーの使用条件で汎用的に使用できるだけでなく，誤まりや誤差の小さいことが重要である．

本章ではユーザーが能動的に用いるソフトウェア製品の機能性のテストにお

いてバグ対策のための直交表の利用法を解説する．ソフト製品の場合の能動的信号因子は多数あり，様々な水準数の信号因子の集まりである．本章はソフトウェアのバグを見つけるためのテストデータのとり方と解析法である．

6.6 直交表による信号因子の割り付け

ソフトウェアのテストはステップごとに多水準の信号が存在する．品質工学では，ソフトウェアの設計そのものを議論するのではなく，設計されたソフトウェアの持っているバグを能率よく見つける対策の議論である．むしろ，バグがあるかないかをテストする方法とバグに対する問題点（診断）の探求法に対する新しい提案である．

前に述べたように，ソフトウェアはそのステップの数だけ信号因子がある．信号因子の数は膨大であるし，それぞれの信号因子の水準数はばらばらである．ソフトウェアテストでは，信号因子について全部のステップでテストしなければならない場合でも，途中のステップでデータがとれる場合でも，どこまで大きい直交表がとれるかが問題である．直交表 L_{36} を複合して信号因子が何個でも 36 回のテストでチェックするのも 1 つの方法である．ここでは L_{36} を用いる方法を示す．

ユーザーがステップバイステップで入力するものが信号である．全ステップに対するソフトを設計した後で次のような手順でテストをする．まず信号因子がすべて第 1 水準のソフト（標準条件での出力）は OK とする．その後で各ステップに対しては各ステップごとの全水準に対して OK とする．バグを見つけるためのその後のテストについてその手順を述べる．

手順 (1) 2 水準以上の水準をもつ信号因子の総数を k とする．k が大きい場合のテストとして，複数水準の因子は第 1 水準のほかにもう 1 水準とる信号因子を 11 個まで，第 1 水準のほかに 2 水準合計 3 水準をとる信号因子を 12 個まで作る．したがって，$k \leqq 23$ なら直交表 L_{36} を用いてテストをする．$k>23$ なら直交表 L_{36} を複合して割り付けをする．全部の信号因子について，2 ～ 3 水準に落としたテストのための割り付けを行う．

手順 (2) 直交表で割り付けた36条件でテストをする．テストの結果が直交表の各実験番号でOKであれば0（ゼロ），OKでなければ1（イチ）というデータを求める．0か1かは原則として最終ステップの出力で判断する．全部のデータ（L_{36}なら36通りのすべての条件）がゼロのときはテスト完了である．直交表の組合せの中に1つでも1のデータがある場合には，そのソフトにはバグがあることになる．

手順 (3) バグがあれば，ソフトの設計を改善しなければならない．改善の仕方には，バグが多すぎる場合どの段階の信号の水準でトラブルを起こしたかを見つける方法として，中間のデータをとることもある．バグが少ない場合は交互作用を解析する次節の方法を用いる．

次の実施例は直交表L_{36}に23個の信号を割り付けている．信号因子の中で1水準しかないものは直交表には割り付けられていないが，テストでは実施しなければならない．

2水準の信号因子を$A, B, \cdots\cdots K$, 3水準の信号因子を$L, M, \cdots\cdots W$とした．**表6.1**にある直交表L_{36}の組合せでテストをし，36通りに対する正しかったか誤っていたかの出力のデータを求める．切符の販売などで，切符に対する出力と釣り銭に対する出力を求める場合には，両方の出力に対して正しいときは

表6.1 L_{36}直交表その1の信号因子と水準数

信　号	水　準	採用した水準数	信号因子
操作選択	16水準	2	A
数値選択	4水準	3	L
数値選択	5水準	3	M
数値選択	3水準	3	N
数値入力	−511 〜 511	3	O
数値入力	−483 〜 483	3	P
操作選択	2水準	2	B
⋮	⋮	⋮	⋮
数値選択	5水準	3	W
操作選択	2水準	2	K

0（ゼロ），誤っているときは1（イチ）のデータを求めることはもちろんである．そして両方のデータに対して別々に2元表の要因効果を求めることになる．

6.7 実施例

次の実施例は，オムロン㈱の杉村昌宏氏と井上和也氏によるもので1996年に発表されたものである．その発表によれば

① 基準使用条件（すべての因子の組合せの中の1つの条件，普通はNo.2の条件）で正しく動作をする

② 信号（操作）因子の個別チェックでは正しく動作する

のあとに信号因子の組合せによるバグを見つけるために直交表L_{36}によるテストを行った報告である．

信号因子は表6.1のようである．実際には60ステップあり，直交表L_{36}に入らない．本報告では信号因子を4組に分けてチェックをした．バグが少ないと思うなら，L_{36}の4組を複合（4組のNo.1を組み合わせた条件，No.2を組み合わせた条件，…，No.36を組み合わせた条件）したテストをする．

表6.1に示すように，全因子から，2水準又は3水準を選び，直交表L_{36}に割り付け，36通りの組合せでテストをした．バグがなければゼロ，バグがあれば1とした．それを**表6.2**に示した．バグについて種類が分かれば，種類別のデータをとる方がバグ対策に有効になる．このようなテストは組合せで起こる文法上の誤りを見つけるためである．

このようなテストで起こる問題は，ある信号因子の水準で次の信号因子が変わるとかある信号因子の水準では次の信号因子は存在しないなどである．直交表の組合せではうまく操作ができない場合である．そのような場合でも，それぞれの異なった因子の水準でデバッグのテストをする．次の因子の水準がないものはそこで操作をやめてデータをとる．目的はバグを多く見つけることである．直交表はL_{36}にとどめておくことが能率上大切である．

ただ，そのような場合には，解析の上では注意が必要である．できれば現実

表 6.2　直交表 L_{36} による割り付けとデータ

	A	B	C	D	E	F	G	H	I	J	K	L	M	N	O	P	Q	R	S	T	U	V	W	
No.	1	2	3	4	5	6	7	8	9	10	11	12	13	14	15	16	17	18	19	20	21	22	23	データ
1	1	1	1	1	1	1	1	1	1	1	1	1	1	1	1	1	1	1	1	1	1	1	1	1
2	1	1	1	1	1	1	1	1	1	1	1	2	2	2	2	2	2	2	2	2	2	2	2	0
3	1	1	1	1	1	1	1	1	1	1	1	3	3	3	3	3	3	3	3	3	3	3	3	0
4	1	1	1	1	1	2	2	2	2	2	2	1	1	1	1	2	2	2	2	3	3	3	3	0
5	1	1	1	1	1	2	2	2	2	2	2	2	2	2	2	3	3	3	3	1	1	1	1	1
6	1	1	1	1	1	2	2	2	2	2	2	3	3	3	3	1	1	1	1	2	2	2	2	1
7	1	1	2	2	2	1	1	1	2	2	2	1	1	2	3	1	2	3	3	1	2	2	3	0
8	1	1	2	2	2	1	1	1	2	2	2	2	2	3	1	2	3	1	1	2	3	3	1	1
9	1	1	2	2	2	1	1	1	2	2	2	3	3	1	2	3	1	2	2	3	1	1	2	0
10	1	2	1	2	2	1	2	2	1	1	2	1	1	3	2	1	3	2	3	2	1	3	2	0
11	1	2	1	2	2	1	2	2	1	1	2	2	2	1	3	2	1	3	1	3	2	1	3	1
12	1	2	1	2	2	1	2	2	1	1	2	3	3	2	1	3	2	1	2	1	3	2	1	1
13	1	2	2	1	2	2	1	2	1	2	1	1	2	3	1	3	2	1	3	3	2	1	2	0
14	1	2	2	1	2	2	1	2	1	2	1	2	3	1	2	1	3	2	1	1	3	2	3	0
15	1	2	2	1	2	2	1	2	1	2	1	3	1	2	3	2	1	3	2	2	1	3	1	0
16	1	2	2	2	1	2	2	1	2	1	1	1	2	3	2	1	1	3	2	3	3	2	1	0
17	1	2	2	2	1	2	2	1	2	1	1	2	3	1	3	2	2	1	3	1	1	3	2	0
18	1	2	2	2	1	2	2	1	2	1	1	3	1	2	1	3	3	2	1	2	2	1	3	0
19	2	1	2	2	1	1	2	2	1	2	1	1	2	1	3	3	3	1	2	2	1	2	3	0
20	2	1	2	2	1	1	2	2	1	2	1	2	3	2	1	1	1	2	3	3	2	3	1	0
21	2	1	2	2	1	1	2	2	1	2	1	3	1	3	2	2	2	3	1	1	3	1	2	0
22	2	1	2	1	2	2	2	1	1	1	2	1	2	2	3	3	1	2	1	1	3	3	2	1
23	2	1	2	1	2	2	2	1	1	1	2	2	3	3	1	1	2	3	2	2	1	1	3	0
24	2	1	2	1	2	2	2	1	1	1	2	3	1	1	2	2	3	1	3	3	2	2	1	1
25	2	1	1	2	2	2	1	2	2	1	1	1	3	2	1	2	3	3	1	3	1	2	2	0
26	2	1	1	2	2	2	1	2	2	1	1	2	1	3	2	3	1	1	2	1	2	3	3	0
27	2	1	1	2	2	2	1	2	2	1	1	3	2	1	3	1	2	2	3	2	3	1	1	0
28	2	2	2	1	1	1	1	2	2	1	2	1	3	2	2	2	1	1	3	2	3	1	3	0
29	2	2	2	1	1	1	1	2	2	1	2	2	1	3	3	3	2	2	1	3	1	2	1	1
30	2	2	2	1	1	1	1	2	2	1	2	3	2	1	1	1	3	3	2	1	2	3	2	0
31	2	2	1	2	1	2	1	1	1	2	2	1	3	3	3	2	3	2	2	1	2	1	1	1
32	2	2	1	2	1	2	1	1	1	2	2	2	1	1	1	3	1	3	3	2	3	2	2	0
33	2	2	1	2	1	2	1	1	1	2	2	3	2	2	2	1	2	1	1	3	1	3	3	0
34	2	2	1	1	2	1	2	1	2	2	1	1	3	1	2	3	2	3	1	2	2	3	1	0
35	2	2	1	1	2	1	2	1	2	2	1	2	1	2	3	1	3	1	2	3	3	1	2	0
36	2	2	1	1	2	1	2	1	2	2	1	3	2	3	1	2	1	2	3	1	1	2	3	0

の組合せ数とその条件下のバグ数を調べることである．Windows のように，使用する場も目的も全く異なった応用分野への応用は，それぞれでデバッグのテストをする方がよい．

ここでは発表に従った実験データとそのデータ解析法を示す．第1組の 23 個の信号因子を直交表 L_{36} に割り付け，バグなしをゼロ，バグありを 1 としたデータである．表 6.2 に示した．

表 6.2 にテストの結果が出ている．直交表は 2 因子の水準の組合せで同数回テストされている．したがって，直交表 6.2 では，AB の組合せから VW まで 253 通りの 2 元表が存在する．コンピュータで 2 元表を作り 100% の誤り率のある 2 元表のみを選んで表示する．この場合，KW と QS の 2 元表で次の**表 6.3**，**表 6.4** である．

表 6.3　KW の 2 元表

	W_1	W_2	W_3	計
K_1	1	0	0	1
K_2	6	2	1	9
計	7	2	1	10

表 6.4　QS の 2 元表

	S_1	S_2	S_3	計
Q_1	4	0	0	4
Q_2	1	1	0	2
Q_3	1	1	2	4
計	6	2	2	10

K_2W_1 と Q_1S_1 の組合せで 100% 誤っている．

6.8　直交表によるバグテストの目的

ソフトを含んだ大きなシステムの機能性テストも全く同様である．このようなテストの目的は組合せで起こる問題のテスト回数を最少にしたいこととバグの原因対策を突き止めやすくするためである．引用させていただいた表 6.2 の実施例の担当者は次のように述べている．

直交表を用いたソフトウェア評価方法の効果をまとめると

① 評価期間の短縮

評価がある程度機械的にできるため，評価の計画及び実施期間の短縮が図れる．

② 発見率の向上

各因子は水準を極端にふっているため，想定している使われ方以上の実験を効率的に実施できる．また，すべての 2 因子間の解析ができるため，バグ発見数が高くなる．今回，ソフトウェア開発の評価段階で直交表を用いた評価を実施したが，新たに6つのバグが発見できた．

③ 修正工数の低減

2元表をもとにチェックすることにより，バグの発生している2因子に絞り込めるため，容易にバグを修正することができる．

直交表を用いたソフトウェア評価方法の検討は今回初めての試みであったが，ソフトウェア開発業務の効率化に対する効果は大きいと考える．さらにいろいろな製品での評価を行うことにより，仕組みに取り入れ横展開を図っていきたい．

直交表によるデバッグのテストは信号因子の水準組合せによるトラブルを見つけることで，バグの見逃しをゼロにはできないがずっと少なくするのである．

第7章　シミュレーションによるパラメータ設計の変遷

7.1　パラメータ設計の発祥

1972年『試験・測定分析比較研究のためのSN比マニュアル』が日本規格協会から刊行されたときに，制御因子を使ってSN比の比較を行うという考え方が示された．しかし，直交表L_{18}などを用いてパラメータ設計を行うことが明確に示されたのは1979年の『標準化と品質管理』誌連載の「オフライン品質管理」であった．現在なら「オフライン品質工学」というべきところであろうが，当時はまだ品質管理の範疇で受け入れられていたことが分かる．

しかし，これをテキストとして行われた㈶日本規格協会の実験計画法のセミナーのうたい文句には，後述するように「品質工学」という言葉が使われていた．具体的には直交表L_{36}を用いたパラメータ設計の紹介で，ホイートストンブリッジのシミュレーションであった．これが1988年に刊行された品質工学講座第1巻『開発設計段階の品質工学』のもとである．すなわち，パラメータ設計はシミュレーションで始まったと言ってよい．

シミュレーションであるから，信号に対する出力の関係は線形であるということで，信号の水準は不要であるから，いわゆる望目特性のSN比のパラメータ設計であった．誤差因子も同じL_{36}の直交表で，いわゆる直積の実験である．現在，シミュレーションのパラメータ設計では積極的に使われようとしている方法である．直積の実験でなく，現在のような誤差因子の調合の考え方が生まれたのは，1985年以降である．これはハードウェアの実験の効率を考えたからである．それまでのSN比においては，誤差因子の設定は実際にはあいまいであった．

ホイートストンブリッジのパラメータ設計では，パラメータ設計だけでなく，最適化された後に行う許容差設計の説明もかなり詳しく行われ，損失関数による経済計算についても示された．したがって，当時の印象とすれば，パラメータ設計と許容差設計は1つのセットになっていた．

許容差設計を重要視しなくなったのは，パラメータ設計を行えば，最適化されてばらつきが小さくなるために，そのあとの対策の必要性が少なくなるからである．しかし，許容差設計というのは，技術の専門家にも比較的理解しやすい．なぜならば従来の設計作業というのが，設計条件の許容差を変えて，出力のばらつきとコストの関係を見るのが中心であったからであり，これはまさに許容差設計そのものだからである．

そこで1980年代に日本規格協会の品質管理セミナーの『技術部門，設計部門のオフライン品質管理―品質工学への道―』（田口玄一著）というテキストでは，許容差設計がシミュレーションを使って，実に詳しく紹介されていた．このテキストの内容は，上述の品質工学講座第1巻『開発設計段階の品質工学』（1988）では省略された部分もあるが，許容差設計の部分は残っている．

1983年，旧通産省計量行政室の補助金により，計量管理協会が『品質管理のための計測方法活用マニュアル』という報告書をつくり，日本規格協会より単行本が出され，これはデミング賞委員会から日経品質管理文献賞を受賞した．この報告書は，オンライン品質工学と，計測のSN比の求め方，計測器のパラメータ設計と，きわめて多岐にわたって事例を集めたものである．

この中の計測器のパラメータ設計の事例は，以下のとおりで，ほとんどがシミュレーションであった．具体的には以下のようなものである．

(1)　理論式のある場合の $L_{36} \times L_{36}$ の直積法による電気回路のパラメータ設計―周波数／電流変換回路の設計事例―

(2)　電気回路の理論式のある場合で，標示因子ごとに $L_{36} \times L_{36}$ の直積法によるパラメータ設計―騒音計の周波数レスポンス実現のための補正回路の設計―

(3)　信号因子のあるSN比を特性値とした理論計算によるパラメータ設計―低倍率流量式空気マイクロメータの開発事例―

(4)　幾何学的モデルを仮定した理論式のある場合の $L_{36} \times L_{36}$ の直積法によるパラメータ設計―多関節型三次元計測器の改善事例―

1984年には『新製品のためのパラメータ設計』という本を，同じ形式で発行した．これもすべて計測器の例である．パラメータ設計を表題とした最初の単行本である．12 事例のうち 6 事例がシミュレーションであったことから分かるように，パラメータ設計の出発点には，シミュレーションが中心を占めていたといってよい．具体的には以下のようなものである．

(1)　ペンレコーダーにおけるサーボ系の設計（$L_{18} \times L_{18}$）

(2)　ダイヤフラム型圧力計の設計（$L_{36} \times L_{36}$）

(3)　2 線式伝送器の定電流回路の設計（$L_{36} \times L_{36}$）

(4)　電子計測器の電圧変換回路の設計（$L_{36} \times L_{36}$）

(5)　量目管理用はかりの平行ばねの設計（$L_{108} \times L_9$）

(6)　トランジスタ発振器の設計（$L_{108} \times L_9$）

これらの例から明らかなように，望目特性であっても $L_{36} \times L_{36}$ の直積の実験が多い．最後のトランジスタの例は実部と虚部を分けているが，L_{108} の直交表を利用している．L_{108} の直交表はこの本で初めて公開されたものである．当時は直交表 L_{108} は使わない方がよいという感じであったが，あえて積極的に試みたつもりである．3 水準系の制御因子が 38 個選ばれている．当時としては規模が大きすぎたということであろう．

1984 年に名古屋を中心に山本昌吾氏が編集した『新製品開発における信頼性設計事例集』(日本規格協会）もパラメータ設計の事例集である．この中にも自動車のハンドルの FMEA などシミュレーションの事例がいくつかある．

7.2　流動解析のシミュレーション

1985 年以降，21 世紀の標準 SN 比が出るまでは，比較的シミュレーションの事例が少なくなったという感じがする．おそらくこの理由は，品質工学が各分野で使用されるようになり，シミュレーションよりは実験を行う場合が多くなったことと，信号因子，誤差因子の取り方についての議論が盛んになったことがあげられる．日本の場合のシミュレーションは海外のものを購入するだけであり，しかも望目特性であると，信号因子の面白味が少なかったということであろう．

1980 年代の後半に，射出成形の世界でいわゆる流動解析によるシミュレーションの検討が盛んになった．当時，流動解析のソフトは価格も高く，販売する側も普及の困難が伴っていたと思われる．流動解析の研究者が競って流動解析の解説を行ったが，金型設計の立場では，ソフトウェアが使用可能かということが大きな関心事であった．金型設計は経験と試行錯誤の世界であるから，射出成形の世界では魅力的に映った．

日本合成樹脂技術協会のプラスチック精密加工研究会は，品質工学を活用した成形加工の研究グループであったが，ここで三光合成によって流動解析に直交表 L_{18} を適用した計算結果が発表された．誤差因子2水準で36回の計算であったが，1計算20万円であったから，720万円の計算料であった．

この結果を研究会で検討することで，流動解析の妥当性についての検討が行われ，これを受けて埼玉県工業試験センターの松川俊雄氏らが引張試験片の成形についての実験を行った．これは金型設計の熟練者の設計した金型と，流動解析で設計した金型との優劣を比較するものであった．

このときの結果は両者に優劣のないことが明らかになり，これからの時代に金型設計の熟練者の減少には，ソフトウェアの活用が有効ということになったが，これに対してソフトウェアの販売の側から反論があって議論となった．つまりこのような優劣比較自体が普及の妨げという考えであったと思われる．

この後，流動解析については山城精機が詳しく研究を行い，射出成形の実験は旧通産省のIMSプロジェクトの中で発表された．当時の流動解析は射出成形品の寸法を特性値とせずに，圧力分布，温度分布などを求めるものであったから，SN比と感度の最適化にあたっては，かなりの工夫を要するものであった．現在では寸法そのものが直接に表示されるようになっているが，実際に成功させるのは容易ではない．

7.3　アナログデータの標準SN比

2000年において，提起された標準SN比の解説は，1991年に沖電気㈱が米国のタグチメソッドシンポジウムで発表し，カラーリボンのシミュレーションの例が使用された．これは発表当時，米国に大きな影響を与えたといわれ，以後，米国でシミュレーションでの活用が広く行われたと言われる．しかし，日本においてはこの話はほとんど影響を受けなかったと思う．

2000年の第8回品質工学研究発表大会において，シミュレーションのセッションが設けられた．田口玄一はこれからの時代には，シミュレーションが重要という指摘を行った．これには前触れがあった．2000年5月号の『標準化と品質管理』誌の品質工学の特集号で，田口とセイコーエプソン安川英昭会長(当時社長）との対談が行われた．このとき，安川会長が試作をするのにろくなものはないと主張された．これが試作レスの法則で田口のシミュレーションの新しい適用へと発展した．

この大会で議論となったのが，シミュレーションでは平均値の傾向が実際と合わないと，SN比が高ければよいと言われても，技術者はシミュレーションの品質工学は使わないという問題であった．すなわちシミュレーションは計算を精密化することで，未知の現象を明らかにすることが目的という考え方である．詳しく調べることが課題であり，**計算時間**は長くなって，パラメータ設計に不向きとなる．

これに対して，田口が主張したことは，シミュレーションは不完全でよく，平均値の傾向でなく，まずSN比の高いところを求めるべきということであった．ハードウェアの実験ならば当然の主張であるが，シミュレーションの場合は現象から離れてしまうのではという心配がある．したがって，新しい主張は必ずしも皆納得したというわけではないままに議論が終わった．

2000年秋のASIのタグチメソッドシンポジウムのITTキヤノンのスイッチの例で，いわゆる**21世紀の標準SN比**という提案が田口よりあった．さらに同年11月の中部品質管理協会において，従来のパラメータ設計の方法が不十分で，今後は標準SN比で行うべきという提案が出された．これについては品質工学会の中では理解が進んでいるが，一般には現在において十分な理解が得られているとは言えない．田口は精力的な主張を行っており，今後，理解が進んでいくであろう．

もともと標準SN比という考えは，田口が若かりしころ，ベル研究所への留学で，通信におけるデジタル量への適用ということで開発されたものである．すなわちON, OFF特性の入出力の関係のバランス問題であり，バランスとチューニングを分けるというのが今回のアナログ量と共通している．

標準SN比の画期的なことは，従来のSN比は**非線形効果への対応**はいわゆる残差を別に求めるという方法で行われていたが，この場合にはあとのチューニングへの対策が十分ではないということへの回答である．しかも，ばらつきを最小化してからチューニングするという思想が明確になっている．

計算時間については第14章のカムシャフトの例に示されているように，メッシュを粗くすると元の形が失われてしまう心配がある．しかし，田口が指摘するように，もとの対象に対して対応しているはずならば，利得の再現性は確認されるから，ハードウェアの実験と同じように，利得の再現性がなければシミュレーション自体の悪さが早く検出されることになる．ハードウェアではテストピースのアイデアが重要なように，シミュレーションでは計算時間を短くして，効率よく何回もパラメータ設計を行うことが重要となる．

7.4　MTシステムによる情報システムの設計

7.4.1　MTシステム紹介の理由

本書の刊行の最初の意図は，シミュレーションによるパラメータ設計である．しかし，田口は**MTシステム**の課題を含めて，MTシステム自体はコンピュータの高度の利用であり，これはシミュレーションと共通するものである．これらを大所高所から見れば，結局は情報を用いたシステムの最適化である．MTシステムは品質工学の中では新しい分野であるから，どちらかといえば技術開発におけるパラメータ設計とは別種のものと見られがちである．しかも，MTシステムは医学情報，経済情報なども扱うから，なおさらそのような感じを受けることもやむを得ないことである．

しかし，MTシステムとは**多次元情報におけるSN比**であり，パラメータ設計である．すなわち，情報という観点でいえばシミュレーションの活用と類似しており，既に刊行された『MTシステムによる技術開発』と重なるように見えるが，本書では MT システムの新しい分野の事例を紹介している．既に述べたように，MT システムは新しく提案されたものであり，方法論の変化が激しい．そこで本節では新しい方法についての展望とそれに関連する事柄などについての解説を加える．

7.4.2 単位空間の重要性

パラメータ設計で重要なのは，基本機能におけるゼロ点比例式であり，ゼロ点と信号に対する出力の単位量の変化を定めることである．これと同様に MT システムでは，ゼロ点に相当する単位空間の設定と，単位空間の変化を求める信号の設定が重要である．すなわち，MT システムとは多次元情報の計測問題への提案である．

まず，単位空間の設定について述べる．ゼロ点の出力が常にゼロであってほしいように，単位空間の状態とは極めて均一な状態でなければならない．しかし，初期の MT システムでは相関係数を求めて，逆行列の計算を行うために，単位空間が均一になればなるほど，相関係数が 1 に近くなり，計算が不可能となる．そのため，1 に近い項目を省略することが行われたりしたが，これは本来の MT システムの考え方と反することになる．

すなわち，均一な単位空間を設定することが，MT システムの成功の鍵である．このような単位空間を正常と呼ぶことがある．正常ということは均一性が高いということである．しかし，正常とは何かということを，現実の問題に適用しようとすると困難な問題が発生することが分かる．

例えば，**火災**の場合なら火事ではないということである．病気の場合ならば，健康であるということである．火事でなければ，必要となる温度のデータは変化しないし，煙の温度のデータはゼロである．**健康**とは何かとなれば，場合によっては哲学的命題となってしまう．なぜならば，医師のところへ来るのは病人であるから，健康人の通常的データを集めることは容易ではない．このように，技術開発のパラメータ設計で基本機能を考えるのが難しいように，単位空間を設定するということが難しい問題となることが多い．

7.4.3 信号因子の重要性

品質工学を学んだ者にとっては，基本機能とか信号因子の設定の重要性は常識的なことである．MT システムでの信号因子を設定することは，単位空間と同様に困難が伴う．当初，計測における SN 比が考えられたときには，真の値が不明の場合に SN 比を求めるということが大きな課題であった．寸法とか質量というスカラー量は考えやすいように見えるが，プラスチックの寸法とか，粉体の目方というと，真の値の定義が困難になることがある．このような点に様々な工夫を施すことにより，計測における**信号の設定**という問題は解決されてきた．

しかし，火事の程度の信号とか，病気の程度の信号となると，それ自体が定量化しにくいから，MT システムが必要であるという，一種の自己矛盾が含まれることになる．第5章にはこのような矛盾を解決するための方法が示されているが，個別に考えると工夫しなければならない点が多い．結局，信号因子を設定して，SN 比を求めることによって，単位空間の考え方の妥当性を調べることが可能となる．

7.4.4 MT システムの進化

以上の様々な問題を解決するために，田口により，MT システムでは様々な解析方法が提案された．初期に提案された MT システムが，現在では **MT 法**と呼ばれている．マハラノビスの距離はやがて消えるのではと言われるが，単位空間の距離が 1 となることで，分かりやすいということから，現在でもしばしば使われている．

これに対して相関行列が 1 に近いものがあるとか，標準偏差がゼロとなる項目があっても適用可能なのが **MTA 法**である．MTA 法も広く使われるようになっている．さらに，真の値に正負の値があるような場合に，シュミットの直交多項式展開を利用する方法が **TS 法**である．MT 法，MTA 法でもシュミットの直交多項式展開は利用できるか，最終的には TS 法が本命と言われている．

MT システムでは多次元な多数項目のデータを必要とする．さらにこの項目を利用して，直交表を用いて項目の有用性について検討を行う．これが**診断**と呼ばれるものである．また，時間的に求められた異常の距離が変化することを**予測**することが可能である．このような場合には，単位空間には多数のデータが必要になるが，関係する項目の数が大きくなると，データの数が不足することになる．このような場合には，相関係数を求めることが不可能となる．これの対策として提案されたのが，**マルチ法**と呼ばれるもので，**MMT 法**とか**MMTA 法**といわれる．

多数の項目を分類して，分類されたグループごとに距離を求めれば，項目数がデータ数より小さくなるので，計算が可能となる．このようにして求めたグループごとの距離を用いて改めてグループを項目とした単位空間を作成する．マルチ法の活用は例えば，100 万単位の画素の解析などに使うことが可能なはずである．

いわゆるマハラノビスの距離による判別分析は，群間の判別といわれる方法であるが，MT システムでは単位空間を設定した後では，あくまで個別な状態での判断である．すなわち，個々の病人の病気の種類の診断であり，病気の変化の予測である．つまり，これは従来の統計的方法とは全く異なるということである．品質工学が統計学とは関係ないといわれるように，MT システムもあくまで個別問題への解決のための方法である．すなわち，解決自体は個々の技術の力であり，その力の内容を評価するのが MT システムである．

7.5 バグ発見の方法

新幹線の乗車券の自動販売機のシステムを使って，ソフトウェアのバグ発見の方法を提案されたとき，品質工学を知っているものにとっては大きな衝撃であった．あるいは，これが品質工学かととまどった向きもあったと思う．なぜならば，直交表 L_{18} の因子のすべてが信号因子であったことである．これは「ロバスト設計のための機能性評価」（田口玄一，日本規格協会，2000）に紹介されている．能動的動特性の信号因子とは意思の伝達である．このように考えれば，ソフトウェアに指示を与えるのはすべて信号というのは納得されるところである．

ここでまず重要なことは，直交表の理解力である．すなわち，品質工学がいうところの，直交表が交互作用の利用であるという意味の理解の方法である．特に直交表 L_{18} とか L_{36} は高次の交互作用が割り付けられており，品質工学においては，このような交互作用を無視するのだということへの理解である．しかも，バグ発見のためには，本来は求めない2元表を作成して，若干の情報量を落としても，組合せ効果を求める．このようなことから，あたかも交互作用を問題とするような錯覚をする．

次に，品質工学は**効率**と**経済性**であるということへの理解不足である．適用した場合に必ず言われることは，この方法を適用すれば，バグは皆無になるかということである．無理にバグを作成して，発見の可能性を検討する人さえいる．本来，バグをなくすことは，極めて非効率な作業であり，場合によっては不可能に近い．それが効率よく発見できることは，経済的であるということであり，皆無になるかならないかは関係がない．しかし，限りなくバグを少なくすることは可能である．

さらに，信号数が多くても，直交表を連結させることは，効率よくバグをなくすことが可能である．この考え方は，1957年の田口玄一著『実験計画法（上）』（丸善）に紹介されている**確率対応法**の応用である．品質工学が新しいように見えて，同氏の初期のアイデアが活用されていることから，過去の成果も見逃すことができないことを示した例である．極めて効率よくバグを発見することができる．

なお，ソフト製品の消費者品質問題の根本は，ユーザーフレンドリーにあることを忘れてはならない．

第8章　シャフト・スプライン歯形設計の最適化

この研究は従来のシミュレーションによるパラメータ設計の基本形といえるものである．すなわち，直交表 L_{18} を使い，誤差を N_1 と N_2 の 2 つに調合して，品質特性を用いて SN 比を望目特性で求めている．その限りではお手本になる研究であるが，現在ならば応力集中係数を求める前の素データを使い，直交表も大型化にして，誤差を調合せずに標準 SN 比を求めることになるであろう．計算時間が長いのはメッシュが細かすぎるからである．いずれにしても，シミュレーションのパラメータ設計を理解する上での手掛かりとなる．

8.1　シャフト・スプライン歯形設計の課題

航空機用エンジンのシャフトでは，トルク伝達のためにスプラインが用いられることが多い．代表的な形状を**図 8.1** に示す．一方で，その歯形形状のために応力集中が発生して，部品としての疲労寿命を左右する箇所となっている．それに対して，形状を決める際の感度解析が必ずしも十分に行われているとはいえず，特に公差の設定に当たっては，ベースとなる機種の値の流用という場合が多い．本解析では歯形形状設計シミュレーションの適否をパラメータ設計

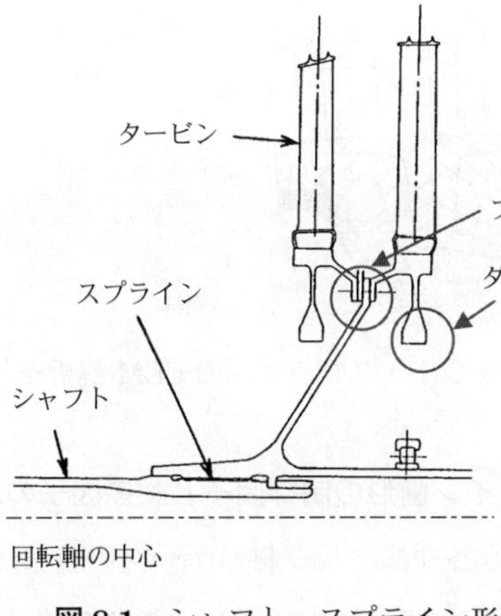

図 8.1　シャフト・スプライン形状

で検討するとともに，形状最適化設計の可能性を探ることを目的とした．

歯形形状の応力解析は**図 8.2** に示す FEM モデルを作成し汎用解析プログラムを用いて実施した．負荷荷重はトルクとしてねじり応力を計算し，単純な円筒の場合の応力との比を応力集中係数とした．応力集中係数は一定の目標値があることから，望目特性の SN 比を求めることにした．解析モデルの作成では，フォートラン・プログラムを作成して，2 項の設計定数を与えるだけで，3 次元 FEM モデルが自動生成されるようにした．これによって，設計解析作業に直交表 L_{18} を適用する際にネックであった解析モデル作成時間を，大幅に短縮することができた．

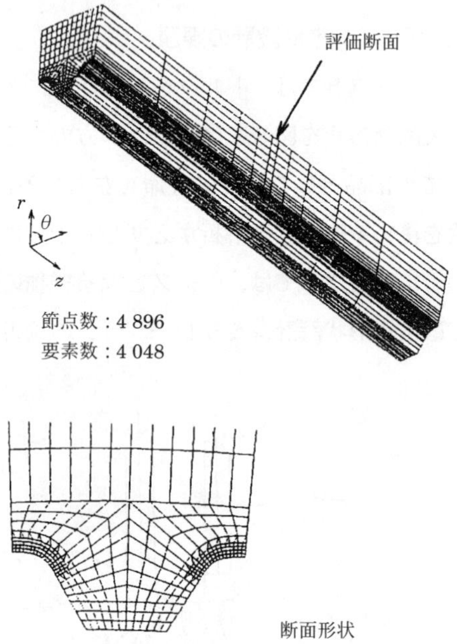

図 8.2　シャフト・スプラインの FEM 解析モデル

8.2　シャフト・スプライン歯形の制御因子と誤差因子の水準

スプライン形状を決める各寸法，及び材料データのうち，応力集中係数に影響すると考えられるものを今回の解析で用いる設計定数とした．それらを**図**

A	MAJOR DIA.
B	MINOR DIA.
C	BOTTOM FILLET R
D	CORNER FILLET R
E	SPACE WIDTH
F	OUTER DIA.
G	POISSON'S RATIO
H	CONTACT POINT

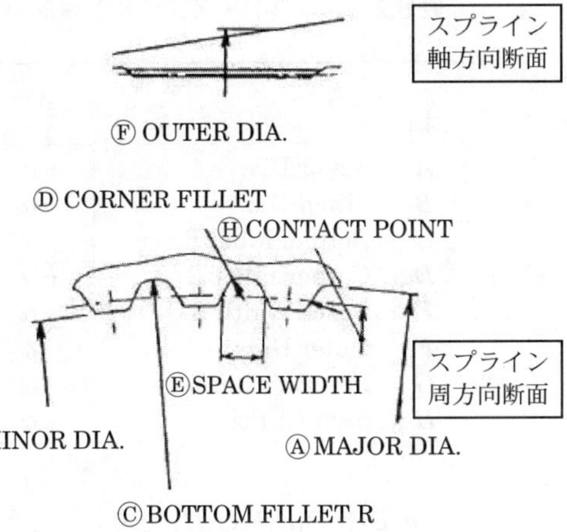

図 8.3　シャフト・スプラインの設計定数

8.3 に示す．

各設計定数を制御因子として，最適形状を探すために大き目の幅で各水準値を設定した．この際に，どの組合せでも歯形形状が成立し得るように過去の知見を入れて幅を設定した．また，各寸法公差が応力集中係数に与える影響を把握するために，寸法公差の範囲を誤差因子の水準とした．それらの結果を**表 8.1**，**表 8.2** に示す．

表 8.2 の第 2 水準が表 8.1 の各制御因子の水準値となる．例えば直交表 L_{18}

表 8.1　シャフト・スプライン歯形の制御因子と水準

因子＼水準		1	2	3
A	Major Dia.	小	中	—
B	Minor Dia.	小	中	大
C	Bottom Fillet R	小	中	大
D	Corner Fillet R	小	中	大
E	Space Width R	小	中	大
F	Outer Dia.	小	中	大
G	Poisson's Ratio	小	中	大
H	Contact Point	小	中	大

$A_2B_2C_1D_2E_2F_2G_2H_2$：現行条件

表 8.2　シャフト・スプライン歯形の誤差因子の水準値

（単位　%）

因子＼水準		1	2	3
A	Major Dia.	$-\alpha$	0	—
B	Minor Dia.	$-\alpha$	0	α
C	Bottom Fillet R	$-\alpha$	0	α
D	Corner Fillet R	$-\alpha$	0	α
E	Space Width R	$-\alpha$	0	α
F	Outer Dia.	$-\alpha$	0	α
G	Poisson's Ratio	$-\alpha$	0	α
H	Contact Point	$-\alpha$	0	α

の第1行なら，$A_1B_1C_1D_1E_1F_1G_1H_1$ であり，これが表 8.2 の第2水準で，そのときの設計定数の誤差がゼロということになる．

8.3　パラメータ設計のための誤差因子の調合

最初に，全体の解析ケース数を減らすために，以下の手順で，8個の誤差因子を，1個の誤差因子 N_1, N_2 に調合した．

(1) 制御因子をすべて水準2とし，それに対して直交表 L_{18} に基づいて誤差条件を変えて**表 8.3** のように応力集中係数 K_t を計算した．

(2) $A \sim H$ の誤差因子の各水準について，応力集中係数の平均値を**表 8.4** のように計算した．

(3) $A \sim H$ の誤差因子について，それぞれを**表 8.5** のように $N_1\,(-)$ 側と $N_2\,(+)$ 側に振り分ける．それによって8個の誤差因子を N_1, N_2 の1つの誤差因子に調合した．

(4) 以上の過程を**図 8.4** に模式的に示す．

8.4　シャフト・スプライン歯形の直交表 L_{18} の SN 比と感度の解析

直交表 L_{18} に制御因子 $A \sim H$ の割り付けを行い，各実験条件で誤差因子を N_1, N_2 とした合計36回の解析を実施し，**表 8.6** のようにそれぞれについて応力集中係数を計算した．実験 No.1 の解析結果を例にして，SN 比 η と感度 S

表 8.3　直交表 L_{18} に基づいた歯形の応力集中係数 K_t の計算

		A	B	C	D	E	F	G	H	K_t
1	N_1	1	1	1	1	1	1	1	1	1.72
	N_2	1	1	1	1	1	1	1	1	1.46
2	N_1	1	1	2	2	2	2	2	2	1.64
	N_2	1	1	2	2	2	2	2	2	1.56
3	N_1	1	1	3	3	3	3	3	3	1.6
	N_2	1	1	3	3	3	3	3	3	1.54
4	N_1	1	2	1	1	2	2	3	3	1.7
	N_2	1	2	1	1	2	2	3	3	1.45
5	N_1	1	2	2	2	3	3	1	1	1.62
	N_2	1	2	2	2	3	3	1	1	1.54
6	N_1	1	2	3	3	1	1	2	2	1.57
	N_2	1	2	3	3	1	1	2	2	1.52
7	N_1	1	3	1	2	1	3	2	3	1.64
	⋮	⋮	⋮	⋮	⋮	⋮	⋮	⋮	⋮	⋮
⋮	⋮	⋮	⋮	⋮	⋮	⋮	⋮	⋮	⋮	⋮

表 8.4　シャフト・スプライン歯形の応力集中係数の平均値

	A	B	C	D	E	F	G	H
1	1.65	1.67	1.65	1.67	1.68	1.66	1.67	1.67
2	1.68	1.67	1.67	1.67	1.66	1.67	1.67	1.67
3	—	1.67	1.68	1.66	1.65	1.67	1.66	1.66

表 8.5　応力集中係数の誤差因子の方向による調合

	A	B	C	D	E	F	G	H
$N_1(-)$	0	$+\alpha$	$+\alpha$	$-\alpha$	$-\alpha$	$+\alpha$	$-\alpha$	$-\alpha$
$N_2(+)$	$-\alpha$	$-\alpha$	$-\alpha$	$+\alpha$	$+\alpha$	$-\alpha$	$+\alpha$	$+\alpha$

の計算手順を以下に示す．No.1 の応力集中係数計算結果 N_1 (−)：1.715，N_2 (+) : 1.461 である．

全変動　$S_T = {y_1}^2 + {y_2}^2$

$$= 1.715^2 + 1.461^2 = 5.075\,7 \qquad (f=2) \quad (8.1)$$

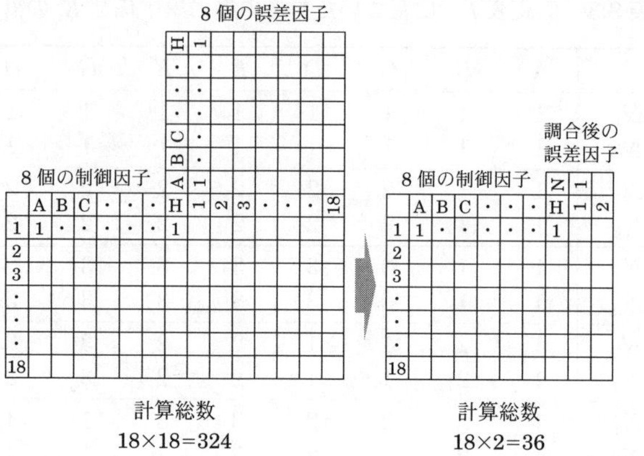

図 8.4　シャフト・スプラインのパラメータ設計の誤差の調合の過程

表 8.6　パラメータ設計の制御因子の割り付けと応力集中係数 K_t

No.	A	B	C	D	E	F	G	H	N_1	N_2
1	1	1	1	1	1	1	1	1	1.46	1.72
2	1	1	2	2	2	2	2	2	1.56	1.64
3	1	1	3	3	3	3	3	3	1.54	1.6
4	1	2	1	1	2	2	3	3	1.45	1.7
5	1	2	2	2	3	3	1	1	1.54	1.62
6	1	2	3	3	1	1	2	2	1.52	1.57
⋮	⋮	⋮	⋮	⋮	⋮	⋮	⋮	⋮	⋮	⋮
18	…	…	…	…	…	…	…	…	…	…

一般平均の変動

$$S_m = \frac{(y_1 + y_2)^2}{n}$$

$$= \frac{(1.715 + 1.461)^2}{2} = 5.043\,5 \qquad (f=1) \quad (8.2)$$

誤差変動

$$S_e = \frac{(y_1 - y_2)^2}{2}$$

$$= \frac{(1.715 - 1.461)^2}{2} = 0.032\,3 \qquad (f=1) \quad (8.3)$$

誤差分散
$$V_e = \frac{S_T - S_m}{n-1}$$
$$= S_e = 0.0323 \tag{8.4}$$

SN 比
$$\eta = 10\log\frac{\frac{1}{n}(S_m - V_e)}{V_e}$$
$$= 10\log\frac{\frac{1}{2}(5.0435 - 0.0323)}{0.0323} = 18.90 \quad \text{(db)} \tag{8.5}$$

感度
$$S = 10\log\frac{S_m - V_e}{n}$$
$$= 10\log\frac{5.0435 - 0.0323}{2} = 3.99 \quad \text{(db)} \tag{8.6}$$

同様にして他の実験 No.も計算した結 果を**表 8.7** に示す．SN 比，及び感度の水準別平均値を**表 8.8** に，要因効果図を**図 8.5** に示す．ねじりの応力集中係数に対しては，荷重の作用点である *H*: Loading Point が影響を及ぼすことはない．したがって，設計定数 *H* による SN 比，感度のばらつきはメッシュ分割等の FEM 解析に起因する誤差と考えた．その誤差範囲を破線で図中に示してある．

8.5 シャフト・スプラインの最適条件の推定と確認計算

応力集中係数に対する SN 比，感度の解釈は以下のとおりである．

(1) SN 比が高いほど，応力集中係数に対する公差の影響は小さい．

(2) 感度が低いほど，応力集中係数は小さい．

以上を考慮して，最適条件を選んだ結果と現状の設計条件を**表 8.9** に示す．要因分析図に示す解析誤差範囲を考慮すると，最適設計と現設計で有意差といえるのは，以下のとおりである．

① SN 比については，Bottom R, Corner R

② 感度については，Major Dia., Bottom R, Corner R, Outer Dia.

最適条件の SN 比，感度について，推定値，及び確認計算の結果は**表 8.10**

表 8.7　シャフト・スプライン歯形の直交表 L_{18} の SN 比と感度

（単位　db）

	A	*B*	*C*	*D*	*E*	*F*	*G*	*H*	SN 比	感　度
1	1	1	1	1	1	1	1	1	18.90	3.99
2	1	1	2	2	2	2	2	2	28.81	4.07
3	1	1	3	3	3	3	3	3	31.66	3.92
4	1	2	1	1	2	2	3	3	18.92	3.90
5	1	2	2	2	3	3	1	1	28.40	3.98
6	1	2	3	3	1	1	2	2	31.98	3.78
7	1	3	1	2	1	3	2	3	23.78	3.87
8	1	3	2	3	2	1	3	1	31.42	3.53
9	1	3	3	1	3	2	1	2	25.88	4.80
10	2	1	1	3	3	2	2	1	27.68	4.13
11	2	1	2	1	1	3	3	2	24.37	5.55
12	2	1	3	2	2	1	1	3	29.13	4.29
13	2	2	1	2	3	1	3	2	24.85	3.85
14	2	2	2	3	1	2	1	3	30.26	4.63
15	2	2	3	1	2	3	2	1	24.80	5.49
16	2	3	1	3	2	3	1	2	29.27	4.43
17	2	3	2	1	3	1	2	3	24.83	4.74
18	2	3	3	2	1	2	3	1	29.44	4.70

表 8.8　シャフト・スプライン歯形の SN 比と感度の水準別平均値

特性		SN 比 η（db）			感度 S（db）		
因子	水準	1	2	3	1	2	3
A	Major Dia.	26.64	27.18	—	3.98	4.65	—
B	Minor Dia.	26.76	26.54	27.43	4.33	4.27	4.35
C	Bottom R	23.90	28.01	28.82	4.03	4.42	4.50
D	Corner R	22.95	27.40	30.38	4.75	4.13	4.07
E	Space Width	26.46	27.06	27.22	4.42	4.29	4.24
F	Outer Dia.	26.85	26.83	27.05	4.03	4.37	4.54
G	Poisson's Ratio	26.97	26.98	26.78	4.35	4.35	4.24
H	Loading Point	26.77	27.53	26.43	4.30	4.41	4.23

のとおりである．利得の推定値と確認実験での値はほぼ一致しており，再現性が確認された．ただし，最適条件では，内側と外側の接触長さが半分以下に減少している．このように，その他の制約条件になる項目をどのように考慮していくかが今後の課題といえる．

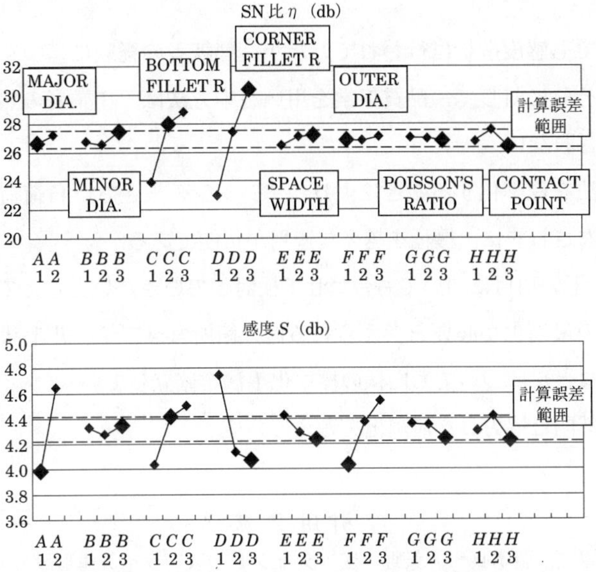

図 8.5 シャフト・スプライン歯形の要因効果図

表 8.9 シャフト・スプライン歯形の最適設計と現状の設計条件

	A	*B*	*C*	*D*	*E*	*F*	*G*	*H*
最適条件	1	3	2	3	3	1	3	3
現行条件	2	2	1	2	2	2	2	2

表 8.10 シャフト・スプライン歯形の確認計算と利得の再現性

	推定結果		確認計算結果	
	SN 比	感　度	SN 比	感　度
最適条件	31.37	3.355	31.15	3.409
現行条件	25.05	4.295	25.98	4.402
利　　得	6.32	−0.94	5.17	−0.993

8.6 シャフト・スプライン歯形設計のまとめ

パラメータ設計を用いて，スプライン歯形設計の最適化が可能となった．特に以下のことが設計の標準化・品質向上に非常に有効な手法であることが確認できた．

(1) 今までも感度解析は行われていたが，熟練者の経験に基づくものであった．それに対して，品質工学を用いた本方法は，作業者の熟練度合いが要求されない．

(2) 本方法を標準化することにより，エンジンの大きさ，負荷荷重の大きさに左右されずに，機種を越えた適用が可能である．

今後は以下の項目についても合わせて検討していきたいと考えている．

① 形状の最適化が必要と考えられる他の箇所（ダブテール形状，フランジ形状など）についても同様の標準化手法を確立していく．

② 製造部門と協力した最適化を考えていく．

引 用 文 献

1) 田中智之，藤本良一，矢野　宏：シャフト・スプライン歯形設計の最適化，品質工学，Vol.10, No.3, pp.80–84, 2002

Q & A

Q8.1　全体で何回ぐらいの計算を実施しましたか．

A：誤差因子の調合に 18 回，調合した誤差を利用して 36 回，確認計算に 18 回の合計 72 回です．

Q8.2　計算モデルの準備が大変ではなかったですか．

A：手作業ではとてもできないので，自動的に計算モデルを作成するプログラムを作成しました．したがって，何回でも楽に計算ができました．

Q8.3　応力集中係数は望小特性でないですか．望小特性の SN 比を用いるべきではないですか．

A：SN 比，感度のそれぞれを検討する上で，望目特性の SN 比を用いました．応力集中係数はゼロにはならず，必ずある値をとります．このような例の場合は，望目特性で解析する方が良い検討ができることが分かっています．

第9章　撮りっきりカメラシャッター機構安定性の設計

2000年末に田口玄一により，シミュレーションにおける標準SN比の提案があり，2001年の第9回品質工学会研究発表大会で早速発表されて，精密測定技術振興財団品質工学発表賞で金賞を受賞した研究である．現在では当たり前のことであるが，20世紀型と21世紀型と分けられるように，2つの世紀にまたがる変化を示した研究として参考になる．

9.1　シャッター機構設計の課題

一般にレンズ付きフィルムのシャッター機構は，「ギロチンタイプ」と呼ばれる単板往復開閉方式が採用されており，この遮蔽板（以降セクターと記す）を開閉することにより感光フィルム面への光線照射量をコントロールする．この開閉動作は，圧縮されたばねの力を，シャッターボタンを押すことによって解放し行うため，一連の動作には過渡のコントロールは行われない．このため，初期設計段階においてシャッタースピードを予測することは難しく，設計当初に見積もった定数や部品寸法の修正限度を越えてしまうと，試作確認段階からさかのぼって再設計が必要となる．

そこで，この最も予測の難しい性能の1つであるシャッタースピードを決定する，各種寸法及び諸元の初期設計に関し，限られた期間に安定した機構を効率的，客観的に設計するため，設計初期段階の機構シミュレーションに品質工学を適用し，最適化設計を行うこととした．

9.2　シャッター機構設計の従来の方法との比較

従来3次元CADにより設計されたデータで，機構シミュレーションを行っている．このとき各種設計パラメータの初期値は勘と経験により割り付けられ，シミュレーション実行と，パラメータの微調整を繰り返す．こうして決定された設計値により実物モデルを試作し，最終的な調整を行って目標の値に絞り込んできたが，修正の予測範囲を越えると設計からの見直しとなり効率的とはい

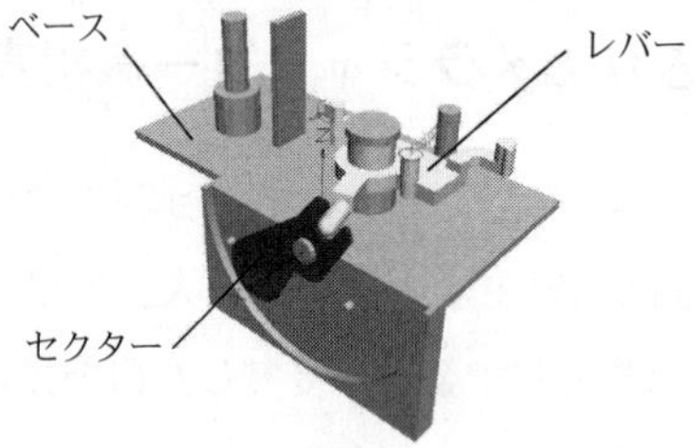

図 9.1　シャッター機構の 3D モデル概観と各部の名称

えない．計算に使用した 3D モデルを**図 9.1** に示す．

今回使用したモデルは，シャッター機構の初期設計に必要最小限の要素と因子が含まれたものとした．このモデルにおけるセクターは，時間の経過とともに**図 9.2** 左に示すような角度変化の挙動を示す．シャッターの開口時間と開口面積の積がすなわち露光量であるので，セクターが開いてから閉じるまでの時間もさることながら，セクター開閉の挙動も露光に影響する．したがって時間経過に対するセクターの挙動を角度として測定し，セクターの挙動を表すこととした．

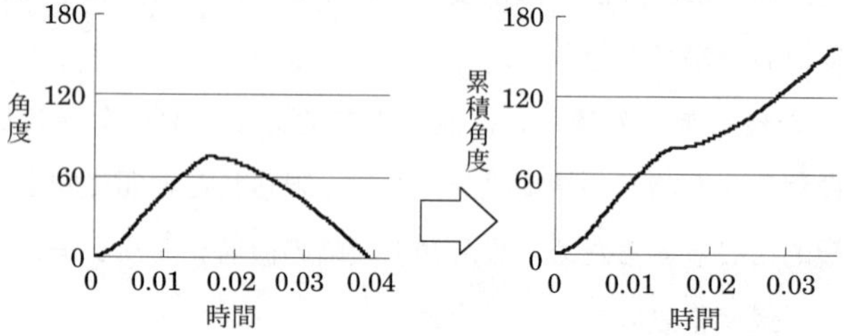

図 9.2　シャッター機構のデータ変換

シミュレータでは通常ユーザーの使用条件や経時劣化などの影響を直接取り扱うことは困難である．そこで，経時劣化や環境変化は部品の寸法や物性値など設計因子の誤差となって現れると考え，これらの誤差が生じても，この時間経過に伴うセクターの角度挙動が変化しないことが，すなわち安定したシャッター機構であるとした．

このシャッター機構のセクターの動作角度は，時間軸に対して直線性を持たない．そこで，計算から直線性を除外する方法［方法 (1)］で計算を行った．しかし良化する水準群の抽出はできたものの，利得再現性は必ずしも良いとはいえなかった．この反省から標準条件下実験の結果を入力とした標準 SN 比による，誤差条件下実験の動特性による評価［方法 (2)］を行うことで直線性を確保することを狙った．

9.3 シャッター機構シミュレーションの評価方法の考え方

図 9.2 左の信号を時間，出力をセクターの角度とする入出力を考えるが，本事例でセクターは往復運動をするために，前述したとおり動特性として扱えない．そこで出力はセクター動作角度の変化量の累積値として，図 9.2 右の単調増加の結果に置き換えた．

誤差の考え方は前述のように，経時劣化や環境変化の結果を部品の寸法や物性値の変動として制御因子に与え，シミュレーションを行い，標準条件におけるシミュレーション出力からの変動を評価することとした．

方法 (1) 非直線性を除外する

図 9.3 に示すように入出力にもともと直線関係がない．入出力の非線形効果を M_{res} として，SN 比の計算から除外する方法である．具体的にはシャッター機構の動作時間に対するセクター動作の安定性を SN 比で評価する．これまで品質工学で提案されてきた考え方に基づく．

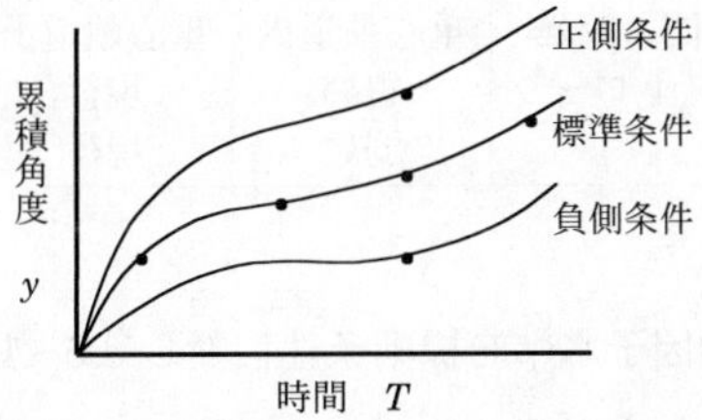

図 9.3 シャッター機構の方法 (1) の入出力関係

方法 (2)　標準 SN 比

標準条件での出力を改めて信号水準とする方法である．**図 9.4** に示すように，標準条件におけるセクター位置のシミュレーションによる出力 y_0 を信号とし，誤差条件下でのセクター位置のシミュレーション結果を出力とする動特性を考えた．

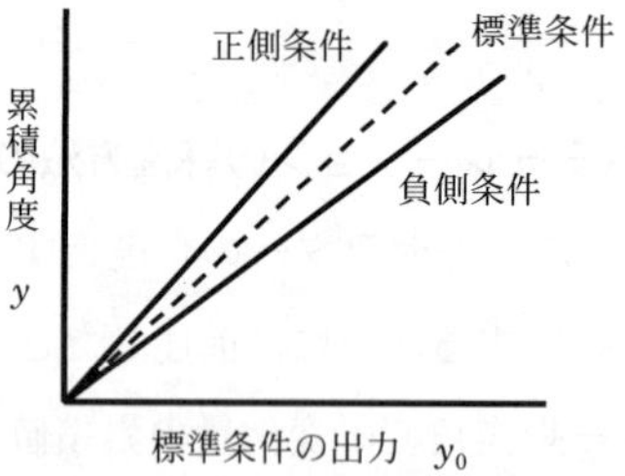

図 9.4　シャッター機構の方法 (2) の入出力関係

制御因子は**表 9.1** に示すように，部品寸法，設置位置，ばね定数など 8 因子であり，これを直交表 L_{18} に割り付けた．

表 9.1　シャッター機構の制御因子と水準値

	制御因子	第 1 水準	第 2 水準	第 3 水準
A	部品 A の重量	×0.5	現行	—
B	部品 B の重量	×0.5	現行	×2.0
C	部品 B の重心位置	現行	外	大外
D	ばねの定数	現行	×1.3	×1.5
E	ばねの取付角度	A	B	C
F	部品 C, D 間の距離	重心軌道内	重心軌道上	現行
G	部品 A のストローク	短い	現行	長い
H	動作入力	弱い	現行	強い

誤差因子 N は各制御因子水準を標準条件に対し ±5~10% 変動させ，出力を正側，負側に変動させる方向で調合した 2 水準に，標準条件を加えた 3 水準とした．水準の変動幅は設計時に選択可能な幅を設定した．この値は設計意図により決定しているため，必ずしもこの大きさである必要はない．

9.4　シャッター機構の方法 (1) によるパラメータ設計

図 9.2 の考え方のもとで，**表 9.2** のようなデータを求めた．シミュレータの出力値は多数存在するが，すべてを扱うと繁雑になるため，信号因子は測定された角度の値のうち，セクター始動時，全開，全閉にそれぞれの中間点を加えた合計 5 点のデータとした．

表 9.2　シャッター機構のシミュレーションのデータ形式

No.	制御因子								誤　差	信号因子				
	A	B	C	D	E	F	G	H		T_1	T_2	T_3	T_4	T_5
1	1	1	1	1	1	1	1	1	標準条件 N_0	y_{11}	y_{12}	y_{13}	y_{14}	y_{15}
									正側条件 N_1	y_{21}	y_{22}	y_{23}	y_{24}	y_{25}
									負側条件 N_2	y_{31}	y_{32}	y_{33}	y_{34}	y_{35}
⋮	⋮	⋮	⋮	⋮	⋮	⋮	⋮	⋮	⋮	⋮	⋮	⋮	⋮	⋮
18	2	3	3	2	1	2	3	1	標準条件 N_0	y_{11}	y_{12}	y_{13}	y_{14}	y_{15}
									正側条件 N_1	y_{21}	y_{22}	y_{23}	y_{24}	y_{25}
									負側条件 N_2	y_{31}	y_{32}	y_{33}	y_{34}	y_{35}

SN 比は以下の計算によって求めた．システムがもともと非線形であるため，V_e を SN 比・感度の計算から除外した．

全変動　$S_T = {y_{11}}^2 + {y_{12}}^2 + \cdots + {y_{35}}^2 \fallingdotseq 112\,603.93$　$(f=15)$　(9.1)

有効除数　$r = {T_1}^2 + {T_2}^2 + \cdots + {T_5}^2 = 0.001\,212$　(9.2)

線形式　$L_1 = y_{11}T_1 + y_{12}T_2 + \cdots + y_{15}T_5 = 7.03$

$L_2 = 6.29$

$L_3 = 6.80$　(9.3)

比例項の変動

$$S_\beta = \frac{(L_1 + L_2 + L_3)^2}{3r} = 111385.92 \quad (f=1) \quad (9.4)$$

比例項の差の変動

$$S_{N\times\beta} = \frac{{L_1}^2 + {L_2}^2 + {L_3}^2}{r} - S_\beta = 233.67 \quad (f=2) \quad (9.5)$$

誤差変動　$S_e = S_T - S_\beta - S_{N\times\beta} = 984.34$　$(f=12)$　(9.6)

誤差分散　$V_e = \dfrac{S_e}{12} = 82.03$　(9.7)

総合誤差分散

$$V_N = \frac{S_{N\times\beta}}{2} \tag{9.8}$$

SN 比　$\eta = 10\log\dfrac{\frac{1}{3r}\left(S_\beta - V_e\right)}{V_N} = 55.47$　(9.9)

SN 比の要因効果図は**図 9.5** のようになった．現行条件 $A_2B_2C_1D_1E_1F_3G_2H_2$ に対し，最適条件 $A_1B_2C_1D_3E_2F_1G_2H_2$ の SN 比の利得の推定と確認は**表 9.3** のようになった．現行条件に比べて 10 db 近い利得が期待されたが，確認実験では 4.3 db と小さく再現性も低かった．現行条件及び，条件最適条件におけるシャッター挙動を**図 9.6** に示す．

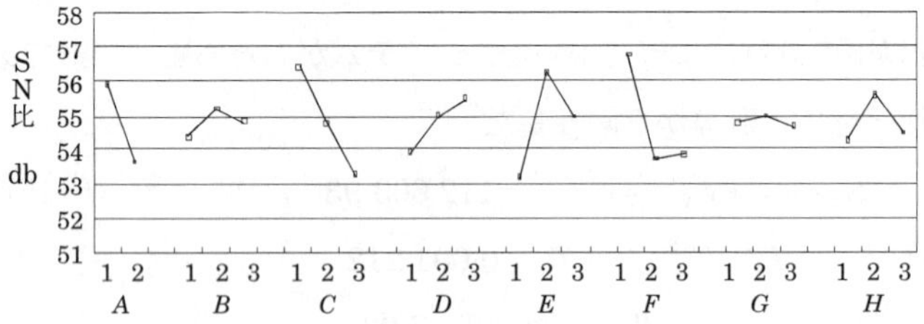

図 9.5　シャッター機構の方法 (1) の SN 比の要因効果図

表 9.3　シャッター機構の方法の SN 比の利得の推定と確認実験の結果

(単位　db)

		現行条件	最適条件	利　得
SN 比	推定値	+53. 26	+63. 08	+9. 82
	確認値	+51. 72	+56. 07	+4. 35

9.5　シャッター機構の方法 (2) によるパラメータ設計

表 9.2 の標準条件におけるシミュレーション出力値（セクター動作角度累積

値）を改めて M として，出力 y は負側と正側の誤差条件のシミュレーション出力値（同累積値）を y_1, y_2 とした．時間 T に対して**表 9.4** となる．

SN 比の計算式を以下に記す．

全変動　$S_T = y_{11}{}^2 + y_{12}{}^2 + \cdots + y_{25}{}^2 = 74\,100.64$　$(f=10)$　(9.10)

有効除数　$r = y_{01}{}^2 + y_{02}{}^2 + \cdots + y_{05}{}^2 = 38\,503.30$　(9.11)

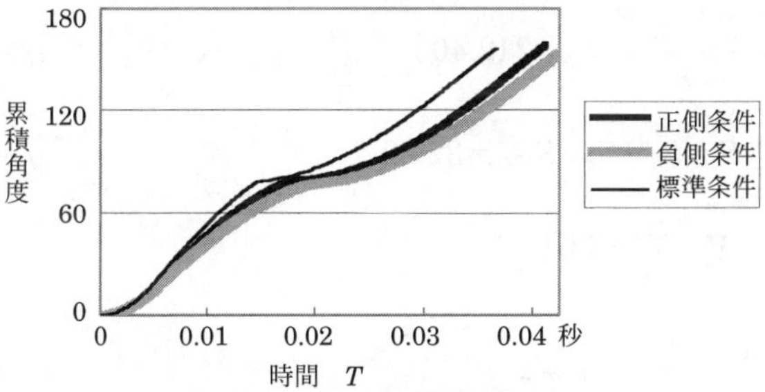

(b)　現行条件

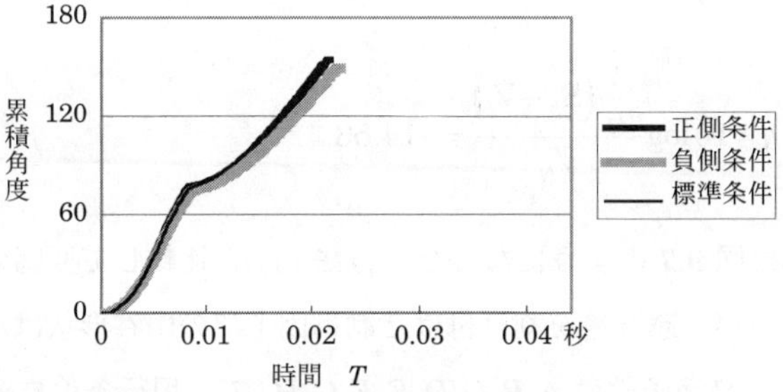

(a)　最適条件

図 9.6　シャッター機構の時間と累積角度の関係の比較

表 9.4　標準 SN 比のためのシャッター機構のデータ形式

（単位　db）

時　　間	T_1	T_2	T_3	T_4	T_5
標準条件 N_0	M_1	M_2	M_3	M_4	M_5
負側条件 N_1	y_{11}	y_{12}	y_{13}	y_{14}	y_{15}
正側条件 N_2	y_{21}	y_{22}	y_{23}	y_{24}	y_{25}

線形式　　$L_1=y_{11}M_1+y_{12}M_2+\cdots+y_{15}M_5=39\,729.52$

$$L_2=y_{21}M_1+y_{22}M_2+\cdots+y_{25}M_5=35\,685.28 \qquad (9.12)$$

比例項の変動

$$S_\beta=\frac{(L_1+L_2)^2}{2r}=73\,855.92 \qquad (f=1) \quad (9.13)$$

比例項の差の変動

$$S_{N\times\beta}=\frac{L_1^{\ 2}+L_2^{\ 2}}{r}-S_\beta=212.40 \qquad (f=1) \quad (9.14)$$

誤差変動　　$S_e=S_T-S_\beta-S_{N\times\beta}=32.32 \qquad (f=8) \quad (9.15)$

誤差分散　　$V_e=\frac{S_e}{8}=4.04 \qquad (9.16)$

総合誤差分散

$$V_N=\frac{S_{N\times\beta}+S_e}{9}=27.19 \qquad (f=9) \quad (9.17)$$

SN 比　　$\eta=10\log\frac{\frac{1}{2r}(S_\beta-V_e)}{V_N}=-14.53 \qquad (9.18)$

要因効果図は**図 9.7** のようになった．方法 (1) と比較して要因効果図の形状はかなり異なるが，連続量を割り付けた制御因子での山谷形状は，方法 (1) より少なかった．最適条件は $A_2B_3C_1D_1E_2F_1G_3H_1$ で，現行条件に対する SN 比の推定値は**表 9.5** である．

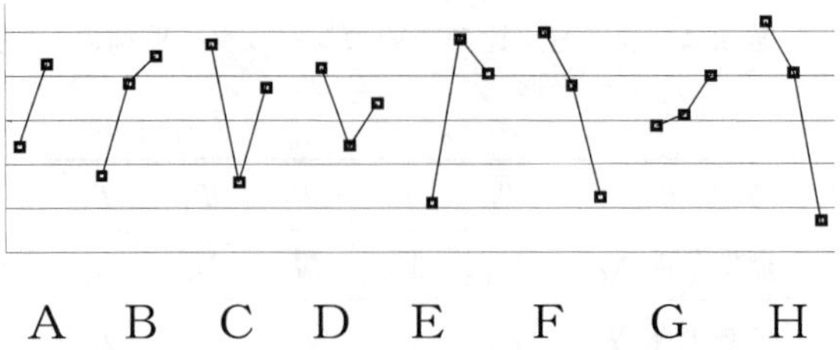

図 9.7　シャッター機構の方法 (2) の SN 比の要因効果図

表 9.5　シャッター機構の利得の推定と確認実験の結果

(単位　db)

		現行条件	最適条件	利　　得
SN 比	推定値	36.42	56.60	20.18
	確認値	28.92	43.19	14.27

約 20 db の利得の推定値に対し，14 db 程度と，方法 (1) と同様に必ずしも利得の再現性は高いといえないが，非常に大きい改善が期待できる結果となった．最適条件におけるシャッターの挙動は**図 9.8** のようになった．

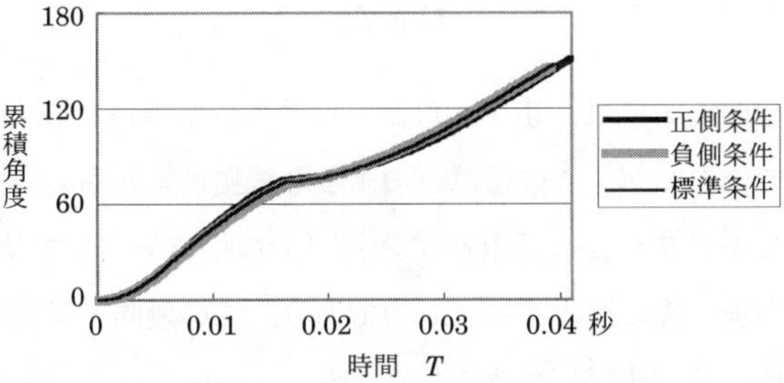

図 9.8　シャッター機構の方法 (2) による最適条件での角度推移

9.6　シャッター機構のシミュレーションの考察とまとめ

これまでは開発の最終段階で因子 H を用いてシャッタースピードの調整を行ってきた．しかし今回の結果から分かるように，因子 H を使うことが安定性を損ないやすいことも分かった．本研究では，図 9.2 左のセクター動作角度に目標カーブが存在しないため，目標値への合わせ込み（チューニング）は紹介していないが，実際の製品化過程では，安定性確保を重視し因子 G を用いてチューニングを施した．最終の合わせ込みは実製品によって実施され，ほぼ予測される範囲に収まり，大規模な修正を実施せずに目標の値を得ることができた．

本研究は，開発の最上流であるシミュレーションプロセスにおいて，品質改善も期待して，品質工学と組み合わせて実施したものである．当初，品質工学の動特性に倣って入出力を考えた［方法 (1)］が，環境の影響そのものを直接取り扱うことが難しいシミュレーション系では，方法 (2) の方が，汎用的かつ良好な結果を得ることが確認できた．シミュレーションの種類・内容にかかわらず，入出力が定義でき汎用性が高く，実用性の高い手法であるといえる．

引用文献

1) 溝口修理：撮りっきりカメラシャッター機構安定性のタグチメソッドによる設計，品質工学，Vol.12, No.3, pp.44–50, 2004

Q & A

Q9.1　今回の実験では，正側，負側，標準の各水準群を 5~10% の幅で振っていますが，この値はどのような根拠によるものですか？

A：根拠は特にありません．設計時に選択可能な幅を仮定して決定しました．しかし，直交実験の後に選択すべきものであり，この段階ではむしろシミュレータの能力に合わせて決定すべきでした．シミュレーションは純粋な理論計算であり，結果の方向（符号）が間違わなければ，大きな幅を設定する必要はないと思われます．今回の実験では幅を大きく振りすぎたと感じています．

Q9.2　なぜ L_{18} を採用したのですか？

A：モデルに合わせて選択すべきものと考えます．今回のモデルでは当初抽出した制御因子は，全部で 40 因子程度ありました．しかし，初期設計の段階であったため，設計指標となる因子に絞った結果，L_{18} が妥当と判断して採用しました．全く未知の系であれば，考え得るすべての因子を採用すべきとの指摘を多方面の方々から頂いています．

Q9.3　初期段階で M_{res} を除外した計算でよいのではないですか？

A：M_{res} を除外してみましたが，標準 SN 比の計算に比べ結果はあまり良くありませんでした．もともとのグラフが直線性を持たないことが影響していると考えています．また，制御因子と水準幅でこうした結果になったものと考えています．実際にはもっと良い水準の配置もあり得ると思われます．

Q9.4　この方法が正しい結果に結びつくとすれば，すべての実験に適用できるといえますか？

A：この方法が万能であるとは考えていません．理想的な線形式が存在する系であればそれを採用すべきと考えます．実験の性格上，あるいは測定の制約などで純粋に理論値として計測できない場合などに採用すべきと考えます．

第10章　テストピース／コンピュータシミュレーションを使った研究の再現性向上—技術研究の問題点

この章はもともと品質工学をあまり知らない他分野の専門家に対して，他分野の技術開発の考え方との相違を論じたものである．品質工学会誌には「機能性評価」という論文種目があって，ここで小論ながら品質工学の本質的な問題が議論されている．なぜシミュレーションが必要かも理解できる．

本章は日本機械工学会第14回計算力学講演会主催の講演会の資料をもとに加筆訂正を加えたものである．聴衆は品質工学を知らない人がほとんどであったので，品質工学の目的の一部を解説したものであるが，計らずもパラメータ設計の本質的な問題が述べられている．テストピースの機能性，コンピュータシミュレーションの機能性に共通する課題である．

10.1　品質に関するクレームの原因

技術研究の研究成果が市場で再現するように工夫することの重要性を認識しなければならない．出荷した製品の品質に関するクレームの原因は，開発上流へたどれば，

(1) 研究課題の設定ミス

(2) 改善案に対する評価精度，成果・結果の再現性の低さ

であると考えている．

(1) はシステム選択を間違ってしまったことによって引き起こされる．もともと能力の低い技術手段を選択してしまった場合や研究するサブシステムの決定ミスである．(1) は研究者（技術者）の専門知識不足と考えられる側面も強い．(2) は研究対象の改善効果が低い場合である．十分改善されたと間違って判断してしまった場合である．対策案の評価精度が低いこと，結果の再現性がないことが引き起こす研究者の思い込みである．(2) は評価の問題である．評価は (1)，(2) の両方に関係する．なぜならば，能力の低い技術手段を選択しても精度が高く再現性の高い評価を行えば，(1) の原因はいずれ解消されるから

である.

10.2　技術研究における評価の課題

品質工学で評価というときのポイントを述べる.

(1)「ものさしの精度」

評価には適切なものさしが必要である．ものさしの本質は「基準点」と「単位量」である．この両者の精度が低ければ評価精度が低くなる.

情報処理のソフトを評価するものさしの場合，基準点と単位量を作る情報として何を利用するかを決めることは，その専門家の役割である．ソフトウェアの基準点と単位量は，その仕様である．ソフトを考えた技術者のイメージどおりにならなければバグである.

ハードの場合の基準点と単位量はその技術手段のあるべき姿である．あるべき姿から離れれば離れるほど品質に関するクレームが多くなるのである．あるべき姿はその技術の専門知識をもとに考えられることであり，物理法則などの原理原則（いわゆるサイエンス）であることが多い．あるべき姿を決めるのは，ソフトの場合と同じく，その技術の専門家の役割である.

品質工学では，以上のものさしをハードでもソフトでもSN比という概念で表現する立場をとっている.

(2)「交互作用」

研究室で研究できる要因（品質工学でいうところの制御因子）は有限である．しかし要因は無限にある.

研究している要因間に交互作用があるということは，研究していない要因間とも交互作用があると考えるのが普通である．研究していない要因と交互作用があるということは，研究室で得られた結果が研究室で研究しなかった要因の変更で再現しないということである．結果が再現しない可能性のある研究は無駄である．無駄にしないためには要因間の交互作用を意識しなければならない．品質工学では要因間の交互作用の大きさを直交表と確認実験で評価（検査）することにしている.

(3)「ばらつき」

交互作用とは別に，研究対象のばらつきが大きいと研究結果が再現しないことが多い．研究室で研究した結果が再現しない原因には制御因子間の交互作用のほかに誤差因子がある．誤差因子は市場で変化する要因である．温度や湿度などである．この誤差因子の効果が大きいとシステムの出力がばらつき，不安定である．ばらつきを考慮せずに研究した結果を下流に渡すと，渡したモノが安定していないのだから，研究室の結果が再現しない．

研究室の結果の市場での再現性を高めるために，研究室の研究をばらつきの研究にすべきである．誤差因子と制御因子の交互作用を利用して，研究室段階で誤差因子の影響が小さい制御因子の条件を研究すべきである．研究室段階では要因と出力の応答（レスポンス）を研究せず，誤差因子の影響，すなわちばらつきを評価する研究にシフトするべきである．ばらつきの評価が妥当であれば研究室外で再現するし，ばらつきを低減したシステムこそが応答結果も再現する．

品質工学では，誤差因子の影響の大きさをSN比という概念で表現する立場をとっている．このことがSN比が安定性のものさしといわれる理由である．

10.3　テストピース／コンピュータシミュレーションを使った研究方法

研究室では，テストピースかコンピュータシミュレーションを使った研究を推奨する．理由は，実験コストと実験期間（研究スピード，開発スピード）の両者で有利だからである．企業間競争に勝ち抜くためにコストとスピードが大切だからである．大学などの直接にものを作らない研究機関でも同じことである．

テストピースを使った研究結果の再現性に疑問を呈した意見を聞くことがある．コンピュータシミュレーションによる解析結果が実物では再現しなくて困っているとの話をよく聞く．このような疑問と不安はすべて評価方法に問題があるからである．

テストピースの場合でもコンピュータシミュレーションの場合でも，実物と比較すると制御因子は限られる．限られた制御因子しか扱えない環境で研究しなければならない．この環境では，前節で述べた交互作用の問題が大きく，直交表を使った研究をしなければならない．さらに実物が安定している保証はないので応答は再現しないと考えるのが安全側の考え方である．前節で述べたように，応答の再現性はあきらめてばらつきの研究をするべきである．

研究室では，交互作用を考えた（直交表に従った）評価，ばらつき評価をするべきだと言った．それらが効率よく可能になるためには，前節で述べたものさし，すなわち基準点と単位量をどのように考えるかが重要である．

「評価」の創造が大切である．もっと評価の創造の価値観を高めていかなければならない．評価を創造するときのパラダイムを提供してくれるのが品質工学である．

引用文献

1) 高木俊雄：技術研究の問題点　テストピース／コンピュータシステムシミュレーションを使った研究の再現性向上，品質工学，Vol.10, No.5, pp.135–137, 2002

Q & A

Q10.1　研究室で市場のばらつきを再現する場合，どのように誤差を設定するべきでしょうか．

A：品質工学は，主要な誤差を取り上げてその影響が減れば，他の取り上げなかった誤差に対しても影響が減っていると考えています．例えば，温度変化の影響（膨張収縮）がなくなれば，加工時の寸法ばらつきの影響がなくなるのです．ただし，可能な限り多くの誤差を取り上げるにこしたことはありません．コンピュータシミュレーションでは制御因子としての水準の周りに誤差を設定しますが，実物で実験するより，コンピュータシミュレーションの方が多くの誤差を取り上げることができます．このことが実物よりコンピュータシミュレーションによる開発を推奨する理由の1つです．

Q10.2　品質工学の普及において，経験による高度な知識の必要性が障害であると考えますが，対処法はありますか．

A：品質工学を適用すると，自分が持っている知識が十分かどうか，考え方を変える必要があるかどうかが分かります．品質工学はマネジメントの道具です．品質工学を適用する場合，高度な知識が必要と考えているなら完全な誤解です．いくら高度な知識を持っていてもばらつきは分からないと思います．

Q10.3　品質工学で解析を行った後の，コンピュータシミュレーションによる最適化は意味がありますか．

A：品質工学を使えば使うほど，多くの制御因子を研究すればするほど改善されます．質問の回答は「意味がある」です．ただし実物でパラメータ設計した後に，同じ制御因子・信号因子・誤差因子で実物で得られた結果の妥当性を確認するために，コンピュータシミュレーションを使ったパラメータ設計は無意味です．

Q10.4　品質工学は便利な道具であると考えますが，すべての要素部品に適用する必要がありますか．

A：すべての要素に適用するのが理想です．ただしそれが不可能ならば，改善すべき要素部品を予測する必要があります．問題はその予測が外れる場合があるということです．やる前に外れたかどうか分からないということが大問題です．その問題の対処のためには，できる限り多くの要素部品に対するパラメータ設計をする必要があります．たくさん打てば命中する数が増えるという考えです．そのための手段が評価方法の創造です．「何を測るか」によってテストピースやコンピュータシミュレーションを使えるようになります．開発スピードのアップが品質工学の目的です．

Q10.5　品質工学以外にばらつきを研究する手法はありますか．

A：ありません．世の中には最適化方法と称するものが品質工学以外にあります．ただしそれらは，知る限りではチューニング手法です．確かに目標値へのチューニングも最適化です．しかしばらつきの研究方法ではありません．ばらつきに対するアプローチは品質工学の独創です．ですから独創に対して大きな賞賛をする欧米で（日本よりも）有名なのです．

第11章　スピードスプレーヤ送風性能の向上

品質工学も，シミュレーションへの適用も研究方法の変化が速い．Q&A にその辺の事情が反映されているが，一応，標準 SN 比との対応までも検討しているのでそれなりの参考になる．この研究は果樹園での農薬散布を対象としており，対象分野を広げている．実機による確認を行っていることは重要である．これからの方向である．

11.1　農薬散布における送風性能の課題

現在，果樹園における農薬散布は，手散布による方法とスピードスプレーヤ（以下 SS と称す）を使用した方法があり，中大規模圃場には一般的に SS が使用されている．SS は，走行台車に送風機，ポンプ，噴霧装置及び薬液タンクを搭載し，噴霧装置で発生させた霧を，送風機から吐出される大風量の風にのせて，走行しながら農薬を散布するため，1 行程で広範囲の防除が可能である．したがって，防除作業時間が短く，少人数で防除作業を行うことができる．また，葉の繁茂した果樹園での農薬散布に適している．

防除を行う果樹の中で樹高の高いものでは 5 m を軽く越えるものもあり，すべての葉に農薬を付着させる必要があるため，SS においては，吐出風の到達性は非常に重要であり，自然風に影響されずに遠くまで薬液を飛ばすことのできる機械が要求される．本研究では霧の到達性の高い送風機部を設計するためにパラメータ設計を行い，送風機形状の最適化を図った．

今まで，送風機部の開発にあたり実機を用いてさまざまな試験を行ってきたが，実機による試験は機械が大型であるため，時間・労力・コストが非常にかかっていた．本研究では試験にコンピュータを用いた有限要素法による流体解析を利用し，省力化・試験期日短縮をねらった．

11.2　農薬散布の送風機評価の考え方

本研究の SS の送風機は後置静翼式軸流ファンが採用されている．ファンから車軸方向に出た風は静翼を通った直後，噴頭部で車体上・横方向に 90° 曲げられ，車体前方から見て扇状の風速分布形状となる．また，噴頭部の吐出風の出口付近にノズルを配置しており，吐出風の中に農薬を噴出するので，農薬散布パターンも風速分布と同様の形状となり，農薬を広範囲に散布することが可能である．**図 11.1** に SS の，**図 11.2** に送風機の 3D 図を示す．

図 11.1　スピードスプレーヤ（SS）

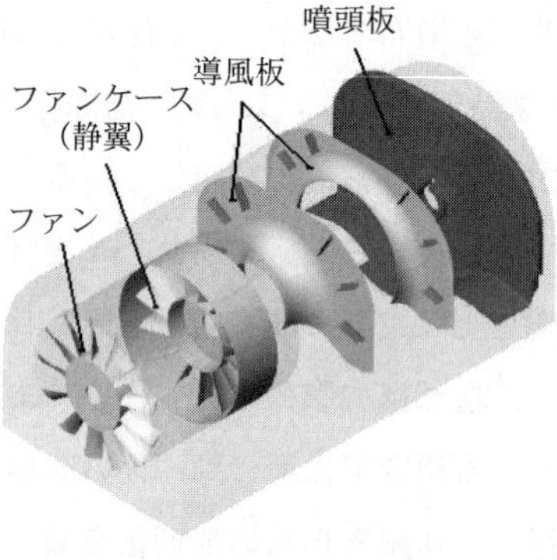

図 11.2　送風機の構造

SS 送風機の理想的な姿は，風を無理矢理 90° 曲げる噴頭内部においてロスがなく風が曲がり，吐出風速値が高いことである．吐出風速を高くするには，ファンで発生させた風量を噴頭部で絞り込めばよい．しかし，絞り込みすぎると，吐出風速は上がるが，風量，全圧，静圧ともに減少し，送風性能は悪くなる．ある程度絞り込んだとき，風量は減少するが，全圧，静圧及び吐出風速は増大し，自然風に強い吐出風の状態となる．

開発機種の風量は開発当初に決められ，その値からファンのスペックや噴頭部の適当な絞り率（開口幅）がおおよそ決まってくる．そこから，ロスがなく風が曲がり吐出風速値が高くなる噴頭部形状を探しだす必要がある．

以上のことから，基本機能は噴頭部から吐出される風速がファンから発生する風速に比例し，その傾きができるだけ大きいことであると考え，以下の式で表す．ここで，出力 y ：噴頭部から吐出される風速（m/s)，信号 M ：ファンにより作られた風の軸方向の風速（m/s）である．

$$y=\beta M \tag{11.1}$$

11.3　送風機の実験計画

信号因子は入力風速（ファンにより作られた風の軸方向の風速）とし，実機の風量切替えが 2 種類であることから，同様に 2 水準とした．

M_1 ：入力風速　弱

M_2 ：入力風速　強

SS の散布性能に多大な影響を与えるのが自然風である．自然風の強弱により霧の到達距離は大きく変化する．そこで，誤差因子は自然風をとり，

N_1 ：車両前方からの自然風入力

N_2 ：車両後方からの自然風入力

の 2 水準とした．

制御因子は**表 11.1** のように噴頭部の 8 因子を選び出し，直交表 L_{18} に割り付けた．吐出風分布形状は扇形が理想であるが，実際にはその曲線に対して凹凸がある．また解析ソフトの能力から垂直断面について調べることとし，測定位置は吐出風出口からの高さ方向 2 か所において，それぞれ 3 点を取り（同じ幅）計 6 か所とした．この測定位置 K は標示因子と考えた．

本研究では，先に述べたが開発の時間短縮・省力化のため，シミュレーションにより 36 回の実験を行う．シミュレーションは，コンピュータを用いた有限要素法による流体解析を利用する．

表 11.1　送風機シミュレーションの制御因子

因子＼水準	1	2	3
A 静翼板幅	A_1	A_2	—
B 第1導風板位置	B_1	B_2	B_3
C 第2導風板位置	C_1	C_2	C_3
D 開口幅	D_1	D_2	D_3
E 導風板曲げ半径	E_1	E_2	E_3
F 第1導風板立上がり距離	F_1	F_2	F_3
G 第2導風板立上がり距離	G_1	G_2	G_3
H 第2導風板内径	H_1	H_2	H_3

11.4　送風機のシミュレーションの実験結果

直交表 L_{18} の外側に誤差因子2水準，信号因子2水準，測定位置6水準を割り付けた．**表 11.2** に実験 No.1 の結果を示し，このデータから SN 比及び感度を求める．SN 比・感度は以下の算出式に従い求める．

全変動　$S_T=\sum y^2=55^2+747^2+46^2+\cdots+170^2$

$$=30\,342\,827 \qquad (f=24) \quad (11.2)$$

表 11.2　送風機シミュレーションの実験結果 No.1

実験 No.	誤差因子	測定位置	信号 M_1	号 M_2	線形式 L
1	N_1	K_1	55	747	L_{11}
		K_2	46	925	L_{12}
		K_3	42	945	L_{13}
		K_4	471	2 354	L_{14}
		K_5	1 130	1 838	L_{15}
		K_6	937	644	L_{16}
	N_2	K_1	692	1 587	L_{21}
		K_2	821	1 579	L_{22}
		K_3	631	1 273	L_{23}
		K_4	961	2 182	L_{24}
		K_5	1 023	1 153	L_{25}
		K_6	213	170	L_{26}

線形式　$L_{11}=y_{111}M_1+y_{112}M_2$　(11.3)

$L_{12}=y_{121}M_1+y_{122}M_2$

$\vdots$

$L_{26}=y_{261}M_1+y_{262}M_2$

有効除数　$r=M_1{}^2+M_2{}^2$

比例項の変動

$$S_\beta=\frac{\left(\sum L\right)^2}{12r}=23\,834\,164.3 \qquad (f=1) \quad (11.4)$$

比例項の標示因子間の変動

$$S_{K\times\beta}=\frac{\left(L_{11}+L_{21}\right)^2}{2r}+\cdots+\frac{\left(L_{16}+L_{26}\right)^2}{2r}-S_\beta$$

$$=3\,582\,761.3 \qquad (f=5) \quad (11.5)$$

比例項の差の変動

$$S_{N(K)\times\beta}=\frac{\sum L^2}{r}-\left(S_\beta+S_{K\times\beta}\right)$$

$$=1\,625\,583.2 \qquad (f=6) \quad (11.6)$$

誤差変動　$S_e=S_T-S_\beta-S_{K\times\beta}-S_{N(K)\times\beta}$

$$=1\,300\,318.2 \qquad (f=12) \quad (11.7)$$

誤差分散　$V_e=\dfrac{S_e}{12}=108\,359.9$　(11.8)

総合誤差分散

$$V_N=\frac{S_{N(K)\times\beta}+S_e}{18}=162\,550.1 \quad (11.9)$$

SN 比　$\eta=10\log\dfrac{\dfrac{1}{12r}\left(S_\beta-V_e\right)}{V_N}=-2.16$　(11.10)

感度　$S=10\log\dfrac{1}{12r}\left(S_\beta-V_e\right)=49.95$　(11.11)

同様の方法でNo.2 ～ No.18まで計算し，SN比と感度を求めた結果を**表11.3**に示す．表11.3の結果から求めた，SN比と感度の水準別平均を**表11.4**に示す．SN比の要因効果図を**図11.3** (a) に，感度の要因効果図を図11.3 (b) に示す．

表11.3 送風機のシミュレーションのSN比及び感度

実験 No.	SN比 (db)	感度 (db)	実験 No.	SN比 (db)	感度 (db)
1	−2.16	49.95	10	−0.39	49.90
2	−2.07	48.64	11	−2.52	49.32
3	−0.63	50.68	12	−6.25	47.56
4	−3.31	47.91	13	−0.92	50.23
5	−0.19	50.16	14	−4.40	47.10
6	−3.85	47.36	15	−3.91	48.13
7	−2.87	48.87	16	0.62	49.95
8	−1.77	47.60	17	−2.69	47.93
9	−6.34	45.27	18	−4.00	45.85
平均 T				−2.65	48.47

表11.4 送風機のシミュレーションのSN比と感度の水準別平均

因子	SN比 (db)			感度 (db)		
	1	2	3	1	2	3
A	−2.58	−2.72	−	48.49	48.44	−
B	−2.34	−2.76	−2.84	49.34	48.48	47.58
C	−1.51	−2.27	−4.16	49.47	48.46	47.48
D	−3.49	−2.72	−1.74	48.09	48.55	48.77
E	−3.30	−2.78	−1.86	48.08	48.30	49.03
F	−2.94	−3.42	−1.58	48.44	47.45	49.52
G	−3.12	−2.63	−2.19	48.33	48.47	48.60
H	−2.07	−2.51	−3.36	48.60	48.46	48.34

11.5 送風機の最適条件と利得，実機による確認実験

SN比大，感度大が望ましいので，それにより最適条件を選定する．本研究の場合はSN比，感度とも傾向は一致している．

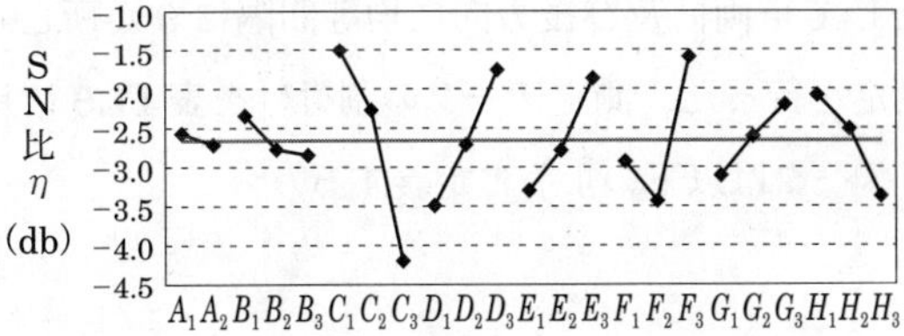

(a)　SN 比

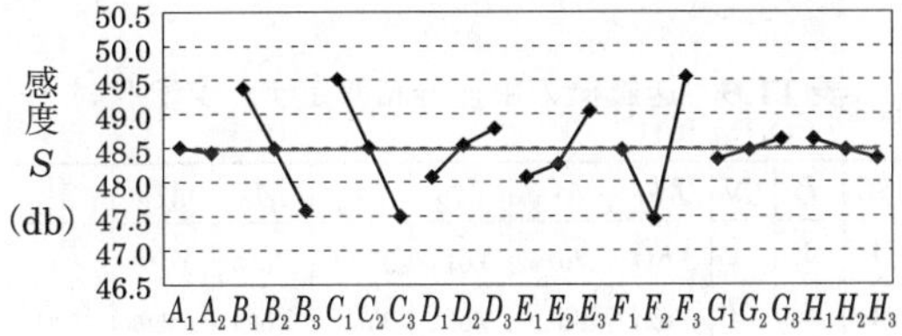

(b)　感　度

図 11.3　送風機のシミュレーションの SN 比の要因効果図

最適条件　$A_1\,B_1\,C_1\,D_3\,E_3\,F_3\,G_3\,H_1$

現行条件　$A_1\,B_1\,C_1\,D_2\,E_1\,F_3\,G_3\,H_1$

上記最適条件での SN 比及び感度を推定し，現行条件からの利得を求めた．なお，推定には全因子を用いた．また，この結果に基づき，現行条件と最適条件について確認実験を行った．結果をまとめたものを**表 11.5** に示す．

表 11.5　送風機シミュレーションの最適条件の利得と確認実験

		最適（db）	現行（db）	利得（db）
SN 比	推　定	2.66	0.24	2.42
	確認実験	−0.62	−2.98	2.36
感　度	推　定	52.55	51.38	1.17
	確認実験	50.12	48.65	1.47

以上の結果から，最適条件での再現性が確認できた．

シミュレーションによる実験の効果を確認するため，実機を用いて現行条件と最適条件について風速分布測定試験を行った．測定点は送風機中心から車両左右方向それぞれ 4 m, 5 m, 6 m 位置で，車両前後方向において吐出風出口のセンタを起点として車両前及び後方向に均等間隔に 6 か所とし，測定高さ 2 か所について測定を行った．測定データの割付けを**表 11.6** に示す．なお，測定位置の各パラメータは以下のように定義する．

K ：左右

L ： 4 m, 5 m, 6 m

N ：車両前，車両後

表 11.6　送風機の風速分布測定データ割付け

K	L	N	M_1	M_2	M_3	M_4	M_5	M_6	計
1	1	1	y_{011}	y_{012}	y_{013}	y_{014}	y_{015}	y_{016}	T_1
1	1	2	y_{021}	y_{022}	y_{023}	y_{024}	y_{025}	y_{026}	T_2
1	2	1							T_3
1	2	2							T_4
1	3	1							T_5
1	3	2	⋮	⋮	⋮	⋮	⋮	⋮	T_6
2	1	1							T_7
2	1	2							T_8
2	2	1							T_9
2	2	2							T_{10}
2	3	1							T_{11}
2	3	2	y_{121}	y_{122}	y_{123}	y_{124}	y_{125}	y_{126}	T_{12}
計			M_1	M_2	M_3	M_4	M_5	M_6	

表 11.6 のデータをもとに次に示す式を用いて SN 比及び感度を算出した．結果をまとめたものを**表 11.7** に示す．以上の結果から，実機による確認実験においても，成果が得られた．

全変動　$S_T = \Sigma y^2$　$(f=72)$　(11.12)

風速 M 間の変動

$$S_M = \frac{{M_1}^2 + {M_2}^2 + {M_3}^2 + {M_4}^2 + {M_5}^2 + {M_6}^2}{12} \quad (f=6) \quad (11.13)$$

誤差因子間の変動

$$S_{(KLN)} = \frac{{T_1}^2 + {T_2}^2 + \cdots + {T_{12}}^2}{6} - \frac{(T_1 + T_2 + \cdots + T_{12})^2}{72} \quad (f=11) \quad (11.14)$$

誤差分散　$S_e = S_T - S_M - S_{(KLN)}$　$(f=55)$　(11.15)

風速 M 間の分散

$$V_M = \frac{S_M}{6} \tag{11.16}$$

誤差分散　$V_e = \dfrac{S_e}{55}$　(11.17)

総合誤差分散

$$V_N = \frac{S_T - S_M}{66} \tag{11.18}$$

SN比　$\eta = 10\log \dfrac{\frac{1}{12}(V_M - V_e)}{V_N}$　(11.19)

感度　$S = 10\log \dfrac{1}{12}(V_M - V_e)$　(11.20)

表 11.7　実機による確認実験のSN比・感度（db）

	測定高 A			測定高 B		
	最適	現行	利得	最適	現行	利得
SN比	7.1	5.7	1.4	8.4	7.1	1.2
感　度	9.6	8.3	1.3	9.5	8.9	0.6

11.6　送風機のシミュレーションの標準SN比

本研究は20世紀の最後に実施されたものであり，21世紀型として標準SN比による検討も行った．測定位置 $K_1 \sim K_6$，信号 M_1, M_2 の12個の N_1 での出力 $y_{111} \sim y_{162}$，N_2 での出力 $y_{211} \sim y_{262}$ をデータとして計算する．信号 M' として N_1, N_2 での出力の平均値を用いる．

信号の代用

$$M_1{}' = \frac{y_{111} + y_{211}}{2} \tag{11.21}$$

⋮

$$M_{12}{}' = \frac{y_{162} + y_{262}}{2}$$

全変動 $S_T = y_{111}{}^2 + \cdots + y_{262}{}^2$ $(f=24)$ (11.22)

線形式 $L_1 = M_1{}' y_{111} + \cdots + M_{12}{}' y_{162}$ (11.23)

$L_2 = M_1{}' y_{211} + \cdots + M_{12}{}' y_{262}$

有効除数 $r = M_1{}'^2 + \cdots + M_{12}{}'^2$ (11.24)

比例項の変動

$$S_\beta = \frac{(L_1 + L_2)^2}{2r} \quad (f=1) \quad (11.25)$$

比例項の差の変動

$$S_{N\times\beta} = \frac{(L_1 - L_2)^2}{2r} \quad (f=1) \quad (11.26)$$

誤差変動 $S_e = S_T - S_\beta - S_{N\times\beta}$ $(f=22)$ (11.27)

誤差分散 $V_e = \dfrac{S_e}{22}$ (11.28)

総合誤差分散

$$V_N = \frac{S_e + S_{N\times\beta}}{23} \quad (11.29)$$

SN比 $\eta = 10\log\dfrac{S_\beta - V_e}{V_N}$ (11.30)

各列の計算結果より標準SN比 η の要因効果図を作成すると**図11.4**のようになる．標準SN比 η の要因効果図より最適条件を求めると $A_1\ B_3\ C_1\ D_3\ E_3\ F_3\ G_3\ H_1$ となり，B のみが従来の方法で計算した水準と異なったが，よく一致している．標準SN比 η の最適条件の現行条件に対する利得の推定は**表11.8**のようになった．本来なら標準SN比で得られた最適条件についても確認計算すべきだが，残念ながら現在は解析ソフトの入替えがあり，当時と同等の解析が実施できないため，推定にとどまっている．

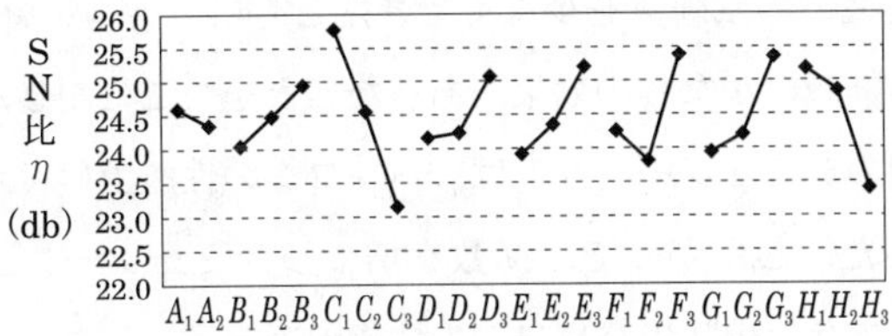

図 11.4　送風機の標準 SN 比の要因効果図

表 11.8　送風機の標準 SN 比による利得

	最適（db）	現行（db）	利得（db）
推　定	30.1	27.1	3.0

11.7　送風機のシミュレーションの効果とまとめ

今回，送風機部の開発において初めて品質工学を利用した．今までの開発ではモグラたたき的に改造を行い，本当に効果のある因子が不明であり，その結果として最適な因子の組合せが不明のまま開発を終了していた．しかし，品質工学を用いることで，直交表 L_{18} により効率の良い実験が行え，要因効果図を作成することで，各因子の効果を明確に把握することができた．また，試験手法としてシミュレーションを利用したが，シミュレーションでは現実との相関の問題があり，得られた数値自体の評価が必要である．しかし，品質工学では傾向を評価することができるので，シミュレーションに対して有効であると考える．

この品質工学とシミュレーションの併用により，試験機作成・改造の手間が大幅に省け，試験期間の短縮，労力の軽減となった．その有形効果としては，約 2,500,000 円の開発費用の低減を図ることができた．また，工場内の効果だけでなく，SS の霧の到達性能はユーザーの購入の重要な目安であることから，送風機の性能向上から会社全体の評判向上につながっていくことは十分想像できる．労力の軽減とともに無形効果として大いに期待できる．

ところで，労力の軽減になったことを述べたが，実機の風速測定試験は，台風並みの風速の中に身を置いて測定を行うため，物が飛んでくるなど，大変に危険を伴う．実機での試験数を少なくできたことは，労力の軽減だけでなく，研究者の危険の軽減にかなりの効果があったことをここに記したい．

最後に，今回のシミュレーションは，パソコンの性能上いくらか省略した形状で解析を行った．したがって，N 数を増やしシミュレーションの信頼性を向上すること，また，現状のパソコンの性能内でモデリング，条件設定等，より良い手法を探っていき，精度を上げていくことが今後必要である．

引 用 文 献

1) 松田公邦，松田一郎：スピードスプレーヤ送風性能の向上，品質工学，Vol.11, No.6, pp.70–76, 2003

Q & A

Q11.1　これを研究された当時としてはシミュレーションの公表事例は少なかったと思います．シミュレーション活用に当たっての苦労なども多かったと思うのですが，2, 3 教えてもらえますか．また，実機での実験に比較してどの程度の時間短縮になっているのでしょうか．

A：当時解析に使用していたパソコンの能力は今現在に比べれば非常に低く（CPU 200 MHz），現実世界そのままに 3D モデルで解析を行うと膨大な時間がかかりました．計算はコンピュータ任せとはいえ，解析に何か月もかけるわけにはいきませんので，シミュレーションを 1 時間/1 解析程度で収束させるように，実機と解析結果に矛盾がないところまで，解析モデルや条件を絞り込んで簡素化しました．この点が苦労したところです．あとは，当時はシミュレーションの実績がほとんどない状態でしたので，苦労というよりも解析と実機との整合性（絶対値は無視していましたので，傾向の整合性）についての不安との戦いでした．

シミュレーションを利用して，実機実験に比べ数か月程度時間短縮になったと思います．時間短縮以上に，過酷な試験（暴風・爆音の中での試験）の回数を減らせたことがシミュレーションを利用した大きな利点でした．また，実機の試験では設備の点で困難だった自然風の影響（誤差因子）を条件に入れられたのも利点でした．

Q11.2　風速を測られていますが，農薬の散布量は風速に比例するということですか．専門家から圧力分布とか風量などという意見が出てきませんでしたか．

A：農薬の散布量は風速には比例しません．通常農薬の散布量は単位面積あたりの散布量という形で規定されています．お客が散布幅と散布速度，ノズル吐出量を組み合わせて設定します．風速は一定速度で走行する，スピードスプレーヤ（SS）のノズルから噴霧される農薬の噴霧粒子を適当な散布幅を持ち，高い場所にある葉や，密集した葉に確実に付着させるためのエネルギーとして必要となります．吸込み風速に比例して大きな吐出風速が得られるのが良いという解析を行いました．風速に影響を及ぼす因子として圧力分布，風量などが考えられます．

Q11.3　実機での確認では，風速の測定場所はノイズとして扱っているのですが，シミュレーションでは標示因子の扱いです．どういった考えから，そのようにしたのでしょうか．

A：本研究のシミュレーション解析を実施した時点の流体解析ソフトは，2次元のものでした．したがってSS進行方向の中心線で切った垂直断面内で軸直角方向の風速の大きさについて解析しています．そのためここでの風速測定場所は噴頭幅内で噴頭付近のものです．場所間の差はやむなしという観点で標示因子としています．

実機による確認試験での風速測定位置は，SSとしての広い範囲の風の広がりの大きさを見るため，本機よりかなり離れた位置で多くの点について測定しています．場所間の差がない方が望ましいという意味で誤差因子としました．簡略的な2次元での解析で得た最適条件を用いて試作した実機による評価確認でも効果が確認できたことに品質工学のすばらしさを感じます．

Q11.4　Q11.3に関係しますが，場所を誤差因子に入れていないのですから，SN比を求めた後に風速分布形状のチューニングを行うべきなのではないでしょうか．

A：前述のように，本研究のシミュレーション解析は 2 次元でのものであり，軸直角方向の風速について調べたものであり，風速分布形状は調べられていません．現在所有する流体解析ソフトは 3 次元になっています．したがって現在のソフトを用いれば風速分布形状を解析することが可能です．ご指摘のように SN 比を求めた後で風速分布形状をチューニングすることが可能になります．

Q11.5　最後にまとめとして，「N 数を増やしシミュレーションの信頼性を向上すること，うんぬん」とありますが，N 数を増やすというのは，繰返し実験を行うという意味でしょうか．その前の文章で，シミュレーション単独には得られた数値自体の評価が必要であるのに，シミュレーションに品質工学に結び付けた場合には，傾向を評価することができると言及しているのですが，その意見と矛盾しないのですか．もう少し説明して下さい．

A：N 数を増すということは繰返し実験を行うという意味ではありません．SS には数種類あります．今回シミュレーション解析したのはその中の 1 機種についてです．他の機種についても同様にシミュレーション解析を行えば，実施しているシミュレーションの信頼性が向上すると考えています．

第 12 章　シミュレーションによる自動車サスペンションの最適化

シミュレーションの活用は，試作品を利用した場合に比較し低コスト化はもちろん，短時間に結果を得ることができることや実製品では測定が困難な評価値も対象にできるなど多くの利点がある．シミュレーションを提供するベンダーの立場として，シミュレーションをより有効に活用した設計技術を提供するために，品質工学の有効性に着目し，その実践方法について，必要な技術の修得やシステムの構築を検討している．研究の題材として，自動車のサスペンション設計の最適化を選んでいる．SN 比に十分な再現性が得られなかったが，システム面では，解析自動化などにより大規模な計算が可能であることが参考になる．

12.1　シミュレーションの活用の課題

筆者の 1 人の属する企業は 1970 年代より日本国内において設計効率化のためのツールとして CAE（Computer Aidied Engineering）を提供し，シミュレーションソフトウェアの展開を行ってきた．当時から，品質工学においてはシミュレーションの活用には高い関心が向けられていたが，シミュレーション技術の未熟さが普及の途を妨げていた．近年技術も成長し，設計でのシミュレーションの活用が一般化してきたことと品質工学会の取組みを受け，より高い技術の供給のためにシミュレーションによる品質工学を実践するための研究を行うこととした．

今回の研究は，自動車のサスペンションを対象とし，性能の安定性を実現するパラメータ設計に取り組んだ．品質工学の主題が効率と経済性であるように，シミュレーションにおいても重要なことは，計算モデルを簡易化して計算時間を短縮することである．しかし，従来のシミュレーションを現象解析に用いる考え方では短縮に対する抵抗感があるようである．本研究では，モデルの精密さはある程度あるから，むしろ計算システムの工夫により，$L_{81} \times L_{64}$ の直積の計算を短時間で行うことの工夫を行った．さらに信号因子としての投入エネルギー3水準と出力の時間に対する3水準でさらに9倍の計算を行ったが，コンピュータ3台の並列による計算を行うことで短時間に解析を行うことを可能とした．

12.2　自動車サスペンションの機能

自動車のサスペンションは，操縦・安定性能に影響を与えるタイヤの路面への接地性を制御する機能がある．車両の運動時に発生する路面凹凸入力に対してサスペンションが上下動することによるタイヤの姿勢角度変化の特性は，サスペンション構成部品の取付け位置やブッシュ剛性などに大きく影響される．**図12.1**にサスペンションの構造を示したが，これらサスペンション構成部品や製造上で起きる組付けのばらつきは（以降サスペンションのばらつきという），タイヤの姿勢変化特性のばらつきを生じ，同一車種でも操縦安定性能が異なり問題となる．したがって，出荷前に全車検査・調整を行って対応している．

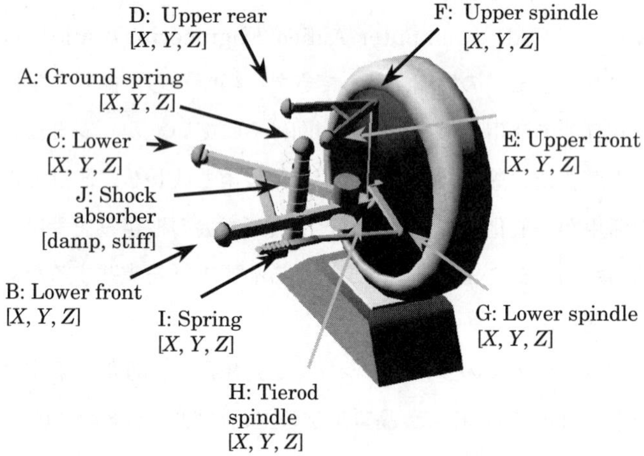

図12.1　サスペンションの構造

サスペンションは，路面からの入力エネルギーを緩衝機構で吸収しながら，タイヤの姿勢を決める．ここでは以下の仮定を行った．サスペンション緩衝機構での吸収エネルギーにばらつきがなければ，タイヤ姿勢変化の挙動も安定したものになると考えた．サスペンションの吸収エネルギーは入力されたエネルギーと入力時からの時間依存の挙動を示すが，**図 12.2** は，ある特定時間での入力エネルギーの変化に対する吸収エネルギー挙動，**図 12.3** は特定入力エネルギーでの吸収エネルギーの時間的変化を示したものである．いずれにおいてもサスペンションのばらつきに対し吸収エネルギー挙動は変化しないことが理想的であると仮定した．

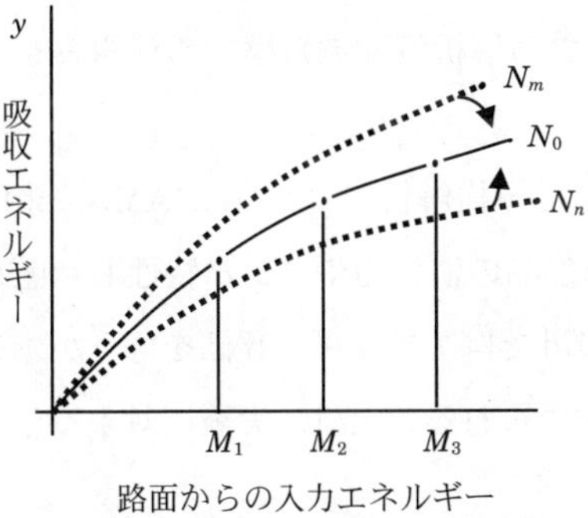

図 12.2　サスペンションの吸収エネルギー(一定時間)

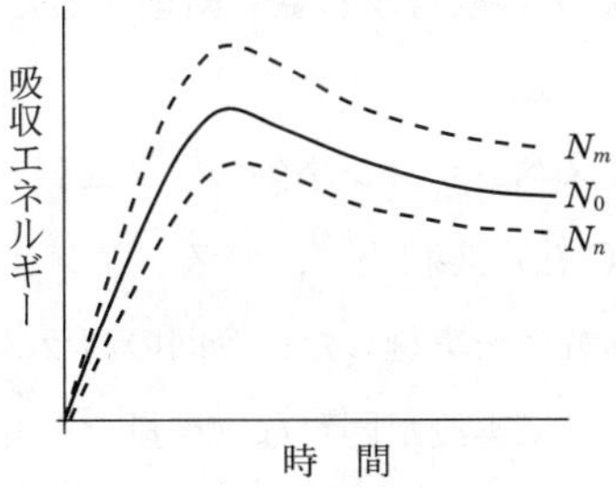

図 12.3　吸収エネルギーの時間変化(一定入力エネルギー)

計測特性として，**図 12.4** に示すようにサスペンション緩衝機構が入力エネルギーの 25%, 50%, 75% の各割合のエネルギーに到達した時刻を測定し，標

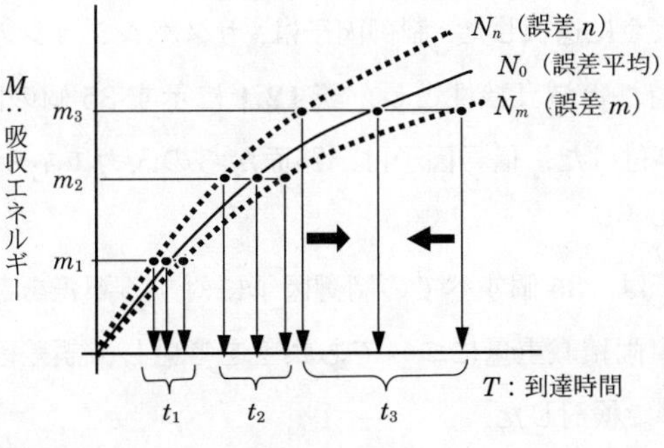

図 12.4　サスペンションの吸収エネルギーの時間による変化

準SN比により評価した.

12.3　シミュレーション利用上の工夫とパラメータ設計

今回はシミュレーションを利用した評価を行うため，以下の点を考慮した.

① 実験に含まれる制御因子の誤差の影響を考慮するために誤差因子として制御因子はばらつきも考慮する.

② 誤差因子増大による解析パターンの増大に対応するため，計算の自動化などによる工夫により効率化を図る.

③ 大規模な解析数に対応するため，1つの解析時間を短縮する仕組みをする.

サスペンション挙動のシミュレーションは機構解析ソフト（ADAMS，米国MSC社）を利用し，サスペンション構成部品の慣性力やダンパ特性も考慮した動解析を実施した．今回のパラメータ設計ではエネルギー評価を行うが，このように実測が困難な物理量でも容易に求められることは，実験に対するシミュレーションの長所である.

今回の計算規模は大きくなるため，短時間で結果を得られるよう，機構解析における設定に工夫を行うとともに，直交表の自動作成及び直交表に基づくシミュレーション実施に自動化ツール（I-SIGHT，米国Engineous社）を用いた．さらに自動化処理に分散処理技術を組み合わせることにより現実的な時間で結果が得られるようにしている.

各因子は次のように選択した．制御因子は，サスペンションの各取付け位置，緩衝機構の弾性特性と減衰特性とし，**表12.1**に示す35個の因子としたので直交表L_{81}に割り付けた．信号因子は，路面からの入力エネルギーとし，3水準をとった.

また，誤差因子は，35個すべての制御因子に対する誤差を考慮し，さらに，ブッシュ特性や車両積載重量についても誤差を考慮し，誤差因子数は37，直交表L_{64}の2水準で検討した.

表 12.1 自動車サスペンションの制御因子と水準

因子＼水準	1	2	3
1 *AX*: A 取付け位置 x 座標	標準位置 −20	標準 位置	標準位置 +20
2 *AY*: A 取付け位置 y 座標	標準位置 −20	標準 位置	標準位置 +20
3 *AZ*: A 取付け位置 z 座標	標準位置 −20	標準 位置	標準位置 +20
4 *BX*: B 取付け位置 x 座標	標準位置 −20	標準 位置	標準位置 +20
⋮	⋮	⋮	⋮
31 *KX*: K 取付け位置 x 座標	標準位置 −20	標準 位置	標準位置 +20
32 *KY*: K 取付け位置 y 座標	標準位置 −20	標準 位置	標準位置 +20
33 *KZ*: K 取付け位置 z 座標	標準位置 −20	標準 位置	標準位置 +20
34 *O* ：コイル特性	低	中	高
35 *P* ：ショックアブソーバ特性	低	中	高

12.4 自動車シミュレーションのデータの解析

実験は内側直交表 L_{81} と外側 L_{64} に，路面からの入力エネルギー M が 3 水準となり，**表 12.2** のような結果が得られる．

測定された入力エネルギーの 25%, 50%, 75% のレベルでの到達時刻の誤差 64 パターンでの時刻平均を見かけの信号として SN 比を評価する．

図 12.5 に SN 比の要因効果図を示す．

全 2 乗和　$S_T = {y_{11/1}}^2 + {y_{12/1}}^2 + \cdots + {y_{33/64}}^2$　(12.1)

線形式　$L_1 = y_{11/0} \times y_{11/1} + \cdots + y_{33/0} \times y_{33/1}$　(12.2)

$\vdots$

$L_{64} = y_{11/0} \times y_{11/64} + \cdots + y_{33/0} \times y_{33/64}$

有効除数　$r = {y_{11/0}}^2 + {y_{12/0}}^2 + \cdots + {y_{33/0}}^2$　(12.3)

表 12.2　自動車サスペンションの外側因子のデータ形式

信号		吸収エネルギー／誤差	m_1 (25%)	m_2 (50%)	m_3 (75%)
投入エネルギー	M_1	1	$y_{11/1}$	$y_{12/1}$	$y_{13/1}$
		2	$y_{11/2}$	$y_{12/2}$	$y_{13/2}$
		⋮	⋮	⋮	⋮
		64	$y_{11/64}$	$y_{12/64}$	$y_{13/64}$
		誤差平均	$y_{11/0}$	$y_{12/0}$	$y_{13/0}$
	M_2	1	$y_{21/1}$	$y_{22/1}$	$y_{23/1}$
		2	$y_{21/2}$	$y_{22/2}$	$y_{23/2}$
		⋮	⋮	⋮	⋮
		64	$y_{21/64}$	$y_{22/64}$	$y_{23/64}$
		誤差平均	$y_{21/0}$	$y_{22/0}$	$y_{23/0}$
	M_3	1	$y_{31/1}$	$y_{32/1}$	$y_{33/1}$
		2	$y_{31/2}$	$y_{32/2}$	$y_{33/2}$
		⋮	⋮	⋮	⋮
		64	$y_{31/64}$	$y_{32/64}$	$y_{33/64}$
		誤差平均	$y_{31/0}$	$y_{32/0}$	$y_{33/0}$

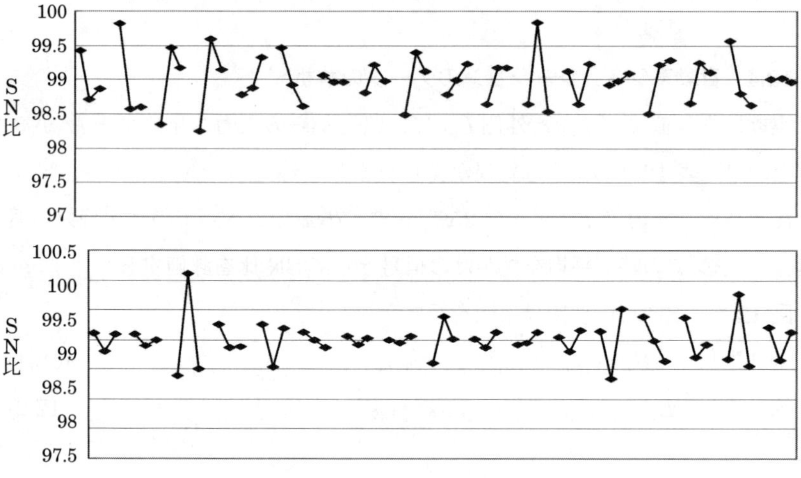

図 12.5　自動車サスペンションの SN 比の要因効果図

β の変動　　$S_\beta = \dfrac{\left(L_1 + \cdots + L_{64}\right)^2}{64r}$　　(12.4)

$N\times\beta$ の変動

$$S_{N\times\beta} = \frac{L_1{}^2 + \cdots + L_{64}{}^2}{r} - S_\beta \tag{12.5}$$

誤差変動　　$S_e = S_T - S_\beta - S_{N\times\beta}$　　(12.6)

SN 比　　$\eta = 10\log \dfrac{\dfrac{1}{64r}\left(S_\beta - V_e\right)}{V_N}$　　(12.7)

12.5　自動車サスペンションの最適条件とチューニング

要因効果図から求められる SN 比に対する最適条件は下記のようになる．第 2 水準を標準条件とした利得を**表 12.3** に示す．

最適条件；

$AX_1, AY_1, AZ_2, BX_2, BY_3, BZ_1, CX_1, CY_2, CZ_2, DX_3, DY_3, DZ_2, EX_3, EY_3, EZ_3, FX_2, FY_1, FZ_2, GX_1, GY_1, GZ_2, HX_1, HY_1, HZ_1, IX_1, IY_3, IY_2, JX_3, JY_3, JZ_3, KX_3, KY_1, KZ_1, O_2, P_1$

表 12.3　自動車サスペンションの SN 比の推定及び確認実験結果

単位　db

SN 比	最適	標準	利得
推　定	110.61	100.20	10.41
確　認	109.12	104.80	4.32

推定値に対する確認計算での再現性が不十分な結果となった．再現性が悪かったひとつの要因としては，制御因子に挙げたサスペンション部品の取付け位置（*AX* から *KZ* まで）を *X*, *Y*, *Z* 依存関係なく独立で水準を選択したことにより交互作用を生じたためと考えられる．本来 *X*, *Y*, *Z* を合成して，ベクトル量として検討することが必要であったと思われる．

表 12.4　自動車サスペンションのチューニング後の感度，SN比

	SN比		感　度	
	推定（db）	確認（db）	推定	確認
最適	110.1	109.0	7.374E−8	7.281E−8
標準	100.2	104.9	7.169E−8	7.166E−8
利得	10.1	4.1	2.044E−9	1.15E−9

感度については，信号因子である入力エネルギーの水準ごとに異なることも考えられたため，以下のような解析を行い，信号因子水準ごとに要因効果を調べた．

表 12.5 のデータを用いる．

有効除数　$r_1 = m_{11}{}^2 + m_{12}{}^2 + m_{13}{}^2$（$M_1$ に対するもの）　(12.8)

$$\vdots$$

$r_3 = m_{31}{}^2 + m_{32}{}^2 + m_{33}{}^2$（$M_3$ に対するもの）

線形式　$L_{1*1} = m_{11} \times y_{1*11} + m_{12} \times y_{1*12} + m_{13} \times y_{1*13}$　(12.9)

$$\vdots$$

$$L_{81*1} = m_{11} \times y_{81*11} + m_{12} \times y_{81*12} + m_{13} \times y_{81*13}$$

$$\beta_{1*1} = \frac{L_{1*1}}{r_1} \tag{12.10}$$

表 12.5　自動車サスペンションの内側 L_{81} に対する感度のデータ

入力エネルギー	M_1				M_2				M_3				
L_{81}	m_{11}	m_{12}	m_{13}	β	m_{21}	m_{22}	m_{23}	β	m_{31}	m_{32}	m_{33}	β	$\bar{\beta}$
1（N平均）	Y_{1*11}	Y_{1*12}	Y_{1*13}	β_{1*1}	Y_{1*21}	Y_{1*22}	Y_{1*23}	β_{1*2}	Y_{1*31}	Y_{1*32}	Y_{1*33}	β_{1*3}	β_1
2（N平均）	Y_{2*11}	Y_{2*12}	Y_{2*13}	β_{2*1}	Y_{2*21}	Y_{2*22}	Y_{2*23}	β_{2*2}	Y_{2*31}	Y_{2*32}	Y_{2*33}	β_{2*3}	β_2
⋮	⋮	⋮	⋮	⋮	⋮	⋮	⋮	⋮	⋮	⋮	⋮	⋮	⋮
81（N平均）	Y_{81*11}	Y_{81*12}	Y_{81*13}	β_{81*1}	Y_{81*21}	Y_{81*22}	Y_{81*23}	β_{81*2}	Y_{81*31}	Y_{81*32}	Y_{81*33}	β_{81*3}	β_{81}

$$\vdots$$

$$\beta_{81*3} = \frac{L_{81*3}}{r_3}$$

図 12.6 が感度の要因効果図であるが，要因効果は信号因子の水準に依存しない結果となった．SN 比に影響が少ないパラメータでチューニングを実施するが，今回は緩衝機構でのエネルギー吸収が高い，すなわち軟らかいサスペンション機構を目的としてチューニングを行った．チューニング後の最適条件は下記となった．SN 比のみ最適条件と異なるパラメータについては下線を示した．

$AX_1, AY_1, AZ_2, BX_2, BY_3, BZ_1, CX_1, CY_2, CZ_2, DX_3, \underline{DY_2}, DZ_2, EX_3,$
$\underline{EY_1}, EZ_3, FX_2, FY_1, \underline{FZ_1}, GX_1, GY_1, GZ_2, HX_1, HY_1, \underline{HZ_3}, \underline{IX_3}, IY_3,$
$IY_2, JX_3, JY_3, JZ_3, KX_3, KY_1, KZ_1, O_2, P_1$

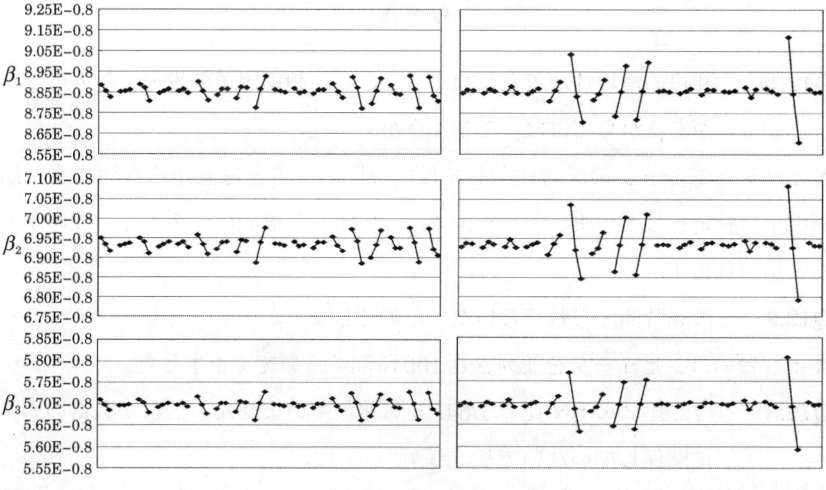

図 12.6　自動車サスペンションにおける信号因子水準ごとの感度の要因効果図

12.6　自動車サスペンションのシミュレーションのまとめ

自動車のサスペンションを題材として，シミュレーションを活用した品質工学を実践した．実際の設計問題という点では，SN 比の利得の再現性に問題が残る結果となった．パラメータとして考えた部品取付け位置を X, Y, Z で独立の制御因子として扱ったことにより交互作用の影響が生じたことが原因と考えられる．また，品質工学の実践という点では，シミュレーションの活用と自動化により，大規模な計算であっても現実的な時間で結果を得る手法を構築できた．パラメータの選択や誤差の与え方に自由度を広げ，これからの品質工学の取組み手法として参考になることができたと考えている．

今後，パラメータの与え方に専門技術者の意見を取り入れて改善に取り組みたい．

引用文献

1) 神原憲裕，矢野　宏：シミュレーションの活用による品質工学の取組み，品質工学（2002 年投稿中）

Q & A

Q12.1　利得の再現性が得られなかったのは，制御因子の設定のし方に誤りがあるからではないでしょうか．

A：サスペンションの設計に関しては，専門的なことは分からないまま，制御因子の設定をしてしまいました．また，仮定した機能の考え方にも問題があると思われます．

Q12.2　計算時間はどれくらいだったのでしょうか．

A：3 台のコンピュータを並列させ 100 時間くらいでできました．

Q12.3　(12.8) 式の SN 比で $1/64r$ を省略していません．これが利得の悪さに関係していないでしょうか．

A：今回の計算は時間が短いといっても，やはり大変なので，今後の課題とさせていただきます．

第 13 章　衝突安全性能向上のためのコンポーネントの最適化

本研究の目的は，車両衝突時の乗員生存空間の拡大を達成するための車両各コンポーネント特性の最適化である．シミュレーションには，貨物車の正面バリア試験を模擬した 1 次元非線形ばね・質量モデルを用いた．貨物車は乗用車に比べて車型ごとのバリエーションが非常に多く，荷台架装や積載荷物重量の違いが大きい．従来の方法ではすべての組合せから最悪条件を推測し，生存空間を拡大するためのチューニングを行ってきた．この方法では一つのバリエーションに対する合わせ込みのため，他のバリエーションでも有効か分からない．そこで，バリエーションの違いによるコンポーネント重量の違いや劣化等による強度特性の変化を考慮したパラメータ設計を行った．パラメータ設計では，制御因子の水準幅を小さくして，逐次的に最適な方向を調べる方法を採用した．この方法は，利得の再現性を確保しつつ最適条件を推定することが可能であることが分かった．シミュレーションのパラメータ設計のこれからの方法の一つである．

13.1　トラックの衝突安全設計の課題

自動車の衝突安全性能を評価する方法の一つとして，**図 13.1** に示す正面バリア衝突試験がある．本研究の目的は，貨物車の正面バリア衝突試験を模擬した 1 次元非線形ばね・質量モデルを用い，シミュレーションによる乗員の生存空間（以下生存空間）拡大のための車両コンポーネント特性の最適化である．

乗用車に比べて貨物車は，車型ごとのバリエーションが非常に多く，また荷台架装や積載荷物重量の違いが大きい．従来は，すべての組合せから最も生存空間が小さくなる条件を推測し，その条件下で生存空間を拡大するための合わせ込みを行ってきた．この方法では，一つのバリエーションに対する合わせ込みのため，他のバリエーションでも有効か疑問が残る．さらに時間もかかっていた．そこでこれらの問題点を解決するために，品質工学を適用し，バリエー

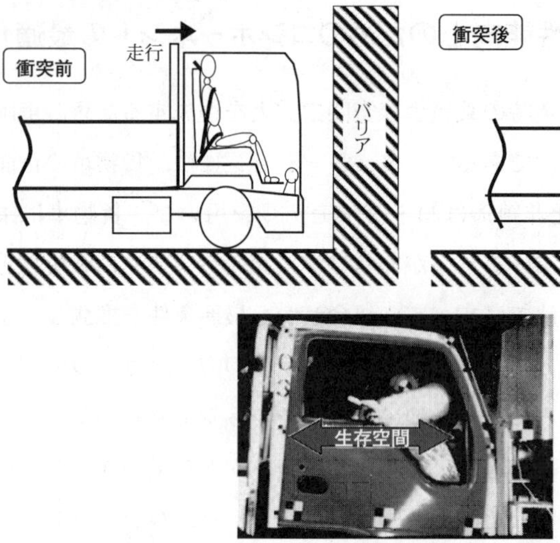

図 13.1　車体の正面バリア衝突試験

ションの違いによるコンポーネント重量の違いや劣化等による強度特性の変化を考慮したパラメータ設計を行った．

13.2　車体衝突の変形のシミュレーションモデル

図 13.1 に示すバリア衝突試験を数値シミュレーションするために，**図 13.2** (a) のように車体衝突時に変形する部分をばね，変形しない部分に質量を与える．衝突現象を詳細に再現するためには，質量とばねの数を増やした図 13.2 (b) の多自由度モデルを用いる．今回使用したモデルは衝突試験結果を再現できる 1 次元多自由度モデルを用いている．ばねの特性は，**図 13.3** のような塑性変形状態を再現できる非線形ばねを用いる．本解析は，設計初期段階に詳細な図面がない時点で，基本的なコンポーネントの構造特性を決定するためのものである．解析コードは自社製で，入出力の関係も容易に変更できる．計算時間も短く，今回のモデルでは 1 ケース数秒程度である．特に，ばらつきに関する研究では，容易に特性値を変更できる本解析手法が適していると考えた．

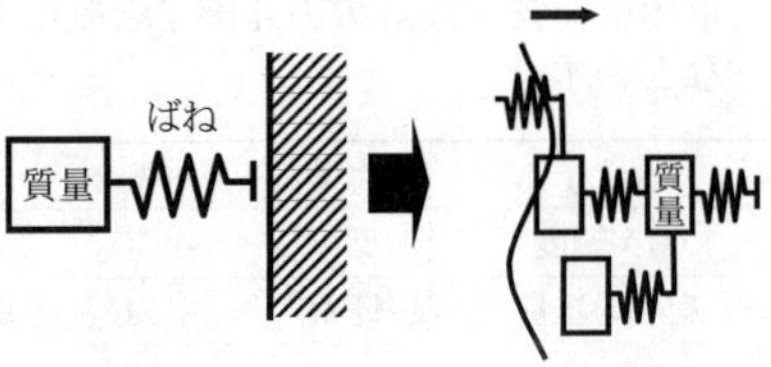

(a)　1 自由度モデル　(b)　多自由度モデル

図 13.2　車体衝突の非線形ばね―質量モデル

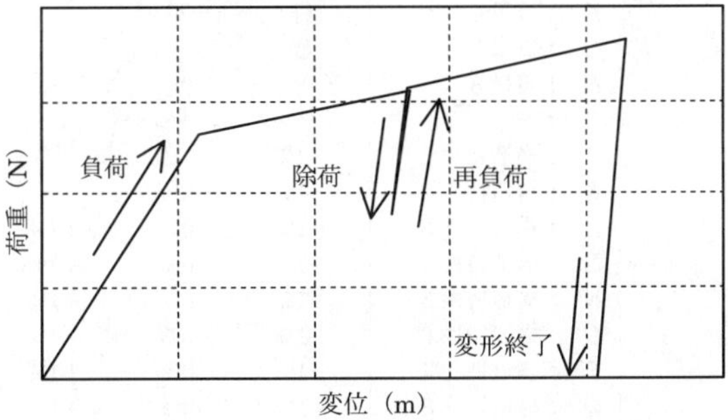

図 13.3　車体衝突のばねの変形―荷重特性の例

13.3　車体衝突時の生存空間に対する標準 SN 比の考え方

表 13.1 に示すように信号は衝突速度とし，コンポーネントの質量と強度特性値のばらつきを誤差因子，強度特性を制御因子，荷物の重量は標示因子とする．信号を衝突速度とした理由として以下の 2 点が挙げられる．

(1) 運動エネルギーは，車両質量 m，衝突速度 v により決まる（$E=mv^2/2$）．衝突直前の運動エネルギーが増大すると生存空間が小さくなる傾向にある．これより，信号を運動エネルギーと考えることもできる．しかし，車両コンポーネントの質量を誤差因子としているため，信号を運動エネルギーとすると，値が一意に決定できない問題が生じた．

(2) 速度はベクトル量であり，方向と大きさによって規定され，大きさが同じでも方向が異なれば異なった量である．ベクトル量の大きさだけを取り上げて信号にとるのは問題が発生する．しかし，本シミュレーション

表 13.1　車体衝突安全設計の誤差因子と制御因子などの水準

種　類	因　子	水準 1	水準 2	水準 3
信　号	衝突速度	低 V^*_1	中 V^*_2	高 V^*_3
標　示	荷物の重量	軽 M^*_1	中 M^*_2	重 M^*_3
誤差 N^*	A' ：質量 1	軽	重	
L_{36}	B' ：質量 2	軽	重	—
	C' ：質量 3	軽	重	—
	D' ：質量 4	軽	重	—
	E' ：質量 5	軽	重	
	F' ：質量 6	軽	重	—
	G' ：質量 7	軽	重	—
	H' ：質量 8	軽	重	—
	I' ：e	—	—	—
	J' ：構造特性 1	−1%	+1%	—
	K' ：構造特性 2	−1%	+1%	—
	L' ：構造特性 3	−1%	0%	+1%
	M' ：構造特性 4	−1%	0%	+1%
	N' ：構造特性 5	−1%	0%	+1%
	O' ：構造特性 6	−1%	0%	+1%
	P' ：構造特性 7	−1%	0%	+1%
	Q' ：構造特性 8	−1%	0%	+1%
	R' ：構造特性 9	−1%	0%	+1%
	S' ：構造特性 10	−1%	0%	+1%
	T' ：構造特性 11	−1%	0%	+1%
	U' ：構造特性 12	−1%	0%	+1%
	V' ：構造特性 13	−1%	0%	+1%
	W' ：e	—	—	—
制　御	A ：構造特性 1	−50%	0%	—
L_{36}	B ：構造特性 2	−50%	0%	—
	C ：e	—	—	—
	D ：構造特性 3	−50%	0%	+50%
	E ：構造特性 4	−50%	0%	+50%
	F ：構造特性 5	−50%	0%	+50%
	G ：構造特性 6	−50%	0%	+50%
	H ：構造特性 7	−50%	0%	+50%
	I ：構造特性 8	−50%	0%	+50%
	J ：構造特性 9	−50%	0%	+50%
	K ：構造特性 10	−50%	0%	+50%
	L ：構造特性 11	−50%	0%	+50%
	M ：構造特性 12	−50%	0%	+50%
	N ：構造特性 13	−50%	0%	+50%
	O ：部品の間隔 1	−50%	0%	+50%
	P ：部品の間隔 2	−50%	0%	+50%

は，1 次元モデルのため方向が同一であり，擬似的にスカラー量となるので入力に速度をとっても問題がないと判断した．

荷物の質量を標示因子とした理由として，荷物の重量は，車両重量と同じ程度であり誤差因子にするには変動量が大きい．今回，荷物の重さによって条件が異なってもよいとした．**図 13.4** に示すように，入力信号を衝突速度，出力を運転室変形量とし，標準条件 N^*_{0i} は，各コンポーネント（A' ～ H'）の平均質量及び基準強度特性（T' ～ V'）とし標準 SN 比を求めた．標示因子ごとに $L_{36}\times L_{36}$ の直積実験（シミュレーション）を行った．**表 13.2** に，入力信号，標示因子及び出力の記号を示す．表記記号により下記式により標準 SN 比を求めた．

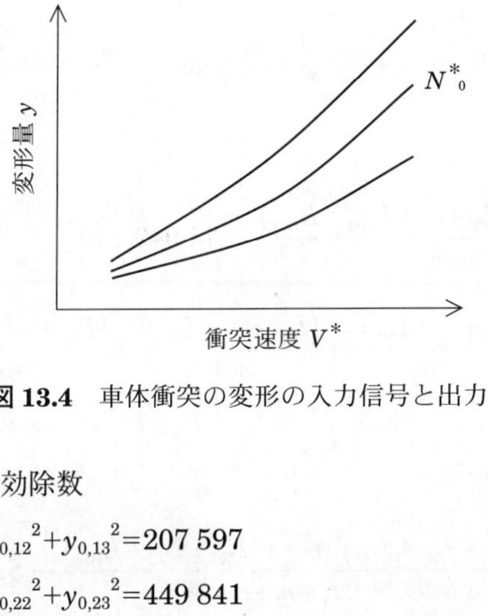

図 13.4　車体衝突の変形の入力信号と出力

標示因子ごとの有効除数

$$r_1=y_{0,11}{}^2+y_{0,12}{}^2+y_{0,13}{}^2=207\,597 \quad (13.1)$$

$$r_2=y_{0,21}{}^2+y_{0,22}{}^2+y_{0,23}{}^2=449\,841 \quad (13.2)$$

$$r_3=y_{0,31}{}^2+y_{0,32}{}^2+y_{0,33}{}^2=1\,426\,122 \quad (13.3)$$

線形式　$$L_1=y_{0,11}\times y_{1,1}+y_{0,12}\times y_{1,2}+y_{0,13}\times y_{1,3}=165\,362 \quad (13.4)$$

$$\vdots$$

$$L_{108}=y_{0,31}\times y_{108,1}+y_{0,32}\times y_{108,2}+y_{0,33}\times y_{108,3}=1\,408\,667 \quad (13.5)$$

全変動　$$S_T=y_{1,1}{}^2+y_{1,2}{}^2+\cdots+y_{108,2}{}^2+y_{108,3}{}^2=76\,743\,954 \quad (f=324) \quad (13.6)$$

表 13.2　車体衝突の変形のける入力信号，標示因子及び出力

標示	誤差＼信号	V^*_1	V^*_2	V^*_3
M^*_1	N^*_{01}	$y_{0,11}$	$y_{0,12}$	$y_{0,13}$
	N^*_1	$y_{1,1}$	$y_{1,2}$	$y_{1,3}$
	⋮	⋮	⋮	⋮
	N^*_{36}	$y_{36,1}$	$y_{36,2}$	$y_{36,3}$
M^*_2	N^*_{02}	$y_{0,21}$	$y_{0,22}$	$y_{0,23}$
	N^*_{37}	$y_{37,1}$	$y_{37,2}$	$y_{37,3}$
	⋮	⋮	⋮	⋮
	N^*_{72}	$y_{72,1}$	$y_{72,2}$	$y_{72,3}$
M^*_3	N^*_{03}	$y_{0,31}$	$y_{0,32}$	$y_{0,33}$
	N^*_{73}	$y_{73,1}$	$y_{73,2}$	$y_{73,3}$
	⋮	⋮	⋮	⋮
	N^*_{108}	$y_{108,1}$	$y_{108,2}$	$y_{108,3}$

比例項の変動

$$S_\beta = \frac{(L_1 + L_2 + \cdots + L_{107} + L_{108})^2}{36(r_1 + r_2 + r_3)} = 75\,949\,119 \qquad (f=1) \quad (13.7)$$

$$S_{M^*\times\beta} = \frac{(L_1 + \cdots + L_{36})^2}{36r_1} + \frac{(L_{37} + \cdots + L_{72})^2}{36r_2} + \frac{(L_{73} + \cdots + L_{108})^2}{36r_3} - S_\beta$$

$$= 619 \qquad (f=2) \quad (13.8)$$

比例項の差の変動

$$S_{N^*\times\beta} = \frac{(L_1 + L_{37} + L_{73})^2 + \cdots + (L_{36} + L_{72} + L_{108})^2}{r_1 + r_2 + r_3} - S_\beta = 504\,769$$

$$(f=35) \quad (13.9)$$

誤差変動　$S_e = S_T - S_\beta - S_{N^*\times\beta} = 289\,446$　$(f=288)$　(13.10)

誤差分散　$V_e = \dfrac{S_e}{286} = 1\,012$　(13.11)

$$V_{N^*} = \frac{S_{N^*\times\beta} + S_e}{35 + 286} = 2\,474 \qquad (13.12)$$

標準 SN 比

$$\eta=10\log\frac{S_\beta-V_e}{V_{N^*}}=44.87 \quad \text{(db)} \tag{13.13}$$

13.4 車体衝突の逐次計算によるパラメータ設計

表 13.3 は，直交表の第 1 行について，計算した 2 乗和の分解である．20 世紀型の品質工学を適用した事例では，シミュレーションでも，制御因子も誤差因子も水準値の間隔を大きくした方が良いとされてきた．今回の制御因子の水準も設計で許容できる ±50% を採用した．**図 13.5** に要因効果図を示す．制御因子 E, F, G, H, J, L, O は，山谷が見られる．**表 13.4** の確認計算の結果に示すように，利得の再現性が不十分であり，交互作用の影響を大きく受けていると思われる．

表 13.3 車体衝突の直交表 L_{36} の第 1 行の 2 乗和の分解

要　因	f	S	V
β	1	75 949 120	
$M^*\times\beta$	2	619	
$N^*\times\beta$	35	504 769	
e	286	289 446	1 012
T	324	76 743 954	

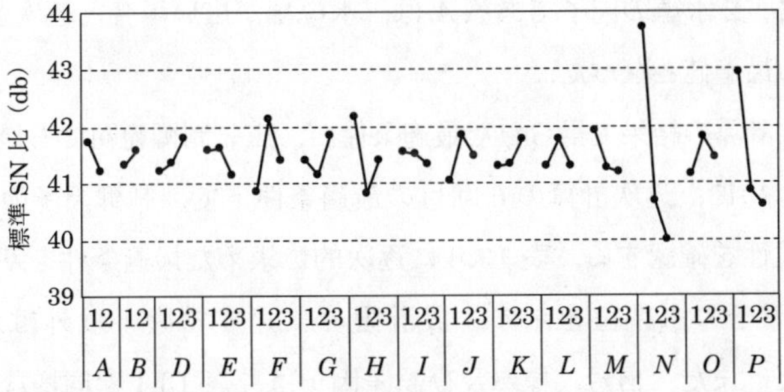

図 13.5 車体衝突の水準幅が広い場合の SN 比の要因効果図

表 13.4　車体衝突の水準幅が広い場合の確認計算の結果（db）

	推　定	確　認
比　較	40.53	40.79
最　適	49.87	46.62
利　得	9.34	5.83

そこで田口玄一の提案に従い，シミュレーションの利点を活用し，制御因子の水準値の間隔を当初の 1/10 である ±5% にして SN 比が単調増加あるいは単調減少し，かつ利得の大きい因子は，次回水準値を SN 比が増加する方向にスライドさせて最適条件の方向を調べる方法を採用した．**表 13.5** に逐次的に 6 回水準値を変化させた様子を示す．そのときの SN 比の要因効果図が逐次的に変化する様子を**図 13.6** に示す．また，6 回目の最適条件と比較条件の推定値と確認計算の結果を**表 13.6** に示す．利得は約 6 db で再現性もよい．

ここで，制御因子の水準幅が広い場合と水準幅を狭くして逐次的に最適条件の方向を調べる方法の最適条件の比較を**表 13.7** に示す．水準幅が広い場合に，単調増加（減少）である制御因子 D, K, M, N, P は，逐次計算の結果でも同様の方向が最適値となっているが因子 I は逆方向となっている．また，水準幅が広い場合に山型となり，第 2 水準（0%）が最適である E, F, J, L, O の場合，逐次計算の場合に O を除いては，第 2 水準でなく最適な方向があることが分かる．さらに，2 水準の因子である A は，水準幅が広い場合と逐次計算では，大きく異なる最適値となった．

次に，逐次計算の結果で得られた最適条件が，広い制御範囲でも最適であるかを調べるために，逐次計算の 6 回目の最適条件下で，制御因子の水準幅を広くして再現性を確認する．**表 13.8** に逐次的に求めた最適条件を基準（0%）にした制御因子の水準値を示す．設計限界に達する因子以外は水準幅を ±50% とした．また，信号，標示及び誤差因子は，表 13.1 と同様なので省略する．**図 13.7** に SN 比の要因効果図，**表 13.9** に確認計算の結果を示す．水準

表 13.5 車体衝突の制御因子の水準値の逐次的変更

	水準	1 回目	2 回目	3 回目	4 回目	5 回目	6 回目
A	1	−5%	←	←	←	←	←
	2	0%					
B	1	−5%	←	←	←	0%	←
	2	0%				+5%	
	1	−5%	+5%	+15%	+25%		
D	2	0%	+10%	+20%	+30%	←	←
	3	+5%	+15%	+25%	+35%		
	1	−5%	−15%	−25%	−35%	−45%	
E	2	0%	−10%	−20%	−30%	−40%	←
	3	+5%	−5%	−15%	−25%	−35%	
	1	−5%			+5%		
F	2	0%	←	←	+10%	←	←
	3	+5%			+15%		
	1	−5%				+5%	+15%
G	2	0%	←	←	←	+10%	+20%
	3	+5%				+15%	+25%
	1	−5%				−15%	
H	2	0%	←	←	←	−10%	←
	3	+5%				−5%	
	1	−5%			+5%		
I	2	0%	←	←	+10%	←	←
	3	+5%			+15%		
	1	−5%			+5%	+15%	
J	2	0%	←	←	+10%	+20%	←
	3	+5%			+15%	+25%	
	1	−5%	+5%			+15%	+25%
K	2	0%	+10%	←	←	+20%	+30%
	3	+5%	+15%			+25%	+35%
	1	−5%	+5%			+15%	+25%
L	2	0%	+10%	←	←	+20%	+30%
	3	+5%	+15%			+25%	+35%
	1	−5%	−15%	−25%			−35%
M	2	0%	−10%	−20%	←	←	−30%
	3	+5%	−5%	−15%			−25%
	1	−5%	−15%	−25%	−35%	−45%	−55%
N	2	0%	−10%	−20%	−30%	−40%	−50%
	3	+5%	−5%	−15%	−25%	−35%	−45%
	1	−5%					
O	2	0%	←	←	←	←	←
	3	+5%					
	1	−5%	−15%	−25%	−35%	−45%	−55%
P	2	0%	−10%	−20%	−30%	−40%	−50%
	3	+5%	−5%	−15%	−25%	−35%	−45%

幅を広くした場合でも，最適条件のSN比は再現し，最悪条件との利得も再現している．したがって，制御因子の水準幅を小さくして逐次的に最適な方向を調べる手法が交互作用の影響を抑えるのに有効で，広い水準幅でも有効な条件であることが確認できた．

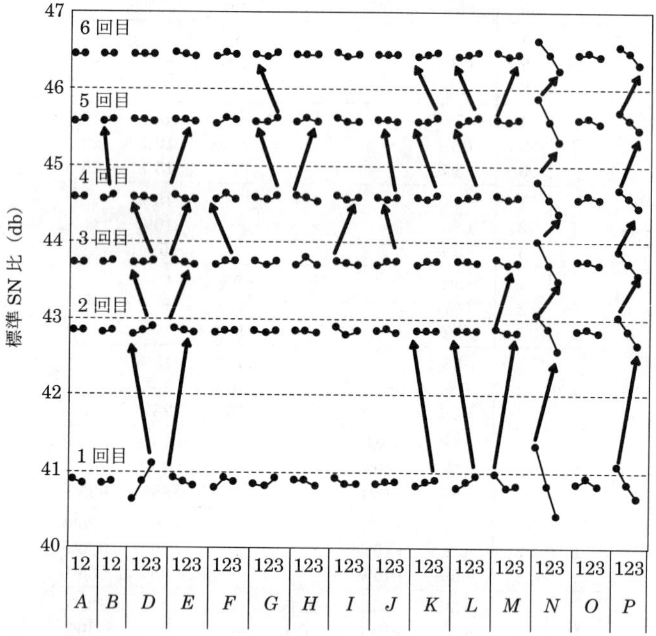

図 13.6　車体衝突のパラメータ設計の 1 ～ 6 回の SN 比の要因効果図

表 13.6　車体衝突のパラメータ設計の 6 回目の SN 比の最適条件と確認計算結果（db）

	推　定	確　認
比　較	40.84	40.82
最　適	46.95	46.78
利　得	6.11	5.96

表 13.7 車体衝突のパラメータ設計の最適条件の水準値の比較

	水準が広い場合	逐次計算の 6 回目
A	−50	0
B	0	5
D	50	35
E	0（山）	−45
F	0（谷）	5
G	50（谷）	25
H	−50（谷）	−15
I	−50	5
J	0（山）	20
K	50	35
L	0（山）	35
M	−50	−35
N	−50	−55
O	0（山）	0
P	−50	−55

表 13.8 車体衝突の最適条件を基準（0%）にした制御因子と水準幅

種類	因　子	水準 1	水準 2	水準 3
制御 L_{36}	A：構造特性 1	−50%	0%	—
	B：構造特性 2	−50%	0%	—
	C：e	—	—	—
	D：構造特性 3	−50%	0%	15%
	E：構造特性 4	−5%	0%	50%
	F：構造特性 5	−50%	0%	40%
	G：構造特性 6	−50%	0%	25%
	H：構造特性 7	−25%	0%	50%
	I：構造特性 8	−50%	0%	45%
	J：構造特性 9	−50%	0%	30%
	K：構造特性 10	−50%	0%	15%
	L：構造特性 11	−50%	0%	15%
	M：構造特性 12	−15%	0%	50%
	N：構造特性 13	0%	0%	50%
	O：部品の間隔 1	−50%	0%	50%
	P：部品の間隔 2	0%	0%	50%

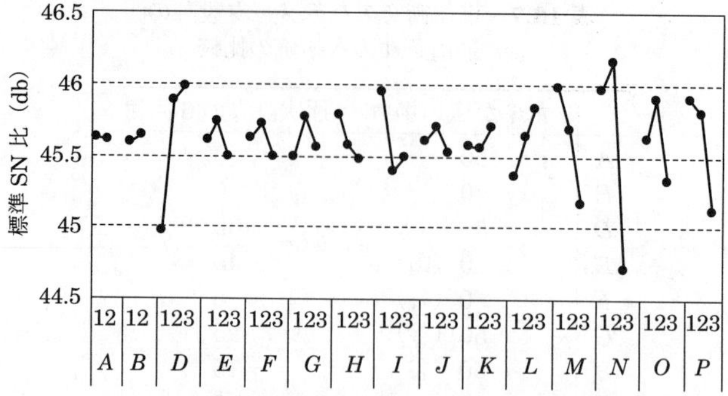

図 13.7　車体衝突のパラメータ設計の最適条件を基準にして水準幅を広げた SN 比の要因効果図

表 13.9　車体衝突のパラメータ設計の最適条件を基準にして水準幅を広げた場合の確認計算の結果（db）

	推　定	確　認
最　悪	41.73	42.26
最　適	47.21	46.78
利　得	5.48	4.52

13.5　車体衝突のパラメータ設計のチューニングとまとめ

最後に，**図 13.8** に直交展開の 1 次係数 β_1 より求めた感度 [1] を示す．β_1 は小さい方がよい．最適条件の N^*_0 により SN 比が悪化せず合わせ込みが可能な制御因子 L を使い，生存空間の変形量が目標値以下になるように合わせ込みを行った．結果を**図 13.9** に示す．比較条件に比べて合わせ込み後の最適条件では，明らかにばらつきが小さく，生存空間の変形量は目標値以下を達成している．従来の方法では，まず感度のみに注目して合わせ込みを行うので，制御因子 N を使用することになる．この因子を用いて，感度を調整すると SN 比が悪化し変形量が条件によって大きくばらつくことになる．このように従来方法では，ばらつきに対する指標がないため，目標達成は非常に困難となることは明らかである．以上の結果から衝突安全性能の向上において，2 段階設計

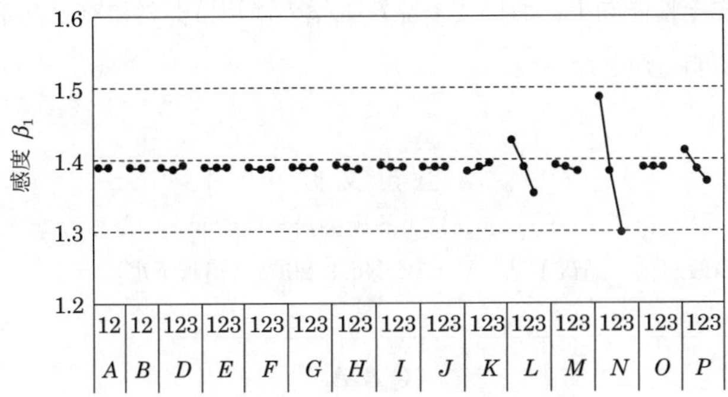

図 13.8　車体衝突の感度 β_1 の要因効果図

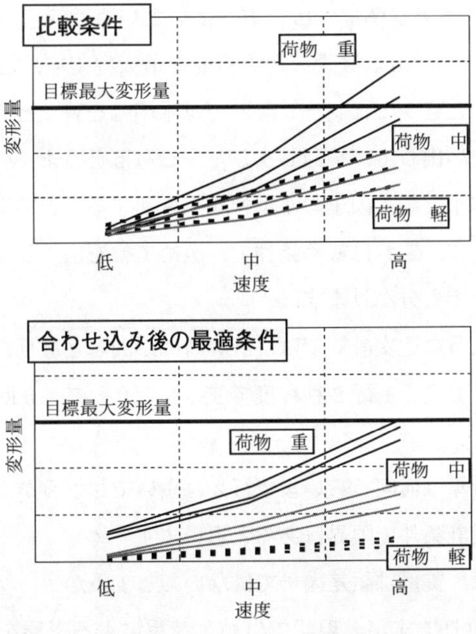

図 13.9　車体衝突速度と変形量の関係の確認計算結果

が有用な方法であることが明らかとなった．まとめは以下のとおりである．

(1) シミュレーションによるパラメータ設計により，制御因子の水準値の間隔を小さくして逐次的に最適方向を調べる方法は，利得の再現性を確保しつつ，最適条件を推定することが可能であることが分かった．

(2) 衝突安全性能向上において，品質工学の適用は非常に有効な手段であることが明らかとなった．

引用文献

1) 阿部　誠：シミュレーションによる衝突安全性能向上のためのコンポーネント特性の最適化，品質工学，Vol.12, No.4, 2004（掲載予定）

Q & A

Q13.1　はじめに制御因子の幅を ±50% として行った理由は何ですか．

A：当初は，これまで水準幅は広い方がよいというパラメータ設計の考え方をとっていました．±50% は設計変更可能な最大幅です．ところが利得の再現性が悪く，このときシミュレーションでは水準幅を狭くとった方がよいといっていたことを思い出して，検討しました．これほどうまくいくとは思いませんでした．制御因子と誤差因子の水準幅を小さくすることで交互作用を避けられたのだと思います．これは最適条件で，改めて幅を広くしても，利得の再現性が得られたことでも分かります．

Q13.2　このような逐次計算では，計算時間が問題となりますが．

A：計算には工夫して，1行2秒程度です．したがって，6回の逐次計算でも36時間程度でした．

Q13.3　逐次計算は何回くらいまで行えばよいでしょうか．

A：それぞれの設計条件で限界はあると思います．

Q13.4　本来は，質量は誤差因子ではないでしょうか．

A：御指摘のとおりですが，現状では積載荷重による影響をなくすことは重要なのですが，目標値以下になればよいとしました．

Q13.5　本来はエネルギー吸収で考えるべきではないでしょうか．

A：トラックの場合には車体全体でエネルギー吸収を行います．そのような意味では，時間に対する吸収エネルギーのようなものを今後検討しなければと思っています．

第14章　カムシャフトの鋳造条件の最適化

この研究はマツダ(株) がシミュレーションのパラメータ設計を推進するのに，きっかけとなったものである．シミュレーションに品質工学を適用してうまくいくのかということは，多くの人が疑問に思っている．しかもメッシュを粗くしてもよいなどと言われればなおさらである．このシミュレーションは当初は72時間を要した．短縮しろという外部の掛け声で6時間までに縮めたところ，いわゆるカムシャフトとしての体裁がなくなってしまったという．それでも強引に計算して，最後にカムシャフトを作ったところ，見事に湯流れして，はじめて品質工学の言うことの正しさを知ったという．もちろん，新しい品質工学の立場では，転写性，標準SN比などと検討すべき課題はあるが，シミュレーション活用のきっかけをつかむには参考となる．

14.1　カムシャフト鋳造研究の課題

自動車用エンジンを構成する部品の1つであるカムシャフトは，普通鋳鉄で生産される．吸気・排気弁を駆動する重要な部品であるため，カム部など摺動部の加工表面に鋳造欠陥があれば，エンジンの機能低下を招いてしまう．したがって，カムシャフトを鋳造する際に発生する，製品形状部への鋳造欠陥をなくさなければならない．そのためには，ばらつきのある鋳造条件下でも，鋳型内への溶湯充填時の堰からのガス巻き込みをいかに抑えるかが重要課題となってくる．本研究では，カムシャフト鋳造方案を最適化するために，鋳造シミュレーションによってパラメータ設計を行った．

カムシャフトの鋳造方案と充填する溶湯の流れを**図14.1**に示す．カムシャフトは，シェルモールドと呼ばれる鋳型内のキャビティに，溶湯と呼ばれる高温溶解した鋳鉄を注湯して鋳造される．図14.1のように湯道の左右に1本ずつ配された鋳造方案で，湯口から流し込まれた溶湯は，下部に設けられた堰からカムシャフト製品部へ順次充填していく．溶湯の成分や注湯時の温度等の鋳造条件はある管理幅でばらつきをもっており，このばらつきに左右されない鋳

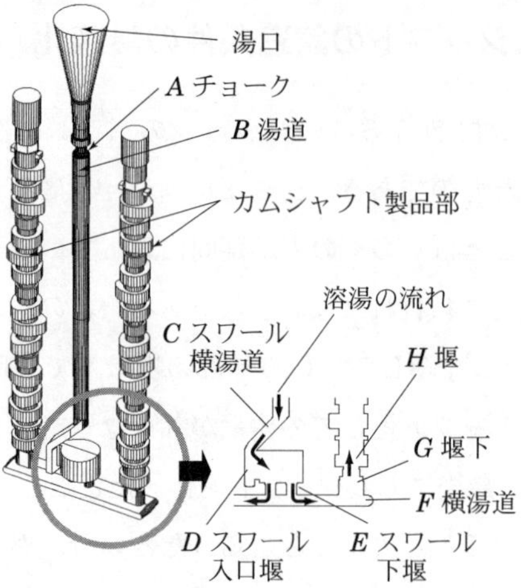

図 14.1 カムシャフト鋳造方案と溶湯の流れ

造方案の設計が重要である．

14.2 カムシャフトの鋳造機能と評価方法

カムシャフトの製品形状部への鋳造欠陥発生をなくすためには，注湯時にガスの巻き込みがなければよい．そのためには，堰部を通過する溶湯に乱れがないことが理想である．流体の乱れを定量的に表す指標として，式 (14.1) で与えられるレイノルズ数 R_e があり，鋳造シミュレーションにより算出した溶湯流速から得られる．

$$R_e = V \times \frac{d}{\nu} \tag{14.1}$$

V ：溶湯の流速（m/s）

d ：堰断面の直径（m）

ν ：溶湯の動粘性係数（m^2/s）

レイノルズ数は数値が低いほど流体の乱れが少ない．しかしながら数値が極端に低いと，生産性や他の鋳造欠陥の発生に影響を及ぼすので，現在までの類似部品からの経験で R_e=4 800 が理想的である．したがって鋳造機能を，堰部を通過する溶湯のレイノルズ数 R_e を計測特性とした望目特性として評価することとした.

鋳造シミュレーションには，湯流れ解析ソフト“MAGMA-soft”を用いるが，従来手法では莫大な解析時間を要することが予測されるため，解析フローの改善を行った．まず 3D 形状の要素分割を各軸方向別で最小要素サイズの最適化を行うとともに，精度を必要としないパーツは要素サイズを拡大し，解析の高効率化を図った．また形状の作成には 3 次元 CAD“I-DEAS”を使用し，形状履歴編集機能を活用して, 寸法修正による形状修正を短時間で可能とした. 以上の改善により，形状作成からレイノルズ数算出までの所要時間は約 1/7, 正味解析時間は約 1/12 の 6 時間まで短縮することができた.

14.3 カムシャフト鋳造の制御因子と誤差因子

制御因子は図 14.1 の，堰部を通過する溶湯の流速を左右する，鋳造方案上の主要部位 $A \sim H$ の断面寸法（断面積）とし，各水準を**表 14.1** のようにとった.

表 14.1 カムシャフト鋳造の制御因子と水準

＊印：初期条件

因子＼水準	1	2	3
A チョーク	減	標準＊	—
B 縦湯道	減	標準＊	増
C スワール横湯道	減	標準＊	増
D スワール入口堰	減	標準	増＊
E スワール下堰	減	標準＊	増
F 横湯道	減	標準＊	増
G 堰下	減	標準＊	増
H 堰	減	標準＊	増

誤差因子は，鋳造時のばらつきを鋳造シミュレーションへ織り込む点，及び湯道の左右での非対称性から，注湯時の溶湯温度 I，溶湯の充填率 J，湯道の左右 K とし，各水準を**表 14.2** のようにとった．なお，製品の異形性による乱

表 14.2　カムシャフト鋳造の誤差因子と水準

因子＼水準	1	2	3	4	5
I　注湯時の溶湯温度	標準	低	—	—	—
J　溶湯の充填率	35%	40%	45%	50%	55%
K　湯道の左右	左	右			

流評価のため，溶湯の充填率 J のみ 5 水準とした．

その他共通の解析条件は次のとおりである．

溶湯材質　　　：普通鋳鉄

鋳込み流量　　：一定

鋳型内表面温度：一定

14.4　カムシャフト鋳造のデータ解析

制御因子を**表 14.3** の直交表 L_{18} に，誤差因子を**表 14.4** に例を示したように 3 元配置で割り付けて鋳造シミュレーションを行い，レイノルズ数 R_e を算出した．

表 14.4 から SN 比と感度を算出した．結果は表 14.3 の右欄に示した．また算出の手順を，表 14.4 の結果を用いて以下に示す．

全変動　$S_T=5\,749^2+5\,900^2+\cdots+3\,104^2+3\,879^2$

$$=545\,915\,058 \qquad (f=20) \quad (14.2)$$

一般平均の変動

$$S_m=\frac{(5\,749+5\,900+\cdots+3\,104+3\,879)^2}{20}$$

$$=531\,736\,028 \qquad (f=1) \quad (14.3)$$

誤差変動　$S_e=S_T-S_m=545\,915\,058-531\,736\,028$

$$=14\,179\,030 \qquad (f=19) \quad (14.4)$$

誤差分散

$$V_e=\frac{S_e}{19}=\frac{14\,179\,030}{19}=736\,265 \qquad (14.5)$$

表 14.3　カムシャフト鋳造の制御因子の割り付けと SN 比，感度

単位：db

列	制御因子								SN 比	感　度
	A	B	C	D	E	F	G	H	η	S
1	1	1	1	1	1	1	1	1	15.51	74.24
2	1	1	2	2	2	2	2	2	15.73	75.28
3	1	1	3	3	3	3	3	3	19.87	75.49
4	1	2	1	1	2	2	3	3	10.09	74.19
5	1	2	2	2	3	3	1	1	15.25	76.29
6	1	2	3	3	1	1	2	2	17.94	76.26
7	1	3	1	2	1	3	2	3	13.40	74.30
8	1	3	2	3	2	1	3	1	14.64	76.40
9	1	3	3	1	3	2	1	2	17.52	74.79
10	2	1	1	3	3	2	2	1	13.26	74.72
11	2	1	2	1	1	3	3	2	16.56	75.56
12	2	1	3	2	2	1	1	3	17.16	75.37
13	2	2	1	2	3	1	3	2	15.72	75.35
14	2	2	2	3	1	2	1	3	15.04	75.19
15	2	2	3	1	2	3	2	1	18.27	76.79
16	2	3	1	3	2	3	1	2	14.83	74.05
17	2	3	2	1	3	1	2	3	15.80	75.20
18	2	3	3	2	1	2	3	2	16.85	77.15

表 14.4　カムシャフト鋳造の誤差因子の割り付けと
レイノルズ数 R_e の出力例

		K_1 (35%)	K_2 (40%)	K_3 (45%)	K_4 (50%)	K_5 (55%)
I_1	J_1	5 749	5 900	4 722	4 552	4 070
	J_2	5 732	5 728	5 484	4 967	4 712
I_2	J_1	6 162	6 172	6 298	5 138	5 062
	J_2	6 069	5 278	4 392	3 104	3 879

SN 比

$$\eta = 10\log\frac{\frac{1}{20}(S_m - V_e)}{V_e}$$

$$= 10\log\frac{\frac{1}{20}(531\,736\,028 - 736\,265)}{736\,265} = 15.51 \quad \text{(db)} \qquad (14.6)$$

感度　　$S = 10\log\dfrac{1}{20}(S_m - V_e)$

$$= 10\log\frac{1}{20}(531\,736\,028 - 736\,265) = 74.24 \quad \text{(db)} \tag{14.7}$$

14.5　カムシャフト鋳造の要因効果図と最適条件

表 14.3 より求めた SN 比と感度の水準別平均値を**表 14.5** に，SN 比と感度の要因効果図を**図 14.2** にそれぞれ示す．鋳造条件のばらつきに左右されずに，鋳造欠陥が発生しないためには，レイノルズ数 R_e のばらつきが小さく，かつ低くなるようにしなければならない．したがって，SN 比が高く感度が低いことを選定条件に，要因効果図から $A_2B_2C_3D_3E_2F_2G_1H_2$ を最適条件とした．この最適条件での SN 比と感度を算出し，初期条件に対する利得の推定を行った．

SN 比

最適：$\eta = A_2 + B_2 + C_3 + D_3 + E_2 + F_2 + G_1 + H_2 - 7 \times \bar{T}$

$$= 17.10 \quad \text{(db)} \quad (\bar{T}\text{：総平均値}) \tag{14.8}$$

初期：$\eta = A_2 + B_2 + C_2 + D_3 + E_2 + F_2 + G_2 + H_2 - 7 \times \bar{T}$

$$= 14.52 \quad \text{(db)} \tag{14.9}$$

表 14.5　カムシャフト鋳造の SN 比と感度の水準別平均値

（単位：db）

	SN 比 η			感度 S		
	水準 1	水準 2	水準 3	水準 1	水準 2	水準 3
A	15.55	15.94	—	75.25	75.45	—
B	16.35	15.38	15.50	75.06	75.68	75.32
C	13.80	15.50	17.93	74.42	75.65	75.98
D	15.63	15.68	15.93	75.13	75.62	75.30
E	15.88	15.12	16.24	75.45	75.35	75.26
F	16.13	14.75	16.36	75.47	75.17	75.42
G	15.88	15.73	15.62	74.99	75.37	75.69
H	15.63	16.38	15.23	75.88	75.22	74.96
総平均 $\bar{T}$		15.74			75.35	

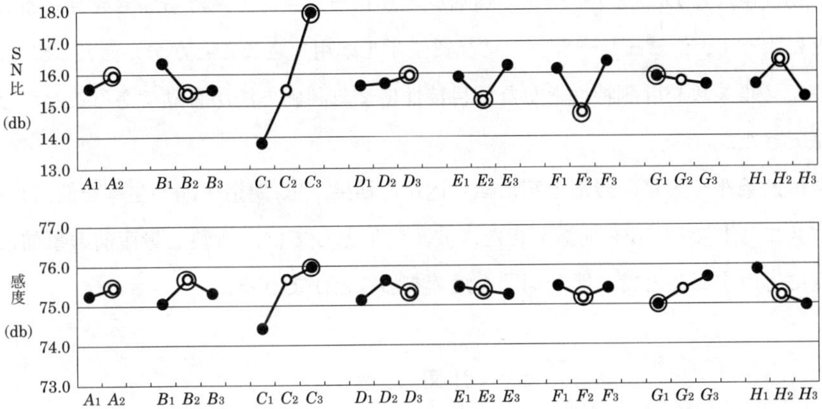

図 14.2 カムシャフト鋳造の SN 比と感度の要因効果図

利得： $\Delta\eta=17.10-14.52=2.58$ (db) (14.10)

感度

最適： $S=A_2+B_2+C_3+D_3+E_2+F_2+G_1+H_2-7\times\overline{T}$

$=75.67$ (db) (14.11)

初期： $S=A_2+B_2+C_2+D_3+E_2+F_2+G_2+H_2-7\times\overline{T}$

$=75.73$ (db) (14.12)

利得： $\Delta S=75.67-75.73=-0.06$ (db) (14.13)

SN 比と利得の推定値の妥当性を検証するために，最適条件での確認計算を行った．SN 比の利得の再現性はあまり良くはないが，約 5 db の改善効果が期待できる．

表 14.6 カムシャフト鋳造の SN 比と感度の確認解析結果

(単位 db)

	SN 比		感　度	
	推　定	確　認	推　定	確　認
最適条件	17.10	18.09	75.67	75.27
初期条件	14.52	12.95	75.73	75.78
利　　得	2.58	5.15	−0.06	−0.51

物性値などのデータベースで鋳造シミュレーション上にばらつきを与えることによって，シミュレーションに品質工学を応用できることが分かった．また，レイノルズ数を計測特性とした望目特性による評価方法が有効であることが立証できた．

最適条件を実際の鋳造方案に織り込んだ結果では，鋳造欠陥発生率を低減し，ロスコストでは 34% 削減できた．波及効果としては，新製品量産前の事前検証に応用することで，開発期間を短縮することができる．

引 用 文 献

1)　椎野和幸，福本康博：カムシャフト鋳造条件の最適化，品質工学，Vol.9, No.4, pp.68–73, 2001

Q & A

Q14.1　カムシャフトだけではなく，他部品への適用性はあるのですか．

A：基本的には，本シミュレーション手法はどの部品にも適用できるし，類似形状部品であれば，十分そのまま適用できると考えています．しかし，ボリュームの異なるクランクシャフトなどについては，評価指標であるレイノルズ数 R_e の目標値をその都度検討する必要があります．これらの点については，今後他部品への展開活動で，材質や部品の重量に対する固有条件を見いだし，応用を行っていく予定です．

Q14.2　利得の再現性があまり良くなかったのはなぜですか．その要因の 1 つとして，SN 比の要因効果図に山谷があることからも，制御因子間の交互作用などがあったからではないのでしょうか．

A：ご指摘の内容も可能性として考えられます．しかし今回の活動では，1 年間の活動で結果を出す必要があったため，この時点で結果を出すことにしました．この点については，制御因子から誤差条件をとっていないために再現性がなかったこと，湯道の左右で要因効果が逆だったことなども考えられます．したがって，山谷のある制御因子のみ取り出し，誤差因子を検討し直したり，湯道の左右を別々に解析するなどの再実験をして今後，検討を重ねていきます．

Q14.3 誤差因子として，注湯時の溶湯温度，溶湯の充填率，溶湯の左右をあげていますが，溶湯温度は誤差因子としても，充填率，湯道の左右が誤差因子なのかは疑問があります．充填率は制御因子あるいは標示因子で（充填率の定義にもよると思いますが），湯道の左右はやはり標示因子ではないかと思います．

湯道の左右については，左と右で，例えば左が R_e=5 000，右が R_e=4 800 でそれぞれ溶湯温度に対してばらつきがなくなるような状況であれば鋳造は安定していると言ってよいでしょう．左右の 200 の差があっても，鋳造欠陥など製品機能を阻害する要因とはならないと思います．もちろん，R_e の値が目標に近く，左右の平均値の差が少ない方がよいことは間違いないので，左と右で平均値の差をさらに縮める必要があれば左に効く要因，右に効く要因を明確にして，何がしかの調整ができるはず（差をゼロにはできないとしても）ですから，そういう意味でも左右の差は標示因子として扱った方がよかったのではないでしょうか．

いずれにせよ，外側に割り付けているので，いろいろな解析ができ，より多くの技術的知見が得られると思います．もしやられていないのであればやってみてはいかがでしょうか．

A：今回は注湯時の溶湯温度を含めて，これらのばらつきに左右されない鋳造方案の設計を目的としましたので，すべて誤差因子として考えました．しかし，ご指摘のように溶湯の充填率，及び湯道の左右を標示因子としてとらえる手法も考えられますので，今後の活動に反映したいと思います．

Q14.4 「5.2 誤差因子と水準」で「溶湯の充填率」も他の誤差因子と同様に 35% と 55% の 2 水準で十分ではないかと思います．どうして 5 水準とったのか，理由を説明してください．

A：図 14.1 及び図 14.2 の鋳造方案において，製品の異形性を評価するという観点，そして製品部への鋳造欠陥発生状況（欠陥発生部位と，その原因である注湯中の溶湯流への乱流発生のタイミング）などを考慮した結果，充填率のみ5水準と設定しました．

Q14.5　「SN比が高く感度が低いことを選択条件に…（中略）…，最適条件とした」と書かれていますが，因子 B, E, F に対しては上記選定基準で最適条件を選定していないと思われるのですが，それはなぜですか．

A：指摘のとおりですが，前記したように短期間で結果を出すという点から，まず要因効果図で山谷のない因子のみを最適条件に設定しました．この際，山谷のある制御因子については，初期条件としました．したがって因子 B, E, F については，再現性の改善を含め，今後の活動で検討していきます．

第 15 章　CAE を用いた鋳造用鋳型設計条件の最適化

新型ロータリーエンジン特性に影響する吸排気ポートの寸法ばらつきを低減するために，鋳型設計条件の最適化を行ったものである．パラメータ設計では，誤差因子を調合しない直積実験を行っている．鋳造の製造現場においては多数の誤差が存在すること，複雑に影響しあっていることを考えると，さまざまに組み合わせた誤差因子に対する最適化が必要なためである．しかし，この方式で CAE を行うには多くの時間がかかるため，効率化のための全自動解析システムを構築し，簡易モデルの工夫を行っている．さらに簡易モデルの妥当性を確認するために，実物モデルと比較して大きな成果を得ている．

15.1　鋳造用鋳型設計の課題

自動車用鋳造品は機能性向上やコスト削減などの面から高精度（ニアネットシェイプ）化の要求がますます高まっている．一方，量産準備期間は短縮化が進んでおり，高精度な鋳造品をいかに短期間で効率的に量産準備するかが鍵となっている．

このため鋳造品の量産準備では，CAE（computer aided engineering）解析を取り入れて効率化を図っている．現在，CAE を用いたパラメータ設計では，標準条件 N_0 の前後にばらつきをとり，これらを負，正側に調合した誤差因子 N_1, N_2 により解析する方式が一般的になりつつある．しかし誤差因子そのものの変化が目的機能の＋／－にどのように影響するか分からなければ，最適な誤差調合はできない．そこで，すべての制御パラメータを誤差とみなし，コンピュータの効率性をフルに活用し，誤差因子の直積実験により鋳型設計条件の最適化を試みた．

新型ロータリーエンジンの構成部品であるサイドハウジングでは，特に動力性能，燃費に吸気ポート箇所の位置精度が重要となるため，この箇所の鋳型設計の最適化を行った．**図 15.1** に吸気ポート箇所の鋳型を示すが，この鋳型は主型と吸気ポートを形成する中子による分割構造になっている．このため，鋳

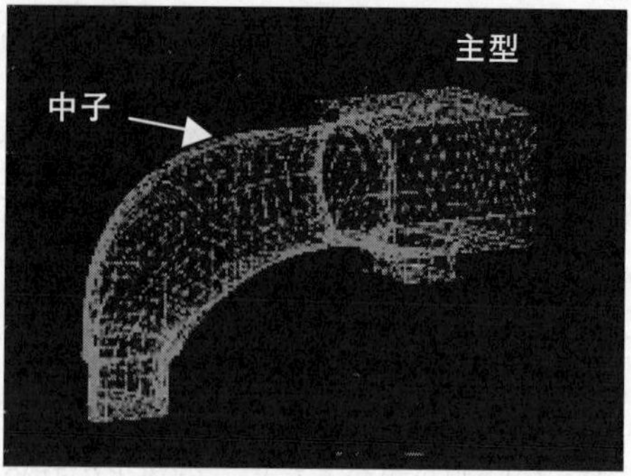

図 15.1　ロータリーエンジンの吸気ポート箇所の鋳型

込み時に鋳型に加わる溶湯の浮力や熱影響に対し，主型と中子との位置ずれを抑制できるロバストな鋳型設計が重要となる．

15.2　鋳型設計の効率的な解析方法の開発

吸気ポート箇所の鋳型寸法と鋳造後の製品寸法が比例関係になることが理想状態と考え，**図 15.2** に示すように目的機能は転写性 $y=\beta M$ で評価した．入力信号 M を鋳型寸法，出力特性 y を製品寸法とし，信号因子は，位置精度が重要な中子（中空部）と主型（外側の形状）の 13 ポイントを結んだ 78 点の設計寸法である．

評価方法としては，標準条件 N_0 を用いて解析した．この方法では，標準条件と誤差条件を解析し，各実験番号ごとに標準条件での出力を入力値として，それに対する誤差条件のばらつきを SN 比で計算した．

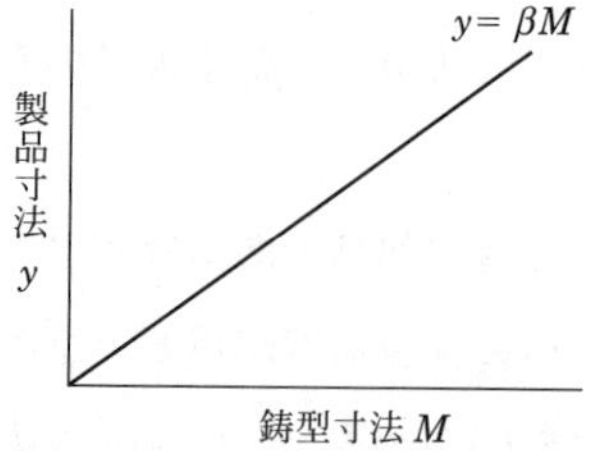

図 15.2　鋳型設計の転写性の目的機能

鋳型設計のシミュレーションには構造解析ソフトI–DEASを利用した．この解析ソフトは，鋳込み時に鋳型へ加わる溶湯の熱影響や応力をパラメータとして入力することが可能であり，実プロセスと同様のシミュレーションの実行ができる．今回の取組みでは，制御因子の直交表 L_{18} の外側に誤差因子の直交表 L_{12} を割り付けた直積実験を行い，標準条件と合わせて合計 234 回（18×12+18）の実験を行った．

直積実験では実験回数が多いため，条件入力やデータ解析を手作業で行うと多くの工数が必要となる．そこでI–DEASと最適化ソフト（I–SIGHT）とを連係させ，全実験を自動解析した．さらに解析データからSN比を自動計算させるプログラムを開発し，全自動解析システムを構築した．このシステムにより，各パラメータの条件を入力するだけで，SN比まで自動計算させることが可能になり，解析時間をこれまでの約1/40まで短縮させることが可能となる．システムのフローを**図 15.3** に示す．

今回の取組みでは，CAE解析のさらなる効率化を狙って，実物モデルの代わりに簡易モデルにより解析を行った．簡易モデルは**図 15.4** に示すように，吸気ポートの曲面形状を排除して，四角柱を組み合わせたメッシュの粗い単純なモデルとした．この簡易モデルは，中子や幅木の重心の位置関係や体積比は変更がないように設計した．今回の簡易モデルでは，解析時間を実物モデルの1/3まで短縮でき，全自動解析システムと合わせると1/120まで解析時間の短縮が可能となる．

15.3　鋳型設計の簡易モデルによるパラメータ設計

これまで品質工学実験では，テストピースで最適化を行い，その結果を製品の製造条件に反映させ工程の安定化を図ってきた．CAE解析においても，実物モデル設計の前段階で簡易モデルにより最適化して，その結果を実物モデルの初期設計に折り込むことにより，**図 15.5** のワークフローに示すように実物モデルの解析や設計変更などが削減でき，実物モデル設計から型製作までが大幅に効率化できると考えられる．

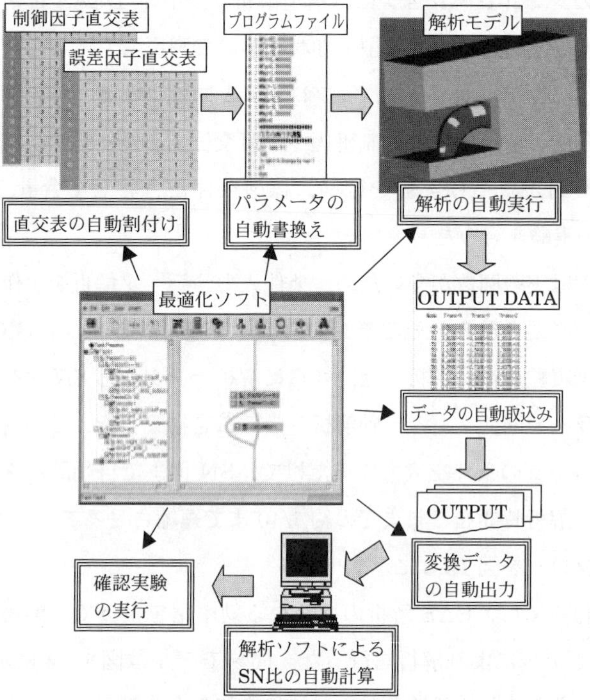

図 15.3　自動解析システムのフロー図

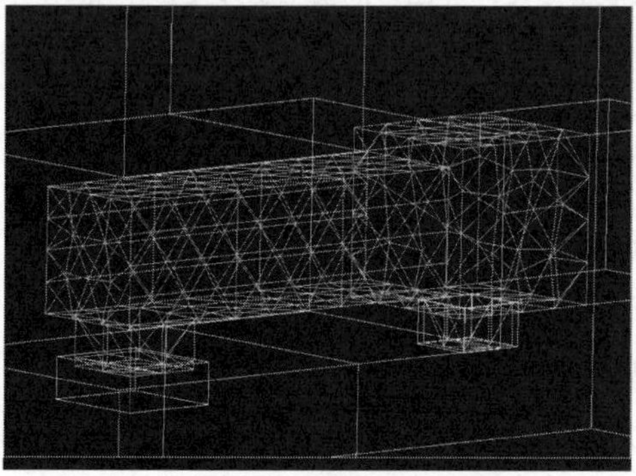

図 15.4　簡易モデルの鋳型

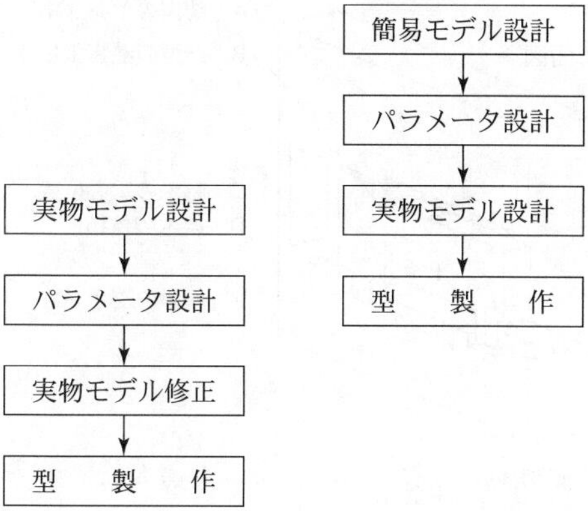

図 15.5　型製作までのワークフロー図

最後に，上記のようにメリットの大きい簡易モデルの妥当性を確認するために，簡易モデルでの解析により得られた最適条件を実物モデルにもあてはめ，利得の再現性を確認することにした．

信号因子は，吸気ポートで位置精度が重要な部位の寸法とした．簡易モデルの座標に位置精度が重要な部位をあてはめて 13 か所のポイントの総組合せである 78 寸法を水準とし，標準条件の解析データから自動読み取りした．

制御因子は，鋳型製作から鋳込みまでの工程全体を通して，**図 15.6** に示すように位置精度に大きく影響すると考えられる鋳型構造と設計寸法，鋳込み方案，鋳造の熱影響の中から 8 因子を抽出した．**表 15.1** に制御因子の水準値を示す．

実際の鋳造では，各制御因子にばらつきが存在するため，そのばらつきを誤差因子として取り上げた．今回の実験では，各制御因子で考えられるばらつき幅を直交表 L_{12} に＋／－側の 2 水準で割り付けた．**表 15.2** に誤差因子の水準表を示す．制御因子の狙い値からばらつき幅分を＋／－していることを示している．

各実験ごとのシミュレーション結果から標準 SN 比を求めた．データを整理すると**表 15.3** のようになる．$M_1 \sim M_{78}$ は N_0 条件での出力値である．

表 15.3 のデータと以下の式を用いて標準 SN 比を求めた．

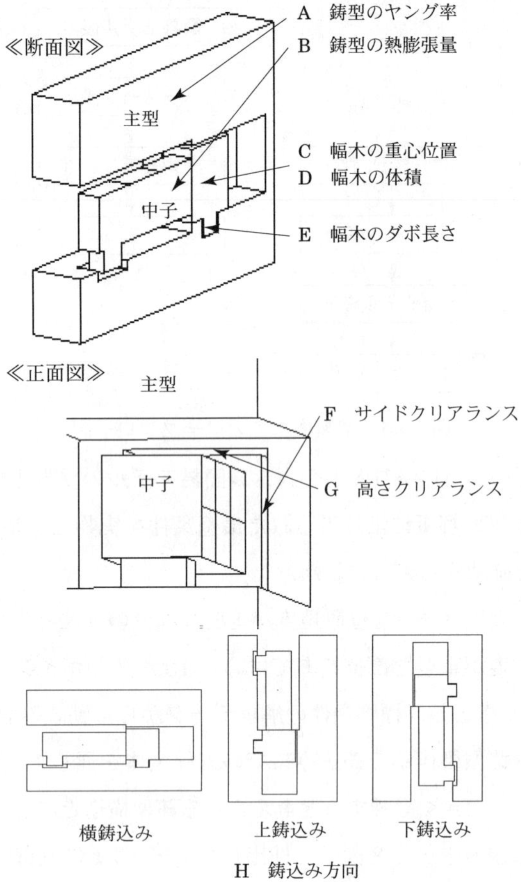

図 15.6 鋳型設計の位置精度に影響する 8 因子

$$r = M_1^{\ 2} + M_2^{\ 2} + \cdots + M_{78}^{\ 2} \tag{15.1}$$

$$S_T = y_{11}^{\ 2} + y_{12}^{\ 2} + \cdots + y_{1278}^{\ 2} \qquad (f=936) \tag{15.2}$$

$$L_1 = M_1 y_{11} + M_2 y_{12} + \cdots + M_{78} y_{178} \tag{15.3}$$

$$\vdots$$

$$L_{12} = M_1 y_{121} + M_2 y_{122} + \cdots + M_{78} y_{1278}$$

$$S_\beta = \frac{(L_1 + \cdots + L_{12})^2}{12r} \qquad (f=1) \tag{15.4}$$

表 15.1　鋳型設計の簡易モデルの制御因子と水準

因子＼水準		1	2	3
A	鋳型のヤング率	小	大	—
B	鋳型の熱膨張量	大	中	小
C	幅木の重心位置	内	中	外
D	幅木の体積	小	中	大
E	幅木のダボ長さ	短	中	長
F	サイドクリアランス設計値	大	中	小
G	高さクリアランス設計値	大	中	小
H	中子セット方向	横	上	下

表 15.2　鋳型簡易モデルの誤差因子と水準

因子＼水準		1	2
A	鋳型のヤング率	−	＋
B	鋳型の熱膨張量	＋	−
C	幅木の重心位置	−	＋
D	幅木の体積	−	＋
E	幅木のダボ長さ	−	＋
F	サイドクリアランス設計値	＋	−
G	高さクリアランス設計値	＋	−
H	中子セット方向	＋	−

$$S_{N\times\beta}=\frac{{L_1}^2+\cdots+{L_{12}}^2}{r}-S_\beta \qquad (f{=}11) \quad (15.5)$$

$$V_e=\frac{S_T-S_\beta-S_{N\times\beta}}{924} \qquad (f{=}924) \quad (15.6)$$

$$V_N=\frac{S_T-S_\beta}{935} \qquad (15.7)$$

表 15.3　鋳型設計のシミュレーションデータ

信　号	N_0	M_1	M_2	…	M_{78}
誤差条件を含めたデータ	N_1	y_{11}	y_{12}	…	y_{178}
	N_2	y_{21}	y_{22}	…	y_{278}
	N_3	y_{31}	y_{32}	…	y_{378}
	N_4	y_{41}	y_{42}	…	y_{478}
	N_5	y_{51}	y_{52}	…	y_{578}
	N_6	y_{61}	y_{62}	…	y_{678}
	N_7	y_{71}	y_{72}	…	y_{778}
	N_8	y_{81}	y_{82}	…	y_{878}
	N_9	y_{91}	y_{92}	…	y_{978}
	N_{10}	y_{101}	y_{102}	…	y_{1078}
	N_{11}	y_{111}	y_{112}	…	y_{1178}
	N_{12}	y_{121}	y_{122}	…	y_{1278}

$$\eta = 10\log\frac{\frac{1}{12r}\left(S_\beta - V_e\right)}{V_N} \tag{15.8}$$

この計算により求めた SN 比の要因効果図を**図 15.7** に示す.

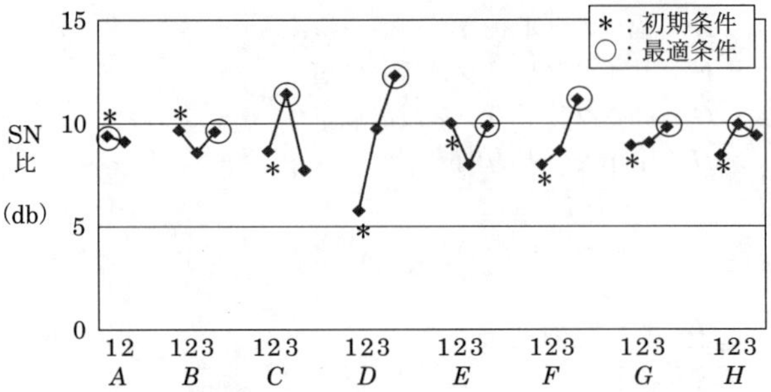

図 15.7　鋳型簡易モデルの標準 SN 比の要因効果図

15.4　鋳型設計の最適化のプロセス

図 15.7 の要因効果図から $A_1B_3C_2D_3E_3F_3G_3H_2$ を最適条件として SN 比の利得を推定し，推定値の妥当性を検証するために再現性の確認解析を行った．利得の推定と確認結果を**表 15.4** に示す.

表 15.4 鋳型簡易モデルの標準 SN 比の利得の推定と確認

単位 db

	推　定	確　認
最適条件	18.66	18.27
量産条件	3.89	6.18
利　　得	14.77	12.09

利得は推定の 14.77 db に対し，確認では 12.09 db となり，ほぼ再現した結果となった．また，要因効果図で「*D*：幅木の体積」の効果が大きいが，幅木の体積が大きいと主型に組み付けた中子が安定し，位置ずれが抑制できることからも実験結果の妥当性が高いことが言える．

簡易モデルから推定される最適条件の確認解析を，吸気ポートの実物モデルで行った．確認結果を**表 15.5** に示す．

表 15.5 鋳型の実物モデルシミュレーションの標準 SN 比の確認

単位 db

	簡易モデル	実物モデル
最適条件	18.27	19.35
量産条件	6.18	5.84
利　　得	12.09	13.50

実物モデルの確認解析でも利得が 13.50 db となり，簡易モデルと同様の結果が得られた．これより，メッシュの粗い簡易モデルでも，実物モデルの代用ができることが確認できた．

以上の結果を基に，**図 15.8** のように中子の幅木を拡大した（量産条件 $A_1B_1C_1D_1E_1F_3G_3H_3$ から $A_1B_1C_1D_3E_1F_3G_3H_2$）ところ，CAE による効果予測では 1/3，実体では 1/2.5 までばらつきが低減した．

最も効果のあった要因 *D* 幅木の体積において，水準 3 を水準 2 として再実験すれば，位置ばらつきをさらに低減できる水準を知ることができると考えら

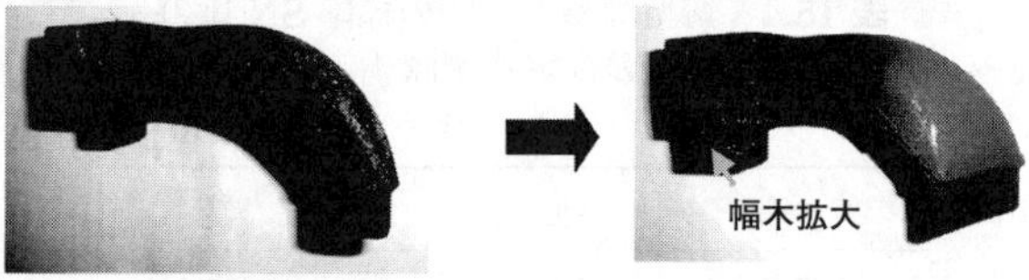

図 15.8　シミュレーションの結果に基づいた現行中子と改造中子

れる．またチューニングについては，今回は求められた最適条件で鋳型と実体製品との相似性が認められたため，不要とした．

15.5　鋳型設計最適化方法のまとめ

ロータリーエンジンに用いる鋳造用の鋳型設計に，効率よいシミュレーションの方法を検討した結果，以下の結論が得られた．

(1) 今回の鋳型のパラメータ設計では，サイドハウジングの吸気ポートの位置ばらつきを 1/2.5 まで低減できた．

(2) CAE による誤差因子の調合をしないパラメータ設計が有効であることが確認できた．

(3) 自動解析システム・簡易モデルの適用により，短期間で実施できる鋳造用鋳型の CAE パラメータ設計手法を開発した．今回は，解析時間を実物モデルの 1/3 まで短縮でき，全自動解析システムと合わせると解析時間を 1/120 まで短縮することができた．

今後，今回の取組みで得られた知見や開発したシステムを活用し，シミュレーションを用いた設計プロセスをさらに革新していく．

引 用 文 献

1)　垣田　健，堀　雄二，安達範久：CAE を用いた鋳造用鋳型設計条件の最適化，品質工学（2002 年投稿中）

Q & A

Q15.1　　シミュレーションに対して，品質工学を適用するための一つのプロ

セスを示したと思いますが，簡易モデルはどこまで簡易化できると考えられますか．

A：ハードウェアの実験でテストピースを工夫するのと同じで，簡易化自体が一つの工夫だと思います．その技術への理解力と関係するでしょう．

Q15.2 表 15.2 の誤差因子の方向を，第 1 水準と第 2 水準で正負さまざまで取っていますが，直積の実験の場合には関係ないのではないでしょうか．

A：そのとおりです．

Q15.3 標準 SN 比の計算で，(15.8) 式の分母の $12r$ は現在は入れないと思いますが，なぜ入っているのでしょうか．

A：この解析自体は現在の標準 SN 比の計算の出る前でした．ただし，出力 y が直交表の行ごとであまり変化がない場合は，どちらで計算してもほとんど変化しません．

Q15.4 標準 SN 比を使う機会では，最終的にチューニングが重要です．今回の場合に，チューニングはどうなっているのでしょうか．

A：いわれるとおりですが，金型の場合には，寸法のばらつきが安定すればあとは β の値で目的の寸法に合わせるだけですみますから，ここでは触れませんでした．

第 16 章　シミュレーション実験による射出成形品の安定性評価

シミュレーションのパラメータ設計では計算による解析であるため，ハードウェアと異なって，計測特性などの見直しができないと思われているために，最終的に利得の再現性がないと，品質工学は使えないと言われる場合が多い．本研究では計算による解析そのものは同じでも，計測特性の表現方法を変えることで，利得の再現性ひいてはシミュレーションの活用の有効性が変化することを示した事例である．射出成形における金型設計の問題は，シミュレーションの中でも重要な位置を占めているが，いわゆるシミュレーションの専門家と品質工学の考え方には開きの大きい分野である．このような研究成果が両者の距離を縮めることに有効であろう．

16.1　シミュレーションによる射出成形の転写性の課題

樹脂成形のパラメータ設計を実物実験で行う場合，制御因子が多い上に温度に関する因子があることや金型加工を伴うような実験に至っては，現実問題としてコストと工数がかかりすぎる．そのため，大規模な実験ができないことから，改善効果もあまり望めない．これらのことを踏まえて，開発期間の短縮と開発費用の低減を行うために，短期間に多くの技術情報を効率良く得られるシミュレーションを活用して，射出成形の最適化に取り組んだ．

本研究では，基本機能を金型寸法 M に対する成形品寸法 y の $y=\beta M$ 転写性とし，入・出力には，標準状態の出力を信号に，正負誤差条件に対するロバスト性だけを改善し，その後チューニングで目的値に合わせる標準 SN 比を用いて評価を行った．

従来の 2 節点間距離（縦・横・斜めの重要寸法部分）による評価では利得の再現性が見られなかったため，座標点変動による評価や評価モデル上の 3 点が作る平面の法線ベクトルの評価も行ったが，利得及び利得の再現性はむしろ低下した．しかし，各節点の位置関係（総組合せ）を評価することで利得が向上した．

成形品質は，成形環境や成形条件，材料のロット間ばらつき等により異なる．射出成形の5大要素（材料，金型，成形機，成形条件，製品形状）の膨大なパラメータの組合せにより，これらの外乱に影響されにくい射出成形方法を開発することが求められているが，簡単なシステムではばらつきの改善が期待できないので，より複雑なシステムを対象とした．

16.2　射出成形のシミュレーション

誤差に対する安定性を確保するために，金型モデル上の22節点を取り，まず縦・横・斜めの11個の2節点間距離Mを求めた．次に，標準条件N_0，負側誤差条件N_1，正側誤差条件N_2において，充填モデル上の同じ11個の2節点間距離yを，y_0, y_1, y_2として求めた．次にy_0を改めて信号因子に設定し，y_0に対応するy_1, y_2を出力とし，ゼロ点比例のSN比で誤差条件に対するロバスト性を評価した．概略を**図16.1**に示す．

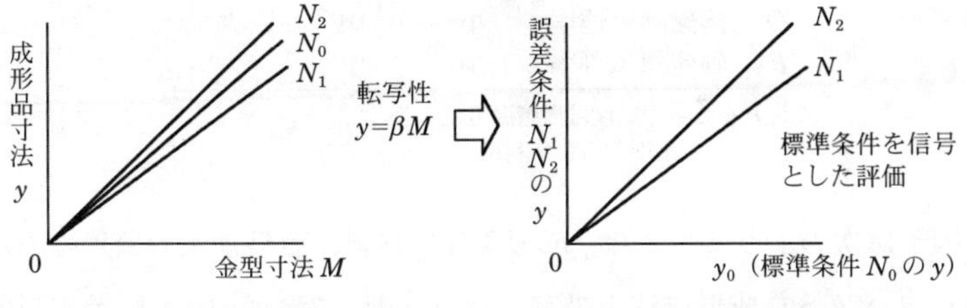

図16.1　射出成形の転写性において標準条件を信号とした解析

シミュレーションの環境は次のとおりである．充填，保圧・冷却，繊維配向，そり解析を行い，1条件当たり約3.5時間の解析時間を要した．

- ソフトウェア：3D-TIMON Ver.3.5
- CPU：Pentium III 700 MHz
- メモリ：640 MB

使用モデルは要素数は約23 000，節点数で約33 000である．このモデルを基に，制御因子，誤差因子の割り付けに従って実験条件ごとのモデルを作成した．

制御因子は射出成形に関する要素から，成形条件，金型，材料の因子を，**表 16.1** に示すように計16因子取り上げ，直交表 L_{36} $(2^3 \times 3^{13})$ に割り付けた．

表 16.1　射出成形のシミュレーションの直交表 L_{36} の制御因子と水準値

因子＼水準		1	2	3
A	ランナ形状	細	太	－
B	スプル長さ	短	長	－
C	流動停止温度	低	高	－
D	射出時間	短	中	長
E	樹脂温度	低	中	高
F	金型温度	高	中	低
G	ゲート方案	案1	案2	案3
H	ゲート径	細	中	太
I	サブランナ径	細	中	太
J	樹脂粘度	低	中	高
K	保圧	低	中	高
L	保圧時間	短	中	長
M	冷却時間	短	中	長
N	溶融時比熱	小	中	大
O	溶融熱伝達率	小	中	大
P	固体熱伝導率	小	中	大

注）*F*：金型温度は樹脂温度との差
（水準ずらしを利用）

誤差因子は次のように考えた．成形条件，材料，金型加工の公差等のばらつきに対しロバストな成形方法を設定したい．そこで，表 16.1 に示す制御因子中で連続量をとる因子のうち，誤差としての傾向が得られる因子を誤差因子として採り上げ，制御因子の水準周りに数％程度ばらつかせることとした．

誤差因子の定性的な傾向を調べるために，初期条件モデルに対し，各因子の水準周りに少しずつ値を変化させ，特性値の変動方向を調べた．しかし，縦・横・斜めの2節点間距離を特性値とした場合，**表 16.2** に示すように特性値の変動方向と誤差因子の変動方向に定性的な傾向が得られなかった．

表 16.2　射出成形品のシミュレーションの特性値の変動方向（2 節点間距離）

（単位　mm）

寸法	初期条件寸法	射出時間（短）	射出時間（長）
1	82.651 7	82.664 7	<u>82.636 8</u>
2	82.155 1	82.178 2	<u>82.129 1</u>
3	68.456 8	68.468 2	<u>68.445 6</u>
⋮	⋮	⋮	⋮
10	21.949 9	<u>21.930 7</u>	21.945 6
11	18.915 2	<u>18.909 6</u>	18.918 3

＿＿は，初期条件の寸法よりも小さい

16.3　射出成形の 3 次元の 22 点の座標点変動によるシミュレーションのパラメータ設計

そこで 2 節点間距離による解析を行うのではなく，シミュレーションモデルの要素が持つ 3 次元座標の変動で評価することにした．つまり，金型モデル上の座標に対応する成形モデル上の座標が，標準条件に対して誤差条件下でも変動しなければよいと考えた．概念を**図 16.2** に示す．

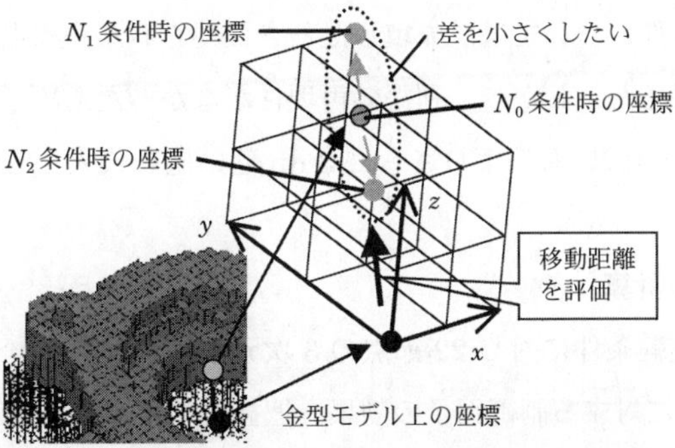

図 16.2　射出成形品の 3 次元座標点変動による評価

(1)　誤差因子の調合

22 節点の評価用要素の座標を求め，金型モデル上の点座標から各節点に対応する成形モデル上の点までの距離について，各誤差因子に対する変動の傾向を調べた．その結果，どの誤差因子に対しても**表 16.3** に示すように定性的な

表 16.3　成形品の3次元の22点の座標の変動方向

（単位　mm）

寸法	初期条件の変動	射出時間（短）	射出時間（長）
1	0.012 06	<u>0.011 68</u>	0.012 48
2	0.307 47	<u>0.302 59</u>	0.315 29
3	0.342 31	<u>0.336 27</u>	0.351 69
⋮	⋮	⋮	⋮
20	1.120 62	<u>1.089 92</u>	1.150 67
21	1.209 20	<u>1.176 50</u>	1.239 99
22	1.064 12	<u>1.036 32</u>	1.091 20

＿＿は，初期条件の移動量よりも小さい

傾向が把握できた．ここから誤差因子の傾向を調合し，負側誤差条件 N_1, 正側誤差条件 N_2 とした．

(2)　シミュレーションによるデータの計算

割り付けたそれぞれの実験条件ごとに，標準条件と正，負誤差条件の 36×3＝108 回のシミュレーションを行った．108 条件の中には，完全に充填されないものも存在した．この場合，シミュレーションでは解析が途中で終了してしまい，反り変形解析まで行われない．このため，未充填（ショートショット）となるような条件については，充填したときに得られる座標点に最も近い点のデータを当てはめた．しかし，利得の再現性がなかったため，充填した条件のうち最も SN 比の低いものよりさらに 3 db 低い値を代入し SN 比の推定を行った．

(3)　SN 比の計算

ここで，各実験条件に対し 22 節点の 3 次元座標を抽出し，x, y, z 成分に分解した．各方向に対する制御因子の効果を把握するためである．具体例として，実験条件 1 の x 座標データを**表 16.4** に示す．各方向に対し標準条件 N_0 に対する誤差条件 N_1, N_2 の SN 比を求めた．

各座標データから下記に示す計算式により，SN 比の計算を行った．

$$S_T = y_{11}{}^2 + y_{12}{}^2 + \cdots + y_{2\,21}{}^2 + y_{2\,22}{}^2 \tag{16.1}$$

$$L_1 = y_{01} \cdot y_{11} + y_{02} \cdot y_{12} + \cdots + y_{0\,22} \cdot y_{1\,22} \tag{16.2}$$

$$L_2 = y_{01} \cdot y_{21} + y_{02} \cdot y_{22} + \cdots + y_{0\,22} \cdot y_{2\,22} \tag{16.3}$$

表 16.4 射出成形のシミュレーションによる座標データ（x 座標のみ）

単位 mm

番号	金型の x 座標	成形モデル座標 (y)		
		y_0 標準 N_0	y_1 負側 N_1	y_2 正側 N_2
1	20.151 1	19.819 7	<u>19.815 6</u>	19.831 7
2	58.951 1	58.534 9	<u>58.513 7</u>	58.572 5
⋮	⋮	⋮	⋮	⋮
21	47.868 1	46.643 0	<u>46.588 1</u>	46.716 8
22	32.277 1	30.923 1	<u>30.862 5</u>	30.999 5

___は，標準条件の移動距離よりも小さい

$$r = {y_{01}}^2 + {y_{02}}^2 + \cdots + {y_{0\,22}}^2 \tag{16.4}$$

$$S_\beta = \frac{(L_1 + L_2)^2}{2r} \tag{16.5}$$

$$S_{N\times\beta} = \frac{(L_1 - L_2)^2}{2r} \tag{16.6}$$

$$S_e = S_T - S_\beta - S_{N\times\beta} \tag{16.7}$$

$$V_e = \frac{S_e}{42} \tag{16.8}$$

$$V_N = \frac{S_{N\times\beta} + S_e}{43} \tag{16.9}$$

$$\eta = 10 \log \frac{\frac{1}{2r}(S_\beta - V_e)}{V_N} \tag{16.10}$$

各座標軸方向について求めたSN比から，**図 16.3** に示す要因効果図を作成した．その結果，各方向の要因効果の傾向はほぼ一致した．

図 16.3 の要因効果図より，最適条件を選定した．最適条件を図 16.3 上に○印で示す．最適条件と初期条件の利得を推定し，確認実験を行った．利得の再現性を**表 16.5** に示す．x 方向についての利得再現性はまずまずであったが，z 方向の再現性が悪かった．

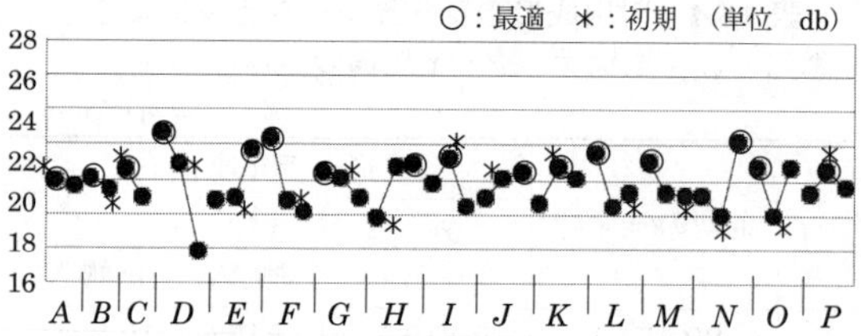

図 16.3　射出成形品の座標方向ごとの要因効果図（x 軸方向）

表 16.5　射出成形品の 22 点の SN 比の利得の再現性確認

（単位　db）

		x 方向	y 方向	z 方向
推定	最適	40.75	43.52	46.18
	初期	14.69	19.24	20.65
	利得	26.06	24.28	25.53
確認	最適	41.85	39.32	34.01
	初期	18.89	22.75	25.83
	利得	22.95	16.57	8.18

確認実験における正負誤差条件間の各座標変動を**図 16.4** に示す．x, y 方向についてのノイズによる座標変動は，初期条件に対して小さくなったが，z 方向については，x, y 方向と比較すると改善効果が小さかった．

表 16.3 において，誤差条件に対する座標変動の定性的傾向を調べたが，その時点では，x, y, z 座標ごとに分けて解析することを考えていなかった．そのため，金型モデル座標と成形モデル座標の距離（x, y, z の 2 乗和の平方根）が大きくなるか小さくなるかという観点で，誤差の定性的傾向を把握してしまった．このことが z 方向の再現性が悪い理由と考えられたため，新たに，座標ごとに誤差条件の傾向を確認した結果を**表 16.6** に示す．

x 方向についての誤差条件の定性的傾向は得られたが，y, z 方向については，定性的傾向が得られなかった．x 方向の再現性の高さから考えると，y, z 方向も評価方法が同じであることから，誤差因子がきちんと調合されれば，再現性が得られるものと考えられる．

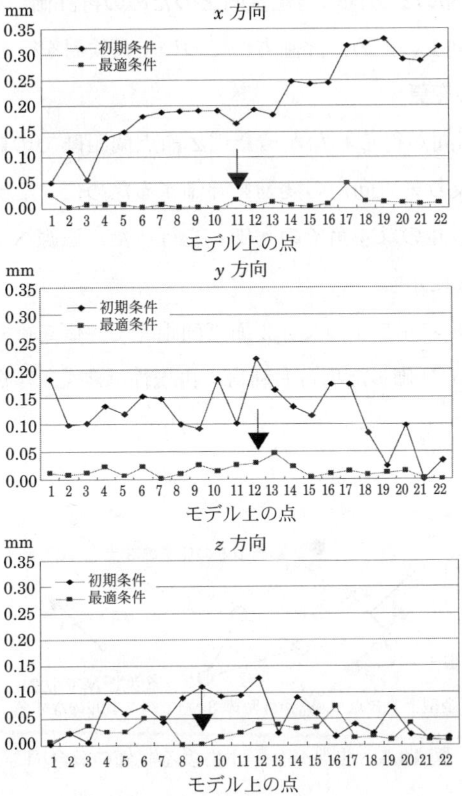

図 16.4　射出成形品の初期条件と最適条件による 22 点座標変動の相違

表 16.6　射出成形品の座標ごとの誤差条件の傾向（一例）

（単位　mm）

番号	射出時間を短く			射出時間を長く		
	x 方向	y 方向	z 方向	x 方向	y 方向	z 方向
1	0.001 5	0.004 2	0.000 2	−0.000 8	−0.007 3	−0.000 9
2	0.005 0	−0.006 5	−0.000 9	−0.005 6	0.009 3	0.003 5
3	0.005 1	0.003 6	0.003 6	−0.005 7	−0.006 0	−0.006 5
⋮	⋮	⋮	⋮	⋮	⋮	⋮
21	0.013 7	−0.000 9	0.002 8	−0.012 1	0.000 4	−0.001 7
22	0.017 6	−0.002 4	−0.003 3	−0.014 7	0.001 2	0.004 4

＿＿は，標準条件 N_0 からの各点の座標変動を示す

16.4　射出成形品の z 方向の再現性向上のための再評価

z 方向の再現性向上のため，評価方法について再検討を行った．

(1)　評価方法の変更

初期に誤差の傾向が得られなかった「2節点間距離での評価」と，z 方向（今回の解析では反りの方向）の変動を評価するために，モデル上の3点を利用し，「法線ベクトルのなす角での評価」を行った．法線ベクトルでの評価方法の概略を**図16.5**に示す．

表16.7，**表16.8**に示すように，2節点間距離で評価を行った場合も，法線ベクトルの安定性で評価した場合も利得の再現性は悪く，十分なものではなかった．

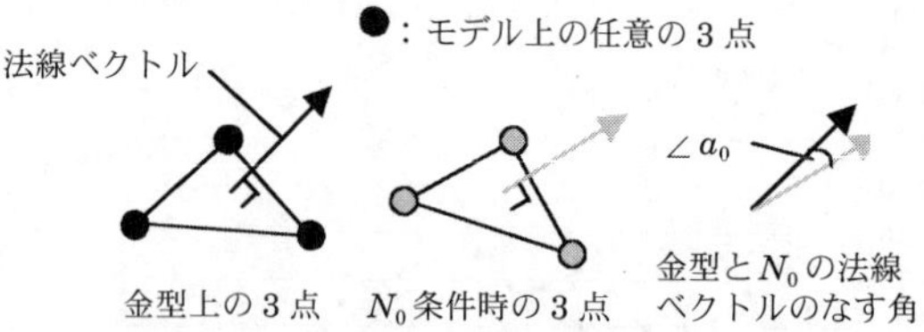

図16.5　法線ベクトルによる評価の概念図

表16.7　射出成形品の2節点間距離の利得の再現性確認

（単位　db）

	現行	最適	利得
推定	15.52	36.27	20.75
確認	19.59	34.00	14.41

表16.8　射出成形品の法線ベクトルの利得の再現性確認

（単位　db）

	現行	最適	利得
推定	48.46	66.61	18.15
確認	55.69	64.46	8.77

(2)　各節点の関係による評価

そこで，2 節点間距離による評価にさらに検討を加えた．これまでの縦・横・斜めの寸法評価だけではなく，評価モデルの中央の点と頂点といった，各節点の関係を評価することとした．概念図を**図 16.6** に示す．評価用に新しく節点を取るのではなく，これまでの評価で使用した 22 個の節点を利用して SN 比の計算を行った．

各節点の関係を評価するため，組合せにより 231 通りの寸法を取ることとした．また，最適条件についても新たに解析を行うのではなく，座標点変動の際に求めた最適条件の解析結果を活用し，利得の推定と確認を行った．利得の再現性を**表 16.9** に示す．

通常の縦・横・斜め寸法による評価と比較して，各節点の関係を評価することにより，利得が向上した．しかし，再現性の点からすると座標点変動と同程度であり，誤差因子の傾向を完全に調合できていないことが原因ではないかと考えられた．

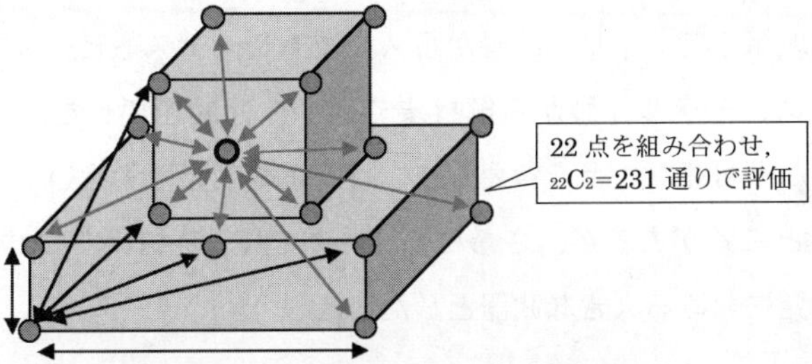
22 点を組み合わせ，
$_{22}C_2$=231 通りで評価

図 16.6　各節点の関係（概念図）

表 16.9　射出成形品の各節点関係の利得の再現性

（単位　db）

	現行	最適	利得
推定	14.65	41.08	26.43
確認	18.66	37.83	19.17

16.5　射出成形品の転写性による評価のまとめ

転写性の考えをもとに2節点間距離（寸法）での評価を行った．誤差に一様な傾向が得られなかったために x, y, z の各成分に分解して評価を行ったが，各方向の誤差の調合が不可能なため，分解して評価を行うのは誤りであったと考える．

「2節点間距離」と「法線ベクトルの安定性」評価も追加したが，2節点間距離では再現性は低く，法線ベクトルによる平面の安定性においても再現性を得ることはできなかった．

2節点間距離を各節点の関係で再評価することで利得の再現性が向上することが分かったが，誤差の調合が完全に行えていないので，十分な再現性を得ることができなかった．

製品の収縮は誤差の方向と一致するが，反りは各制御因子が複雑に関与し，特定の条件が重なる方向にのみ発生しやすいため，誤差の傾向を完全に一致させることは困難だと考える．このため，誤差を外側に割り付けた直積による解析が望ましいと考える．

CAEの活用は，短期間にロバスト設計を可能にするものと考えている．今回初めての取組みで，不具合改善からスタートし，テストピースでなく実製品を用いたため，モデル作製から解析まで延べ3週間を要したが，現実では大規模な実験が不可能なことを考えると，時間短縮効果は大きいと考える．評価に不完全なところがあるが，さらに研究を重ねCAEによるロバスト設計を，生産技術開発における大きな武器としたい．

引用文献

1)　渡辺光夫：シミュレーション実験による射出成形品の安定性評価，品質工学，Vol.12, No.3, pp.59–65, 2004

Q & A

Q16.1　2 点間距離で評価する限り，部分部分で誤差の傾向が変わってしまうので，ある程度傾向があればよいのではないでしょうか？

A：言われるように 2 節点間距離で評価すると，ある部分では長くなり，違う部分では短くなるという現象が起こりました．そのため，今回の解析では金型上の点から，成形品上の同じ点までの距離がどのように動くかに着目して誤差の傾向を確認しました．結果的にはどの制御因子についても一様な誤差の傾向を得ることができましたが，基本機能ではないため，間違った評価方法であると思います（ただし，2 節点間距離評価における誤差の傾向と一致する）．節点間の関係を評価する方法においてもこの逆転現象は見られ，2 節点間距離で評価する限り，必ず現れる問題だと思います．また，この傾向は，他の制御因子と関係があまりない独立したものでは小さく，関係があるものについては大きくなる傾向が見られました．本文中でも触れましたが，誤差を外側に割り付けた直積による解析が良いと思います．

Q16.2　通常の 2 節点間距離の評価では利得の再現性が低いのですが，節点間の関係による評価を行うと，なぜ再現性が向上するのでしょうか？

A：詳しいことはまだ分かりませんが，各節点の位置関係を評価することで，これまで問題とされてきた，成形品に発生する反りを評価することができ，その結果，通常の 2 節点間距離による評価と比較して再現性の向上につながったのではないかと考えます．

Q16.3　成形における一般的な経験則からすると，今回の最適条件では，良い成形品は得られないと思いますが，どうでしょうか？

A：確かに，今回の最適条件では良い成形品は得られないと思います．今回の解析では誤差に対する寸法ばらつきを小さくする第 1 段階目までしか行えていません．第 2 段階のチューニングを行わないと駄目です．ただし，誤差に対する安定性が向上すると思いますので，チューニングにより目的とする安定した形状の成形品が得られると考えます．

Q16.4　　2節点間距離と各座標軸方向に分解するところまでの評価方法で良いと思いますが，その他の評価は必要でしょうか？

A：今回の試みでは，最初に行った2節点間距離の評価において，誤差に一様な傾向が得られず，やむなく様々な評価方法で利得の再現性を確認しました．言われるように，ベクトルによる評価までは必要なかったかもしれません．しかし，当初はそのようなことは考えず，何とか最適な評価方法はないものかと考えて行いました．

第17章　品質工学とシミュレーションを用いた射出成形の最適化

米国における射出成形のシミュレーションのパラメータ設計である．日本においては田口玄一の直接指導が多い．したがって，内容・形式ともにきちんとまとまっていることになる．品質工学会に論文が投稿されて検討される力も大きい．しかし，米国では常に指導があるとは限らず，論文を通しての学習である．あたかも通常の技術開発・研究が欧米主導で日本が受け身になるのと逆である．そのような観点から見たときの海外のタグチメソッド研究の成果をながめるのも参考となる．

17.1　射出成形シミュレーション研究の背景と目的

ITT Industries 社は，流体移送用のポンプ・制御システム，及び高精度軍事防衛システムの技術・運用サービスを，世界的な規模で開発・生産し，提供する企業である．また，これらのほかに，ネットワークサービスや，通信・コンピュータ・航空宇宙及び産業用のコネクタ・スイッチ・キーパッド及びケーブル，さらに，運輸業，建設業，航空宇宙産業向けの各種製品も製造している．拠点はニューヨーク州ホワイトプレーンズにあり，従業員数は約 42 000 人，2000 年の売上げは 48 億ドルであった．

このなかで，売上げの 16%，営業利益の 18% を占める産業用コネクタ・スイッチ及びケーブルを開発・製造しているのが，当社の Cannon Connectors & Switches 部門である．

この部門で開発している CCM02 は，スマートカードと呼ばれるチップ内蔵型クレジットカード用の新型コネクタで，ホストコンピュータとの通信を行う際に使用される．

このようなコネクタを安定的に機能させるためには，**図 17.1** に示すプラスチック製絶縁部品に実装される接点とカードが，確実に接触しなくてはならない．したがって，この絶縁部品を製造する射出成形工程は，部品の接点実装部

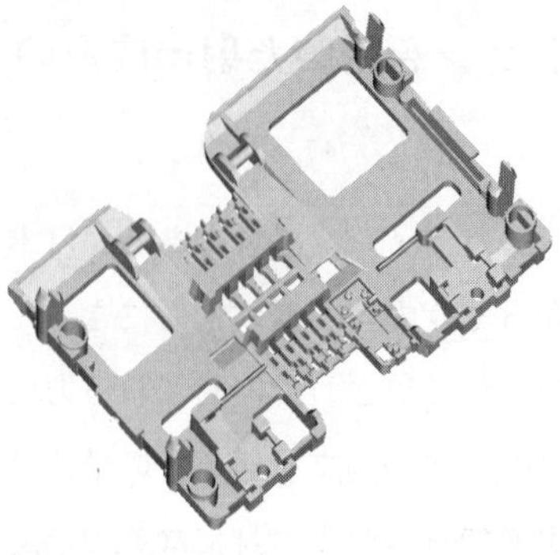

図 17.1　CCM02 MKII コネクタの絶縁部品

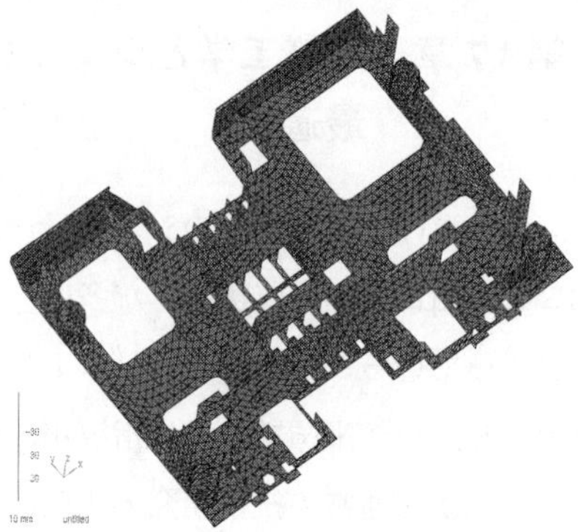

図 17.2　有限要素法メッシュ

分を歪みなく平らに成形する必要がある.

本研究は，この歪みを改善するために，品質工学と有限要素法シミュレーションを用いて行った部品形状や成形条件の最適化について述べる．また，品質工学のアプローチとして下記の 3 種を適用し，それぞれの最適条件における成形品の変形量でアプローチの比較を行った.

(1) Z 軸方向の変形の望小特性

(2) 型高さと成形品高さの転写性

(3) 型寸法と成形品寸法の転写性

図 17.2 に，シミュレーションのメッシュを示す.

本研究の目的は，以下の 2 点である.

① 平らで歪みのない部品を成形するため，射出成形の機能が最大限に発揮できるよう，部品形状及び成形パラメータを最適化する.

② 3 種類の品質工学アプローチを比較し，最も大きな改善を可能とする SN 比を選択する.

17.2　射出成形シミュレーションの実験内容

17.2.1　アプローチ 1　Z 軸方向の変形の望小特性

このアプローチは，*Z* 軸方向の変形を最小（理想的には 0）にすることを目的とした望小特性である．Z 軸方向とは，部品をテーブルに置いたときの，テーブル面から垂直な方向と定義した（訳者補足：Z 軸方向の変形とは，平板状の部品の“反り”に相当する変形である）．本部品の成形システムと過去の射出成形の知見を併せて検討し，**図 17.3** に示すシステムチャートを作成した．

図 17.4 に制御因子を，**表 17.1** に直交表 L_{18} に割り付けた制御因子と誤差因子の水準を示す．誤差因子は L_{18} の外側に総当たりとなるように割り付けた．なお，制御因子とその水準は，他のアプローチと共通である．

表 17.2 にシミュレーションによる SN 比の計算結果を示す．なお，数が多くなるため，生データの値は記載していない．**図 17.5** に要因効果図を示す．最適水準は，$A_1B_1C_2D_3E_3F_2G_1H_2$ である．確認実験の結果は，他のアプローチの結果と併せて，17.3 節で述べる．

17.2.2　アプローチ 2　型高さと成形品高さの転写性

このアプローチの目的は，

信号：型の高さ（Z 軸方向の位置）

出力：成形品の高さ（Z 軸方向の位置）

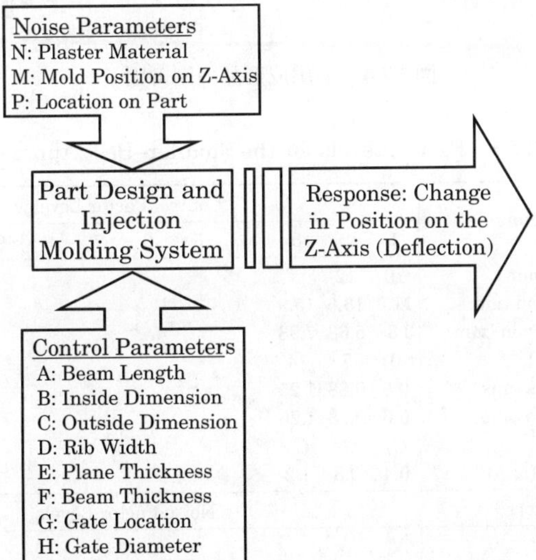

図 17.3　アプローチ 1 のシステムチャート

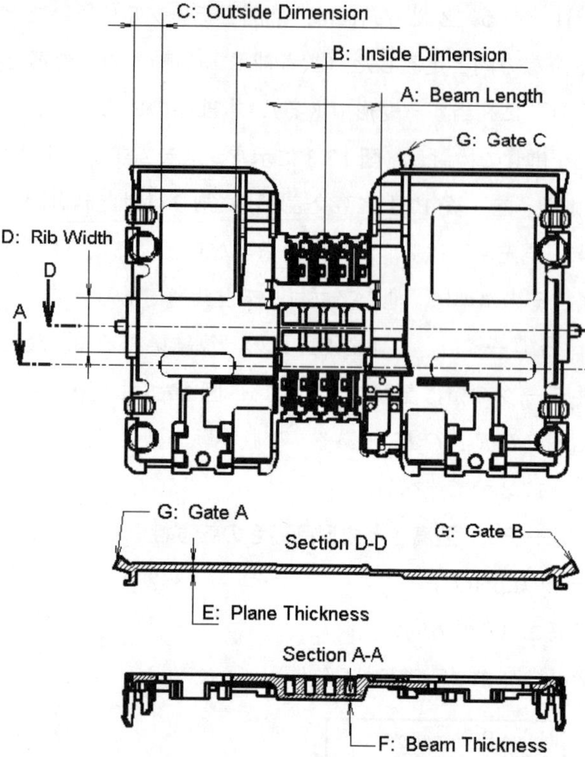

図 **17.4**　射出成形品の制御因子

表 **17.1**　Factor Levels for the Smaller–Best Approach

Control Factors	Control Factor Levels											
	1	2	3	4	5	6	7	8	9	10	11	12
A Beam Length (mm)	10	12										
B Inside Dimension (mm)	11.3	13.6	15.9									
C Outside Dimension (mm)	3.38	5.68	7.98									
D Rib Width (mm)	0	7	14									
E Plane Thickness (mm)	0.6	0.88	1.25									
F Beam Thickness (mm)	0.6	0.88	1.25									
G Gate Location	G_1	G_2	G_3									
H Gate Diameter (mm)	0.4	0.8	1.2									
Noise Factors	Noise Factor Levels											
N Plastic Material	N_1	N_2										
M *Z*–Axis Mold Position (mm)	0.44	1.04	1.34	1.64	1.96	2.23	2.63	3.04	3.38			
P Location on Part (Node #)	1	2	3	4	5	6	7	8	9	10	11	12

表 17.2 Orthogonal Layout for the Control Factors

OA Row	Control Factors								Smaller Best S/N (db)
	A	*B*	*C*	*D*	*E*	*F*	*G*	*H*	
1	1	1	1	1	1	1	1	1	10.30
2	1	1	2	2	2	2	2	2	14.24
3	1	1	3	3	3	3	3	3	15.27
4	1	2	1	1	2	2	3	3	9.54
5	1	2	2	2	3	3	1	1	15.43
6	1	2	3	3	1	1	2	2	9.49
7	1	3	1	2	1	3	2	3	9.01
8	1	3	2	3	2	1	3	1	12.04
9	1	3	3	1	3	2	1	2	17.75
10	2	1	1	3	3	2	2	1	17.08
11	2	1	2	1	1	3	3	2	8.84
12	2	1	3	2	2	1	1	3	12.03
13	2	2	1	2	3	1	3	2	13.38
14	2	2	2	3	1	2	1	3	10.30
15	2	2	3	1	2	3	2	1	12.53
16	2	3	1	3	2	3	1	2	13.94
17	2	3	2	1	3	1	2	3	17.30
18	2	3	3	2	1	2	3	1	7.50

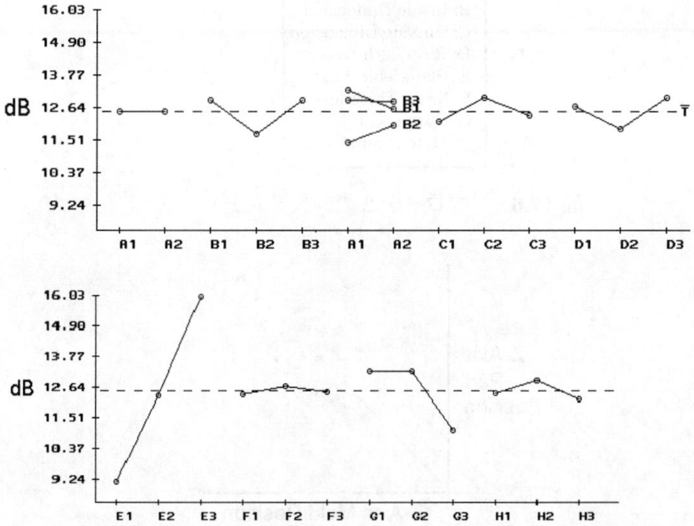

図 17.5 アプローチ 1 における SN 比の要因効果

としたときの，転写性の改善である．ゼロ点比例式の SN 比を最大に，収縮率 β を 1 にする最適化を行うことにより，型の形状どおりの成形品が得られるシステムとなる．

このアプローチのシステムチャートを**図 17.6** に，理想機能を**図 17.7** に示す．また，**表 17.3** に，制御因子，誤差因子，信号因子と各水準を示す．アプローチ 1 では誤差因子であった“型の高さ”は，このアプローチ 2 では信号因子となる．また，誤差因子は“成形品上の位置”であり，信号の水準（M_1 ～

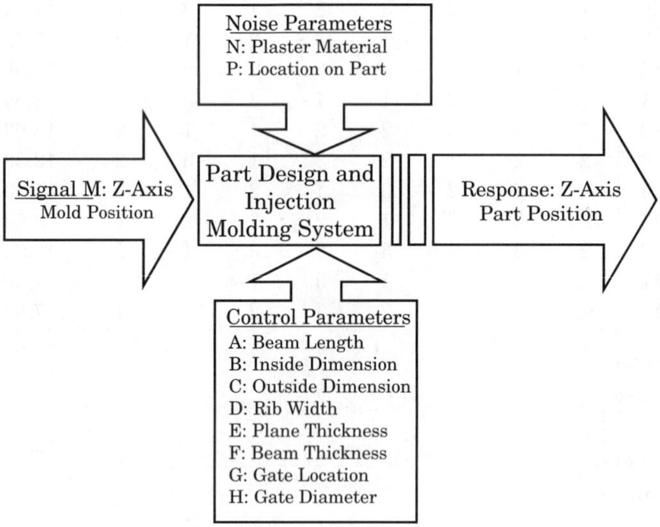

図 17.6　アプローチ 2 のシステムチャート

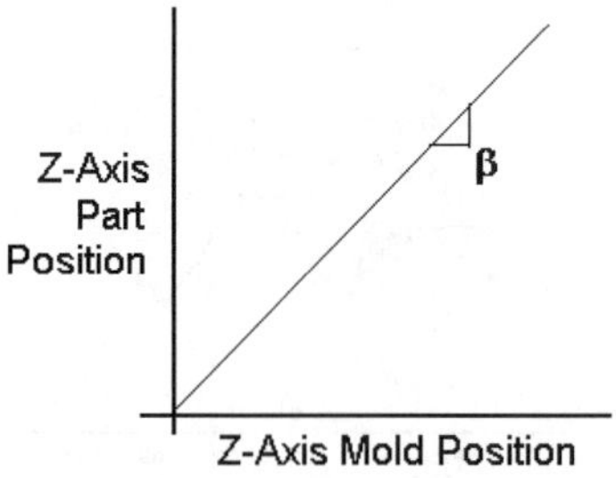

図 17.7　アプローチ 2 の理想機能

M_9）ごとに，各々 12 か所の接点を選択した．

図 17.8 に有限要素法メッシュを示す．また，**表 17.4** に直交表及びゼロ点比例式の SN 比と収縮率 β の計算結果を，**図 17.9** と**図 17.10** に要因効果を示す（訳者補足：図 17.10 では A と B の交互作用を求めている）．これらより，最適水準は $A_1B_1C_2D_3E_3F_2G_1H_2$ となった．確認実験の結果は，他のアプローチ

表 17.3　Factors Levels for the *Z*–Axis Position Approach

Control Factors	Control Factor Levels											
	1	2	3	4	5	6	7	8	9	10	11	12
A Beam Length (mm)	10	12										
B Inside Dimension (mm)	11.3	13.6	15.9									
C Outside Dimension (mm)	3.38	5.68	7.98									
D Rib Width (mm)	0	7	14									
E Plane Thickness (mm)	0.6	0.88	1.25									
F Beam Thickness (mm)	0.6	0.88	1.25									
G Gate Location	*A*	*B*	*C*									
H Gate Diameter (mm)	0.4	0.8	1.2									
Noise Factors	Noise Factor Levels											
N Plastic Material	*A*	*B*										
P Location on Part (Node #)	1	2	3	4	5	6	7	8	9	10	11	12
Signal Factors	Signal Factors Levels											
M *Z*–Axis Mold Position (mm)	0.44	1.04	1.34	1.64	1.96	2.23	2.63	3.04	3.38			

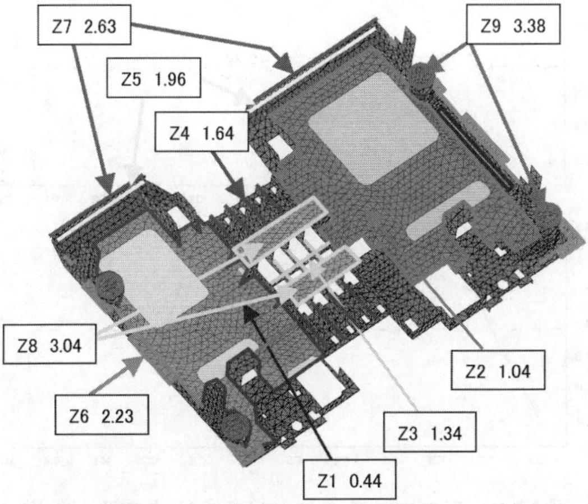

図 17.8　アプローチ 2 の有限要素法メッシュ

表 17.4　Orthogonal Layout & Results for *Z*–Axis Position Approach

OA Row	Control Factors								Zero Point S/N	Slope, β
	A	*B*	*C*	*D*	*E*	*F*	*G*	*H*		
1	1	1	1	1	1	1	1	1	10.22	0.969
2	1	1	2	2	2	2	2	2	14.24	0.981
3	1	1	3	3	3	3	3	3	15.22	0.990
4	1	2	1	1	2	2	3	3	9.43	0.967
5	1	2	2	2	3	3	1	1	15.44	0.984
6	1	2	3	3	1	1	2	2	9.36	0.969
7	1	3	1	2	1	3	2	3	8.89	0.961
8	1	3	2	3	2	1	3	1	11.96	0.983
9	1	3	3	1	3	2	1	2	17.87	0.985
10	2	1	1	3	3	2	2	1	17.12	0.986
11	2	1	2	1	1	3	3	2	8.69	0.970
12	2	1	3	2	2	1	1	3	11.97	0.978
13	2	2	1	2	3	1	3	2	13.35	0.982
14	2	2	2	3	1	2	1	3	10.22	0.969
15	2	2	3	1	2	3	2	1	12.49	0.978
16	2	3	1	3	2	3	1	2	13.98	0.977
17	2	3	2	1	3	1	2	3	17.42	0.984
18	2	3	3	2	1	2	3	1	7.32	0.971

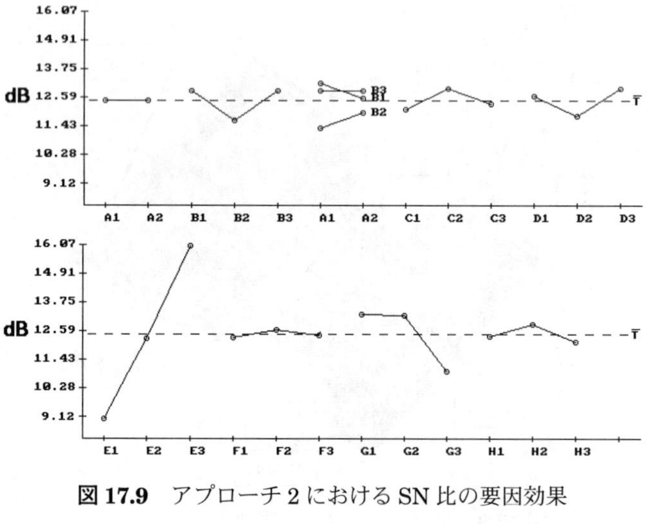

図 17.9　アプローチ 2 における SN 比の要因効果

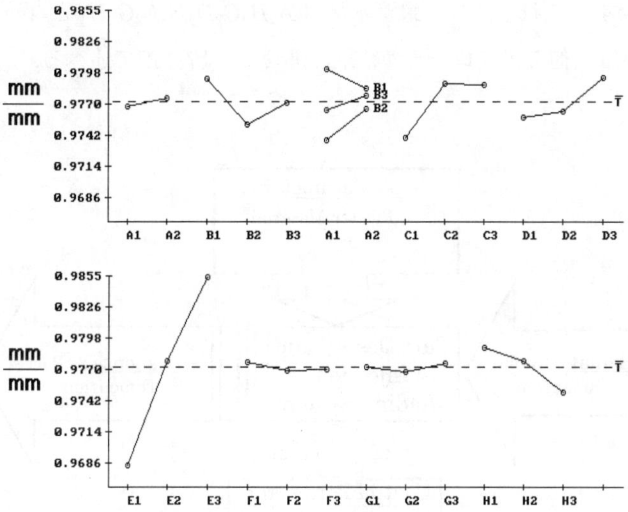

図 17.10 アプローチ 2 における収縮率 β の要因効果

の結果と併せて，17.3 節で述べる．

17.2.3 アプローチ 3 型寸法と成形品寸法の転写性

このアプローチの目的は，

信号：型寸法

出力：成形品寸法

としたときの転写性の改善である．*Z* 軸方向のみに着目したアプローチ 2 とは異なり，*XYZ* のすべての軸方向に対する転写性の改善を図っている［訳者補足：このアプローチは，部品上の任意の位置を 18 か所選択し，それぞれの型寸法を信号，シミュレーションによって計算された成形品の寸法を出力としている．その寸法の方向が *XYZ* の 3 方向であるため，「すべての軸方向（原文：All Axis)」という表現が用いられている］.

図 17.11 にシステムチャートを，**表 17.5** に各因子と水準を示す．**図 17.12** に理想機能を示す．傾きが 1 のときに，型の形状どおりの成形品が得られる．**図 17.13** に有限要素法のメッシュと信号因子の水準（18 水準）を示す．**表 17.6** に直交表及び SN 比と収縮率 β の計算結果を，**図 17.14** と**図 17.15** に要

因効果を示す．これらより，最適水準は $A_2B_3C_2D_1E_3F_2G_1H_1$ となった．確認実験の結果は，他のアプローチの結果と併せて，17.3 節で述べる．

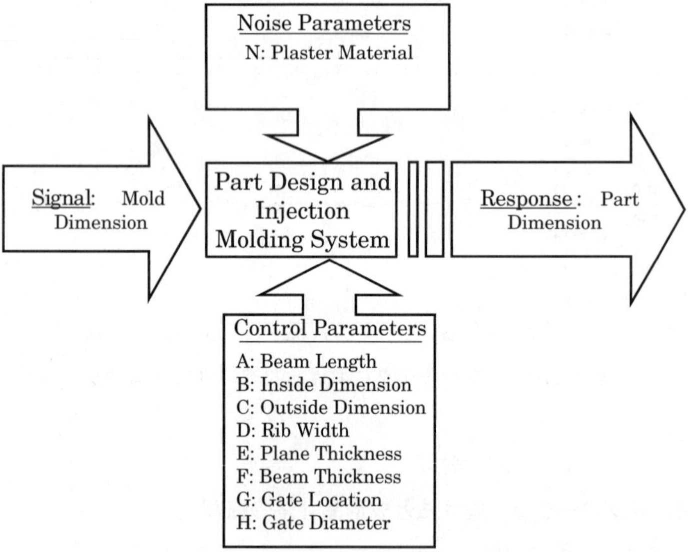

図 17.11　アプローチ 3 のシステムチャート

表 17.5　Factors Levels for the All Axes Dimension Approach

Control Factors	Control Factor Levels											
	1	2	3	4	5	6	7	8	9	10	11	12
A Beam Length (mm)	10	12										
B Inside Dimension (mm)	11.3	13.6	15.9									
C Outside Dimension (mm)	3.38	5.68	7.98									
D Rib Width (mm)	0	7	14									
E Plane Thickness (mm)	0.6	0.88	1.25									
F Beam Thickness (mm)	0.6	0.88	1.25									
G Gate Location	*A*	*B*	*C*									
H Gate Diameter (mm)	0.4	0.8	1.2									
Noise Factors	Noise Factor Levels											
N Plastic Material	*A*	*B*										
Signal Factors	Signal Factors Levels											
M Mold Position (mm)	0.48	0.60	0.65	0.80	0.90	1.07	1.20	1.35	1.80	2.04	2.20	2.65
	2.94	3.10	6.42	20.0	35.1	55.4						

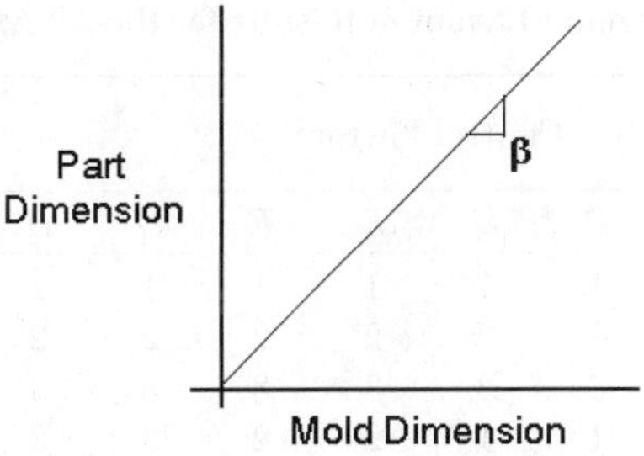

図 17.12 アプローチ 3 の理想機能

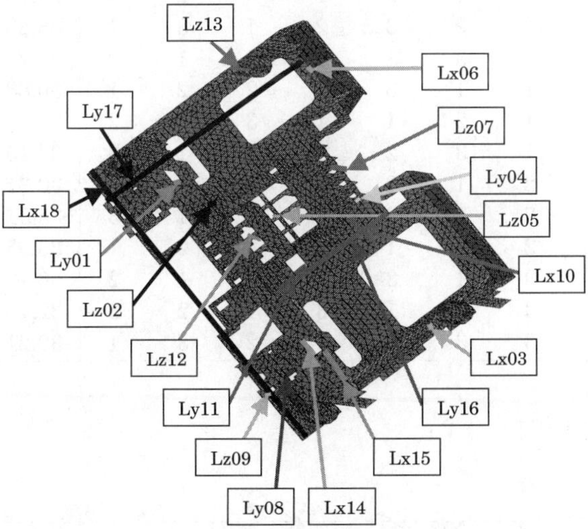

図 17.13 アプローチ 3 の有限要素法メッシュ

17.3 射出成形条件シミュレーションの確認実験結果及び各アプローチの比較

表 17.7 に，各々のアプローチでの最適条件における，SN 比と収縮率 β の推定値と確認実験値，及び Z 軸方向の変形量の計算値を示す．なお，アプローチ 1 と 2 の最適条件は同一条件となった．

また，**図 17.16** にアプローチ 1 と 2 の最適水準における Z 軸方向変形の状態を，**図 17.17** にアプローチ 3 の最適水準における変形の状態を示す．**図 17.18** は，L_{18} の最悪条件の結果である．なお，これらは，材料 A の $(Z_{max}-Z_{min})$ の値に，材料 B の $(Z_{max}-Z_{min})$ の値を加えて計算した．

表 17.6　Orthogonal Layout & Results for the All Axes Approach

OA Row	Control Factors								Zero Point	Slope, β
	A	*B*	*C*	*D*	*E*	*F*	*G*	*H*	S/N	
1	1	1	1	1	1	1	1	1	32.32	0.985
2	1	1	2	2	2	2	2	2	32.80	0.983
3	1	1	3	3	3	3	3	3	34.17	0.982
4	1	2	1	1	2	2	3	3	33.41	0.985
5	1	2	2	2	3	3	1	1	38.93	0.982
6	1	2	3	3	1	1	2	2	26.07	0.984
7	1	3	1	2	1	3	2	3	26.45	0.984
8	1	3	2	3	2	1	3	1	33.23	0.984
9	1	3	3	1	3	2	1	2	38.23	0.981
10	2	1	1	3	3	2	2	1	30.88	0.982
11	2	1	2	1	1	3	3	2	29.71	0.986
12	2	1	3	2	2	1	1	3	33.15	0.984
13	2	2	1	2	3	1	3	2	30.31	0.985
14	2	2	2	3	1	2	1	3	35.31	0.982
15	2	2	3	1	2	3	2	1	33.95	0.983
16	2	3	1	3	2	3	1	2	36.13	0.981
17	2	3	2	1	3	1	2	3	32.40	0.983
18	2	3	3	2	1	2	3	1	32.21	0.983

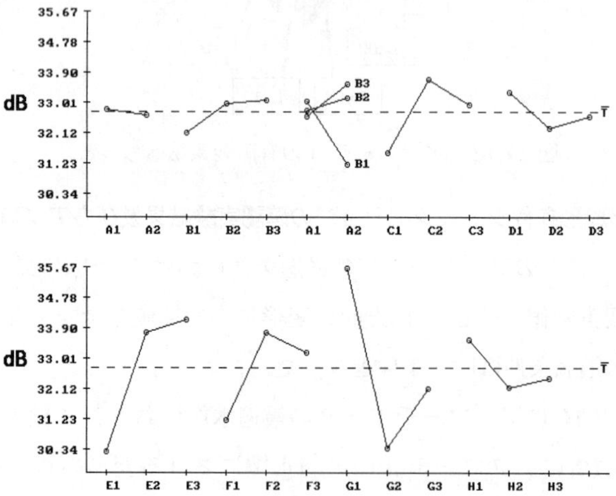

図 17.14　アプローチ 3 における SN 比の要因効果

17.4　射出成形シミュレーションのまとめ

(1) シミュレーションによる確認実験の結果，すべての確認実験値は推定値の信頼区間に入った（訳者補足：アプローチ 3 におけるゲート 1 の SN 比は，信頼区間に入っていない）.

(2) アプローチ 3 は，3 つのアプローチの中で，Z 軸方向の変形が最も大きくなった.

(3) アプローチ 1 と 2 の最適条件（Z 軸方向の変形が最も小さくなる条件）は，同一条件となった.

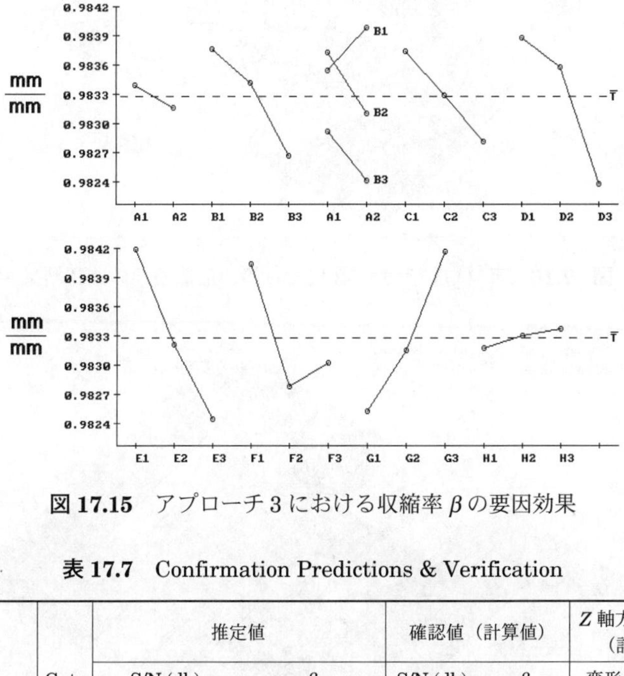

図 17.15　アプローチ 3 における収縮率 β の要因効果

表 17.7　Confirmation Predictions & Verification

	Gate	推定値		確認値（計算値）		Z 軸方向の変形（計算値）
		S/N (db)	β	S/N (db)	β	変形量（mm）
アプローチ 1	G_1	18.99±1.53	—	17.76	—	1.03
	G_2	18.28±1.53	—	19.30	—	0.93
アプローチ 2	G_1	18.80±1.49	0.991±0.004	17.86	0.986	1.03
	G_2	18.77±1.49	0.990±0.004	19.33	0.992	0.93
アプローチ 3	G_1	40.76±4.42	0.981±0.001	35.08	0.983	1.37
	G_2	35.50±4.42	0.982±0.001	31.61	0.984	1.17

(4) 品質工学とシミュレーションの組合せは，射出成形プロセス，及び，成形部品や型の設計を最適化する有力な手段である．これにより，様々な設計に対する型の試作が不要となり，量産・プロセス設計の時間短縮や

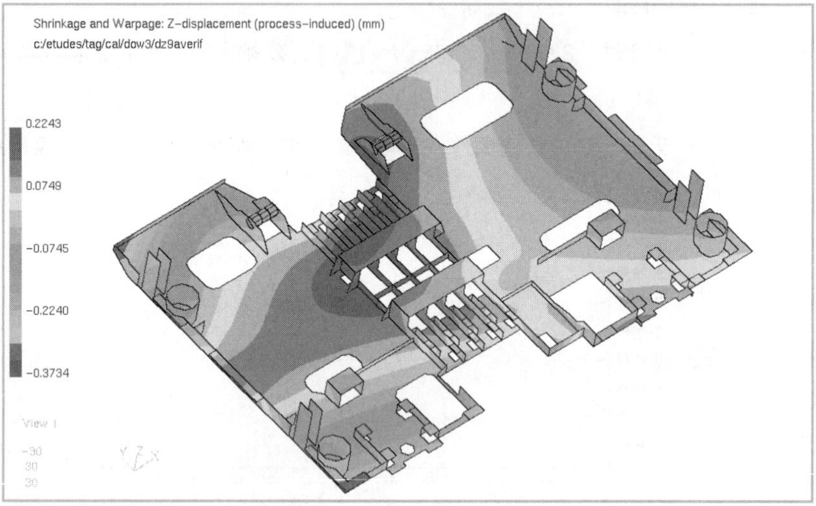

図 17.16　アプローチ 1 と 2 における，最適条件の確認結果

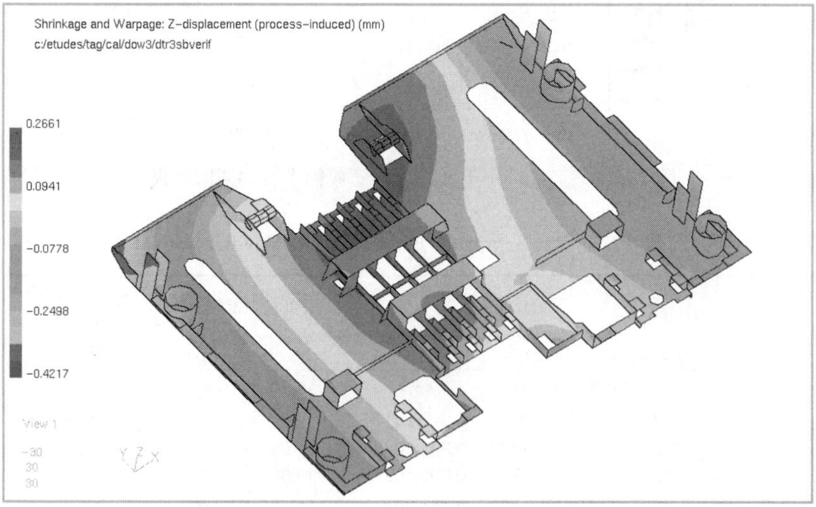

図 17.17　アプローチ 3 における，最適条件の確認結果

金型コストの削減が可能となる．

(5) 本研究の最適条件で CCM02 MK II の成形を行った結果，Z 軸方向の変形を 0.15 mm 未満に抑えることができた．これは，シミュレーションの確認実験結果（1.0 mm）よりも小さい値である（訳者補足：ここでの最適条件とは，アプローチ 1 及び 2 の最適条件である）．

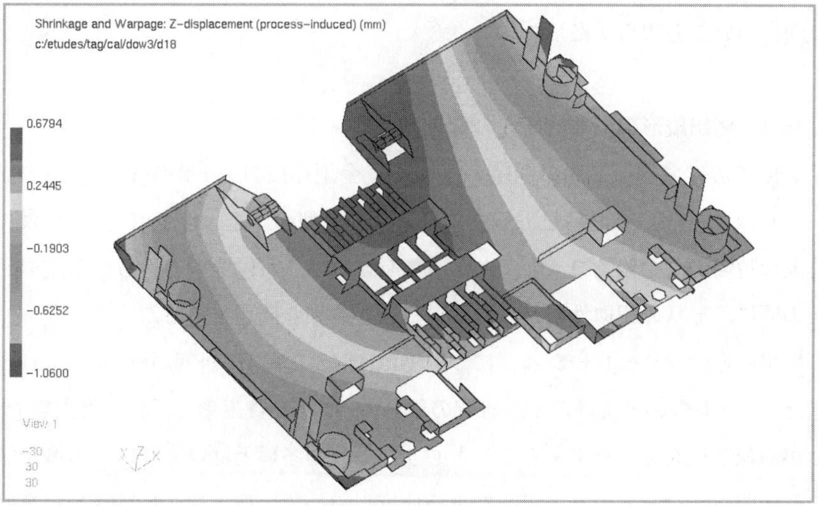

図 **17.18**　L_{18} の最悪条件

引 用 文 献

1) Marc Bland, Tim Reed: Optimization of an electrical connector insulator contact housing using Taguchi's parameter design method & finite element computer simulation，品質工学，Vol.10, No.5, pp.108–116, 2002
救仁郷　誠（訳）：品質工学とシミュレーションを用いた射出成形の最適化

第 18 章　転写性による射出成形条件の評価

本研究は金型と相似の成形品を得ることができる（転写性）成形条件の可能性を，シミュレーションを用いて探ったものである．結果として，金型と成形品との相似性の高まる成形条件を見つけ出すことに成功し，かつ金型試作数の減少，試作レスの可能性を得ることができた．また，成形品の各部の収縮比の傾向についても明らかにした．

18.1　射出成形の転写性研究の背景

射出成形における最大の問題の 1 つに，金型作成コストがある．金型を作成する際，目的の成形品を得るために多数の金型の修正，作り直しが行われ，莫大な時間的，金銭的コストがかかってしまう．これは金型と得られる成形品との間に，形状の相似性が得られないことから来る問題である．

射出成形のシミュレーションについては，すでに多くの研究が行われている．また，ハードウェア実験による研究の数も多いが，品質工学で行われた実験で，しかも転写性を考えた実験となると必ずしも数が多いとはいえない．山城精機の杉山明らはハードウェア実験による研究において，保形性，転写性などを検討した結果，収縮比一定となる成形条件の存在する可能性を見いだした．ここで収縮比とは，金型上の 2 点間の距離と，対応する成形品の距離の比とする．そこで今回の研究においては，最終的にハードウェアによる実験と対応させることを考慮しつつ，シミュレーションによる転写性の研究の可能性を研究することとした．

18.2　射出成形のハードウェア実験による結果

先行したハードウェア実験においては，**図 18.1** に示す形状のテストピースを成形し，成形品の 23 部位における寸法を信号とし，標準 SN 比で転写性の研究を行った．テストピースは以下のような事柄に注意して決定された．

① 空間的評価ができる形状

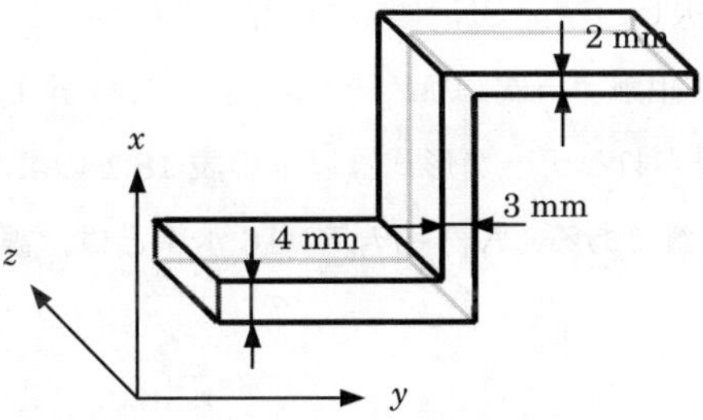

図 18.1　テストピースの形状

② 成形時に発生するそりが発生しやすい形状

③ ゲート位置が変えられるキャビティ形状

制御因子は 8 因子を直交表 L_{18} に割り付け，誤差条件は熱劣化無・有の 2 水準を用いた．結果として以下のような事柄が明らかになった．

(1) それまで転写性に効果がないと思われていた圧縮比や圧縮ゾーン長などのスクリューに関係する制御因子の効果が大きく，射出圧力や射出速度などの制御因子による効果は小さかった．

(2) 転写性の SN 比の高い条件において，成形後の各部位の収縮比が均一なものが得られた．

(3) ただし，均一なのは部位内であって，部位間の収縮比は異なった．

(4) また転写性としては独立に測った部位の寸法の収縮比はかなり異なった．

テストピースの各部位について 3 次元座標を測定し，各測定点の相関関係，すなわち測定点間の相対距離を信号とし，標準 SN 比で転写性の考慮を行うこととした．信号を相対距離としたのは，以下のような理由によるものである．

① テストピース全体の空間的な転写性評価

② そりやゆがみなどの変形の評価

18.3　射出成形のシミュレーションのデータの取得と SN 比

テストピースはハードウェアの実験と同じ形状のものを用いている．テストピースの各測定点における（X, Y, Z）系の 3 次元座標データから，測定点同士の相対距離を求める．本研究ではまず測定点を**図 18.2** に示すように M_1 ～

M_{60}まで計60点選択し，標準SN比により解析を行うこととした．60点間の距離を用いるため，距離データは$M'_1 \sim M'_{1770}$まで，計1 770通りが計算される．これにより得られるデータ形式は以下の**表18.1**のようになる．N_0の値は$N_1 \sim N_{16}$の平均値である．$N_1 \sim N_{16}$の16水準とは，誤差因子をL_{16}に割り付けたものである．

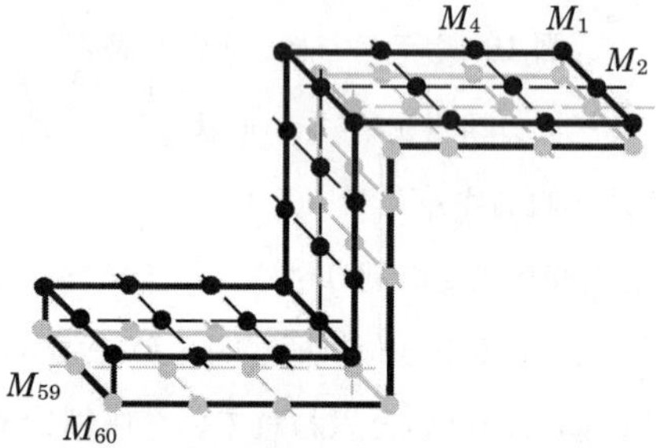

図18.2 成形品上の測定点全60点

表18.1 射出成形のシミュレーションのデータ形式

M'	M_1' M_1–M_2	M_2' M_1–M_3	… …	M_{1769}' M_{58}–M_{60}	M_{1770}' M_{59}–M_{60}
N_0	y_{01}	y_{02}	…	y_{01769}	y_{01770}
N_1	y_{11}	y_{12}	…	y_{11769}	y_{11770}
N_2	y_{21}	y_{22}	…	y_{21769}	y_{21770}
⋮	⋮	⋮		⋮	⋮
N_{15}	y_{151}	y_{152}	…	y_{151769}	y_{151770}
N_{16}	y_{161}	y_{162}	…	y_{161769}	y_{161770}

射出成形における転写性の考え方では，成形品の形状と金型の形状とが相似の関係となるのが理想であるが，まずは成形品と金型との関係は考慮せずに，成形品形状のばらつきのみを評価した．具体的には標準SN比を用い，表18.1に示すN_0を信号としてSN比の計算を行った．

次に，金型形状と成形品形状との転写性SN比によって，評価を行った．金型形状と成形品形状との転写性SN比とは，すなわち金型形状と成形品形状との相似性についての評価である．以下の**図18.3**に，成形品形状のばらつき

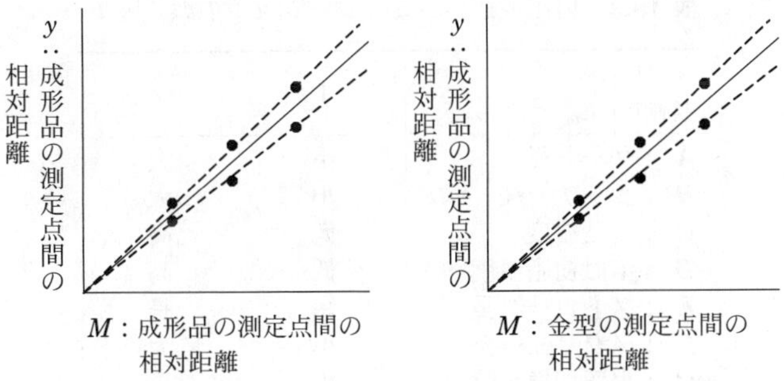

(a)　成形品形状のばらつきの SN 比の機能

(b)　成形品形状の転写性の SN 比の機能

図 18.3　成形品形状のばらつきの SN 比の機能と転写性の SN 比の機能

SN 比と転写性 SN 比との機能を示す.

18.4　射出成形のシミュレーションによるパラメータ設計

制御因子，誤差因子については**表 18.2**，**表 18.3** のように選択した．ゲート位置，コーナ部については**図 18.4** に示す.

今回のシミュレーションでは，ハードウェア実験において用いたスクリューに関するパラメータなどに選択が不可能なものがあるため，それらについては，樹脂についての物理的なパラメータに置き換えた．制御因子は内側直交表 L_{36}

表 18.2　射出成形のシミュレーションの制御因子

制御因子 L_{36} ＼ 水準	1	2	3
A ：金型温度	低	中	高
B ：溶融樹脂温度	低	中	高
C ：ストローク長	短	中	長
D ：保　圧	低	中	高
E ：スクリュー径	小	中	大
F ：保圧切換え時間	短	中	長
G ：冷却時間	短	中	長
H ：ゲートランナー径	小	中	大
I ：樹脂充填速度	低	中	高
J ：コーナ部温度	低	中	高

表 18.3　射出成形のシミュレーションの誤差因子

制御因子 L_{16} ＼ 水準	1	2
A：ゲート径	小	大
B：ランナー径	小	大
C：金型温度	低	高
D：溶融樹脂温度	低	高
E：ストローク長	短	長
F：スクリュー径	小	大
G：保圧切換え時間	短	長
H：冷却時間	短	長
I：樹脂固化温度	低	高
J：樹脂充填速度	低	高
K：コーナ部温度	低	高
L：保　圧	低	高

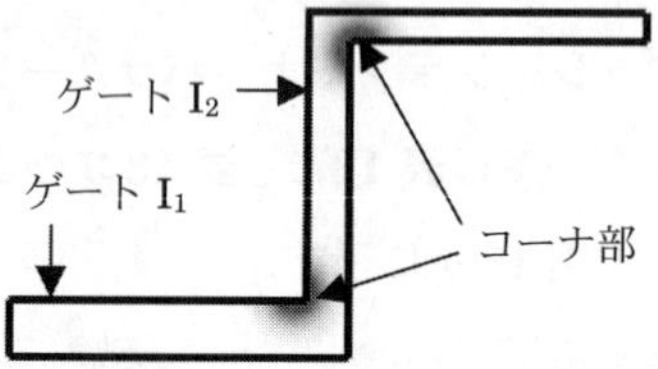

図 18.4　ゲート位置，コーナ部

に，誤差因子は外側直交表 L_{16} に割り付けて直積で計算を行った．使用ゲート位置の条件を以下のように3通り設定し，それぞれのゲート位置条件について個別に評価を行った．

ゲート位置条件 (1)：ゲート I_1 のみ使用

ゲート位置条件 (2)：ゲート I_2 のみ使用

ゲート位置条件 (3)：ゲート I_1, I_2 の両方を使用

計 3 × 36 回× 16 回＝ 1 728 回の計算を行うこととなる．

モデル作成，シミュレーションに Moldflow（オーストラリア Moldflow 社），直交表の割付け，計算の自動実行に I-SIGHT（米国 Engineous 社）を用いた．使用樹脂には POM 樹脂を選択した．

成形品形状のばらつきの SN 比についての要因効果図を**図 18.5** に，成形品

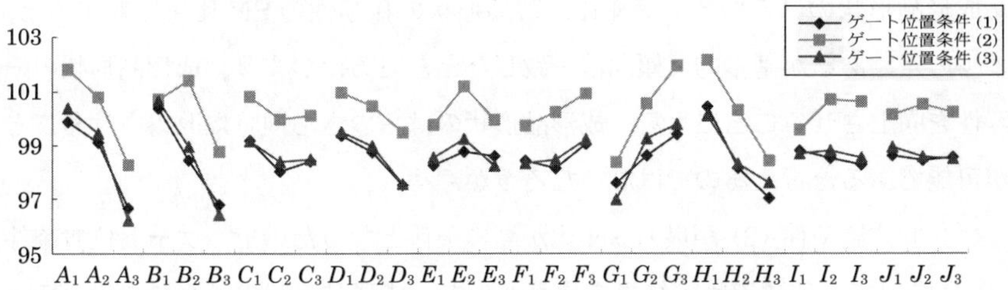

図 18.5　成形品形状のばらつきの SN 比の要因効果図

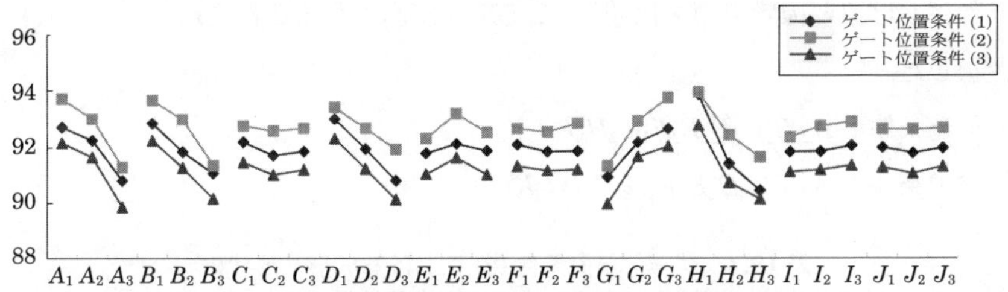

図 18.6　成形品形状の転写性の SN 比の要因効果図

形状の転写性による SN 比について，**図 18.6** に要因効果図を示す．

まず成形品形状のばらつきの SN 比について見てみると，ゲート位置条件が異なっても，SN 比の平均値は変わってくるが，制御因子の効果にはそれほど大きな影響を与えないことが分かる．基本的には効果の大きい制御因子に山谷の見られない要因効果図であるが，ゲート位置条件 (2) における制御因子 B についてのみ，第 1 水準よりも第 2 水準がやや高くなっている．

成形品形状の転写性の SN 比についても成形品形状のばらつきの SN 比と同様に，ゲート位置条件が異なっても，SN 比の平均値は変わってくるが，制御因子の効果にはそれほど大きな影響を与えないことが分かる．山谷も同様に見られない．また，ゲート位置条件 (2) における制御因子 B についても，成形品形状のばらつきの SN 比において見られた山はなくなっている．制御因子 D ：保圧については面白い傾向が出ており，従来保圧が高い条件の方が良い成形品が得られるというのが一般的な考え方であったが，今回，保圧が低い条件において形状のばらつき，転写性ともに好転している．

成形品形状のばらつきの SN 比，製品形状の転写性の SN 比を比較すると，多少の差はあるが基本的な傾向は一致したと言える．つまり，成形品形状の転写性を向上させることにより，成形品形状のばらつきも同時に改善させることが可能であると言えるのではないだろうか．

ゲート位置条件 (2) が最も SN 比が高い条件となったので，ゲート位置条件 (2) についての確認実験の結果を代表として，成形品形状のばらつきの SN 比の利得について**表 18.4** に示す．最適条件，標準条件については各ゲート位置条件における要因効果図を比較して，SN 比が高くなる条件を以下のとおりに選択した．

最適条件：$A_2\, B_1C_1D_2E_1F_1G_2H_3I_1J_1K_3$

標準条件：$A_2B_2C_2D_2E_2F_2G_2H_2I_2J_2K_2$

表 18.4　ゲート位置条件 (2) における成形品形状のばらつき SN 比の確認実験結果

単位　db

	推定値	確認値
標準条件	100.37	98.87
最適条件	107.66	102.56
利　　得	7.29	3.59

表 18.4 より，SN 比の絶対値，利得とも十分とは言えないが，ある程度の再現性は得られていることが分かる．他のゲート位置条件においても同様の結果となった．

転写性の SN 比でもゲート位置条件 (2) について，**表 18.5** に確認実験の結果を示す．最適条件，標準条件については前述のばらつき SN 比のものと同様である．表 18.5 より，絶対値，利得ともに，表 18.4 よりは再現性が得られていることが分かる．

18.5　射出成形のシミュレーションの感度（収縮比）

ここでは，最適条件，標準条件における測定点間の相対距離データ M'_1 ～

表 18.5　ゲート位置条件 (2) における成形品形状の転写性 SN 比の確認実験結果

単位　db

	推定値	確認値
標準条件	93.71	92.99
最適条件	98.77	97.54
利　　得	5.05	4.55

M'_{1770} についての個別の収縮比を感度 β として求めた．ここで言う収縮比とは，金型寸法に対する成形品寸法の比のことである．収縮比＝感度 β は以下の式で表される．表 18.1 より，金型寸法＝ M'，成形品寸法＝ y であるから，

$$\beta=\frac{y}{M'} \tag{18.1}$$

となる．得られた感度について，成形品内部と空間部，また，それぞれについて板厚ごと，さらに成形品内部については相対距離ベクトルの方向成分について場合分けを行った．成形品内部とは，測定点間の距離を算出する際の，測定点間同士を結ぶ直線状に空間が含まれない距離について，空間部は逆に空間が含まれる距離についての感度である．方向成分は，以下のように，各板厚部ごとの形状が分かりやすいように設定した．

・板厚 2 mm 部：厚さ（図 18.1 x 方向），長さ（図 18.1 y 方向），
　幅（図 18.1 z 方向）
・板厚 3 mm 部：厚さ（図 18.1 y 方向），長さ（図 18.1 x 方向），
　幅（図 18.1 z 方向）
・板厚 4 mm 部：厚さ（図 18.1 x 方向），長さ（図 18.1 y 方向），
　幅（図 18.1 z 方向）

ゲート位置条件 (2) における感度を代表として，**図 18.7** に成形品内部の各板厚ごとの収縮比を示す．また，**図 18.8** に成形品空間部の各板厚ごとの収縮比を示す．

まず成形品内部の収縮比について，厚さ，長さ，幅の方向成分条件に共通し

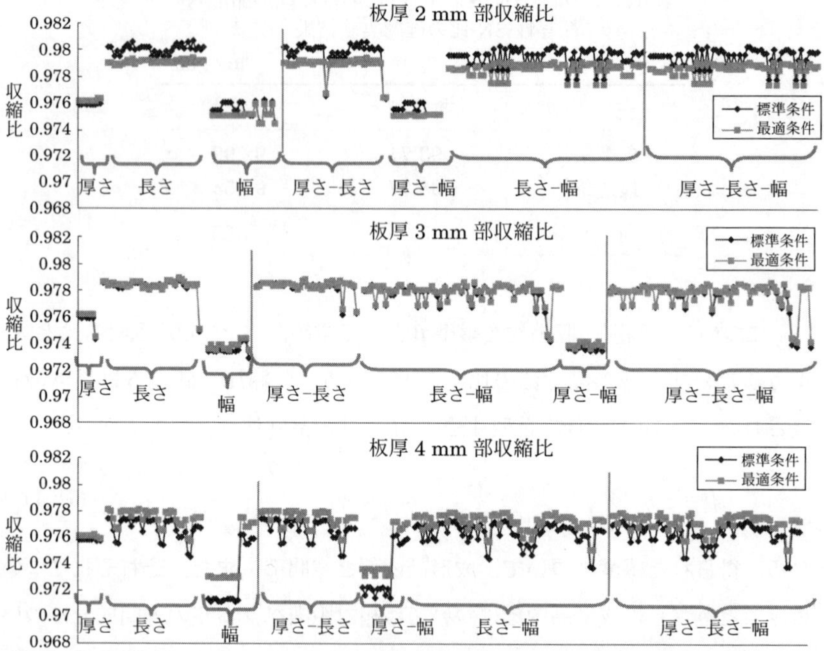

図 18.7 シミュレーションによる成形品内部の各板厚ごとの収縮比

て，長さ方向を含む場合の収縮比が高い．これは，今回用いたPOM樹脂が結晶性を持っており，基本的に長手方向に結晶を形成するためである．また，各板厚の収縮比を比較すると，板厚が薄くなるほど収縮比が高くなっていることが分かる．つまり，板厚が薄いほど成形が容易であると言える．いくつかの部分で目立って収縮比が低くなっているが，これらの部分は成形品の端点，角点及びコーナ部上の点が含まれている部分であり，そりやゆがみの影響が強く現れるためであると考えられえる．すべての方向成分についての収縮比が均一になることは難しいと思われるが，それぞれの方向成分ごとの収縮比については均一になる可能性が得られたと言える．今回の場合には，3枚の板のちょうど中央に位置する，板厚3 mm部における収縮比に近い値に収束すると見られる．

次に成形品空間部の収縮比についてだが，平均的な収縮比は板厚2 mm — 3

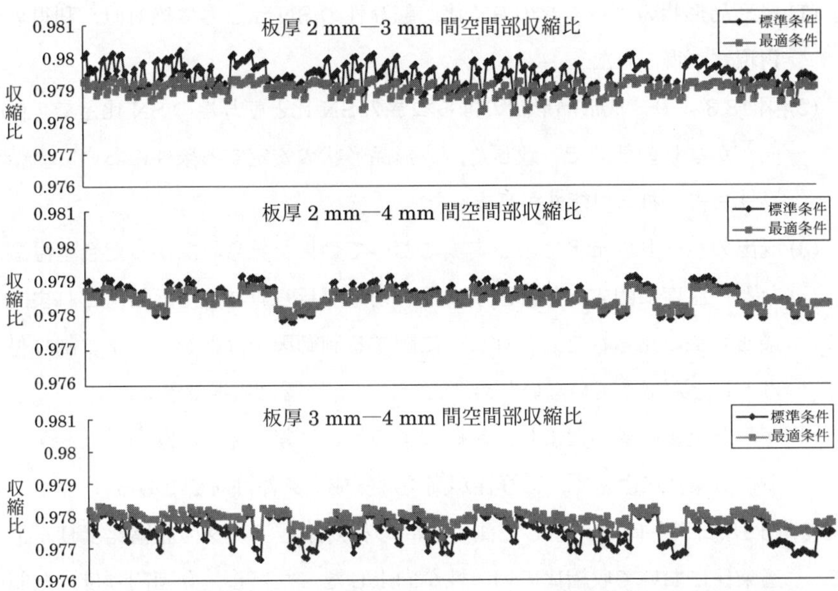

図 18.8　シミュレーションによる成形品空間部の板厚条件ごとの収縮比

mm 間の空間部における収縮比が最も高く，ついで 2 mm ― 4 mm 間，3 mm ― 4 mm 間と，成形品内部の収縮比と同様に，関係する板厚が厚いほど収縮比が下がっている．収縮比のばらつきについては板厚の条件による差はほとんど見られない．成形品空間部の収縮比については，板厚 2 mm ― 4 mm 間の収縮比に収束するような方向性が見られる．

また，成形品の内部，成形品の空間部に共通して，最適条件において初期条件よりも収縮比の均一性が高くなっている．収縮比の均一性が高まったということは，すなわち成形品形状の金型形状に対する相似性が高まったということであるので，収縮比からも，成形品と金型との形状の相似性が高まったことがうかがえる．

18.6　射出成形のシミュレーションのまとめ

射出成形品の成形条件について評価を行った結果，以下のような事柄が得られた．

(1) 成形品形状のばらつきのSN比，転写性のSN比ともに絶対値，利得の再現性が得られた．

(2) 図18.3より，成形品形状のばらつきのSN比と転写性のSN比とで，傾向がかなりの部分で一致した．成形品形状の安定する条件において，転写性も得られる可能性が高まった．

(3) 既出のハードウェアによる実験において効果が見られなかった金型温調など，温度に関する制御因子に強い効果が見られた．ただし，これまで最も効果が見られたスクリューに関する制御因子などをそのまま割り付けることができていないため，これによる影響は無視できない．

(4) ゲート位置の違いにより，制御因子の効果に差は見られなかった．ゲート位置条件によらず，転写性が高くなる成形条件は同じである

(5) 図18.7，図18.8に示した測定点間の相対距離データの収縮比より，最適条件において収縮比の均一性が向上した．ただし，今回割り付けた制御因子の値の範囲はそれほど広くはないため，向上の程度はそれほど問題とならない．ここで注目すべきは，基準測定点の部位の厚さによる収縮比の差であり，最適条件においては部位の厚さによる収縮比が比較的均一になっていることが分かる．

上記の結果より，転写性SN比による評価により，金型と相似の成形品を得ることができる可能性が得られたと言える．ただし，あくまでシミュレーションによる結果のみであるので，ハードウェアによる実験との比較検討が必要である．また，収縮比の平均，及び方向成分ごとの収縮率のパターンは使用する樹脂材料に大きく依存するので，樹脂を変えての実験の必要もある．

引用文献

1) 白川智久，神原憲裕，杉山　昭，斎藤之男，矢野　宏：転写性による射出成形条件の評価—シミュレーションによる転写性の検討—，品質工学（2004年投稿中）

Q & A

Q18.1　確認のため，収縮比の定義を教えて下さい．収縮比が高く（数値が大きく）なると良いのですか，それとも，低い（小さい）方が良いのでしょうか．

A：ここでの収縮比は金型の寸法に対する成形品の寸法の比です．よって，収縮比＝1となった場合，金型寸法と成形品寸法は完全に一致し，収縮比が1より大きくなると金型寸法＜成形品寸法となります．収縮比が1より小さくなった場合はその逆となります．

金型と成形品とが完全に相似になる場合，各部位における収縮比は完全に均一になります．成形品の収縮比が分かっていれば，成形品の寸法は金型の寸法によって調整が可能です．よって，収縮比の値そのものは相似性に影響はないと言えます．ただし，収縮比が1以上になったりする場合は，金型から成形品が抜くことができなくなりますし，収縮比があまり小さくなりすぎても，その分金型を大きく作らなければならなかったりするなどの問題が生じます．それらの問題が起こらない範囲であれば，収縮比の値そのものは特に問題とはなりません．

Q18.2　18.6「射出成形のシミュレーションのまとめ」(1)で「〜向上の程度はそれほど問題とならない．」とありますが，問題とは，どのようなことを指すのでしょうか．

A：ここであえて問題といったのは，最適条件においての収縮比の向上が0.1%程度と，極微小だったからです．これ以上収縮比の均一性の向上が望めなければ，金型と相似の成形品を得られる可能性はなくなります．ただし，今回の実験では制御因子の振り幅が小さく，収縮比の均一性の更なる向上の余地は十分に残っています．よって，向上の程度はそれほど問題がないと述べました．

Q18.3　金型に対して，どの程度相似形の成形品になるかの転写性($y=\beta M$)のみでよいのではないでしょうか．

A：今回成形品形状のばらつきについても評価を行ったのは，樹脂の均一充填→転写性であっても，転写性→均一充填ではないためです．いくら転写性が高くても，中身が中空の成形品では意味がありません．そこで，金型に樹脂が十分に充填されていないような場合，成形品の形状のばらつきが大きくなるのではないかと思い，成形品形状のばらつきについても同時に評価を行いました．

Q18.4　18.5 節の図 18.8 の説明で「長さ方向を含む場合の収縮比が高い．これは，〜基本的に長手方向に結晶性を持っており〜」と続きますが，結晶性プラスチックの収縮比は，一般に流れ方向（長手方向）の方が小さいと報告されています．チェックをお願いします．

A：これについては，Q18.1 の A についてもなのですが，非常に誤解を招く表現かもしれません．本論文において収縮比と呼んでいる数値は，Q18.1 に対する A でも述べましたとおり，通常の収縮率で収縮比が大きいほど成形品の寸法は大きく，すなわち金型の寸法に近くなるというものです（収縮比が 1 を超えるような場合を除く）．

質問にあるとおり，結晶性プラスチックは長手方向の方が収縮し成形が難しいとされていますが，図 18.7 を見ると，今回の成形品についても長手方向の収縮比が他の方向成分に対して小さくなっていることが確認できます．

第19章　ピストンの信頼性とコスト改善を狙った最適化

この研究はマツダ(株)がシミュレーションのパラメータ設計を推進するか否か，いまだ迷っていたときに積極的に試みた例である．時期的にいって20世紀型のSN比を用いた解析であるが，計算時間の短縮などについては，シミュレーションのパラメータ設計としての工夫が見られる．当時のシミュレーションのパラメータ設計が，いわゆる非線形効果がないと分かっている動特性であるため，望目特性の解析を行っているが，これはこれとして妥当な解析である．さらに，パラメータ設計で最適化したあと，経済性を考えた許容差設計を行っている．1980年代までは許容差設計もパラメータ設計と同じように重視されたが，その後は重要度が薄れた印象がある．許容差設計を学ぶにもかっこうな研究である．

19.1　ピストンの信頼性確保の課題

地球温暖化問題が脚光を浴びている今，欧州では熱効率が高くCO_2排出量の少ない小型直噴ディーゼルエンジン乗用車の需要が急速に高まってきている．今後乗用車市場でディーゼルエンジン車のシェアを拡大していくためには，市場の大半を占めているガソリンエンジン車に比肩する動力性能を安価に実現させなければならない．これを達成するには，高出力化に伴い増加するピストンへの受熱量を**図19.1**に示すようにいかにピストン以外の媒体へ効率良く放熱させ，ピストンの信頼性を確保できるかが重要なポイントとなってくる．

本研究では，ピストンの信頼性を確保する上で最も厳しい部位であるピストンリップ部の温度を安定的に低減させることに着目して，パラメータ設計を行った．

19.2　ピストンリップ部温度のパラメータ設計

ピストンの温度は，それを取り巻く媒体と密接に関係しているため，テストピースでの評価が困難である．また実際にピストンを試作して評価するには，

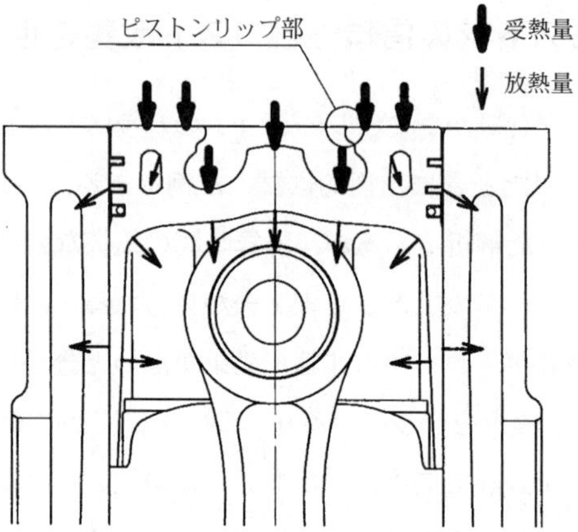

図 19.1　ピストンが受ける熱の移動状態

コストと実験工数が膨大に発生するため，これもパラメータ設計を行う手段として適切ではない．最も現実的な手段は FEM 解析であり，本研究ではこれを適用してパラメータ設計を行った．

FEM 解析を適用したパラメータ設計を行う際，最も注意しなければならないのは，FEM 解析モデルの作成から計算解析に要する時間の短縮化である．そこで一連の作業はすべて，SDRC 社製 3 次元 CAD システム「I–DEAS」を適用し，形状作成履歴機能やオートメッシュ機能等を有効に活用して効率化を図った．また解析モデルは，3 次元フルモデルの解析結果とほぼ差がないことを確認した上で，図 19.3 (a) に示す 3 次元切り出しモデルを使用することにした．この結果，1 つの仕様におけるモデル作成から計算解析に要する時間は約 1 時間と，80% 程度の効率改善が可能となった．計算解析（熱伝導解析）は，現行仕様ピストンの測温テストデータをもとに設定した境界条件を用いて行った．

(1)　基本機能

ピストンが受ける熱量（シリンダ内平均ガス温度）が増加するに従いピストンリップ部の温度も上昇することを実験により確認している．したがって基本機能を，**図 19.2** に示すように設定した．ただし，現実的な受熱量の範囲内で

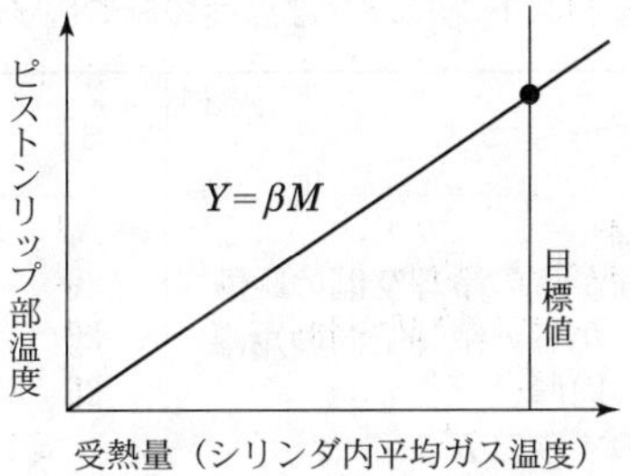

図 19.2　ピストンリップ部の基本機能

はFEM解析による線形性が確保されるため，目標とする高出力状態でのシリンダ内平均ガス温度を信号因子としたときの望目特性として扱うことにした．

(2)　制御因子と水準

制御因子は，燃焼状態を大きく左右する燃焼室形状以外で，ピストンリップ部の温度に影響を与えると予測した，**図 19.3** に示すピストン諸元とした．また水準は，**表 19.1** に示すように，ピストンリップ部温度が低くなると予測した形状を水準1に，また高くなると予測した形状を水準3に設定した．

(3)　誤差因子と水準

ピストンリップ部の温度が，ピストンを製造する際に発生する製造誤差に左

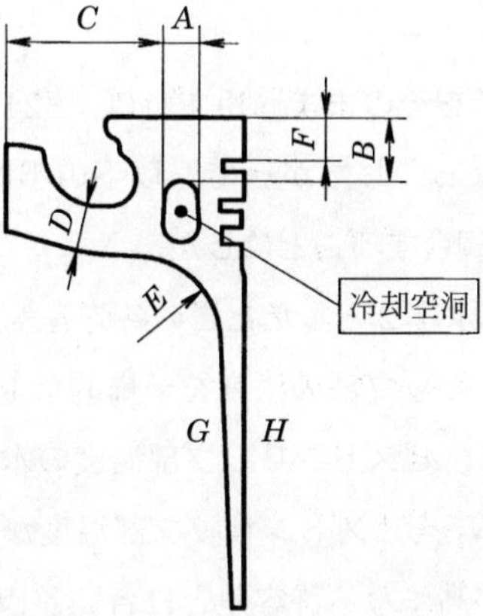

図 19.3　ピストンリップ部の制御因子の部位

表 19.1　ピストンリップ部温度の制御因子と水準

因子＼水準		1	2	3
A	冷却空洞の幅	高	標準	—
B	ピストン頂面からの冷却空洞の距離	低	標準	高
C	ピストン中心からの冷却空洞の距離	低	標準	高
D	燃焼室裏面の肉厚	低	標準	高
E	燃焼室裏面のすみ肉 *R*	さらに高	高	標準
F	ピストン頂面からのリング溝の距離	低	標準	高
G	冷却油温度	低	標準	高
H	シリンダ壁温度	低	標準	高

表 19.2　ピストンリップ部温度の誤差因子と水準

因子＼水準		1	2	3
A	冷却空洞幅の許容差	$+\alpha_A$	0	—
B	ピストン頂面からの冷却空洞距離の許容差	$-\alpha_B$	0	$+\alpha_B$
C	ピストン中心からの冷却空洞距離の許容差	$-\alpha_C$	0	$+\alpha_C$
D	燃焼室裏面肉厚の許容差	$-\alpha_D$	0	$+\alpha_D$
E	燃焼室裏面すみ肉 *R* の許容差	$+\alpha_E$	0	$-\alpha_E$
F	ピストン頂面からのリング溝距離の許容差	$-\alpha_F$	0	$+\alpha_F$
G	冷却油温度の許容差	$-\alpha_G$	0	$+\alpha_G$
H	シリンダ壁温度の許容差	$-\alpha_H$	0	$+\alpha_H$

右されにくいピストン諸元とするため，誤差因子は**表 19.2** に示すように各制御因子の許容差とした．

しかし 8 個の誤差因子をそのまま適用すれば，324 通り（$L_{18}\times18$）もの膨大な解析回数が必要となる．したがって，以下の手順で 1 個の誤差因子 N_1, N_2 ($L_{18}\times2=36$ 通り）に調合することにした．

まず制御因子をすべて水準 2 としたときの各許容差を直交表 L_{18} に基づいた割付けを行い，ピストンリップ部の温度を予備的な FEM 解析により求める．次に各誤差因子に対する，ピストンリップ部温度の水準別平均値を**表 19.3** のように求める．最後に N_1 をピストンリップ部温度が低くなる許容差，N_2 をピストンリップ部温度が高くなる許容差とに各誤差因子を振り分け，**表 19.4** のように調合誤差因子とした．

表 19.3　予備解析結果から算出したピストンリップ部温度の水準別平均値

(単位　℃)

誤　差　因　子		水準 1	水準 2	水準 3
A	冷却空洞幅の許容差	327.284	326.849	—
B	ピストン頂面からの冷却空洞距離の許容差	325.757	326.959	328.483
C	ピストン中心からの冷却空洞距離の許容差	327.229	326.981	326.988
D	燃焼室裏面肉厚の許容差	327.197	327.193	326.809
E	燃焼室裏面すみ肉 *R* の許容差	326.985	327.050	327.164
F	ピストン頂面からのリング溝距離の許容差	326.075	326.992	328.132
G	冷却油温度の許容差	325.563	327.233	328.403
H	シリンダ壁温度の許容差	325.507	326.998	328.694

表 19.4　ピストンリップ部温度の調合誤差因子

制　御　因　子		調合誤差因子	
		N_1	N_2
A	冷却空洞の幅	0	$+\alpha_A$
B	ピストン頂面からの冷却空洞の距離	$-\alpha_B$	$+\alpha_B$
C	ピストン中心からの冷却空洞の距離	0	$-\alpha_C$
D	燃焼室裏面の肉厚	$+\alpha_D$	$-\alpha_D$
E	燃焼室裏面のすみ肉 *R*	$+\alpha_E$	$-\alpha_E$
F	ピストン頂面からのリング溝の距離	$-\alpha_F$	$+\alpha_F$
G	冷却油温度	$-\alpha_G$	$+\alpha_G$
H	シリンダ壁温度	$-\alpha_H$	$+\alpha_H$

(4)　SN 比と感度

直交表 L_{18} に各制御因子の割り付けを行い，各ケースにおける調合誤差因子を加味した条件での解析を行った．直交表 L_{18} の第 1 行のデータを用いて，SN 比と感度の計算を行った手順を以下に示す．

$N_1 : y_1 = 295.096$　　$N_2 : y_2 = 305.758$

全変動　$S_T = {y_1}^2 + {y_2}^2 = 180\,569.604$　(19.1)

平均の変動

$$S_m = \frac{(y_1 + y_2)^2}{2} = 180\,512.765 \tag{19.2}$$

誤差変動　$S_e = S_T - S_m = 56.839$　(19.3)

誤差分散　$V_e=\dfrac{S_e}{2-1}=56.839$　(19.4)

SN 比　$\eta=10\log\dfrac{\frac{1}{2}(S_m-V_e)}{V_e}=32.007$ (db)　(19.5)

感度　$S=10\log\frac{1}{2}(S_m-V_e)=49.553$ (db)　(19.6)

(5)　最適条件の利得

同様に直交表 L_{18} の 2 ～ 18 行の SN 比と感度を計算し，その結果から求めた SN 比と感度の要因効果図を**図 19.4** に示す．最適条件は，SN 比が高く（許容差によるピストンリップ部の温度ばらつきが小さく）感度が小さい（ピストンリップ部の温度が低い）ことを満たす条件とし，$A_2B_1C_1D_2E_1F_1G_1H_1$ を選定した．このうち，現行条件に対して，SN 比及び感度のそれぞれ効果の大きかった 4 つの制御因子を取り上げ，利得の推定を行った．

逆に，この推定値の再現性を検証するため，最適条件と現行条件の確認計算を行った．その結果を，推定結果とともに**表 19.5** に示す．SN 比及び感度共

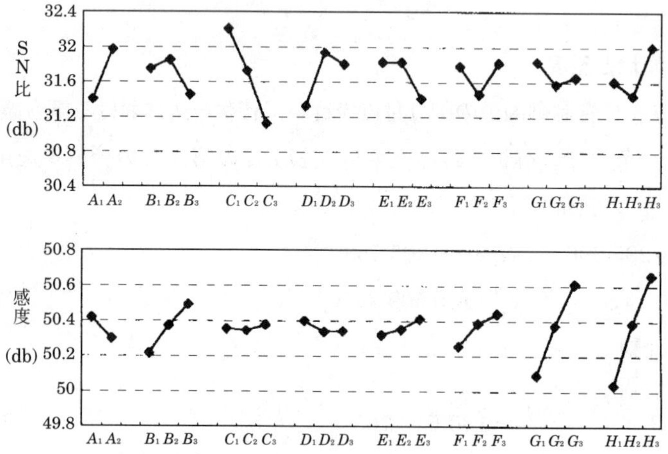

図 19.4　ピストンリップ部の SN 比と感度の要因効果図

表 19.5　ピストンリップ部のシミュレーションの利得の再現性

	SN 比（db）		感度（db）	
	推　定	確　認	推　定	確　認
最適条件	32.585	32.957	49.520	49.387
現行条件	31.107	31.632	50.437	50.340
利　　得	1.477	1.326	−0.917	−0.954

に利得の再現性は良好であることから，本研究及びここで使用した解析ツールの有効性は実証できたものと考える．また本研究の成果を具体的に示すため，以下の方法で利得の真値及び効果を算出した．

SN 比の利得の真値

$$\eta^* = 10^{\eta\ 利得/10} = 10^{1.326/10} = 1.357 \qquad (19.7)$$

感度の利得の真値

$$S^* = 10^{S\ 利得/10} = 10^{-0.954/10} = 0.803 \qquad (19.8)$$

平均値推定値

$$M = S^{*1/2} = 0.803^{1/2} = 0.896 \qquad (19.9)$$

すなわち，ばらつきは，1/1.357 つまり約 26% 低減，ピストンリップ部温度は，約 10% 低減することができる．

19.3　ピストンリップ部温度の許容差設計

パラメータ設計を行った結果，各寸法許容差に伴うピストンリップ部温度のばらつきを大幅に低減することができた．これは，品質損失の低減に伴うコスト改善の可能性を示したことをも意味する．しかし，真のコスト改善という観点から考えた場合，必ずしも現行の寸法許容差が最適条件にとって最適であるとは限らない．そこで，より高い経済効果を得るために最適条件の許容差設計を行った．

(1)　許容差設計の条件選定

許容差設計の条件を選定するために，まず最適条件を水準 2 としたときの

表 19.6　ピストンリップ部温度の最適条件を水準 2 としたときの直交表 L_{18} の解析結果

解析 No.	A	B	C	D	E	F	G	H	ピストンリップ部温度（°C）
1	1	1	1	1	1	1	1	1	292.090
2	1	1	2	2	2	2	2	2	294.435
3	1	1	3	3	3	3	3	3	296.931
4	1	2	1	1	2	2	3	3	298.361
5	1	2	2	2	3	3	1	1	294.042
6	1	2	3	3	1	1	2	2	293.420
7	1	3	1	2	1	3	2	3	298.816
8	1	3	2	3	2	1	3	1	294.672
9	1	3	3	1	3	2	1	2	294.553
⋮	⋮	⋮	⋮	⋮	⋮	⋮	⋮	⋮	⋮

各許容差を直交表 L_{18} に基づいた割り付けを行い，FEM 解析を実施した．その解析結果を**表 19.6** に示す．

この解析結果をもとに最適条件の分散分析を行い，各寸法許容差がピストンリップ部温度のばらつきに及ぼす寄与率を算出した．その結果を**表 19.7** に示す．寄与率が高かった因子は，G（冷却油温度の許容差）と H（シリンダ壁温度の許容差）であり，逆に寄与率が低かった因子は，D（燃焼室裏面肉厚の許容差）と E（燃焼室裏面すみ肉 R の許容差）であった．

そこで，寄与率の高かった G と H の水準の幅（許容差）を 1/2 倍に縮めた条件，及び寄与率の低かった D と E の水準の幅を 2 倍に広げた条件とについて，許容差設計を行うことにした．なお，G と H を 1/2 倍よりも縮めることは，冷却油とシリンダ壁温度のばらつきを低減させるために追加する温度調節装置の能力から考えると非現実的であり，また D と E を 2 倍よりも広げるとピストンと他部品との干渉が発生するため，前述した 2 つの条件を選定した．

許容差設計を行うに当たり，過去の量産実績等から以下の仮説を設定した．

仮説 1：対象エンジンの生産台数＝N 台/年

仮説 2：ピストンリップ部温度のばらつき

　　機能限界＝Δ_0°C

仮説 3：機能限界を越えた場合の補修に要する損失＝A_0 円/台

表 19.7　ピストンリップ部最適条件の許容差設計の分散分析表

要　因		自由度 f	変　動 S	分　散 V	寄与率 ρ (%)
A	A	1	4.512	4.512	7.710
B の 1 次項	B_β	1	7.090	7.090	12.116
B の残差	B_{res}	1	0.001 14	0.001 14	0.002
C の 1 次項	C_β	1	6.231	6.231	10.647
C の残差	C_{res}	1	0.050 63	0.050 63	0.086
D の 1 次項	D_β	1	0.128	0.128	0.218
D の残差	D_{res}	1	0.001 83	0.001 83	0.003
E の 1 次項	E_β	1	0.065	0.065	0.111
E の残差	E_{res}	1	0.003 32	0.003 32	0.005
F の 1 次項	F_β	1	11.685	11.685	19.966
F の残差	F_{res}	1	0.027 47	0.027 47	0.047
G の 1 次項	G_β	1	12.587	12.587	21.508
G の残差	G_{res}	1	0.000 12	0.000 12	—
H の 1 次項	H_β	1	16.138	16.138	27.576
H の残差	H_{res}	1	0.000 00	0.000 00	—
誤差	e	2	0.000 48	0.000 24	—
プールした誤差	e'	5	0.000 60	0.000 12	0.004
合計 T		18	58.520		100.000

仮説 4 ：G と H の水準の幅を 1/2 にするために追加する

温調装置のコスト＝ $C_{G,H}$ 円/台

仮説 5 ：D と E の水準の幅を 2 倍にしたときの

金型費低減額＝ $C_{D,E}$ 円/台

仮説 5 について説明を加える．D（燃焼室裏面肉厚）と E（燃焼室裏面すみ肉 R）は，ピストン製造時において金型成形される部分である．D と E の水準の幅を 2 倍にするということは，金型の使用回数が増えるに従い増加していく金型摩耗量の許容値を大きくできることを意味するため，金型耐久年数の延長が可能となる．したがって，年間当たりに必要となる金型の個数が減るため，台当たりの金型費を低減することが可能となる．

(2)　許容差設計による経済効果

前項で設定した仮説に基づき許容差設計を行うため，新しい 2 つの条件とともに現行条件と最適条件について，以下に示す式に従って計算を行った．ま

た，その結果をまとめて**表 19.8** に示す．

表 19.8　ピストンリップ部温度の許容差設計の損失の比較

	誤差分散	品質損失（円/台）	発生コスト（円/台）	総合損失（万円/年）
現行条件	5.43	18.2	基準	65
最適条件	3.44	11.5	0	42
G と H：1/2 倍	2.18	7.3	G, H コスト増	10 826
D と E：2 倍	3.48	11.7	D, E コスト減	−98

$$\text{全誤差分散} = \frac{S_T - S_m}{18-1} \tag{19.10}$$

（G と H の水準幅を 1/2 倍にした条件の）誤差分散

$$= \frac{S_T - S_m}{18-1} \times \frac{\frac{1}{4}\times(\rho_{G\beta}+\rho_{H\beta}) + \frac{1}{16}\times(\rho_{Gres}+\rho_{Hres}) + \rho_{A\beta} + \rho_{Ares} + \cdots + \rho_e}{100} \tag{19.11}$$

（D と E の水準幅を 2 倍にした条件の）誤差分散

$$= \frac{S_T - S_m}{18-1} \times \frac{4\times(\rho_{D\beta}+\rho_{E\beta}) + 16\times(\rho_{Dres}+\rho_{Eres}) + \rho_{A\beta} + \rho_{Ares} + \cdots + \rho_e}{100} \tag{19.12}$$

$$\text{品質損失} = \frac{A_0}{{\Delta_0}^2} \times \text{誤差分散} \tag{19.13}$$

$$\text{総合損失} = \frac{\text{品質損失} \times N + \text{発生コスト}}{10\,000} \tag{19.14}$$

最適条件は，現行条件と比べて誤差分散が低下（ピストンリップ部温度のばらつきが低減）しているため，品質損失の低下に伴い年間当たりの総合損失も低減した．G と H の水準の幅を 1/2 倍にした条件では，誤差分散が低下した分，品質損失も低下するが，冷却油とシリンダ壁温度のばらつきを低減するために必要な温調装置のコスト（$C_{G,H}$）が非常に高いため，総合損失では著しく上昇した．

一方，D と E の水準の幅を 2 倍にした条件では，誤差分散の上昇に伴い品質損失も若干上昇するが，前述した理由により金型費が安くなる分，新たな発生コスト（$C_{D,E}$）がマイナスの値となるため，4 つの条件の中では最も低い総合損失となった．したがって，パラメータ設計と許容差設計の実施により得られた経済効果は，現行条件の総合損失から D と E ：2 倍の総合損失を差し引いた，約 163 万円/年である．

19.4　ピストンリップ部シミュレーションの成果と今後の課題

ピストンリップ部の温度に着目して，パラメータ設計と許容差設計を行った．その結果，以下の成果を得ることにより，ピストンの信頼性（品質）とコスト両面からの最適化を図ることができた．

(1) 確認解析の結果，SN 比及び感度共に再現性は良好であることから，本研究及びここで使用した解析ツールの有効性が実証できた．

(2) 許容差によるピストンリップ部温度のばらつきを，現行比約 26% 低減することができた．

(3) ピストンリップ部温度を，現行比約 10% 低減することができた．

(4) 経済効果を，現行比約 163 万円/年引き出せる可能性があると推測できた．

ただし本研究では，ピストンリップ部の安定的温度低減に着目した研究にとどめており，真のピストン信頼性向上には至っていない．これを達成するには，熱的負荷のみならず機械的負荷をも考慮した総応力をいかに安定的に低減し，疲労寿命を向上させるかといった観点からの研究が必要と考える．この点については今後の課題としたい．

引 用 文 献

1)　樫本正章：ピストンの信頼性とコスト改善を狙った最適化，品質工学，Vol.8, No.5, pp.68–74, 2000

Q & A

Q19.1　本研究においては，熱の移動を基本機能としており，制御因子の中で$A \sim F$は熱伝導に関する因子で最適化により熱流の改善が期待できます．しかし，G及びHは熱エネルギー吸収に関する因子でガス温度との温度差が大きいとエネルギーの移動が多くなります．感度の要因効果図の第1・第2水準との差が第2・第3水準の差に比べて大きくなっているのはそのためでないでしょうか．制御因子G及びHに関しては水準ずらしが必要ではないですか．

A：ご指摘のとおり，G及びHはガス温度との温度差が大きく，水準間の感度差に格差が発生したのはそのためであり，理論的には水準ずらしを行うべき因子であったと思います．しかし確認解析を行った結果，SN比及び感度共に利得の再現性は良好であったことから，結果的に水準ずらしの必要性は低かったものと考えています．

Q19.2　SN比は望目特性で算出し，最適条件はSN比と温度の低い条件で選択しています．目標温度に対するSN比を算出すべきではないですか．温度の低い条件ならば望小特性となりますが，燃焼から考えて最適温度があるのではないでしょうか．

A：ご指摘の通り，目標温度に対するSN比を算出し最適条件を選択すべきであったと思います．しかしその目標温度の設定が極めて困難だったため，本研究で述べた手法を採用しました．なぜならば目標温度は，ピストンの材質や表面処理，燃焼室形状等から決定される信頼性面からの限界温度を設定すべきと考えており，それらのスペックが決定していない研究段階においては，その設定が極めて困難であったからです．また燃焼面からの最適温度は，出力や燃費，排気エミッション，NVH等の各性能によって異なるため，これらから目標温度を設定することも困難であったと考えています．

Q19.3　ピストンリップ部の温度のばらつき低減の効果を製造コスト低減に適用しています．燃焼の安定化による燃費改善，排気ガスの低減効果などへの適用の効果の方が更に大きいのではありませんか.

A：本研究で用いたピストンは研究段階であり，市場導入した際の燃費改善等による経済効果の試算は困難でした．したがって今回は，製造過程における経済効果についてのみ試算の対象としました.

Q19.4 現行条件と最適条件とでは中心温度（平均温度）が違っていますが，同じ損失関数で中心からの温度差だけで損失を計算してもよいのでしょうか．同じ温度差でも中心温度が違えば損失が違うように思われます.

A：ご指摘のとおり，現行条件と最適条件とでは中心温度が違うため損失も現実には異なると思います．最適条件ではピストンリップ部温度を現行比10% 低減できているため，高出力化が可能となり商品性もアップするので拡販の可能性が増します．本来ならばこの増益分等を加味した損失とすべきですが，研究段階ではこれを予測することが極めて困難であるため，温度のばらつきのみに着目した経済効果の算出を行いました.

第 20 章　融雪シミュレータによる融雪装置の最適化

融雪シミュレータとは，まさに北海道ならではの研究である．こうした地域に根ざした研究というのは，まだまだ考え得ることであり，しかもそれは一地域にとどまらないで，広い意味を持っている．発表当時は利得の再現性が不十分であったが，再検討することで利得の再現性を確保している．シミュレーションだからといって利得の再現性が不十分ということは，ハードウェアの実験とかわりなく起きることである．これを克服することが，シミュレーションの場合でも課題であることを示した研究である．

20.1　融雪シミュレータの技術的課題

北海道など雪国の地域にとって，道路の融雪技術は生活に密着した重要技術の 1 つである．融雪は，**図 20.1** に示す構造の道路に降り積もる雪を，路表面から数センチの深さに埋め込まれた温水パイプなどの発熱体により，路表面を一定温度以上に加熱して溶融する技術である．発熱体は，ヒートパイプ，導電性カーボン発熱体，電熱線等が使用され，いかにして最小のエネルギーで融雪できるシステムとするかが重要である．

しかし自然現象が相手であり実験条件の設定などに大きな困難が伴っていたため，冬期間に使用してみて雪の融け方を観察し（人による評価），使用したエネルギー量で効果を確認するのが一般的で，融雪技術に対する汎用性のある評価方法が定まっていない状況である．

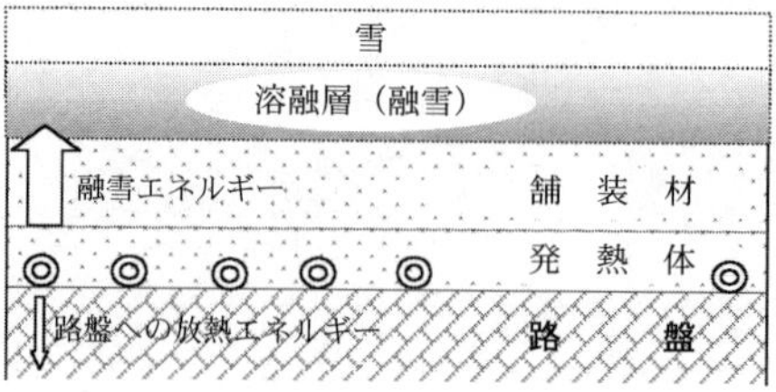

図 20.1　融雪のための道路の構造

本研究では発熱体の熱制御方法，あるいは発熱体から路面までの材質や寸法などを，融雪シミュレータを使用して，“総供給熱量”を信号とする場合，及び“加熱時間”を信号とする場合の 2 通りについて動特性による評価方法を適用した．また融雪装置は，路面の状況に応じて予熱，融雪，凍結防止等の制御を行っており，それぞれ制御要因（条件）が異なるため，融雪制御に絞って検討を進めた．

20.2　融雪シミュレータの実験 1（信号 *M*：総供給熱量）

総供給熱量を信号として，融雪水量で解析した．

(1)　基本機能

発熱体への総供給熱量が融雪エネルギーとして使用された結果が融雪水になると，**図 20.2** に示すように総供給熱量と融雪水量との関係が直線となる．したがって基本機能を，発熱体への総供給熱量（発熱量）と融雪水量（重量）の動特性関係として解析し，融雪装置としての最適条件を求めた．つまり，信号 M：総供給熱量（発熱量），出力 y：融雪水量（重量），比例定数 β とした．制御因子を**表 20.1** のように定め融雪シミュレータにより最適条件を求めた．誤差因子は，自然環境条件（N_1；暖冬期，N_2；厳冬期）とした．

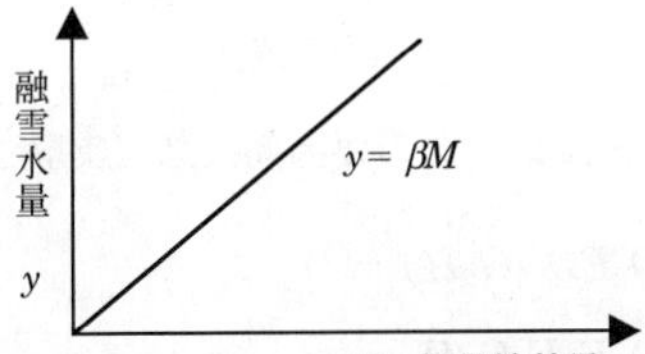

図 20.2　融雪シミュレータの総供給熱量を信号とした基本機能

(2)　パラメータ設計の結果

直交表 L_{18} により解析した結果を**図 20.3** に示す．この図から，因子 C, D, F は，連続する水準値を設定したが山や谷が発生しているため，交互作用が影響していると考えられる．さらに最適条件と初期条件を

表 20.1　融雪シミュレータの信号因子と制御因子
（実験1：総供給熱量）

信号	M	総供給熱量	100	200	300
制御因子	A	境界条件	0.5	1	—
	B	発熱量	小	中	大
	C	発熱周期	短	中	長
	D	パターン	1	2	3
	E	舗装厚	3	7	11
	F	舗装材（特性 A）	小	中	大
	G	舗装材（特性 B）	小	中	大
	H	路盤構造	A	B	C

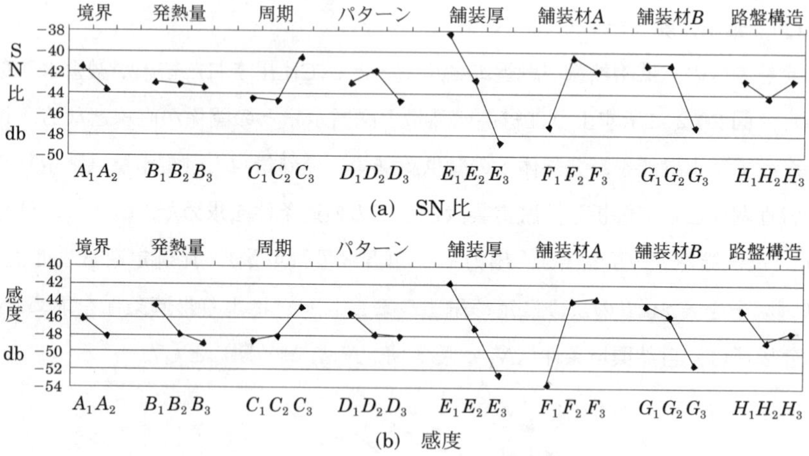

図 20.3　融雪シミュレータの要因効果図（実験1：総供給熱量）

最適条件：$A_2B_1C_3D_2E_1F_2G_2H_2$

初期条件：$A_2B_1C_1D_3E_2F_2G_2H_2$

と設定して確認実験を行ったところ，**表 20.2** に示すように，推定利得 11.4 db に対して確認利得が 1.6 db となり，実験そのものの再現性がなかった．

(3)　再現性について

再現性がなかった点について，供給エネルギーの観点から考えてみる．道路の融雪は，**図 20.4** に示すように舗装材の蓄熱効果，熱伝導遅れ等により，(a) の発熱体から供給された熱量が，(b) 路表面に伝わり融雪用の熱量となるまで

表 20.2　融雪シミュレータの利得の再現性
（実験 1：総供給熱量）

（単位　db）

	SN 比		感　度	
	推定	確認	推定	確認
最適条件	−29.2	−39.2	−34.7	−40.5
初期条件	−40.6	−40.8	−43.8	−44.7
利　　得	11.4	1.6	9.1	4.2

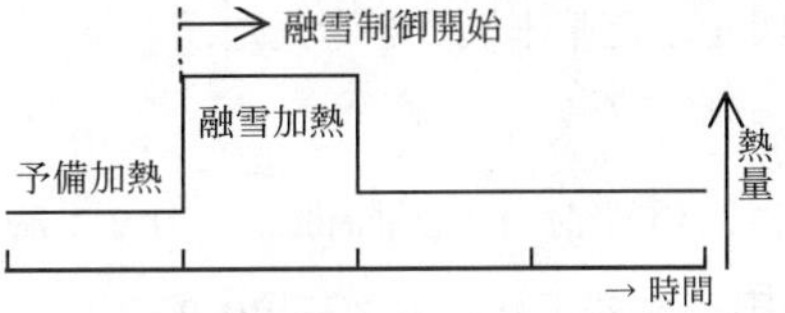

(a)　発熱体の加熱（供給熱量）

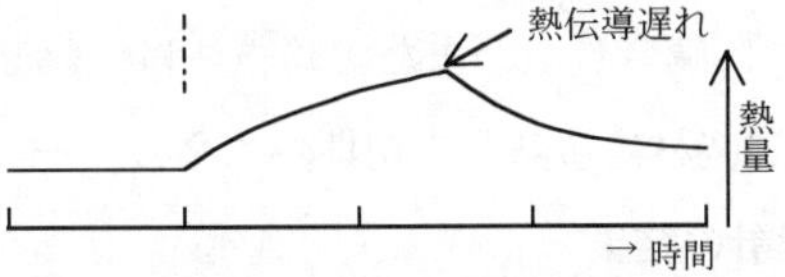

(b)　路表面の融雪熱量

図 20.4　融雪シミュレータの道路の熱伝導

に時間がかる．この対策として降雪開始前に路表面を融雪温度近くに保つ予熱制御（予備加熱）を行っており，本実験では融雪シミュレータに本制御を組み込んでいた．しかし本実験では，この融雪制御開始前の舗装材に蓄熱したエネルギーの影響について考慮していなかったため，再現性がない大きな原因となったと考えられる．

(4)　加熱時間について

図 20.3 の要因効果図で山谷とならなかった因子 B, E, G のうち，熱制御にかかわる発熱量（因子 B）は，B_3 より B_1 の小さい発熱量側が SN 比と感度が良くなる傾向を示している．しかし B_1 側による融雪制御は，朝降った雪を 1 日かけてゆっくり融雪するような事例を示唆しており，現実的な選択とならない．これは，融雪制御装置の機能で重視される融雪制御開始近傍の時間帯の融

雪能力，すなわち融雪水量の出力特性が気象条件により大きなばらつきが発生しやすい時間帯のデータが，実験番号ごとの全測定データに占める割合に差異があることが原因と考えられる．

20.3　融雪シミュレータの実験 2（信号 M ：加熱時間）

実験 1 では，信号 M を融雪の総供給熱量としたが，加熱時間の懸案を内包していることがわかった．そこで，加熱時間を信号とし，信号水準を融雪制御開始近傍の時間帯に設定した基本機能を考えた．

(1)　基本機能

実験 2 の基本機能は，信号 M ：加熱時間，出力 y ：融雪水量（重量），比例定数 β とした．制御因子を若干修正して**表 20.3** のように定め，誤差因子は，自然環境条件（N_1 ；暖冬期，N_2 ；厳冬期）と，制御因子 B, E, F, G から誤差条件を選定し N_1, N_2 に調合した．また実験方法は，舗装材の初期温度を一定条件とすることで，舗装材に蓄熱する初期熱エネルギー差をなくした．

(2)　パラメータ設計の結果

図 20.5 の要因効果図から最適条件と初期条件を

最適条件：$A_1B_3C_3D_3E_1F_3G_2H_1$

初期条件：$A_1B_1C_3D_3E_2F_1G_2H_3$

として確認実験を行った．利得の再現性を表 **20.4** に示す．SN 比の利得は，

表 20.3　融雪シミュレータの信号因子と制御因子（実験 2 ：時間）

信号	M	加熱時間	2	3	5
制御因子	A	路盤構造（幅 A）	1	2	—
	B	発熱量	小	中	大
	C	発熱周期	短	中	長
	D	パターン	短	中	長
	E	舗装厚	7	9	11
	F	舗装材（特性 A）	小	中	大
	G	舗装材（特性 B）	小	中	大
	H	路盤構造	A	B	C

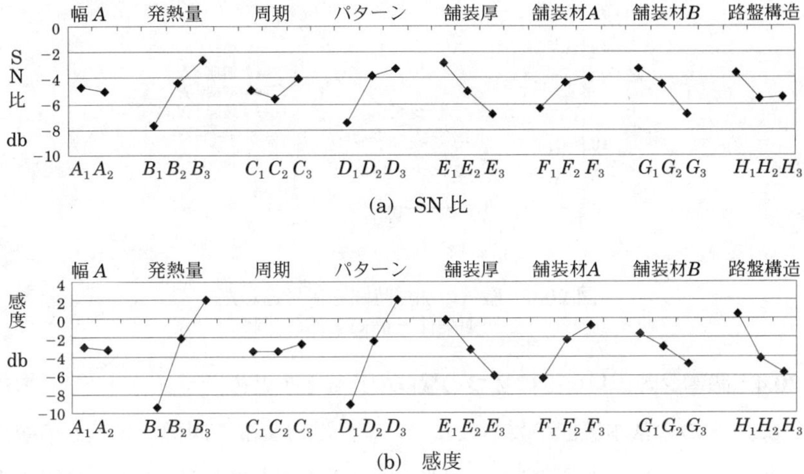

図 20.5　融雪シミュレータの要因効果図（実験 2 ：加熱時間）

表 20.4　融雪シミュレータの利得の再現性
（実験 2 ：時間）

（単位　db）

	SN 比		感　度	
	推定	確認	推定	確認
最適条件	4.6	4.9	17.0	13.1
初期条件	−7.1	−7.6	−9.2	−9.8
利　　得	11.7	12.5	26.2	22.9

推定値： 11.7 db に対して確認値 12.5 db (0.8 db 差）となり大きな改善効果と再現性が確認された．**図 20.6** に示す確認実験の結果データは，最適条件の融雪量が大幅に改善され，かつばらつきも改善されている．

(3)　再現性について

実験 1 と比較して図 20.5 の要因効果図の山や谷となっている部分が半減している．また発熱量が大きいほど SN 比が良く（信号 M ：加熱時間としたため），特に舗装厚が薄いほど SN 比（4.0 db）が良い傾向は，実機でも知られている点であり，実験が良好であったといえる．ただし，要因 C（周期）で山谷が依然あり，今後の検討課題として残っている．

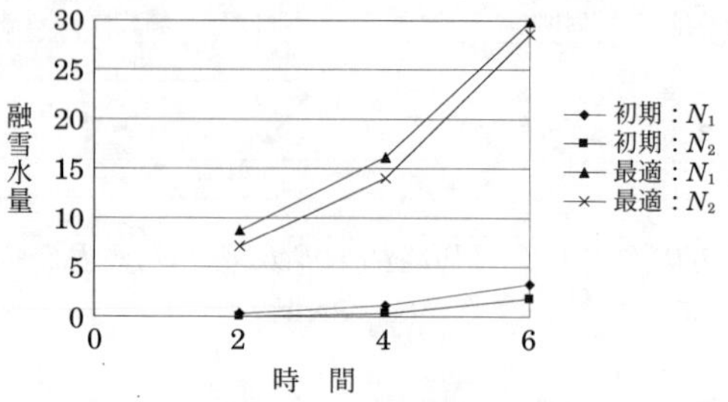

図 20.6　融雪の加熱時間を信号とした
初期条件と最適条件の比較

20.4　融雪シミュレータの 2 つの機能の比較とまとめ

ここで 2 つの基本機能の妥当性について，融雪装置を制御システムの観点から再考してみた．融雪装置は，道路表面に降る雪を熱により溶融して融雪水にする機能で，入力が発熱量で出力を融雪のみに使用された熱量とすれば，**図 20.7** に示すような制御システムとなる．図 20.7 は，道路構造と融雪の基本システム（基本回路）と，道路に降った雪の溶融必要な熱量をセンシングして発熱量を修正するシステムの 2 つのサブシステムから構成される．

基本システムは，外気温度・風速・熱放射等の環境ノイズにより融雪水量のばらつきがあり，かつ供給熱量に比べて舗装体の蓄熱容量が大きいので応答性が非常に悪いので，修正するシステム側からの修正量が増加するのみでなく，修正に時間がかかり無駄なエネルギーを浪費する懸案がある．

本研究は，道路構造と温度制御の 2 種類の制御因子を選定し，融雪シミュレータが融雪のみに使用された熱量を出力できないので融雪水量を代用として

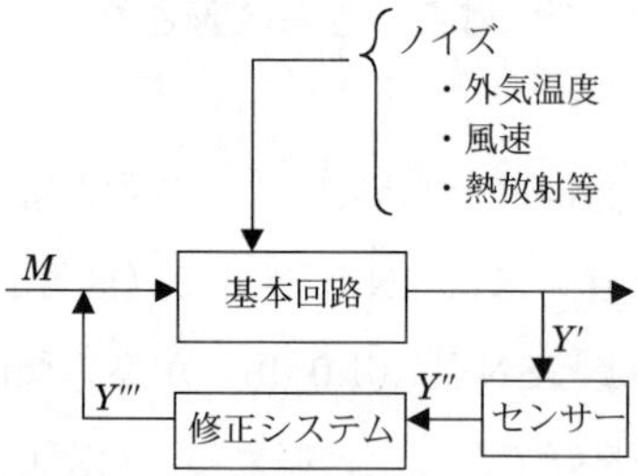

図 20.7　融雪シミュレータの制御システム

基本システムについて研究を行った．したがって基本システムは，まず制御応答の改善が必要となり，信号を総供給熱量とするより加熱時間とする実験2の基本機能が妥当であったと考える．このようにサブシステムの改善を行ってから融雪装置全体としての基本機能を，信号 M：総供給熱量，出力 Y：融雪水量として検討するのが妥当と考える．

以上のことから，融雪装置という自然現象を対象としたシステムに融雪シミュレータを使用して，動特性による評価を行うことにより，融雪にかかわるパラメータの有効性やパラメータ間の関連に関する様々なデータを得ることができた．

これまで融雪シミュレータの，より有効な活用を模索していた経緯があっただけに，各制御因子の効果が数値化できたことは，今後の融雪装置開発に大きな効果をもたらすことが期待できる．また融雪装置の開発は，1つの実験に数百万円の費用と，設定条件に遭遇する期間が必要となり，結果が出せるまで数年かかる場合もあった従来の試行錯誤による開発に比べ，期間と費用の大幅な削減ができ，地域社会への貢献（省エネルギー化）が期待できる．今回は，基本システムの融雪機能に関して研究を行ったが，融雪制御終了後の凍結防止・予熱制御等の場合の検討や，基本システムを含むセンシングと修正システムも含めたトータルな融雪装置開発を進めていきたい．

引 用 文 献

1)　伊藤　満，手島昌一：融雪シミュレータによる融雪装置の最適化，品質工学，Vol.11, No.6, pp.64–69, 2003

Q & A

Q20.1　実験1の考察で，予備加熱制御による影響を取り除いた場合の熱エネルギーによる評価は行わなかったのですか．

A：実験1の成果が芳しくなかったので，基本機能を変更して実験2を実施しているので実験 1 からの改善データはありませんが，実験 2 のデータを使用した事例を**表 20.1***に示します．SN 比の再現性が実験 2 と比べて同等レベルに改善していますが，感度の再現性が悪い結果となっています．

表 20.1*　融雪シミュレータの予備加熱の影響を除いた利得の再現性（実験 2：総供給熱量）

（単位　db）

	SN 比		感　度	
	推定	確認	推定	確認
最適条件	−19.4	−20.2	−25.9	−25.6
初期条件	−22.7	−24.2	−30.3	−26.2
利　　得	3.3	4.0	4.4	0.6

Q20.2　なぜ基本機能を供給熱量に対する道路表面の発熱量としないで，融雪水量としたのですか．

A：融雪現象は，路表面の温度が一定以上にならないと発生しない点と，気象条件により融雪する量も変動すると考えて，融雪水量としました．

Q20.3　図 20.6 で最適化しても融雪水量のラインに非線形部分が残っていますが，理由は何ですか．

A：融雪制御を開始しても舗装体を融雪温度以上まで加熱する必要があるので，**図 20.1*** の斜線部分が無駄な熱エネルギーとして消費されてしまうためです．

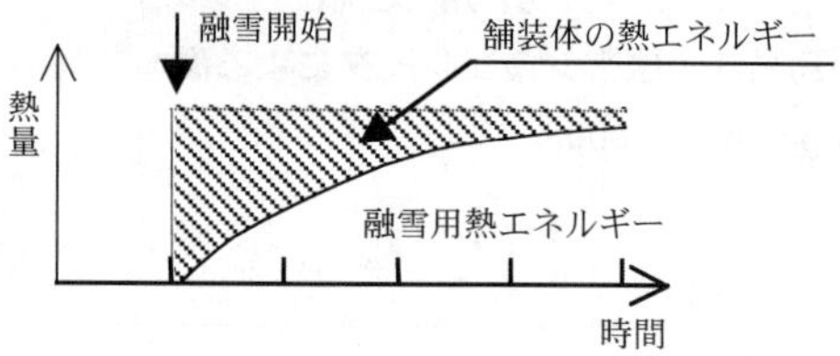

図 20.1*　融雪における舗装体の熱エネルギー

Q20.4　予備加熱制御は，本来大きな制御因子となるのではないでしょうか．

A：言われたように制御因子となると思いますので，今後の研究の中で検討したいと思います．

Q20.5　融雪シミュレータとは，どのようなものですか．また，シミュレーションに要する時間はどれくらいですか．

A：融雪シミュレータは，路盤内を 2 次元非定常熱伝導モデルとして差分法で計算し，路表面での融雪現象を簡易的に考慮したモデルで計算するロードヒーティング専用の熱解析プログラムです．計算自体は，1 次元モデルとして計算しており短時間で終了しますが，計算用データの設定・集計を手作業で実施しているため，3 日程度かかります．

第 21 章　デジタル放送用チューナの安定性設計

電子回路にとって，シミュレーションは不可欠の道具である．すでに『電子・電気の技術開発』（日本規格協会，2000）にシミュレーションの事例が紹介されている．本研究は 2000 年に標準 SN 比が紹介されたときの初めての事例である．チューナは目的の電波をチューニングする機能であり，その安定性は出力と周波数（半値幅も含めて）の安定性を改善しなければならない．出力よりも周波数（位置と幅）の安定性を調べてほしかった．その場合，ノイズは少なくとも 2 個は必要になる．N_1, N_2 では不十分であるという問題がある．

21.1　放送用チューナの課題

近年，各種放送は急速にアナログからデジタル放送に移行しつつある．デジタル放送では，高品質，多チャンネル化，双方向性など，アナログ放送ではできなかったサービスが可能となる．このため，今後はデジタル放送に対応したチューナの設計が必要になる．

図 21.1 は，デジタル放送用チューナの簡易ブロック図である．前段は，フロントエンド回路と呼ばれ，アンテナから入ってくるさまざまな電波から，希望する電波だけを取り出して増幅し，不要な信号を排除する働きをする．後段のデコード回路は，デジタル処理によって，オーディオ信号やデータ信号を取り出す復調回路である．

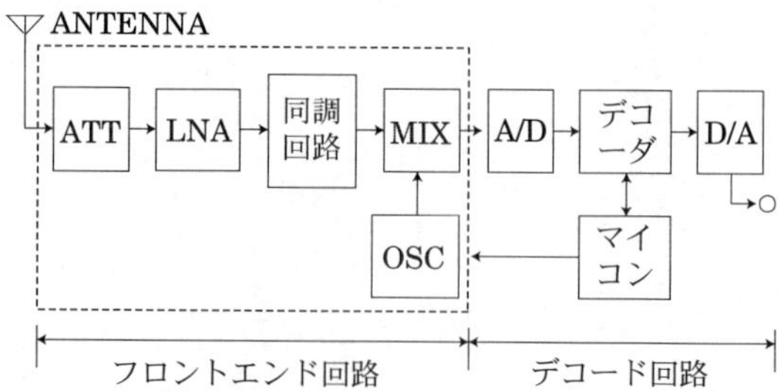

図 21.1　放送用チューナの構成

破線部のフロントエンド回路はアナログ放送・デジタル放送とも，同様な回路構成であるが，後段の復調システムが全く異なるため，これに対応した設計が必要となる．さらにこのフロントエンド回路，特に同調回路部は，ばらつきが大きい回路で，設計者がカット・アンド・トライで回路定数を決めているのが現状である．今回は，標準 SN 比の考え方を応用して新しい 2 段階設計手法を用い，同調回路部を中心に安定化設計の検討を行った．

21.2 放送用チューナの同調回路の基本機能とデータ変換

同調回路の構成例を**図 21.2** に示す．本システムでは，LC で構成する同調回路を 2 段使った複同調回路としている．それぞれの同調回路は，チューニング電圧 VT で制御している．1 つの同調回路は $L_1 \cdot C_3 \cdot D_1$ で構成し，その共振周波数 f は

$$f = \frac{1}{2\pi\sqrt{LC}} \tag{21.1}$$

で決まる．C は，C_3 と D_1 の合成容量となる．D_1（可変容量ダイオード）はチューニング電圧 VT の電圧によって容量を変化させることによって，受信周波数にあわせた共振周波数に変化させる．

可変容量ダイオードに印加するチューニング電圧 VT を変化させることで，

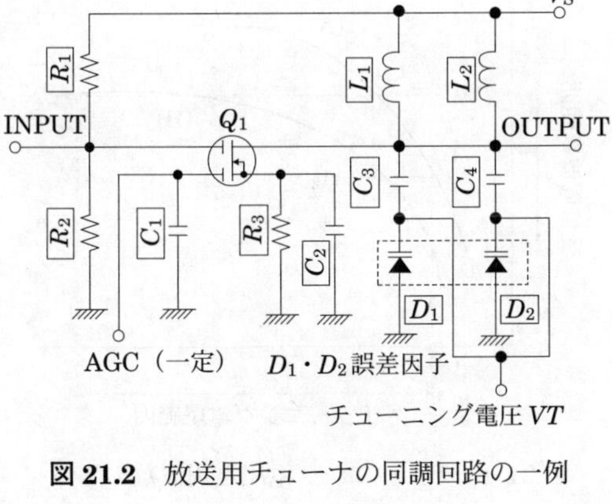

図 21.2 放送用チューナの同調回路の一例

図 21.3 に示すように受信周波数に応じてフィルタ特性を変化させる．このとき，受信周波数とフィルタの中心周波数 f_C が一致し，かつどの周波数においても同一の減衰特性をもつことが理想的な特性である．すなわち，受信周波数のみフィルタで取り出し，その他の不要な信号は排除するための機能である．

また，**図 21.4** にはチューニング電圧と周波数の関係を示す．同じ周波数範囲を得るのに（A）の特性では，狭い電圧範囲で動作可能だが，電圧変化に対する周波数変化 Δ_1 が大きいため，不安定な特性といえる．（B）では，広い電圧範囲を必要とするが，電圧変化に対する周波数変化 Δ_2 が緩やかなので，安定した特性が得られる．デジタル放送用受信機ではこの安定性が重要であり，基本的に（B）の特性が望ましい．しかし，使用するデバイスの低電圧化など

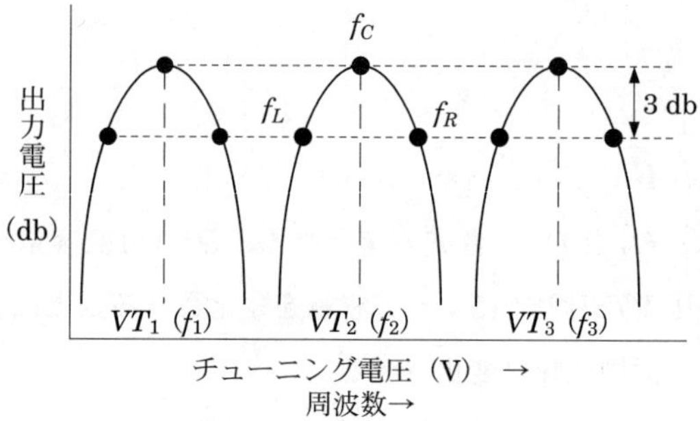

図 21.3　放送用チューナの同調回路の特性

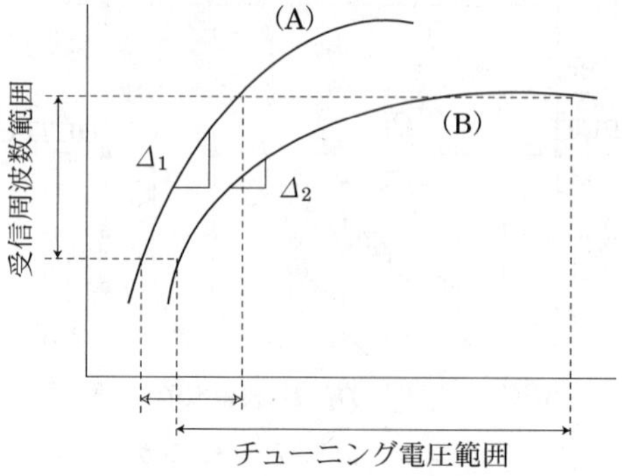

図 21.4　チューニング電圧と周波数の関係

の関係で（A）の特性を使わざるを得なくなっている．このため，（A）の特性でも安定した特性が得られる回路設計が必要になる．アナログ放送ではこの特性はあまり考慮する必要はない．

したがって，安定した特性を得るためには，**図 21.5** に示すように，チューニング電圧と共振周波数の関係がリニアであることが理想と考え，この特性を重視した．これまでの方法としては，図 21.5 の関係からチューニング電圧と周波数との 1 次比例式で解析を行い，SN 比からばらつきの少ない条件を求め，次に感度解析を行って特性合わせを行う手順の 2 段階設計を行うことになる．

しかし，ここでは，再現性を高め，チューニングを簡単にするために以下のような解析を行った．標準条件におけるチューニング電圧と共振周波数の関係が**図 21.6** の実線であったとする．誤差条件でプラスマイナスに振らせることで，破線のようなばらつきが発生する．この標準条件と誤差条件が一致すれば，誤差条件によるばらつきがないということになる．この関係を書き直したものが**図 21.7** であり，標準条件における周波数を信号として，出力を誤差条件における周波数として，この関係が 1 対 1 となることがすなわち，ばらつきが 0 であるのが理想である．これから SN 比を求めた．

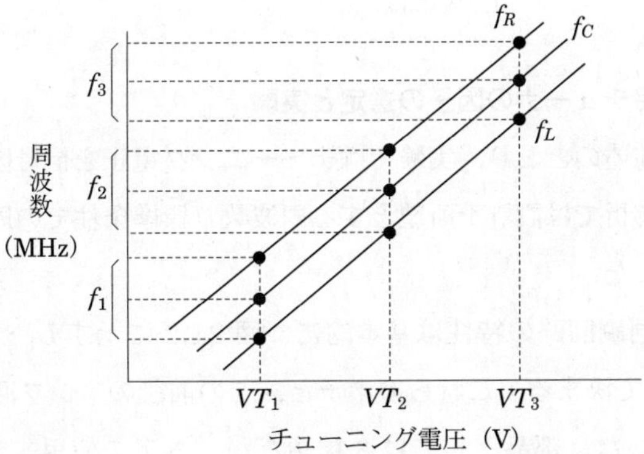

図 21.5 チューニング電圧と共振周波数の関係

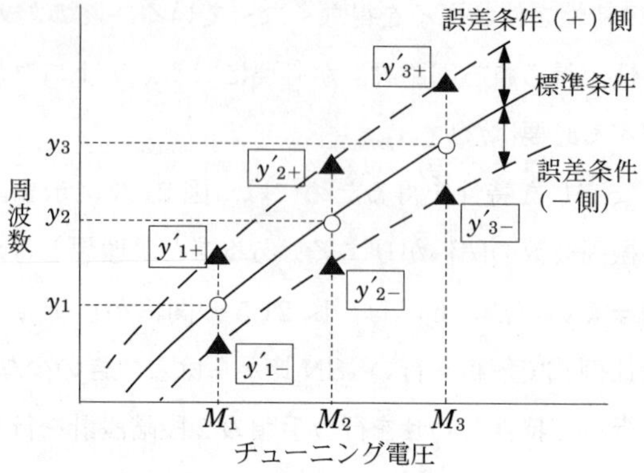

図 21.6　放送用チューナの基本機能

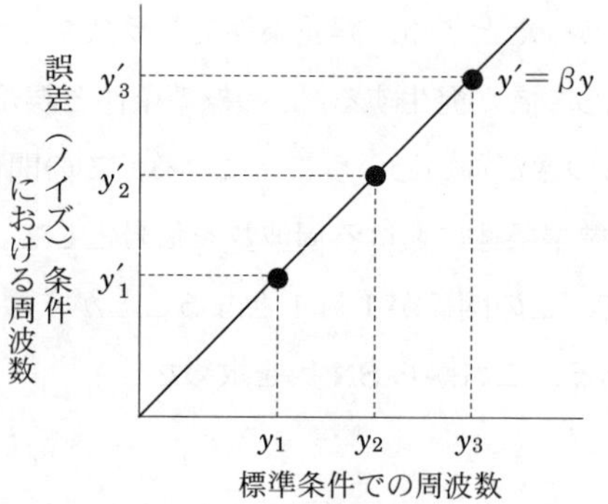

図 21.7　放送用チューナの標準条件と誤差条件の出力の関係

21.3　放送用チューナの因子の選定と実験

信号因子は前述のとおり，実験ではチューニング電圧を信号因子として測定を行ったが，解析では設計上所望とする周波数（標準条件での周波数）を信号因子として扱った．

制御因子は同調回路の特性は基本的に，図 21.2 に示す L_1・L_2・C_3・C_4・D_1・D_2 によって決まる．これらの素子と，その前段のアンプ回路の一部素子を制御因子とした．部品としては 8 種類だが，ペアで使用する部品もあり，**表 21.1** のように，制御因子としては 6 種類となる．これを直交表 L_{18} に割り

表 21.1　放送用チューナのシミュレーションの制御因子と水準

因子＼水準		1	2	3
A	L_1/L_2	A_1	A_2	—
B	R_1/R_2	B_1	B_2	B_3
C	R_3	C_1	C_2	C_3
D	C_3	D_1	D_2	D_3
E	R_1	E_1	E_2	E_3
F	C_4	F_1	F_2	F_3

付けた.

誤差因子は今回の実験では，可変容量ダイオード D_1・D_2 を誤差因子とした．この可変容量ダイオードは，すでに使用する部品は決まっており，またこの部品のばらつきによる特性への影響が大きいため，誤差因子として扱うことにした（メーカーからばらつきサンプルを入手）．温度を誤差因子とすべきとも考えたが，今回のノイズで十分代用できると判断し，温度による実験は省略した.

今回の実験は同調回路部の回路素子を制御因子としているが，システム間の接続も考慮し，フロントエンド全体で測定を行っている．測定はチューニング電圧を 3 水準で振らせ，そのときに得られる共振周波数を，ネットワークアナライザを用いて回路の入出力伝送特性（周波数に対する入力と出力信号のレベル比）を観測した．この結果から 3 つの同調特性における，ピークレベル (f_C) 及びピークから 3 db 減衰した点（f_L, f_R）を読み取った．直交表 L_{18} に割り付けた 18 通りの組合せに誤差因子 2 通り，チューニング電圧 3 通りで，計 108 回の実験を行った.

21.4　放送用チューナのデータ解析

各条件における実験データを，**表 21.2** のような構成に並べ替えた．$y_1 \sim y_3$ は，標準状態の周波数の値で，ピークレベルの周波数を N_1, N_2 で振らせたときの平均値とした．W_1, W_2 は 3 db 減衰したポイントの周波数 f_R, f_L でこれは

表 21.2　実験データの構成（SN 比解析）

		y_1	y_2	y_3	L
W_1	N_1	y_{11}	y_{12}	y_{13}	L_1
	N_2	y_{21}	y_{22}	y_{23}	L_2
W_2	N_1	y_{31}	y_{32}	y_{33}	L_3
	N_2	y_{41}	y_{42}	y_{43}	L_4

標示因子的な扱いとした．この f_R, f_L における周波数の測定データを $y_{11} \sim y_{43}$ とした．この結果から以下の式より，SN 比を計算した．

全変動　$S_T = {y_{11}}^2 + {y_{12}}^2 + \cdots + {y_{43}}^2$　　(f=12)　(21.2)

線形式　$L_1 = y_1 y_{11} + y_2 y_{12} + y_3 y_{13}$　　(21.3)

$L_2 = y_1 y_{21} + y_2 y_{22} + y_3 y_{23}$

$L_3 = y_1 y_{31} + y_2 y_{32} + y_3 y_{33}$

$L_4 = y_1 y_{41} + y_2 y_{42} + y_3 y_{43}$

有効除数　$r = {y_1}^2 + {y_2}^2 + {y_3}^2$　　(21.4)

比例項の変動

$$S_\beta = \frac{(L_1 + L_2 + L_3 + L_4)^2}{4r} \quad (f=1) \quad (21.5)$$

比例項の誤差因子の差の変動

$$S_{N\times\beta} = \frac{(L_1 + L_3)^2 + (L_2 + L_4)^2}{2r} - S_\beta \quad (f=1) \quad (21.6)$$

比例項の周波数の差の変動

$$S_{W\times\beta} = \frac{(L_1 + L_2)^2 + (L_3 + L_4)^2}{2r} - S_\beta \quad (f=1) \quad (21.7)$$

誤差変動　$S_e = S_T - (S_\beta + S_{N\times\beta} + S_{W\times\beta})$　　(f=9)　(21.8)

誤差分散　$V_e = \dfrac{S_e}{9}$　　(21.9)

総合誤差分散

$$V_N = \frac{S_e + S_{N\times\beta}}{10} \tag{21.10}$$

SN 比　$$\eta = 10\log\frac{\frac{1}{4r}\left(S_\beta - V_e\right)}{\frac{1}{4r}V_N}\ \text{(db)} \tag{21.11}$$

また，**表 21.3** の目標値に対する標準状態の値の関係から，比例項，2 次項の β_1, β_2 を求めた．

表 21.3　実験データの構成（感度解析）

目標値	m_1	m_2	m_3
標準状態の値	y_1	y_2	y_3

線形式　$$L_1 = m_1y_1 + m_2y_2 + m_3y_3 \tag{21.12}$$

$$L_2 = \left(m_1^{\ 2} - \frac{K_3}{K_2}m_1\right)y_1 + \left(m_2^{\ 2} - \frac{K_3}{K_2}m_2\right)y_2 + \left(m_3^{\ 2} - \frac{K_3}{K_2}m_3\right)y_3 \tag{21.13}$$

定数　$$K_2 = \frac{1}{3}\left(m_1^{\ 2} + m_2^{\ 2} + m_3^{\ 2}\right) \tag{21.14}$$

$$K_3 = \frac{1}{3}\left(m_1^{\ 3} + m_2^{\ 3} + m_3^{\ 3}\right) \tag{21.15}$$

有効除数　$$r_1 = m_1^{\ 2} + m_2^{\ 2} + m_3^{\ 2} \tag{21.16}$$

$$r_2 = \left(m_1^{\ 2} - \frac{K_3}{K_2}m_1\right)^2 + \left(m_2^{\ 2} - \frac{K_3}{K_2}m_2\right)^2 + \left(m_3^{\ 2} - \frac{K_3}{K_2}m_3\right)^2 \tag{21.17}$$

1 次項の係数

$$\beta_1 = \frac{L_1}{r_1} \tag{21.18}$$

2 次項の係数

$$\beta_2 = \frac{L_2}{r_2} \tag{21.19}$$

21.6　放送用チューナの要因効果図と最適条件のチューニング

SN 比を計算し**図 21.8** の要因効果図を作成した．また，β_1, β_2 の要因効果図を**図 21.9**，**図 21.10** に示す．β_1 は感度で，特性の傾きを決めるものであるが，この実験では，信号（チューニング電圧）を変えることで，傾きの調整はできるので，β_1 は考慮しないこととした．β_2 は 2 次項であり，この値が 0 に近いほど，リニアな特性が得られることを示している．本実験では，ばらつきの低

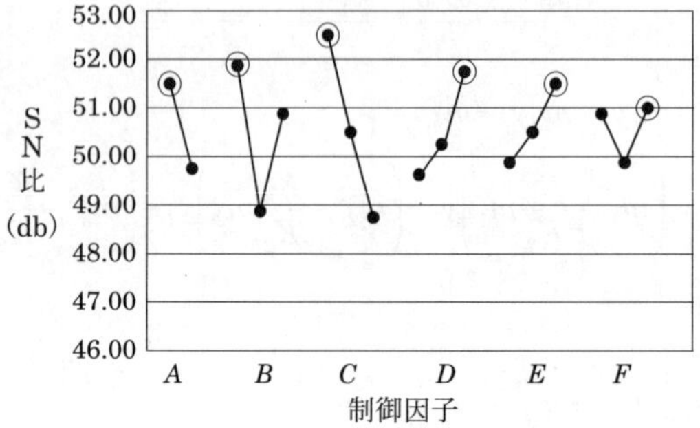

図 21.8　放送用チューナの SN 比の要因効果図

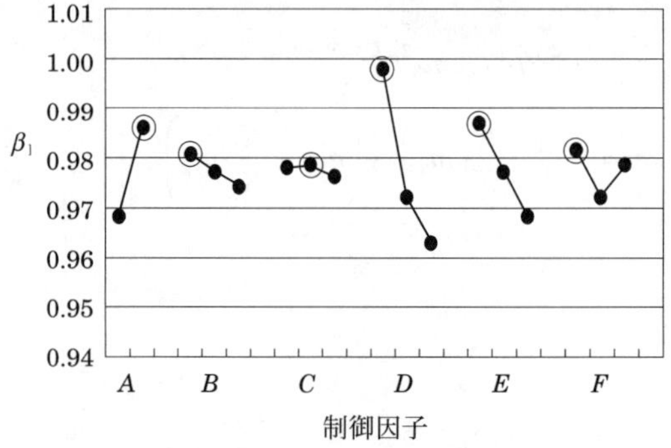

図 21.9　放送用チューナの β_1 の要因効果図

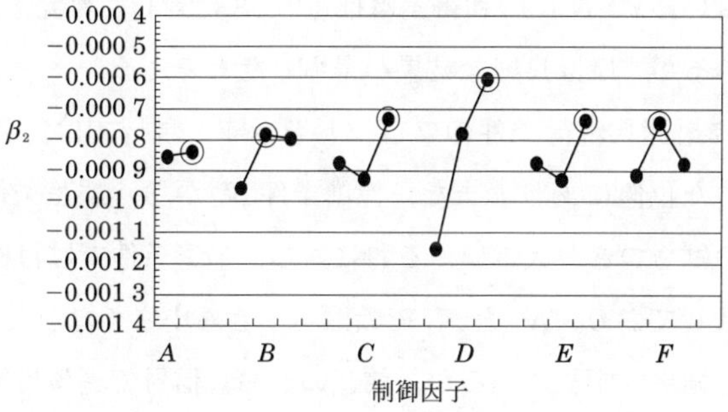

図 21.10　放送用チューナの β_2 の要因効果図

減と直線性を重視しているので，最適条件を決めるにあたって，SN 比と β_2 を考慮した．

SN 比での最適条件：$A_1, B_1, C_1, D_3, E_3, F_3$

β_2 での最適条件：$A_2, B_2, C_3, D_3, E_3, F_2$

今回検討した同調回路に直接関係する因子は，A, D, E であり，この 3 つは SN 比と β_2 の両方を考慮した．また，B, C, F の因子は SN 比を優先した．この結果より最適条件は，

$$A_1, B_1, C_1, D_3, E_3, F_2,$$

となり，結果的には SN 比の最適条件と同一であった．

21.7　放送用チューナの確認実験とまとめ

現行条件は $A_1, B_3, C_2, D_2, E_3, F_2$ であり，この条件と最適条件について，確認実験を行った．結果を**表 21.4** に示す．感度については推定と確認で利得が

表 21.4　確認実験結果

	SN 比		感度	
	推定	確認	推定	確認
最適条件	57.17	52.31	0.03	−0.12
現行条件	51.59	49.12	−0.47	−0.53
利　得	5.58	3.19	0.50	0.41

ほぼ一致している．SN比の利得差は推定5.58に対し，確認3.19でやや再現性に問題はあるが，ほぼ良好な結果が得られたと考える．

図21.11に最適と現行条件のプロットを示す．現行では，目標値から測定データがずれた位置にあり，また，標準条件N_0から，誤差条件N_1・N_2で振らせたときのばらつきが大きい．これに対し，最適条件では目標値と測定データがほぼ一致しており，N_1とN_2でのばらつきも小さくなっている．傾きは，目標値と測定結果でずれているが，前述のとおり信号で調整可能であり，この段階では考慮していない．以上の結果より最適条件に設定することで，ばらつきを低減でき，目標値に近づけられることを確認できた．

今回，品質工学を用いてチューナの同調回路のばらつき低減の検討を行った．

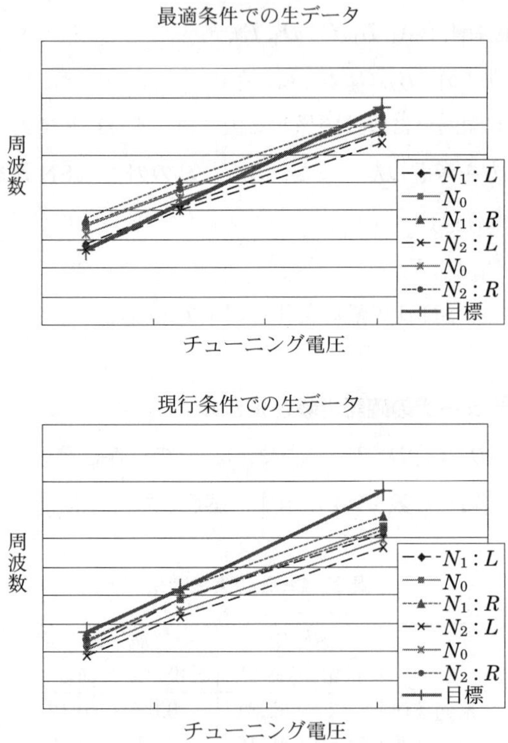

図21.11　放送用チューナの最適と現行条件における生データ比較

前述のとおり，不安定要素の多い回路であるが，再現性のあるデータを得ることができた．今後は，シミュレーションによるパラメータ設計（今回は実際の基板を用いて実験を行ったので，因子数を増やせなかった），また β_2 を0に近づけるチューニング方法などの検討を進めていきたい．

引用文献

1)　福岡信弘：デジタル放送用チューナの安定性設計，品質工学，Vol.11, No.5, pp.40–45, 2003

Q & A

Q21.1　標準条件のチューニングでは理想の出力を信号としていますが，このテーマは信号をそのまま使っているのはなぜですか？　この解析では，今までの $\beta \times M_{res}$ を見ているにすぎず，意味がないのではと感じるがどうなのでしょうか？

A：確かに標準条件とはノイズのない理想の状態であると考えますが，本実験では可変容量ダイオードをノイズとして上下限の特性値のものを使用しています．理想的には中間値の特性をもつダイオードが良いように思いますが，必ずしも中間値がノイズのない条件とはいいきれません．このため，実験上，理想条件を作ることは困難なため，データの平均値を標準条件としました．また，本実験では標準条件における周波数を信号とし，誤差条件における周波数を出力として解析していますので，$\beta \times M_{res}$ の考え方とは異なると考えます．

Q21.2　β_1, β_2 の意味を教えて下さい．

A：標準SN比の考え方では，非線形も誤差として扱いました．β_1 は1次項で従来の β と同じ感度を表します．β_2 は2次項で，この β_2 を0に近づけることで非線形性を改善できます．

Q21.3　周波数の安定性を，振幅を中心に見られていますが，挿入損失（エネルギー）や群遅延（又は位相）での考察はされたのでしょうか？

A：本実験の目的は中心周波数を変化させたときの各フィルタ特性（中心周

波数と減衰特性）を一致させることであり，振幅のみで解析を行いました．減衰特性を合わせられれば位相特性もそろえられると考えています．挿入損失は伝送特性の測定結果からデータを得られますが，今回は考慮していません．挿入損失や遅延（位相）特性は，個々のフィルタ特性の問題なので，別の論点であり，別途検討が必要と考えます．

Q21.4 周波数の安定性は，周波数の機能と振幅（パワー）の機能の両方を見ることが大切といわれています．今回の実験では，両方を同時に評価したことになるのでしょうか？

A：チューナの同調回路は，ユーザーが選択した受信周波数に合わせて同調フィルタが移動する一種のトラッキングフィルタです．本実験では各受信周波数においてフィルタの形（減衰特性）を安定化とばらつきの低減を目的として，フィルタの中心周波数及び3 db帯域幅における周波数のゲインを測定して解析を行っています．この観点からは周波数と振幅の両方を評価していると考えています．ただし，フィルタの中心周波数が希望する受信周波数に合っているかまでは評価していないため，周波数の機能評価としては十分ではないと考えています．

Q21.5 ノイズとして外部負荷や温度や劣化条件などの使用条件をとった方がよかったのではないでしょうか？

A：指摘のとおりと考えていますが，今回検討した回路はチューナの一部の小規模な回路です．この回路の中で特性の変動に一番影響するのが，誤差因子として選んだ可変容量ダイオードであると考えています．このダイオードは，コンマ数pFオーダのばらつきが同調回路の特性変化に影響してきますが，設計者はこのばらつきをコントロールすることはできません．回路の場合，温度変化は部品の定数変動として現れてきますが，その中でもやはりこの可変容量ダイオードの影響が大きいので，まずこの影響を調べておけば温度の代用になると考えました．ただし，もう少し大きな回路規模で実験を行う場合には，温度や他の環境条件をノイズとする必要があると考えています．

第 22 章　化学反応における反応選択性と機能窓法の適用

本研究はアメリカン・サプライヤー・インスティチュート（ASI）のタグチメソッドシンポジウムで発表されたものである．著者の H. Rüfer 氏については本文のあとの翻訳者の言葉を参照してほしい．化学反応のシミュレーションについての論文は数が少ないし，日本の品質工学の研究成果と発表の形式が異なり，Q&A もないことから十分に分からないところもある．しかしこの研究では，実際に製造工程を立ち上げたことまで述べている点が注目されるところである．

22.1　化学反応の評価の課題

化学反応の目的で重要なことは，高い生産性と収率を得ることである．化学反応では，中間生成物を扱う際，原料の大部分が，なるべく高品質の付加価値のある目的製品として生産され，かつ副反応が少ないのが理想であるが，発生した副反応は CO_2 や水のような低エネルギーレベルの生成物に帰着しないことが多いといえる．この種の反応システムは，基本的に以下の 3 つの反応段階から構成されている．

① 原料

② 中間生成物と目的生成物

③ 副生成物

特に，添加触媒は目的反応の促進のために使われる．また，それらの役割は望まない副反応を抑えるか，次反応以下における中間生成物の消費を促すかのどちらかになる．触媒の特性は，その寿命と，最もコスト高な原料に対する化学的選択性に関連した生産性に基づいて判断されるべきである．また化学の観点から見ると，反応システムは未反応原料と副生成物を多少犠牲にして，中間生成物を最大にするというトータル的なもので評価されるべきである．この二律背反的である点が，品質工学の機能窓法の概念の定義と等しいと考えることができるといえる．この研究における実際の化学反応は，製品であるビニルアセテート（VAM）を例にして用いており，この生産設備は年 160 kt の生産能力のあるプラントである．しかし実物実験では，連続生産の中断が起こるために大きなリスクを伴うので，これらの反応が起こる化学反応とそのプロセスについて，完全なシミュレーションモデルを作成し，それについて述べることとし，さらにここでは生産率と選択性に関する予測を，実生産データと比較して行うこととする．加えて，化学的選択性と機能窓法のモデルの類似性を示すが，それについては後述する．

22.2　ビニルアセテートの工業生産

VAM（Vinyl Acetare Monomer）の反応は，工業スケールでは気相反応である．VAM プラントの複雑な構造は**図 22.1** のスキームで示される．

エチレンと副反応と固相触媒の酸素との反応では，式 (22.1) のように VAM と水を生成する．

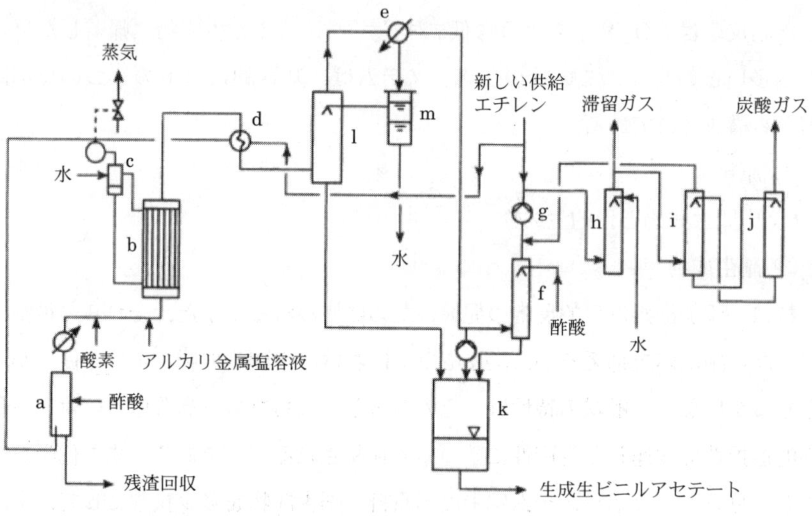

a) エバポレーター，b) 反応器，c) 蒸気ドラム，d) 熱交換器，e) 冷却器，f) スクラバー，
g) 気体圧縮器，h) 水洗浄，i) アルカリ洗浄，j) アルカリ再生，
k) 生成生 VAM 回収器，l) 予備水酸化カラム，m) 固液分離器

図 22.1　VAM 生成工程のエチレンガス気相反応プロセス

$$CH_3COOH + C_2H_4 + \frac{1}{2}O_2 \rightarrow VAM + H_2O \tag{22.1}$$

この反応に適した触媒と想定される反応シーケンスは既に公表されている[1), 2)]．エチレンのCO_2，水への直接反応の点から，エチレンアセテート，エチリデンアセテート，さらに酸化されたVAMのような副反応物などの反応が競合して起こる．ここでは主な副反応を考慮すべきであるといえる．

$$C_2H_4 + 3O_2 \rightarrow 2CO_2 + 2H_2O \tag{22.2}$$

式(22.2)で示される反応は，エチレンの反応速度が低いために，1パスの収率はかなり低くなる．この意味は，大部分のエチレンが反応せずに系に残ってしまうということである．そこで正味の生産アウトプットを最大にするため，未反応物は連続プロセスとして系内の反応機へ循環ガスとしてフィードバックするようにした．よってVAMと他の生成物は系内に定常性を維持しながら，そこで抽出・反応することになる．しかし実際の実験を行うには，以下のことからかなり困難である．

(1) 生産スケールでは反応の平衡状態を確立するのにかなり時間がかかってしまう．

(2) 異なるパラメータの化合物の立体配位の影響で，VAMの生産率がより低くなる方向に作用してしまう．

(3) 触媒のエージング効果が手頃な時間で計測できない．

(4) その反応自体が酢酸濃縮の反応速度の下方限界に関してクリティカルであり，引火点限界での高濃度の酸素，制御不能な発熱反応を伴う高い反応率は，触媒を完全に置き換えてしまうことにかなりのリスクを伴うことを意味している．

以上のことから，実物実験が困難な状況では，シミュレーションによるシステム解析を通して十分なデータが得られれば，効果的な方法・結果を与えると思われる．

22.3　ビニルアセテート反応のシミュレーションとパラメータ設計

化学プラントにおける完全なプロセスチェーンの解析は，手頃なソフトウェアを利用することでシミュレートが可能である．このシミュレーションのケースでは，異質なシステムに対応するLangmuir-Hinshelwood-Hugen-Watsonアプローチに基づいた，反応動力学のモデル化に使われる『ASPEN PLUS』というソフトを用いている．どちらも，熱は反応機から冷却システムに伝熱し，流体力学的な考慮もなされているものである．後者は，冷却システム中の沸騰水の二相の流れで描かれた，最新の相関関係に基礎を置いてモデル化されている[3)]．

また安定条件はすべての立体配位に対して収束する方向へ変えていかなければならないものである．効率の変化については，生データでマッチングしていくことで行うものとする．各パラメータの部分には，内側の制御因子には制御可能な化学反応の部分，誤差因子はシミュレーションが可能なエージング効果（例えば触媒の劣化などの誤差要因）を割り付けた．さらに，信号因子は循環するガスの流速を用いた．シミュレーション技術の能力の段階を考慮して，3種類の内側及び外側因子の割り付けとして以下に示した．

内側割り付け：	制御因子 B	反応温度
	制御因子 C	入力ガス温度
	制御因子 D	酸素濃度
	制御因子 E	酢酸濃度
	制御因子 F	エチレン濃度
	制御因子 G	反応圧力
	制御因子 H	触媒充填要因
外側割り付け：	誤差因子 R	触媒の劣化
外側割り付け：	信号因子 K	循環ガス流速

すべてのパラメータは，生産プラントの操作空間における3水準（低，中，高）で割り付けた．完全モデリングについては，600 MHzのCPUを有したコンピュータで8時間の計算時間を要している．

22.4　ビニルアセテート反応のデータ解析

この実験は上述のように制御因子の数が7つあるので，直交表 L_{18} を使用した[4)]．損失を防ぐ意味で微量の酸素量を調整後，反応前と反応後にすべての組成（酸素，酢酸，エチレン，VAM，水，二酸化炭素，不活性ガス）に関する162個の式と，関連した要因（場所ごとの温度，全生成熱量，冷却機の液体／気体の流速）を計算した．

この研究の意図は，主にVAM生産率とエチレン（最も高価な構成物質）の代わりに，その特徴をより効果的に示す特性である「空間時間収率」（空間時間収率＝ g/リットル・h あたりの触媒の量当たりの生成率）を使い，それに関連した化学的な選択性に焦点を当てることである．全体のシステムの状態を示すには，機能窓法のSN比が効果的なグラフとして使うことが可能である．またキーになる特性は，以下の定義に従って，SN比と感度 S として解析される．

$$\text{SN 比}_1(\text{VAM}) = 10 \log (\text{VAM})^2 \tag{22.3}$$

$$\text{感度 } S = \frac{\text{VAM}}{\text{VAM} + \frac{1}{2}\text{CO}_2} \quad \text{mol/mol\%} \tag{22.4}$$

$$\text{SN 比}_2(\text{静特性の機能窓法}) = 10 \log \frac{X_2(1-X_1)}{X_1(1-X_2)} \tag{22.5}$$

ただし X_1 ：未反応物の割合，X_2 ：未反応物＋生成物の割合

これらの結果は，**図 22.2** ～**図 22.4** の要因効果図に示される．また詳細な内容と，動的機能窓法に基づいた計算は，今後のレポートで示していくこととする．

22.5　ビニルアセテート反応の考察及び両者の特徴点の比較

この研究においては，シミュレーション技術が，当該する化学反応の既知の事実を確認するだけにとどまらず，実際の生産プラントの能力改善に適用できるような，潜在生産能力を引き出すことに臨んだ部分に重要性がある．最初は

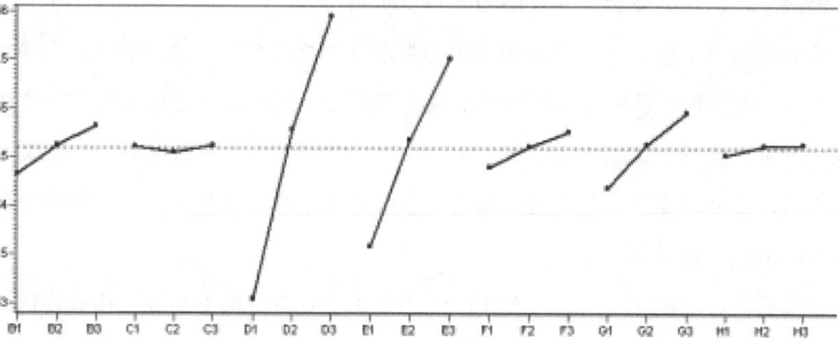

図 22.2　VAM の生成量の望大特性の SN 比 $_1$ の要因効果図（単位： db）

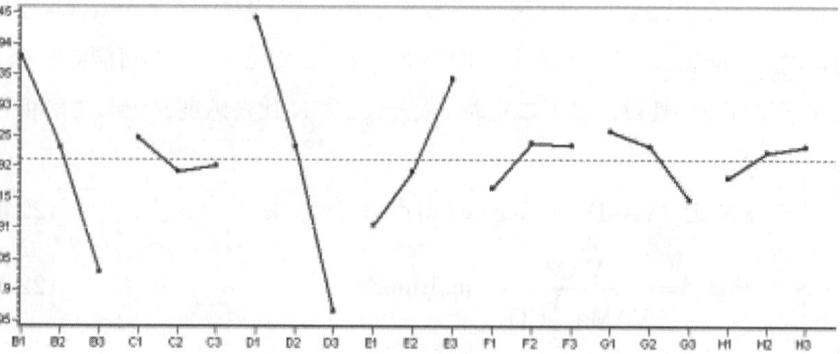

図 22.3　VAM 反応の感度 S の要因効果図（単位： db）

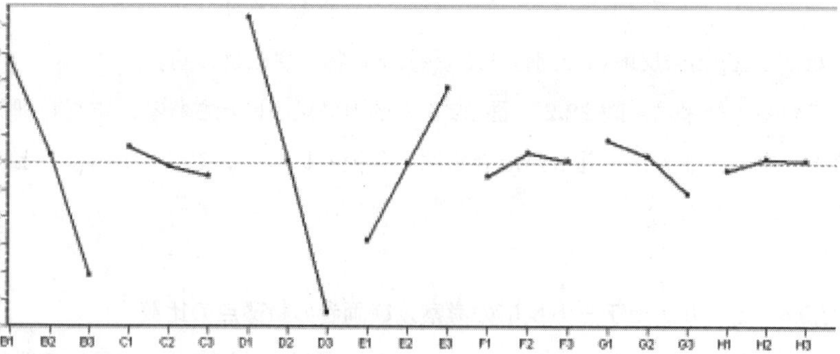

図 22.4　VAM 生成物の機能窓法の SN 比 $_2$ の要因効果図（単位： db）

主効果を考慮して，反応メカニズムを補うような触媒作用の悪化への対策について議論をした．次いで，生産率と選択性を上げるための改善法の推測検討をした．3番目に推論を行い，理論モデルの妥当性を証明するために実際の生産データと比較を行い，最後にキーとなる特性について比較・評価を行った．

VAM 生成率に対する主な要因は，酸素濃度と酢酸濃度である．選択性は，大部分は酸素濃度と反応温度に依存している．選択性をあげるか，副生成物である CO_2 量を減少するかは，濃縮度合いにより限りがあるが，温度は可能な限り低い水準にするべき方がよいことが導かれた．高濃度の酸素は，CO_2 の生成と同程度に VAM の生成を支持することになる．また VAM の生成率の改善と選択性は，酢酸濃度という 1 つの因子だけで可能になることが示された．よって可能な限り高レベルとなった酢酸濃度下では，以下のことがなされるべきである．

—循環ガスの流速を増やすこと

—反応温度を上げること

—酸素濃度を（わずかに）上げること

しかし後の 2 つについては選択性が減少し，また副反応がより活発になることを意味し，CO_2 と水中でのエチレンの直接の酸化反応を犠牲にしても高い生成率で VAM が得られるといえる．しかし明らかにある水準以下の，プロセスのキャパシティ低下はコストがかかりすぎることになり，また触媒を取り替えなければならなくなる．そこで，より優れたチューニング方法として，酸素濃度レベルを低いレベルか中間のレベルにし，低めの限界で上手にコントロールして反応機の温度を保ちながら酢酸の濃度を上げることが，結果をうまく推測するように計算で算定することが可能になるといえる．

このようにして，酢酸を既存レベルに対して 20% 増やすと，VAM 生成率を 10% 増加させ，選択性を 1% 高くすることができる結果となる．そこで，**表 22.1** に異なる触媒の状態を想定して推論をし，有効な生産データの比較を行った．

別のアプローチとして考えられるのは，そのシステムを機能窓として扱い，

表22.1　触媒条件の違いと生産データの比較

触　媒		モデル		実生産	
工程中のタイミング	酸素の濃縮	空間時間収　率	選択性	空間時間収　率	選択性
新	低	533 g/lh	95.3%	550 g/lh	92–93%
平　均	中	614 g/lh	93.5%	650 g/lh	94%
旧	高	660 g/lh	91.4%	650 g/lh	93.5%
平　均	中, 酢酸補給	674 g/lh	94.3%	n.a	n.a

それに従って解析することである．結果として，要因効果のグラフはこの反応とまさに同じものが得られるし，よって前記と同一の結論がパラメータの設定に適用できるといえる．実際的な立場から見ると，選択性は化学反応を理解する上で十分な理由であるといえる．しかし，それぞれの化学的な構成要素の独立性を考えると,機能窓法はより多くの情報を与えるということが可能である．仮説的な触媒に基づくと，主反応は未反応と過剰反応と等量に達するように速めることができるので，そのようにすれば，価値ある製品の生産量を最大にすることができるといえる．このVAM反応の特定の例に対して，VAMの1パスにおける収率は48%で実行できると見積もることが可能である．さらにまたコスト的な収益性が明確な触媒を開発すれば，工業的な規模で，化学反応プロセスの新しい方法論が導かれるかもしれない．

22.6　ビニルアセテート反応シミュレーションのまとめ

シミュレーション技術は様々な利益をもたらし，より低額な予算で実験試行数を減らすことを可能とする．また物理的，化学的ないし技術的に複雑に対立・相反する化学反応において，同じくらいの困難さを持つやっかいな反応システムの限界領域はもちろん，操業能力改善の領域にまで理論的な拡張をすることで，反応を達成させることが可能であるといえる．また機能窓法の原則は，従来の方法と同等の情報を与えるということである．それゆえ，機能窓法を用いても経済的な値から見ても，化学製品の生成率の最大化が同じく可能であることがいえる．加えて，化学反応に含まれるすべての物質のマテリアルバランスをとることができ，理論最大収量も予測可能である．シミュレーションは，1 種類又は複数の触媒の必要とされる特性を決定するに際して，反応係数を計算する上でさかのぼって追うことができるかもしれない．したがって，触媒に関するさらなる研究は，複雑な工業プラントを将来的に単純化できる可能性が考えられるので，強化すべきで研究対象であると思われる．

引用文献

1) Ullmann's Encyclopedia of Industrial Chemistry, A27, 5th Edition, 1996
2) Luyben, M.L., Tyreus, B.D.: An industrial design/control study for the vinyl acetate monomere process. Computers & Chem., Eng., Vol.22 (7–8), pp.867–877, 1998
3) VDI–Waermeatlas, Springer Verlag, Berlin, 8th Edition, 1997
4) Yuin Wu, Alan Wu: Robust Design, ASME Press, 2000
5) H. Rüfer, M.H. Bauer, W. Dafinger: Comparison of Selectivity and Operating Window Model for a Chemical Reaction，品質工学，Vol.11, No.1, pp.119–124, 2003
6) 矢野耕也（訳）：化学反応における反応選択性と機能窓法の適用，品質工学，Vol.11, No.1, pp.125–128, 2003

翻訳者の言葉

筆者の Rüfer 博士は Wecker 社というドイツの化学系企業の上級マネジャーであり，米国の子会社の役員も務めた方だが，積極的に ASI などに参加されては自ら発表をされており，訳者が米国での ASI シンポジウムに参加をした時は大抵顔を合わせている．また品質工学会 10 周年記念にも祝辞を寄せてくださっている（品質工学，Vol.10, No.5, p.8）．日本だけでなく，世界的に見てもただでさえ化学系企業の事例が少ない中で，比較的真新しい事例に取り組んでいるのが優れていると思える点である．今回の事例は，最初は動的機能窓法の実験であると思わせておきながら，実はシミュレーションにより化学プラントの収率の向上を図っているという点で，際立った事例であることが分かる．化学反応のプラントレベルでの成功例は，東亜合成の森和義氏の事例くらいしか知らないので，この場合も実験は多少行ったかもしれないが，シミュレーションであそこまで行い，本当にうまくいったとしたら画期的な成果ではないかと思える．というのも，実際の工場実験は操業停止をして実験をしたり，操業停止時を縫って行うしかないわけであるから，成功すれば得られる効果も大きいが，なかなか運用が困難であることが理由であると聞く．

Rüfer 博士の論文の日本語訳は今まで 2 つほど行ったが，うまい日本語にならないという部分がありかなり意訳をしているが，後から読むとまるで翻訳機にかけたようになっており，訳者の語学力の低さが露呈する点はお許しいただきたいものである．またいつでもそうであるが，氏の原論文には具体的な数字や数式があまり示されていないので，どういう計算をやっているかの詳細な過程が追えない部分があり，また利得の再現性が表記されていないので，実際はやられているのであろうけれども，読んだだけではそこまで判断できない部分がある．しかし，トップマネジャーという立場でありながら，自ら取り組んで発表する姿勢には一目置くものがあるといえる．

第 23 章　シミュレーションによるフォトレジスト断面形状の最適化

半導体についての研究成果が公開されることは少ない．本研究は貴重な発表の 1 つである．本書と同じ事例の品質工学応用講座『半導体製造の技術開発』が発行されたのは 1994 年であった．その本の刊行を可能にしたのは，かつての通産省の補助事業として，日本産業機械工学連合会の行ったクリーンルームの調査に関する事業の成果であった．当時，半導体メーカーはクリーンルームのクリーン度と半導体部品との関係を秘密にしたことから議論が進展しなかった．ここで品質工学をキーワードとした議論が前記の本に反映されている．しかし，品質工学のその後の成果はすさまじく，本書にはそのような新しい成果が反映されている．

23.1　半導体微細加工のシミュレーション

半導体製造で用いられる微細加工は，成膜→フォトマスクパターニング→エッチングの繰返しにより行われる．この際の，**図 23.1** に示すフォトマスクパターン形成工程（フォト工程）では，寸法制御はもちろんエッチングの形状安定化のためフォトレジスト断面形状の制御が不可欠である．年々微細化が進む半導体にとってキーテクノロジーになっている．

フォト寸法の安定化と目的形状のコントロールを行うための条件最適化にシ

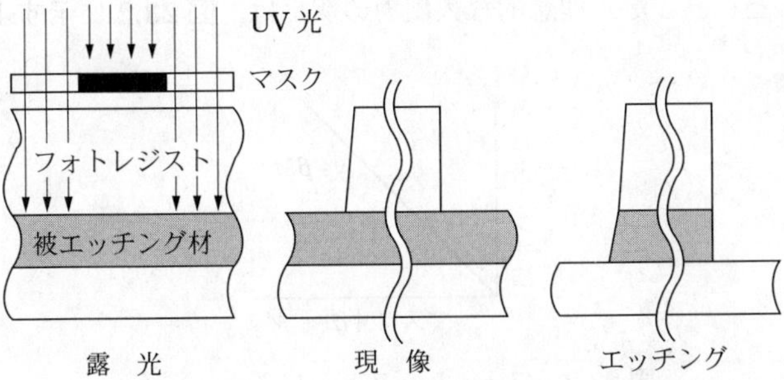

図 23.1　フォトレジスト形状とエッチング形状

ミュレーション技術を活用した．シミュレーションソフトには，Finle Technologies 社の“PROLITH/2”を用いた．このソフトは，露光計算に光学・物理モデルに準じた計算を,現像計算に実測値に基づく計算を行っている．そのため，加工寸法による現像後形状をより現実に近い形で解析することが可能である．また，実際のレジスト形状を作成し計測することはかなりの熟練を要する作業であるのに対し，シミュレーションでは瞬時に形状・各位置の寸法の確認が可能である．

本最適化事例では，レジスト形状の安定性をシミュレーションにより最適化し，その後実パターンでの形状評価を行い確認することで，開発期間の大幅な短縮と作業コストの削減をねらいとした．特に，今回の最適化では，エッチング時にレジスト形状の影響の大きい金属膜上での，比較的レジスト膜厚の厚い（2.2 μm）工程での最適化をした．

23.2　フォトレジスト断面形状のシミュレーションの実験計画

露光によるパターン形成は，マスク（遮光体）による光の有無（遮光部の幅）がフォトレジスト上に転写される．今回用いたポジ型レジストの場合，光の当たらなかった部分のレジストが現像後残る．この際，マスク上での指定寸法が 1 μm のパターンは 1 μm に，0.5 μm のパターンは 0.5 μm に転写形成されるのが理想となる．

本研究では基本機能を「マスク寸法に対し，形成パターン寸法が比例して形成されること」とした．理想的な入出力の関係は，**図 23.2** に示すように「マ

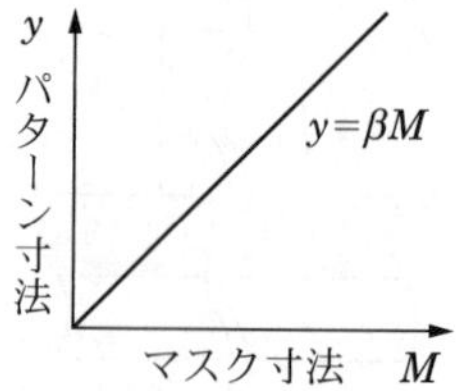

図 23.2　フォトレジストのパターニングの基本機能

スク寸法 M に対しフォトパターン寸法 y が比例（$y=\beta M$）すること」と考えた．したがって，転写性の信号因子 M はマスクパターン寸法とし，**表 23.1** に示すようにそれぞれ 0.6, 0.8, 1.0 μm とした．

表 23.1 フォトレジストのパターニングの誤差因子と信号因子と水準

誤差＼信号	M_1=0.6	M_2=0.8	M_3=1.0	L
L_{top}	y_{11}	y_{12}	y_{13}	L_1
L_{mid}	y_{21}	y_{22}	y_{23}	L_2
L_{bot}	y_{31}	y_{32}	y_{33}	L_3

誤差因子としては，フォトレジスト形状が矩形になる状態を想定し，**図 23.3** のようにフォトレジストの厚さ方向のどの位置でも変わらないことを理想とした．フォトレジストと下地膜の境界の寸法を L_{bot}，フォトレジストのトップ寸法を L_{top} とし，その中間位置を L_{mid} とし誤差とした．また，形状制御は別途制御することとし，標示因子による解析も行った．

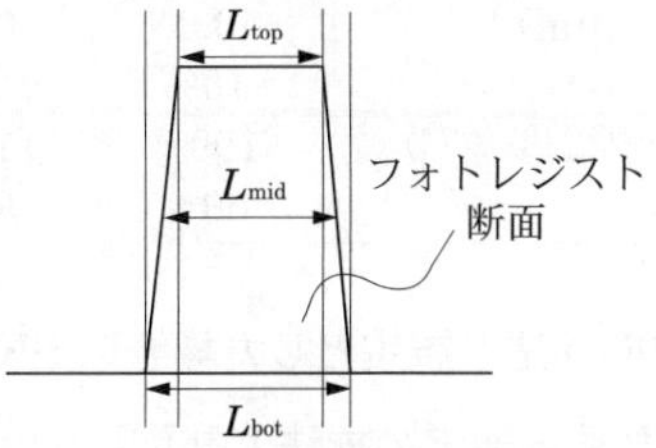

図 23.3 フォトレジストのパターニングの誤差因子としての寸法確認位置

フォト工程の各ステップでの寸法及び形状に影響のある因子を**図 23.4** の特性要因図にまとめた．これらの因子から**表 23.2** の 8 因子を制御因子として選定し，直交表 L_{18} に割り付けた．露光量（F）について，各実験 No.に対し水準ずらしを行った．0.6 μm のマスクに対し 0.6 μm のパターンが形成できる露光量を事前に計算し，そのときの露光量を各実験 No.ごとに最適露光量 E_{op} とした．さらに，E_{op} に対し ±10% を露光量（F）の水準とした．

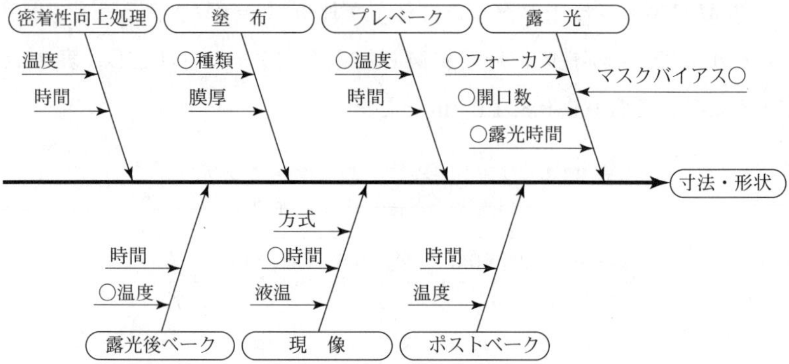

図 23.4　フォトレジスト形成工程の特性要因図

表 23.2　フォトレジストのシミュレーションの制御因子と水準

因子＼水準		1	2	3
A	レジスト種類	従来	新規	—
B	プレベーク温度（°C）	80	90	100
C	マスクバイアス（μm）	−0.05	0	+0.05
D	開口数（NA）	0.50	0.54	0.57
E	フォーカス（μm）	−0.3	0	+0.3
F	露光時間（ms）	−10%	E_{op}	+10%
G	露光後ベーク温度（°C）	100	110	120
H	現象時間（s）	60	90	120

23.3　レジスト厚さ方向寸法を誤差とした場合の SN 比，感度と確認計算

SN 比は標準 SN 比でなく，通常の方法で計算した．感度 S は転写性の感度として求めた．**図 23.5** にレジスト厚さ方向位置を誤差因子扱いした場合の要因効果図を示す．最適条件は，露光量のみ寸法の調整因子として使うものとして他の因子は SN 比を重視し，$A_2B_1C_3D_2E_2F_2G_3H_1$ とした．要因効果図上で最適条件として選んだ水準を○で，従来条件を△でマークした．転写性としての SN 比は，レジストの種類に大きく依存し，＋側のマスクバイアス下でオーバー露光をすることにより改善されることが分かる．

最適条件並びに現状条件の SN 比と感度を推定し，**表 23.3** のように再シミュレーション結果との利得の再現性を確認した．

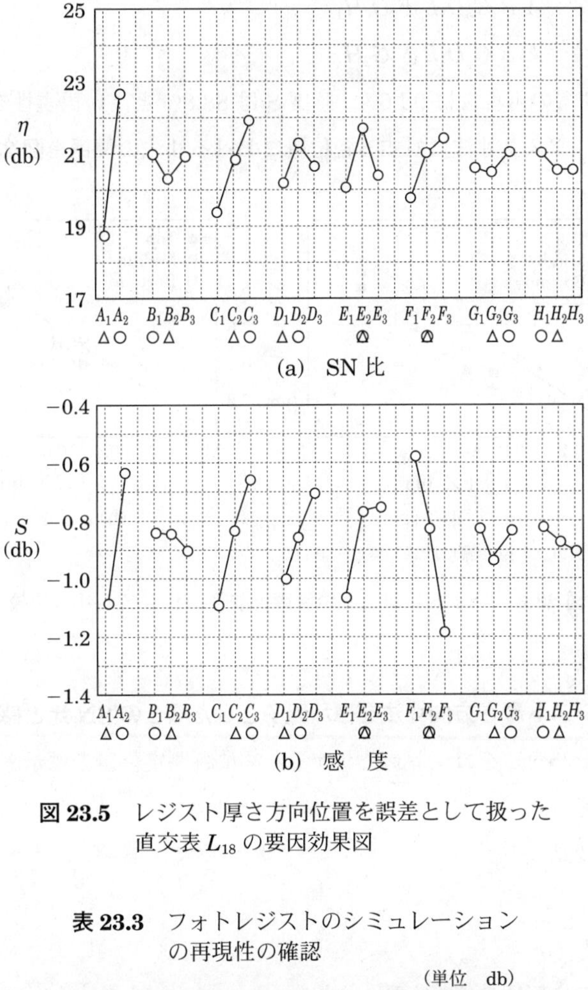

図 23.5　レジスト厚さ方向位置を誤差として扱った直交表 L_{18} の要因効果図

表 23.3　フォトレジストのシミュレーションの再現性の確認

（単位　db）

	推定値		確認値	
	η	S	η	S
最　適	26.63	−0.19	26.73	−0.27
従　来	18.76	−1.13	19.37	−1.10
利　得	7.87	0.94	7.36	0.83

最適条件：$A_2B_1C_3D_2E_2F_2G_3H_1$

従来条件：$A_1B_2C_2D_1E_2F_2G_2H_2$

SN比の利得の再現性は93.6%，感度 S は88.8%と高い再現性を確認した．このときの，マスク寸法に対する各位置における寸法の関係を**図23.6**に示す．

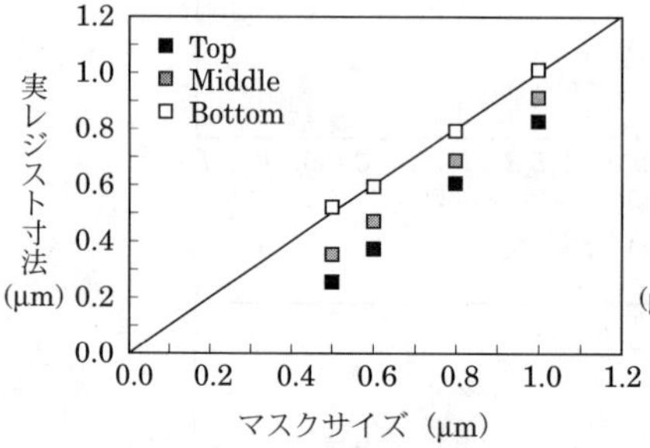

(a)　従来条件

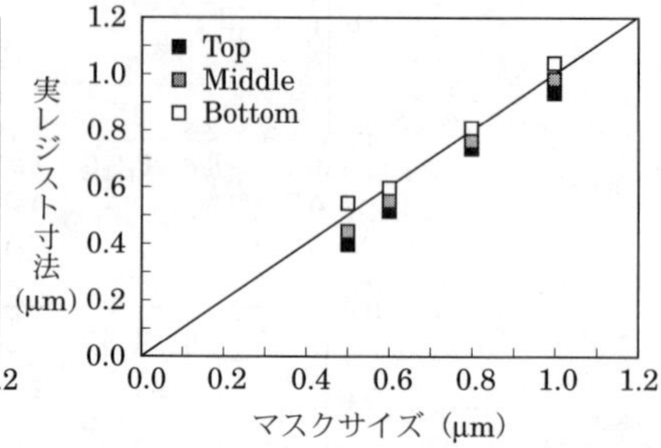

(b)　最適条件

* 0.5 μm のプロットは参考に計算しプロットした．

図23.6　フォトレジストの最適化前後のレジスト寸法比較

23.4　レジスト厚さ方向寸法を標示因子とした場合のSN比と感度

形状（テーパ角）をコントロールするために各測定位置を標示因子とした場合の解析も行った．

比例項の変動

$$S_{\beta_1} = \frac{{L_1}^2}{r} \tag{23.1}$$

標示因子の比例項の差の変動

$$S_{P\times\beta} = \frac{{L_1}^2 + {L_2}^2 + {L_3}^2}{r} - S_\beta \tag{23.2}$$

誤差変動　$S_e{}^* = S_T - S_\beta - S_{P\times\beta}$　(23.3)

誤差分散　$V_e{}^* = \dfrac{S_e{}^*}{9-1-2}$　(23.4)

SN比 $$\eta = 10\log\left[\frac{\frac{1}{3r}\left(S_\beta - V_e^*\right)}{V_e^*}\right] \text{(db)} \tag{23.5}$$

SN比 $$\eta^* = 10\log\left[\frac{\frac{1}{3r}\left(S_{P\times\beta} - V_e^*\right)}{V_e^*}\right] \text{(db)} \tag{23.6}$$

感度 $$S = 10\log\left[\frac{1}{3r}\left(S_\beta - V_e^*\right)\right] \text{(db)} \tag{23.7}$$

感度 $$S_1 = 10\log\left[\frac{1}{r}\left(S_{\beta_1} - V_e^*\right)\right] \text{(db)} \tag{23.8}$$

感度 $$S_2 = 10\log\left[\frac{1}{r}\left(S_{\beta_2} - V_e^*\right)\right] \text{(db)} \tag{23.9}$$

感度 $$S_3 = 10\log\left[\frac{1}{r}\left(S_{\beta_3} - V_e^*\right)\right] \text{(db)} \tag{23.10}$$

ここで，式 (23.5) は標示因子扱いでのSN比を表し，式 (23.6) は標示因子の比例項の差の変動のSN比を表している．このとき，調整のための感度は，総合感度として S^* を式 (23.7) に，各位置での寸法に対応する感度 $S_1 \sim S_3$ を式 (23.8)～(23.10) に示す．テーパ形状を見やすくするため S_3-S_1 を感度として計算できる．

図 23.7 にレジスト厚さ方向位置を標示因子扱いした場合の要因効果図を示す．テーパ角度の制御に用いる感度（S_3-S_1）は小さい方が垂直形状を示す．形状の改善はSN比 η とともに感度（S_3-S_1）でも確認された．感度（S_3-S_1）を形状合わせ込みに用いることが可能となる．特に F の露光量はSN比と感度（S_3-S_1）の傾向が逆になっており，SN比を改善しつつテーパ形状が得られる．形状を自由にコントロールする必要があるのであれば，さらに各部の感度について直交多項式を解き調整を行えばよい．

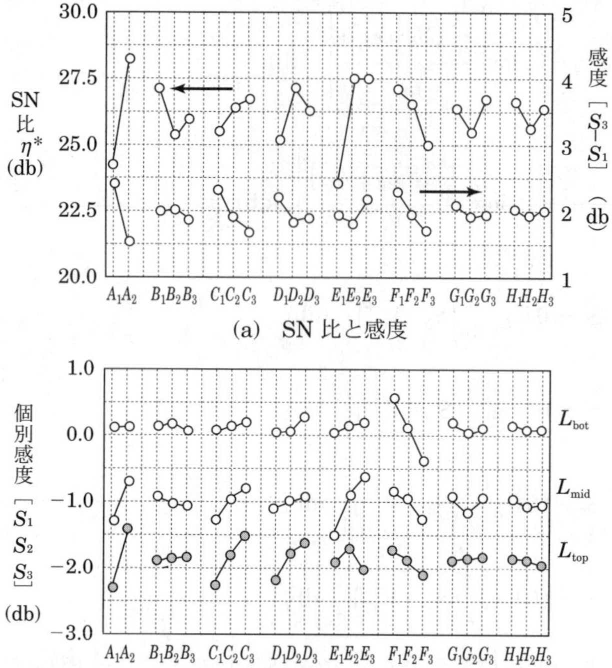

(a)　SN 比と感度

(b)　個別感度

図 23.7　レジスト厚さ方向位置を標示因子として扱った直交表 L_{18} の要因効果図

23.5　断面形状のシミュレーションと実パターンとの比較と成果

最適条件と従来条件でのシミュレーションと実パターンでの断面形状を**図 23.8** に比較した．パターン形状は，共に 0.6 μm で確認を行った．実パターンは走査電子顕微鏡（SEM）により確認した．シミュレーションで確認された最適条件と従来条件の形状は，実パターン形状とよく一致している．0.6 μm での各位置を誤差とした望目特性での SN 比の利得再現性は**表 23.4** のとおりよく一致した．

今回用いたシミュレーションが，現像モデルパラメータに実際の現像液に対するレジストの溶解速度データからのパラメータを用いるため，動特性で解析することでより現実に近い解析が行えたものと考える．シミュレーションと品

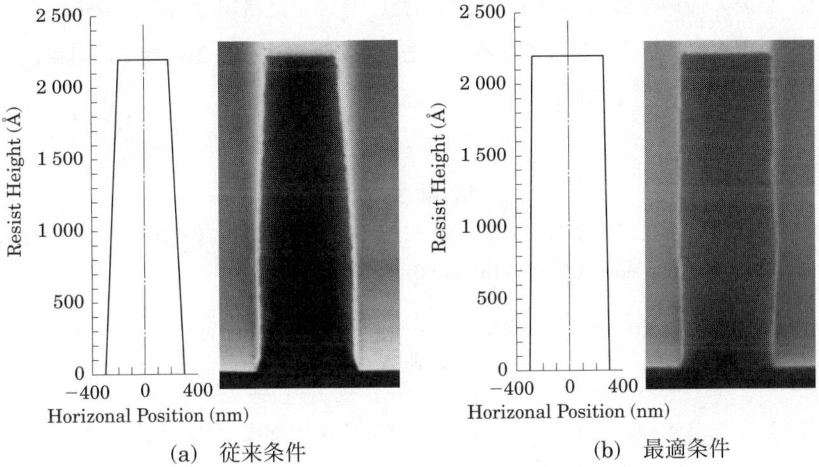

図 23.8 フォトレジストの最適化前後の断面形状の比較

表 23.4 シミュレーションと実パターンの形状の SN 比の再現性

（単位 db）

SN 比	最 適	従 来	利 得
実断面形状	29.59	16.80	12.79
シミュレーション	27.55	15.59	11.96

質工学の融合的な適用の有効性を確認するために形状位置における寸法のみを誤差に取り，他の誤差を取り上げなかった．下地の段差・レジスト膜厚・ハレーション等を誤差とし解析することで更に実用的な解析が行える．

実際の実験では測定が難しいレジスト厚さ方向位置の寸法をシミュレーションで可視化し最適化することができた．シミュレーションで得られた形状と実際のパターンの形状はよく一致しており，今後のフォトレジスト形状・寸法ばらつきの最適化に有効であることが分かった．

また，通常 2 ～ 3 か月以上かかった評価は 2 日で終わり，大幅な納期短縮ができたことは大きな成果である．さらに，フォトレジストの厚さ方向の寸法を標示因子として解析することでテーパ形状を合わせ込むパラメータが得られ，今後の最適化の指標の1つとなった．今後更に微細なパターン形成では形状・寸法解析がより難しくなるが，これらの手法により短時間での最適化が期待できる．

引用文献

1) 南百瀬　勇，牛山文明：シミュレーション技術を用いたフォトレジスト断面形状の最適化，品質工学，Vol.9, No.6, pp.61–66, 2001

Q & A

Q23.1　23.4節に「特にFの露光量はSN比と感度（S_3-S_1）の傾向が逆になっており，SN比を改善しつつテーパ形状が得られる」とあります．これは，実際には「SN比を良くしつつ，感度Sを悪くする」ということになります．

理想機能がマスク寸法Mとフォトパターン寸法yが，$y=\beta M$の関係にあって，L_{top}・L_{mid}・L_{bot}の差が小さい垂直形状を理想として話が進んできていましたが，意識的にテーパ形状を作る必要もあるということでしょうか．また，その必要がある場合，技術的にはどんな意味があるのでしょうか．

A：レジストの垂直形状が得られることでエッチング時に生じる寸法の転写性が向上するため，まずレジスト厚さ方向位置の寸法を同じにすることを行いました．

理想機能がマスク寸法Mとフォトパターン寸法yが，$y=\beta M$の関係にあって，L_{top}・L_{mid}・L_{bot}の差が小さい垂直形状を理想としている部分です．しかし，用途としてレジスト形状をテーパにすることでエッチング形状もテーパにする場合もあります．このような用途のために，総合的なばらつきを抑えた上で形状を別途制御するように標示因子による解析を加えました．

Q23.2　本事例では，$S_{N\times\beta}$と$S_{P\times\beta}$の値は同一と考えていいでしょうか．

A：本事例では，誤差をレジスト厚さ方向位置のみの寸法としたために，標示因子での解析では誤差がありません．よって，信号に対する直線性からのずれのみが，SN 比に現れます．本来，誤差が設定されているとすれば，$S_{N\times\beta}$・$S_{P\times\beta}$・$S_{N\times P\times\beta}$ が出ます．結果，$S_{N\times\beta}$ と $S_{P\times\beta}$ の対象が同じであるため，値は同一になります．

Q23.3　「現像モデルパラメータに実際の現像液に対するレジストの溶解速度データからのパラメータを用いる」とのことですが，これにはどのようなメリットがありますか．パラメータの値が正確だったということですか．

A：溶解速度については，様々なモデルが提案されていますが，すべての領域にわたって一致をみることは困難です．そのため，溶解速度を実際に測定しそのデータをシミュレーションに与えることで非線形な解析ができたと考えています．パラメータの値自体は実験値であるため，正確というより溶解特性そのものだと考えます．

第24章　シミュレーションによる均一薄膜塗布技術の開発

本研究は感光体の薄膜塗布を塗布液に対し浸漬で行う場合を，シミュレーションで検討したものである．塗布液に感光体を浸漬した場合，塗布液の流れに乱れがないことを，ゼロが良い望目特性として解析している．ゼロが良い望目特性とは，一種の標準SN比であるから，その点でも参考となる．

24.1　感光体の薄膜塗布の課題

現在，複写機の心臓部に使用されている感光体は，その大半が有機系感光材料をドラムと言われる筒状の管に塗布したもので，電荷発生を担うCG層と，電荷移送を担うCT層の2つの感光層から成り立っている．近年，画像処理技術のデジタル化・フルカラー化が進み，感光体の微小なノイズでも画像上に影響し，感光層を塗布する技術の難易度が非常に高くなってきた．この感光層膜厚のばらつきが画像ノイズをはじめとする種々の製品品質に多大な影響を与えている．したがって，生産技術として感光層の塗布工程を十分にロバストにする技術開発が必須となってきた．

今回取り組んだコンピュータシミュレーションは戦略技術であり，広範な技術に適用できる技術である．今までは実物試作中心であった製品開発が近い将来はシミュレーションに移っていくものであると考えられる．本研究は，最終品質である画像に発生する微小な塗布ムラを改善するために，試作実験や画像の評価をすることなく，実験期間の短縮と実験のコストを下げることを目的とし，流動解析装置（FLOW–3D）を使用した．塗布液の流れる方向を制御するシミュレーションで解析を行い，最終目的である画像品質の改善を達成した事例である．

24.2　薄膜塗布の理想状態の定義と評価方法

CGL塗布工程は，洗浄された筒状の管をCG塗布液で浸漬塗布を行い，ある一定の膜厚に調整する工程である．画像欠陥を引き起こす要因としては，塗布液が揮発性の高い溶剤を使用していることから，**図 24.1** のように筒状の管を高速で突入すると，塗布液の表層部の不均一部分を巻き込み，CG 層に微妙な欠陥が生じ，それが画像上にノイズとなって現れることである．塗布工程の理想状態を定義すると筒状の管を高速で突入しても塗布液表面の不均一部を巻き込まないように塗布液の流れを制御することと考えられる．シミュレーションのデータにおいては塗布液の流れを↑（上向き）に制御することを理想状態と考え，塗布液の流動ベクトルを上向きを角度 0° としたゼロ望目特性で解析を行った．

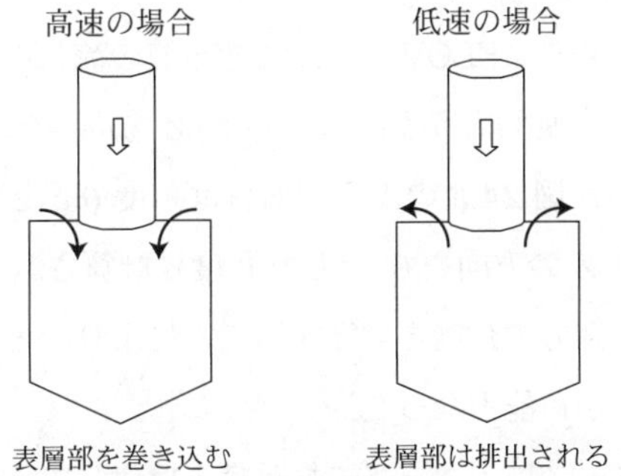

図 24.1 塗布における膜厚変動の要因

感光体の全面にノイズの出ない塗布液の流れを解析するには，突入後筒状の管が正規の下端位置に達するまでの，すべての時間でシミュレーションを実施することが望ましい．しかし，シミュレーションの量が膨大になり，時間がかかりすぎることから，ノイズに対する影響が一番大きいと推測できる突入した瞬間（0.5 秒後）のみを解析することにした．また，誤差因子については，本来は突入角度のばらつきや，各部の寸法などの設定条件を入れるべきであるが，同様にシミュレーションの量が膨大になることから，**図 24.2** のように突入したときの管の位置（測定位置）のみを誤差因子とし，その他は最適条件で解析することにした．測定位置は突入後，0.5 秒の位置で筒状の管の近傍を X 方向（水平）に 0.05 mm と 0.1 mm で Z 方向（垂直）に 3.0 mm のピッチで合計 14 点を解析した．

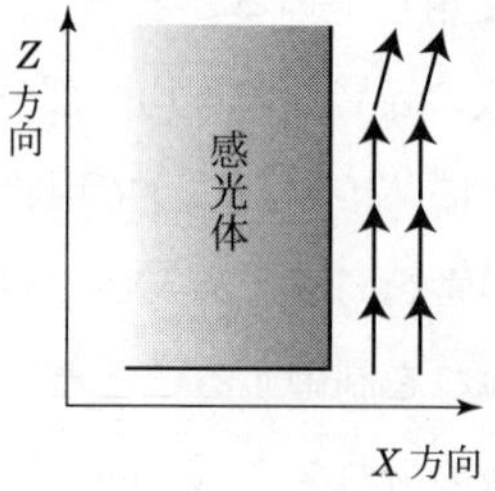

図 24.2　感光体に対する塗布液流れのデータ取得位置

24.3　薄膜塗布のシミュレーション

評価特性は流動解析装置（FLOW–3D）で塗布液の流れる方向を示すベクトルの角度である．理想状態は，流動ベクトルが Z 方向（0°）にそろっていることであり，ベクトルが**図 24.3** のようであれば角度 θ として，$\tan^{-1}x/z$ で変換することにより真上 Z の方向を 0° とした角度に計算される．第 2 ～第 4 象現についても同様の考え方で角度を計算することにより，どの方向に対してでも連続した数値で処理が可能となった．

現状の塗布設備をベースに，さまざまな改良を検討して，制御因子として**表 24.1** の 8 項目を選択した．シミュレーションで得られた角度を，図 24.2 のよ

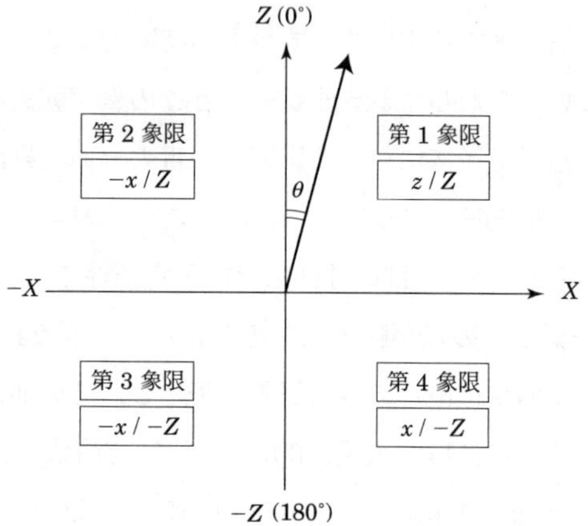

図 24.3　塗布液流れのデータの表現方法

表 24.1　薄膜塗布のシミュレーションの制御因子

因子＼水準	1	2	3
A. 突入速度	速い	遅い	—
B. 塗布液粘度	低粘度	中	高
C. ブロックの高さ	小さい	中	大きい
D. ブロックの厚み	狭い	中	広い
E. ブロックの角度	0°	15°	30°
F. ブロックの角度	0°	15°	30°
G. 流　量	なし	中	大
H. ブロックの設定	高い	中	低い

うに位置のみを誤差因子として，ゼロ望目特性で解析を行った.

SN 比と感度の値を**表 24.2** に示した．ゼロ望目特性であるから，感度は db 値ではなく，角度そのもので計算している．**図 24.4** に SN 比と感度（角度）の要因効果図を示す.

表 24.2　薄膜塗布のシミュレーションのゼロ望目特性の SN 比と感度の平均値

	SN 比	感度（角度°）		SN 比	感度（角度°）
1	−33.35	27.49	10	−31.87	38.48
2	−42.85	61.03	11	−30.87	31.56
3	−44.07	22.26	12	−41.95	−17.6
4	−34.57	38.69	13	−29.56	27.96
5	−31.51	31.48	14	−41.78	34.5
6	−41.71	84.53	15	−32.52	59.89
7	−33.55	30.29	16	−33.88	77.8
8	−34.1	36.79	17	−32.17	31.67
9	−31.42	26.07	18	−30.86	32.86

24.4　薄膜塗布の最適条件と確認計算

この要因効果図をもとに最適条件を選び，確認実験を行った．最適条件は $A_2, B_3, C_1, D_1, E_3, F_3, G_3, H_1$ である.

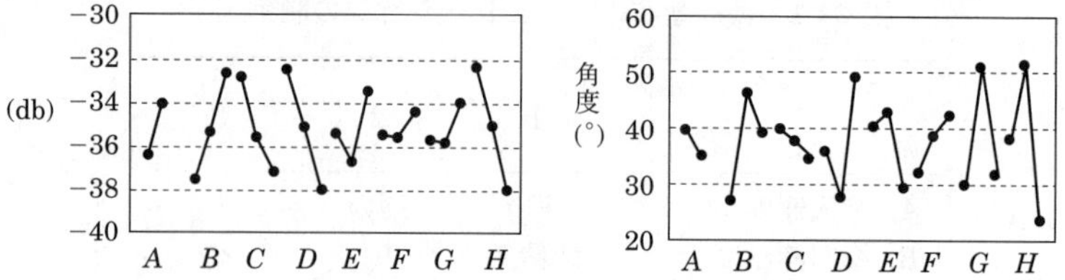

(a)　SN比　　(b)　感度（角度の平均値）

図 24.4　薄膜塗布のシミュレーションの要因効果図

表 24.3　薄膜塗布のシミュレーションの確認実験の結果

	推　定		確　認	
	SN比(db)	感度(角度)	SN比(db)	感度(角度)
最適条件	−22.8	16.9	−26.2	21.2
比較条件	−36.9	68.0	−35.7	80.6
現行条件			−38.8	74.8
利　得 (最適−比較)	14.7	−51.0	9.5	−59.4

今回の実験では現行条件をシミュレーションに組み入れることができなかったので，利得を求めるのに比較条件（すべての水準の2を使用）を使用して計算を行った．確認実験を行った結果，推定で求めた利得と確認実験の利得の差がほぼ再現したと判断した．推定値に対して30%以内であったので，次にこのシミュレーションで得られた，最適条件を塗布タンクに組み込み，実際の塗布を行って，現行条件と最適条件での画像確認を行った．

図 24.5のモデル図のように，現行条件では筒の下端から斜め状に発生していたスジ状のノイズが最適条件では発生がなく，シミュレーションで得られた最適条件の結果を忠実に再現できた．この結果から筒状の管を突入させる速度を現行の約7倍の速度で突入することが可能となり，感光体の生産速度も大幅に向上できる可能性が出てきた．

今回，感光体の塗布ムラをなくすために取り組んだシミュレーション解析の効果としては，上記の感光体生産速度の向上とともに，実験そのもののコスト

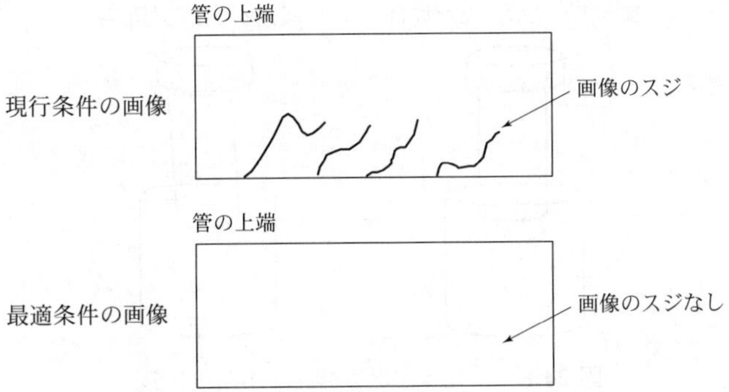

図 24.5　感光体塗布によるシミュレーション結果の確認モデル図

ダウンがあげられる．従来であれば感光体の塗布工程を改善するために，シミュレーションで組んだ直交表と同じだけの部材を手配し，塗布実験を行い，感光体としての画像評価を行っていた．この間，部材の設計から作成，入荷してテストの解析を行うまでの待ち時間も含めて約 3 か月間ほどかかり，それがごく当たり前のように考えていた．しかし，今回は実験コストの削減と納期短縮を目指し，何とか品質を測ることを脱却できないかを考え，塗布液の流れ方を調べることで流動解析シミュレーションに取り組むことが可能となった．実際にシミュレーションを使って解析処理をするのに約 1 週間ほど必要とするものの，現在までの試作・実験期間よりはるかに早く処理ができ，なおかつ試作に必要とする材料費，工数がほとんど不必要となり大幅な経費の削減が達成できた．

従来の試作・実験期間：約 3 か月

シミュレーションでの解析：約 1 週間

部材の費用：約 200 万円

24.5　薄膜塗布において検討すべき課題

確認実験の結果から SN 比の再現はほぼ確認できたが，実際の塗布ラインでは機械の精度上，筒状の管が傾いてつかむ可能性が考えられるため，筒状の管が傾いた状態で塗布タンクの幅が広いところ，狭いところを最適条件のシミュ

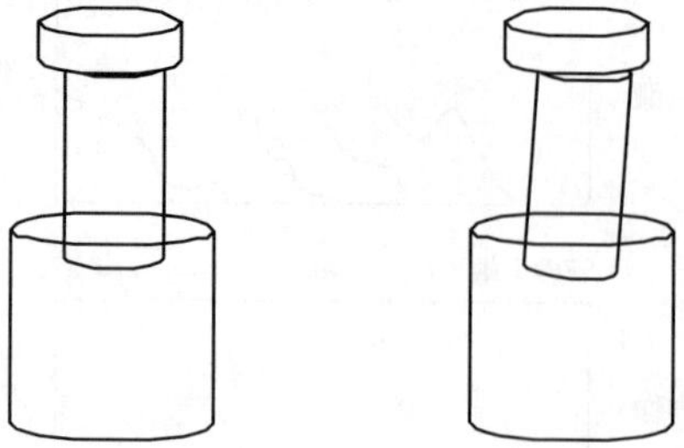

図 24.6　感光体となる筒をつかんだ状態

表 24.4　感光体となる筒を傾けたときの結果
（筒状の管を構造上，最大量傾けたときのシミュレーション）

	SN 比（db）	角　度（°）
最適条件	−29.85	21.27
比較条件	−30.76	27.5
現行条件	−33.72	111.85
利　　得 （最適－比較）	0.91	−6.23

レーションで検証を行った．この結果，筒状の管を傾けることにより最適条件の効果がなくなることが確認できた．今後，生産ラインでの筒状の管をつかむ精度を向上させる改善も必要になることが確認できた．

また，今回のシミュレーションにかかった時間をさらに短縮させるために，流動解析装置の解析時間の短縮にも取り組み，さらなる試作期間の短縮を図る予定である．

引 用 文 献

1)　徳安敏夫，芝野広志：シミュレーションによる均一薄膜塗布技術の開発，品質工学（2002 年投稿中）

Q & A

Q24.1　ゼロ望目特性の意味をもう少し説明して下さい.

A：角度 θ はゼロが望ましいのですが，正にも負にも変わります．通常の動特性では，出力の方向が一方向であることが重要です．正負に変わるときは，まずばらつき（V_N）を小さくしておいて，あとで生データの平均値をゼロに合わせるようにします．SN 比は $-10 \log V_N$ で求めます.

Q24.2　表 24.3 で SN 比の利得は 14.02 db と 9.5 db ですから，確認実験の再現性は高くないように見えますが.

A：指摘のとおり，利得の一致度は高いほどよいのですが，この場合は現実的に考えました．すなわち，実機で確認したところ，図 24.5 のようにスジが皆無だったからです.

Q24.3　利得の再現性の悪い理由は何でしょうか.

A：誤差因子の選び方に問題があったと思っています．ただし，Q24.2 の問答のとおり，かなりの改善が期待できるので，今回はこれでよいと思っています.

第 25 章　テレメータリングによるレース車両の異常検出システムの構築

カーレースでは異常の検出と修理を迅速かつ適切に行うことが要請される．本研究は異常の検出に MT 法を使う新しい試みを行っている．単位空間の決め方についていろいろな研究をしているが，実際にはマルチ法も検討している．なお，分散ゼロのデータがある場合には，余因子法を用いるのが本来であるが，単なる乱数発生でなく，固有技術的観点でゼロにならないようなデータの作成を行っているのはやむを得ない．本研究のような方法を練習中に行うことによって，修理の最適化が可能になると考えられる．

25.1　レース車両の異常検出

モータスポーツでは，規則で許可されている場合には，テレメータリングを用いて，競技車両の状態を示す各種特性値を基地局で逐次モニタリングし，車両の状態を評価している．特に長時間にわたる競技では得られた特性値を常に監視する担当技術者への負担が大きく，判断ミスから早期にリタイアに至るケースも出てくる．そのため異常検出システムを構築して技術者の判断を補助することは，競争力向上に有効であると考えられる．

本研究では，異常検出システムの構築にあたり，1999 年ル・マン 24 時間レース及びル・マン富士 1 000 km レース参戦時のデータを基に MT 法を適用することで，車両の異常を検出できるかについて検討した．その結果，良好な結果が得られ，モータスポーツ分野でも MT 法を適用することで，車両競争力の向上に役立つことを検証した．

25.2　テレメータリングシステムと異常検出システム

テレメータリングシステムの概略図を**図 25.1** に示す．競技走行中の車両の ECU（エレクトリック・コントロール・ユニット：車の電子制御を行う電子部品．車両状態をセンシングし燃料噴射量や噴射時間を電子制御）から出力さ

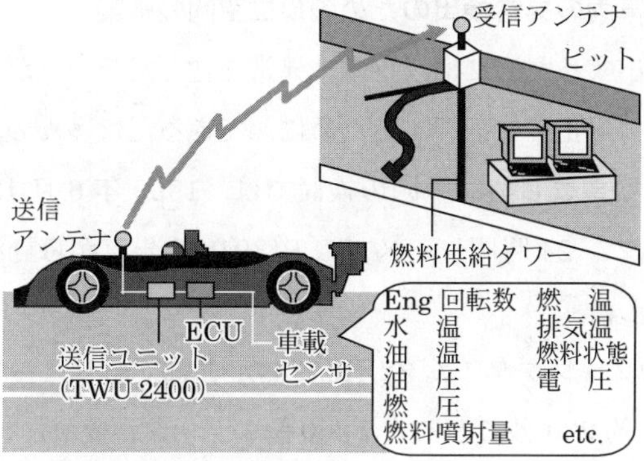

図 25.1　テレメータリングシステム

れる制御データ（RS 232C 出力）を，車載送信ユニット内の RAM に蓄える．車載送信ユニットは，車両がピット前の通信エリアを通過するごとに，蓄えたデータを基地局に向けて送信する．

基地局の受信機は，受信データをパーソナルコンピュータのハードディスクに書き込むとともに，データ整理プログラムによりデータを結合する．このデータを LAN で結ばれた解析用コンピュータから読み取ることで，担当技術者が走行中の車両状態の評価を行う．

システムの構築にあたり，MT 法を適用した．MT 法では正常状態のデータ群を基に，“単位空間” を定義し，診断対象データの異常度合いをマハラノビスの距離で評価する手法であるため，特性値間の相関関係による影響も含め，事前に予期しない異常を検出する効果が期待できる．また，今回の評価対象は競技車両であり，下記の特徴に対応したシステム構築が求められる．

(1) 車両仕様が非常に短い期間で更新されるため，競技前に正常状態のデータベースを準備できない場合でも対応可能なシステムであること．

(2) さまざまな異常を検出する必要があるため，計測可能な特性値はすべて取りあげ，異常検出能力を確保すること．

25.3　レース車両の異常検出のための単位空間の構築

車両異常を検出するためには，正常，異常を含んだデータが必要となる．また，異常検出能力を正確に把握するために，できるだけ多くの異常モードのデータがあることが望ましい．今回の検討では，1999年6月13日にフランスで行われたル・マン24時間レースでのR 391 22号車から計測されたデータを用いることとした．

データはサンプリングタイム32 Hzで測定されており，各周回の所用時間（ラップタイム）約230秒ごとに約7 360個のデータが受信されることになる．対象となる特性値は**表25.1**に示すエンジン関係を主体とする39項目である．

車両が競技の直前に変更となっても異常検出システムとして対応可能なように，本システムでは，競技開始後，正常状態で走行中の競技車両から得られる計測データを基に単位空間を作成するシステムを検討した．その際，単位空間

表25.1　異常検出に用いる計測特性

No.	計測特性	No.	計測特性
1	エンジン回転数	21	λコントロール補正係数（左）
2	スロットル開度	22	λコントロール補正係数（右）
3	水温（左）	23	空燃費（左）
4	水温（右）	24	空燃費（右）
5	油温	25	基本噴射パルス幅
6	吸気温	26	点火時期
7	燃温	27	目標空燃費
8	排気温（左）	28	パワステ診断信号
9	排気温（右）	29	シフト時目標回転
10	油圧	30	点火エネルギー
11	燃圧	31	デトネーションALL
12	シフト操作センサ出力	32	デトネーション#1
13	内圧	33	デトネーション#4
14	クランクケース内圧（前）	34	デトネーション#5
15	クランクケース内圧（後）	35	デトネーション#2
16	バッテリ電圧	36	デトネーション#7
17	点火進角（左）	37	デトネーション#6
18	点火進角（右）	38	デトネーション#3
19	燃料噴射パルス幅（左）	39	デトネーション#8
20	燃料噴射パルス幅（右）		

は1～46周経過時点までのデータから作成した．なお，46周は全競技過程の1/8程度であり，競技の序盤部分にあたる．

当初，32 Hzで計測された全データを用いて解析を試みたが，マハラノビスの距離と車両の状況変化が対応せず，異常検出ができなかった．これはサーキットを周回する際に運転者が行う操作により特性値が変化する幅の方が，車両異常による特性値の変化代よりも大きいためであることが分かった．一例として，**図25.2**に空燃比の変化を示す．

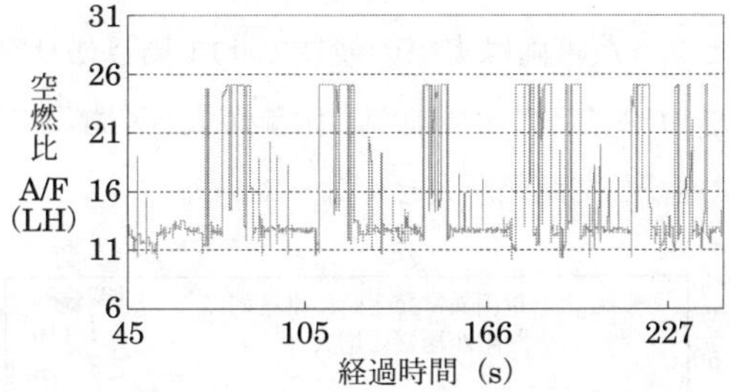

図25.2　レース車両の経過時間に対する空燃費の変化

そこで，各周回の計測データを見直し，運転者の操作が安定する直線走行部のデータを単位空間に用いることとした．生データから直線部走行時の安定状態のデータを抽出したいが，データが欠損している周回が相当数ある．そこで別に保管されていた各周回にピット前を通過した際の状況データを用いることとした．このデータは競技序盤での欠測データがなく，また走行状況も直線部であることから，運転者の操作が入りにくいため評価に都合がよいと考えた．

しかし，単位空間には正常状態での走行データという均質なデータを用いるため，特性値によっては単位空間内での分散がゼロとなるものが生じており，マハラノビスの距離が計算できない状況となった．一方，今回のシステムでは特性値を減らさないことが重要であり，次の対策を講じた．

① 具体的には分散がゼロとなった特性値に対して，まず固有技術及び計測精度から値の変動範囲を想定する．

② 変動範囲内に収まるような乱数を発生し，単位空間に用いる特性値の

個々のデータに与える変化分を算出する.

③ 算出した変化分を特性値に加えて，単位空間のデータとした.

その結果，単位空間に全項目を用いて，マハラノビスの距離による評価を行うことができた.

25.4　レース車両の異常検出の検討

異常を検出する能力を評価するため，作成した単位空間を基に，単位空間以外のデータに対して距離を算出した．その結果は**図 25.3** に示すとおりである．今回の解析対象となった車両は実際の競技で **111** 周目にリタイアしている．図 26.3 のとおり，リタイアの数周前から距離が大きくなっており，特に **107** 周以降の周回では継続して距離が大きくなっている.

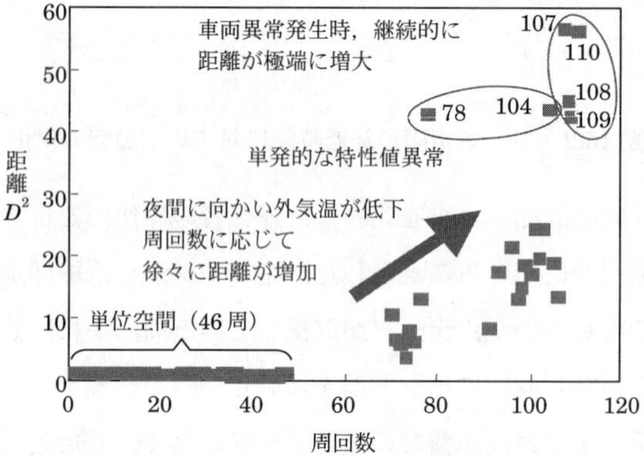

図 25.3　レース車両の異常検出

実際，リタイアの原因となった **EXH Tube**（エギゾーストチューブ：排気管）のクラック発生は **107** 周に発生しており，その時点で異常発生を検出できている．他の周回でも距離が増大しており，実際特性値も変化している．この点については次の検討により，車両走行に影響を与えないことが容易に判断できるものである.

通常の **MT** 法では異常の検出に影響を与えない特性値を省略し，システムを合理化することをねらって項目選択を行う．本システムでは，前述のとおり特性値はすべて必要である．ここでの項目選択は項目診断であり，距離を増大させている特性値を求めて技術者に情報提供することで，技術者の判断を助けることを目的とした．具体的には異常が検出された周回ごとに項目診断を実施し，距離を増大させる特性値をSN比の大小により評価する．単一周回ごとに異常検出時の影響特性を評価しており，望大特性のSN比を用いて評価した．

その結果を**表 25.2** に示す．また代表例として107周のデータから影響特性を求めた結果を**図 25.4** に示す．表 25.2 に示したとおり，各周回での影響特性を明確にすることができ，担当技術者はこの結果と走行状況を比較することで

表 25.2　レース車両の距離増加に対する影響特性

No.	計測特性	周回数 78	104	107	108	109	110
5	油温		◎	◎			
6	吸気温		◎	◎	◎	◎	△
8	排気温（左）	◎		◎	◎	◎	◎
9	排気温（右）	◎					
13	エアボックス内圧		△				
15	クランクケース内圧（後）			◎			
16	バッテリ電圧			◎			
19	燃料噴射パルス幅（左）						△
21	λコントロール補正係数（左）				◎	◎	◎
31	デトネーションALL		◎				

◎：影響大（効果 1 db 以上）　△：影響小（効果 1 db 未満）

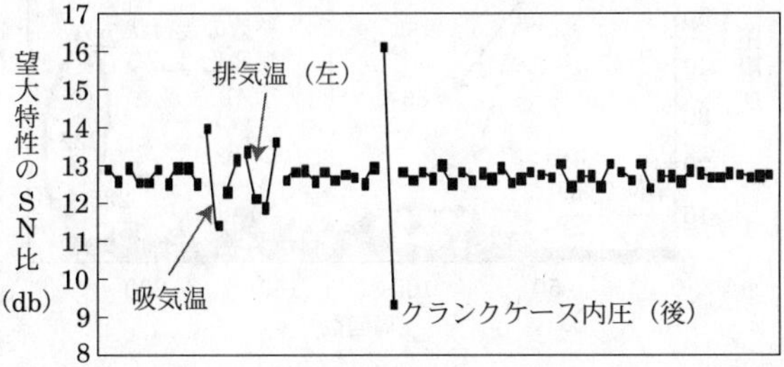

図 25.4　SN比による車両異常原因の診断（107周）

車両の状況判断を容易に行える．例えば78周は，ピットイン直後のため排気温が左右ともに低いことを検出している．

104周は運転者の操作によるデトネーション発生を検知しており，単発的な発生は問題ない．107周以降はEXH Tubeのクラック発生に伴い，左右の排気温に差が生じた異常を継続して検出しており，このシステム情報があればリタイア前に対処ができたと考えられる．以上のとおり，車両の異常発生の有無を距離により検出できると判断した．

これらの結果と，モニタリングしているエンジニアが持つ固有技術の知見とを突き合わせることで，車両異常の原因を想定する上で役立ち，判断の正確さを向上させるとともに，異常に対し，補修等の対応を行う際にもピットでの作業時間を短縮する効果が期待できる．

25.5　他の競技データによる検証

本研究に基づく異常検出システムの考え方が，他のレースでも成立することを，1999年11月6日に開催されたル・マン富士1 000 kmレースのデータを用いて検証した．検証の際も単位空間としてル・マン24時間レースと同様に競技開始から46周分のピット前通過時のデータ，及び39項目の特性値を用いた．周回と距離の関係を**図25.5**に示す．

ル・マン24時間レースでの傾向と異なり，周回を重ねても距離の変化がな

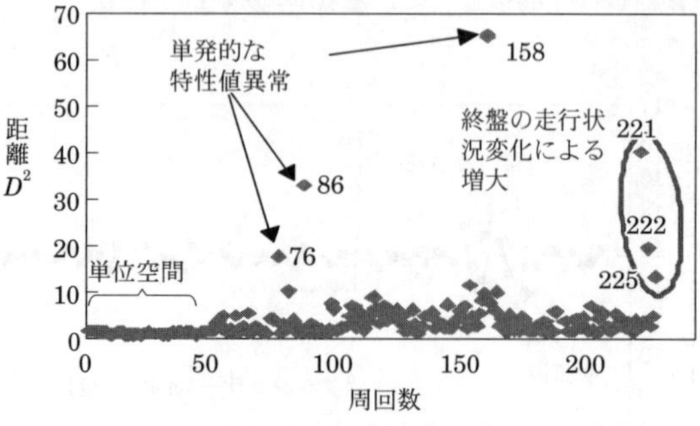

図25.5　他競技の周回ごとの距離の変化

い．これは24時間レースでは競技開始後，夜に向かって外気温が低下することにより，その影響が距離に反映されるのに対し，今回のレースは日中の競技であり外気温の変化が小さいためである．

先の例と同様に，距離の大きい周回ごとに望大特性のSN比による項目選択を行って，距離を増大させている影響項目を検討した結果を**表25.3**に示す．76, 86, 158周での距離の増大はそれぞれ運転者の操作によりデトネーションが発生したためであり，車両異常によるものではない．221, 222, 225周は，このデータが優勝車のものであるため，レースの終了に近づき，この車両が他車を十分に引き離した状況であるため，余裕を持った走行状況へと変化したこ

表25.3 ル・マン富士1 000 kmレースでの影響特性

No.	計測特性	周回数					
		76	86	158	221	222	225
1	エンジン回転数				△		
2	スロットル開度				△	△	
3	水温（左）				◎		△
4	水温（右）				◎	△	
5	油温	△					
6	吸気温	◎					
7	燃温		◎			△	
9	排気温（右）	△					
10	油圧				◎		
11	燃圧		◎		◎	◎	◎
13	内圧						◎
16	バッテリ電圧		◎				
18	点火進角（右）				△		◎
19	燃料噴射パルス幅（左）					◎	
20	燃料噴射パルス幅（右）				△	◎	
22	λコントロール補正係数（右）				△		
25	基本噴射パルス幅				△	△	
28	パワステ診断信号		◎				◎
34	デトネーション #5					△	
35	デトネーション #2			◎			
36	デトネーション #7		◎	△			
37	デトネーション #6	◎	◎				

◎：影響大（効果1 db以上） △：影響小（効果1 db未満）

とを検出している．アクセル開度や水温，油圧にその結果が表れており，影響項目及び周辺状況から車両の状態が問題ないと判断できる．

25.6　レース車両の異常検出システムの適用範囲の拡大

異常検出システムの成立性を確認できたことから，競技のより早期段階から診断システムを適用するための検討を行った．その場合，単位空間を構成するデータ数が特性値の数に満たない状況となる．その際の対応として基本的には次の2通りの方法を考えた．

① 同一周回から複数の単位空間データを確保する．

② 単位空間を分割し，構成する特性値の数を減らす．

①は前述のとおり，今回のデータからは準備できない．しかし，今後の競技データでは対応可能であり，本方法を用いることで早期段階から異常検出が可能となると考えられる．

今回は②の検討結果を述べる．具体的なシステムの考え方は，特性値を固有技術分野に基づきグループ化し，競技開始直後の周回数が少ない状況では，同時に解析に用いる特性値を減らした単位空間とすることで，マハラノビスの距離を算出するために必要なデータ数を減らす．そして競技の進行に応じて同時に扱う特性値を増やしていくという時系列で成長させるシステムを考えた．

まず，固有技術に基づき特性値を**表 25.4** のように3グループに分割した．その上で，単位空間に用いるデータ数（＝周回数）を変化させ，グループごとに各周の距離 D を求める．その上で3グループから求めた距離 D の平均を求めて距離 D' とする．

車両異常を検出する能力を評価する方法として，39項目の特性値，単位空間に46周のデータを用いて求めた距離 D を信号とし，信号に応じた距離 D' が得られることを理想関係と考えて，**図 25.6** に示す関係から**表 25.5** に示す動特性比例式のSN比を求めた．検討結果を**図 25.7** に示す．図示のとおり，若干変動があるが，単位空間のデータ数減少に伴いSN比が低下している．25周まではSN比の低下が顕著ではないが，20周では大きく低下する．逆に40

表 25.4 特性値のグループ化

No.	計測特性	グループ A	グループ B	グループ C
1	エンジン回転数	○	○	○
2	スロットル開度	○		
⋮	⋮	⋮		
16	バッテリ電圧	○		
17	点火進角（左）		○	
18	点火進角（右）		○	
19	燃料噴射パルス幅（左）		○	
20	燃料噴射パルス幅（右）		○	
21	λコントロール補正係数（左）		○	
22	λコントロール補正係数（右）		○	
⋮	⋮		⋮	
30	点火エネルギー		○	
31	デトネーション ALL			○
32	デトネーション #1			○
⋮	⋮			⋮
39	デトネーション #8			○

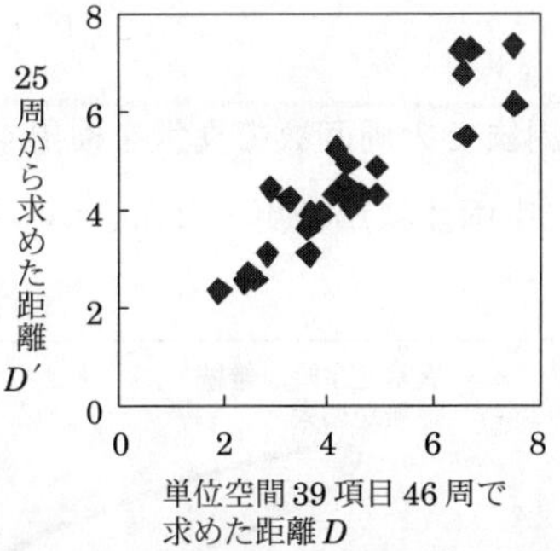

図 25.6 D'（25 周）と当初解析での D との関係

表 25.5 比例式での解析データ

周回数	70	71	…	110
信号 M	D_{70}	D_{71}	…	D_{110}
計測特性 Y	D'_{70}	D'_{71}	…	D'_{110}

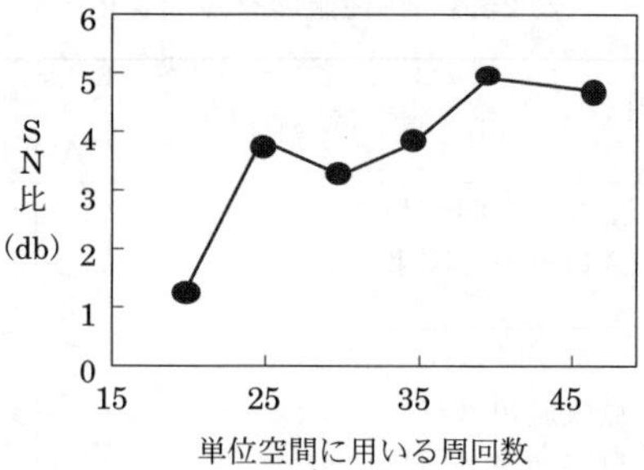

図 25.7　単位空間に用いる周回数による SN 比の変化

周以上では SN 比が向上しておらず，これ以上周回数を増やしても異常を検出する能力に影響を持たないことが分かる．

そこで 25 周までを単位空間に用いた場合の結果を図 25.6 に示した．これは単位空間 25 周での D' と当初の解析（39 項目，単位空間 46 周データ）での距離 D の関係の散布図である．**図 25.8** に 25 周での距離 D'^2 と周回数との関係を示す．図示のとおり，25 周で構成した単位空間でも 107 周以降は継続的に距離が大きい状況となっており，その他の周回での単発的な距離の増大と異なる．

以上の結果から，25 周までの周回数で異常を検出する能力があると判断できる．これは競技直前に車両仕様が変更となるという最も厳しい条件下でも，

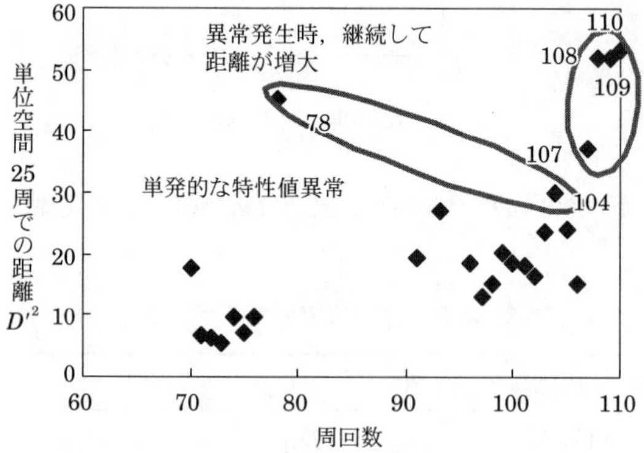

図 25.8　周回と距離 D^2

競技の 1/15 という極めて初期の段階から本システムが適用できることを意味する．この結果から，特性値を分割することで，異常検出に用いる特性値の総数よりも少ない周回数（＝データ数）という状況下でも MT 法を適用し，異常検出が可能なことが検証できた．

25.7　レース車両異常検出のまとめ

実際の競技中のデータを基に単位空間を作成することで，車両異常を検出するシステムが成立することが検証できた．競技の早期段階からシステムを適用する上では特性値の分割が有効であり，周回数の増加に応じて単位空間を構成する特性値を増加させていくことで，競技の経過に応じて単位空間を段階的に成長させていくシステムとすることで対応できる．

また，単位空間内で分散がゼロとなる問題に対しては，個々の特性値に対して，固有技術及び計測精度から許容できる変動幅を設定し，その範囲でデータを変動させることで全特性値を取り込むことを可能とした．今後，走行周回数と単位空間を構成する特性値数とのバランスをとり，自動的に MT 法での評価を行うシステムとして活用していく．

引 用 文 献

1)　栗原憲二：テレメータリングによるレース車両の異常検出システムの構築，品質工学，Vol.12, No.1, pp.81–88, 2004

Q & A

Q25.1　従来実施されていたテレメータリングによる車両状況の評価ではどのような点をみて異常を判断していたのですか．また，本論文での MT 法を用いたやり方は，どう違うのですか．

A：これまでは個々の特性値の変化が許容範囲内に収まるかを基に判断していました．今回，MT 法を用いたことで個々の特性値の変化だけでなく，複数の特性値間の相関関係も含めた状況の変化が検出でき，当初想定していないような未経験の異常に対しても警告できるという特長があります．

Q25.2　単位空間での分散がゼロになったとは，特性値がどうなったということですか．また，その場合に与えたという変動は，何を基準にして，どの程度のものですか．

A：ある特性値に対して単位空間のデータでその値に変化がない，すなわち値が一定という状況です．一般的にはその特性値を距離の計算に用いることができません．そこでその特性値をマハラノビスの距離の計算に用いるためにデータに変動を与えているのです．変動を与えるに際しては，異常検出力を損なわないように，計測誤差程度での変動を求めておきデータに与えています．

Q25.3　周回ごとに項目の有無による効果が異なる結果となっていますが，これで項目選択するとしたら，どういう特性値を残し，どれを切るべきでしょうか．

A：今回の目的では，項目選択によって異常検出に用いる特性値を減らしてしまうことは問題です．なぜなら，この手法を用いるメリットに将来起こるかもしれない異常を検出できることがあり，特性値を絞り込むことで，未知の異常を検出できなくなる可能性があるからです．今回の項目選択では，距離が大きくなった周回ごとにその原因となる特性値の候補を調査するために用いています．

Q25.4　1周の約7 400データの中から，ピット前の1データだけを使われていますが，実際のところこれだけで十分なのでしょうか．

A：十分かどうかの判断基準は車両異常を検出できているかどうかです．本研究のとおり，車両異常を診断できていますので問題ないと考えています．今後，さらにデータを積み重ねた検討も行っていく予定です．

Q25.5　計測モードを3グループに分割して平均を取っていますが，マルチで計算した場合との違いについてお聞かせ下さい．

A：マルチ（分割したデータ群に対し距離を求め，その複数の距離からさらに距離を求める方法）での計算も行っています．今回示したSN比の平均と比較しても，結果は変わりませんでした．結果が変わらないので計算が簡単な今回提示した方法でシステム化を図ることにしました．差が生じなかった原因として，分割したグループが技術面からも独立な特性値として設定しており，そのためグループ間に相関関係がほとんどありません．そのためグループごとの距離を基にさらに距離を求めても優位性が出なかったと考えています．

Q25.6　周回数が少ないうちは特性値をグループ分けして，それぞれ距離を計算し，その平均で評価されていますが，平均の方がよいのでしょうか．個別のマハラノビスの距離からは違ったことが見えてこないのでしょうか．

A：異常検出という観点では 3 グループから求めた距離の平均値，和，個別のいずれの方法でも問題ありません．ただし，3 グループの距離の平均として求めた D' の方が，全特性値から求めた距離 D と値が近しい関係になります．また，グループごとに距離を見ても得られる結果に差はありません．

Q25.7　本取組みを市販車やほかの領域に展開する可能性についてお聞かせ下さい．

A：競技中に異常が発生すること自体，対応としては後手に回ってしまいます．本来，異常が発生しないように車を開発することです．そこで本システムを開発時に活用することで異常を早期につぶし競争力の向上を図っていきます．また，生産車，市販車での検査データに対して活用していくことが今後の課題と考えています．

第26章　カラーコピー画像のMT法による評価と予測

日常使用しているコピー機の出荷時における画質の評価は，メーカーの設計基準で行っているはずであるが，設計者はユーザーの欲する画像を把握しきれておらず，出荷時の検査は経験と勘に頼る傾向がある．評価の基本となる画像を作成し，市場における各社のモノクロコピー機より1 000枚以上のコピー画像を集め，消費者が良いとする画像から単位空間を作成した．本研究では，この単位空間を利用してカラー画像の評価の可能性を検討した．カラー画像の中で良いとされるサンプルを基準点として設け，その基準点からの距離を求めることで，モノクロ画像の単位空間を利用したカラー画像の評価が可能であることが確認された．

26.1　コピー画像評価の課題

コピー機は，その設計段階と出荷段階においてコピー画像の感覚的評価と物理的特性により，機械の良否が判断されている．そこでこのような感覚的評価に代わる物理的特性のみによる評価の方法を検討してきた．すなわち数多くの物理的特性をMT法により，1つの距離に集約する方法を研究した．この成果はすでに『MTシステムによる技術開発』（日本規格協会，2002）に紹介されている．

すなわち，モノクロコピー画像の良し悪しを物理的特性で評価することを可能とし，画像並びに画質評価を可能とするコピー画像の作成もほぼ妥当であることを明らかにした．そこで消費者が良いと判断する単位空間の作成を行い，項目選択及び信号水準の精度を向上させることで，判定能力の高い単位空間の確認を行った．ここで，カラー画像の評価を行うには，さらにカラー画像での単位空間が必要で，これはもっと大変な作業となる．本研究はモノクロ画像で作成した単位空間を用いて，カラー画像の評価を行う可能性について検討することにした．

26.2　カラー画像の代用となるモノクロ画像の評価

モノクロ画像の研究の概要を述べる．**図 26.1** に例を載せた 8 種類の画像と物理的特性の測定部という構成の原稿を用いて，約 1100 枚のコピー画像サンプルを集め，一般の人を対象として年齢層別，性別に偏りのない約 10 人のグループで 1 画像約 140 枚について良・普・悪の 3 段階に評価してもらった．原画は見せずに単純にその画像の良し悪しで判断を依頼した．良い画像＝0 点，普通画像＝5 点，悪い画像＝10 点とし，望小特性による得点化を行った．

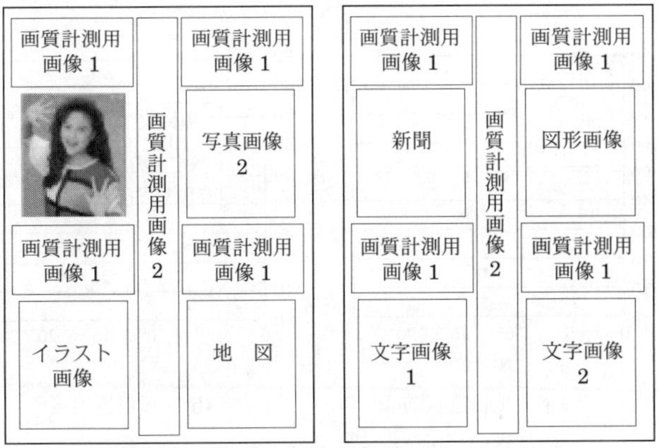

図 26.1　モノクロ画像評価の画像の例

この結果から，各画像上位 30 枚，計 240 枚について，線幅転写性の SN 比，画像濃度転写性の SN 比（階調性）など 45 項目の物理的特性値を測定し単位空間を作成した．

次に消費者の判断を信号に項目選択を行った．しかし初期に行った絶対評価では消費者の好みが入りやすく精度が悪くなることが分かった．動特性で重要なことは，データが真の値であるということである．アンケートには個人の好みによるばらつきがあるため，真の値が明確でないものを含んでいる．そこで単位空間のデータは，個人個人の評価がそろっており，かつ画像の種類による影響がないという条件を満たすものを選択した．

また，信号での悪いという画像は最悪の評価点のデータが10点で頭打ちになっており真値が不明である．そこで画像サンプルを10名のアンケートによる順位付けを行うことでデータの信頼性を高めた．

条件に合う良いサンプル43枚で単位空間を作成し，項目数は単位空間のデータ数より多くすることができないという制限から，これまでの検討で明らかに無関係の項目を外した40項目の物理的特性を直交表 L_{64} に割り付け，悪い画像サンプル11枚を信号に動特性のSN比で評価し，項目選択を行った．最適化前後の単位空間からの距離の悪さの度合いと，距離の関係を**図26.2**に示す．

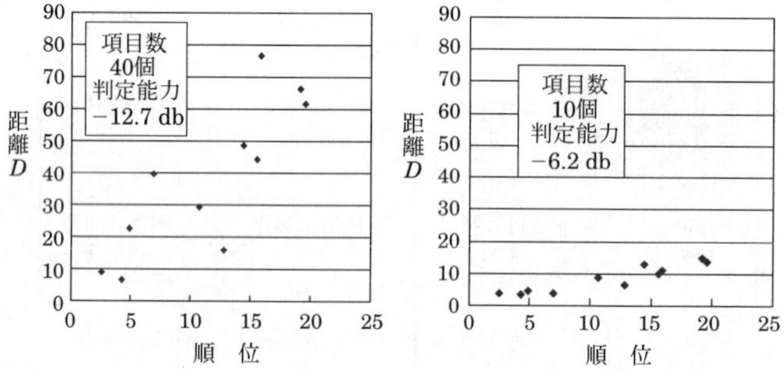

(a)　項目選択前　　　(b)　項目選択後

図26.2　悪い画像の順位と距離 D の関係

単位空間の最適化により画質品質の判定能力のSN比を −12.7 db から −6.2 db に 6.5 db 向上させ，さらに測定項目数を40項目から10項目に30項目削減することができた．図26.2から，項目選択後の距離 D の分布は良い画像サンプルと悪い画像サンプルの判別ができていることが分かる．最適化した単位空間は妥当であることが確認された．

26.3　モノクロ画像の単位空間を利用したカラー画像の距離算出の考え方

新たにモノクロコピーと同じ手順で，同じ画像のカラーコピーサンプルを採取し，データを測定して，カラー画像での単位空間を作成するには時間がかかる．そこで，モノクロ画像の単位空間を利用することを考えたが，対象がカラ一画像なので，モノクロ画像の単位空間を用いて距離 D を算出すると距離が大きく離れてしまう．しかし，原画に近い画像サンプルは，ある点に集まると予想できる．この点を基準点とするとカラー画像の距離 D は，この基準点からの相対距離となる．すなわち，最も原画に近いと判断したカラー画像サンプルの距離 D_0 を基準点とし，その基準点からの相対的な距離がカラー画像の距離 D となる．

モノクロ画像の単位空間を利用したカラー画像評価における基準点の考え方のイメージ図を**図 26.3** に示す．計算の手順としては，まずモノクロ画像の単位空間を用いた距離 D を各画像サンプルごとに求め，基準点とする原画に近い画像サンプルの距離 D_0 からの相対距離を絶対値でそれぞれ算出する．

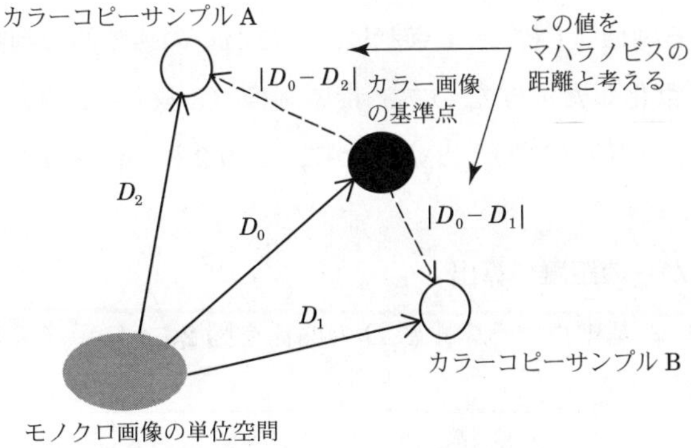

図 26.3　カラー画像評価における基準点の考え方のイメージ図

基準点 D_0 よりの距離 D が大きくても小さくても，カラー画像のマハラノビスの距離は離れるということになる．

26.4　カラー画像の距離の算出

前節に述べたようにモノクロ画像のデータを利用する．

(1)　単位空間

単位空間は，モノクロ画像の単位空間（43 枚）を利用する．

(2) 項　目

カラー画像は単色Yellow, Magenta, Cyan, Blackの4色の重ね合わせであり，基本的な部分はモノクロ画像の評価項目と同じである．カラー特有の評価項目としては主にカラーバランス（L^*, a^*, b^*），色の重ね合わせ位置精度があり，これらを評価できる特性値を追加した．すなわち，モノクロ画像の研究における最終的な項目数10項目にL^*, a^*, b^*を追加し，この3つの項目から計算で求めていた黒色度という項目を削除した，計12項目で単位空間を再度作成しなおした．

(3) 信　号

信号は3機種のカラーコピー機を用いて，濃度，カラーバランス設定を調整して採取したカラー画像サンプルを用いた．目視評価点数は，最も原画に近い基準点となる画像（1枚）＝1点とし，そこからの感覚的な判断による悪さのレベルを点数化した．すなわち，良い画像（3枚）＝2点，普通画像（3枚）＝4点，悪い画像（2枚）＝8点となり，この9枚の画像サンプルを信号とした．

(4) 基準点からの距離の算出

悪さの度合いと基準点からの距離Dの関係を**図26.4**に示す．基準点からの

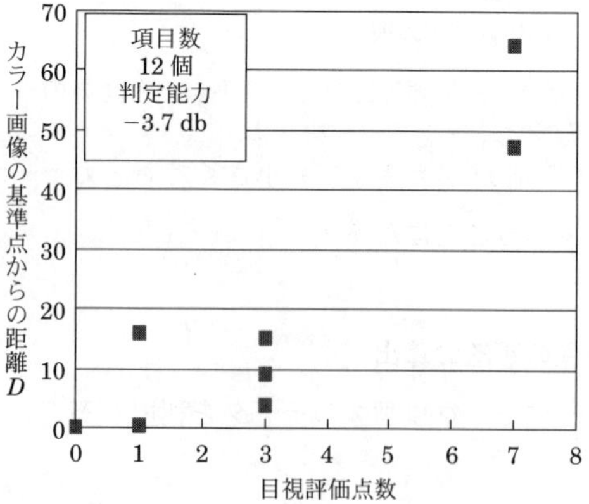

図26.4　目視評価点数とカラー画像の基準点からのマハラノビスの距離Dの関係

相対距離なので，0 点は基準点の画像となる．図 26.4 より，目視評価点数が悪くなるにつれて距離 D が離れていくことが分かる．つまり基準点の考え方は間違っていないということが確認された．また画質品質の判定能力の SN 比は −3.7 db となった．

26.5　カラー外観を信号とした項目選択の工夫

単位空間の精度を向上させるために項目選択を行った．単位空間はモノクロ画像 43 枚のデータで作成し，項目はモノクロ画像の研究で使用した 40 項目の物理的特性に色成分の評価指標である L^*, a^*, b^* を追加し，明らかに無関係だと思われる項目を削除し，計 42 項目とした．この 42 項目を直交表 L_{64} に割り付け，カラー画像サンプル 9 枚の目視評価点数を信号に項目選択を行った．

項目選択は，SN 比が最も高くなるように少しずつ有効でない項目を削除していった．これを繰り返すことにより，SN 比が最大になる所を最適な項目選択の結果とした．項目選択前と項目選択後の，悪さの度合いと基準点からの距離 D の関係を**図 26.5** に示す．

単位空間の最適化により，画質品質の判定能力の SN 比を−24.7 db から−3.3 db に 21.4 db 向上させ，さらに測定項目数を 42 項目から 18 項目に 24 項目

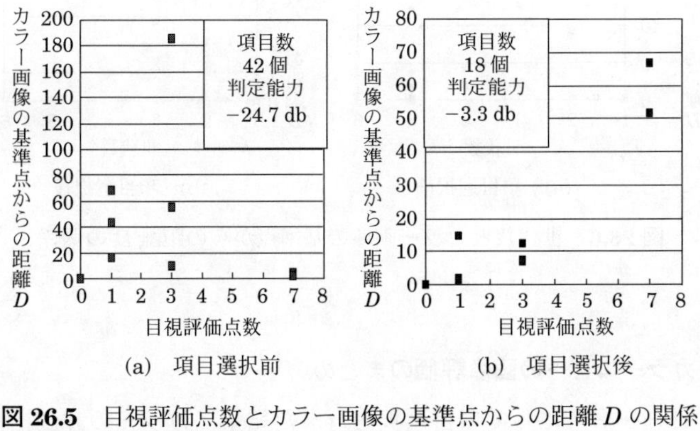

図 26.5　目視評価点数とカラー画像の基準点からの距離 D の関係

削減することができた．

カラー画像の目視評価は真の値があいまいで信頼性に欠けるという問題がある．そこで好みに左右されず信頼性の高い信号として，コピーを繰り返し採る世代コピーを使うことを考えた．世代コピーとは一度コピーしたものを原稿にして，再度コピーを繰り返すことをいう．コピーを繰り返すことによりノイズが増加し，画像が劣化していくという特性を利用した．信号とする世代コピーの繰り返し数は 5 世代とした．これは，5 世代目以降は悪くなりすぎてあまり変化が見られなかったからである．原稿 1 枚には 4 種の画像が配置されており世代コピーを 5 世代行うと 20 枚の画像サンプルを得られる．これらを信号に項目選択を行った．

項目選択前と項目選択後の，世代数と基準点からの距離 D の関係を**図 26.6** に示す．単位空間の最適化により，SN 比は−9.2 db から 11.4 db に 20.6 db 向上させ，さらに測定項目数を 42 項目から 8 項目に 34 項目削減することができた．この際，カラーの評価指標として追加した，L*, a*, b* は有効な項目として判断されなかったため削除された．

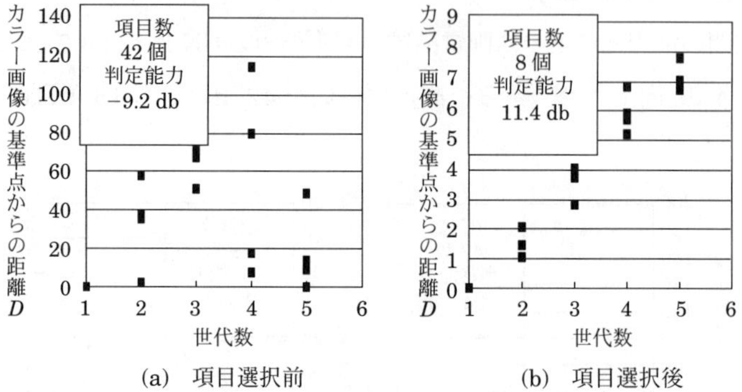

図 26.6　世代数とカラー画像の基準点からの距離 D の関係

26.6　カラーコピーの画像評価のまとめ

世代コピーを信号にして項目選択を行った結果，カラーの評価指標である

L^*, a^*, b^* は有効でないと出た．つまり，モノクロ画像の単位空間を使いカラー画像を評価しても，モノクロの部分しか評価できていないということが考えられる．モノクロ画像というのは位置情報であり，カラー画像は位置情報＋色情報である．つまり位置情報が悪くて良いカラー画像というのは考えられない．したがって，位置情報であるモノクロの部分が評価できれば，カラー画像としてもそれなりの評価が可能ではないかと考えられる．

基準点の考え方をすることで，モノクロ画像の単位空間を利用したカラー画像の評価が可能であることが確認された．これにより，出荷段階においてユーザーが判断する画像の良し悪しの判定予測が可能であるということが確認できた．また，設計段階でのコピー機の画質の評価も可能になる．その効果として，試作数の削減，物理特性を絞り込むことにより開発期間の短縮，改良点の明確化がなされコストダウンと画像品質の向上を図ることができると考えられる．

引用文献

1) 山田卓也，石毛和典，矢野　宏：コピー画像の評価と MT 法による予測の研究 (4) ―カラーコピーの場合―，品質工学（2002 年投稿中）

Q & A

Q26.1　カラー画像で単位空間を作成して評価を行うことはできないのですか．

A：これは現在，研究中です．ただし，YMC の 3 色を使うので，手間が 3 倍かかります．効率よい方法を検討する必要があります．本研究はその前野段階です．

Q26.2　世代コピーを使ったというのがポイントだと思いますが，カラー画像はきれいに出るのでしょうか．

A：世代コピーについてはモノクロ画像で，加藤圭一，石毛和典などにより研究され品質工学誌に投稿中（2004）です．これをベースとして行ったので，世代コピーは信号因子となり得ます．カラーの世代コピーにはもちろん別な問題がありますが，コピーの理解としてはこれでよいと思っています．

Q26.2　MT システムではいわゆる距離の分布を示すのが多いのですが，これにはそれがありませんが，示してもらえると分かりやすいのですが．

A：MT システムは距離の分布を見るものではなく，あくまで SN 比で検討すべきであるという，田口玄一の考え方に従いました．しかし，分布図が分かりやすいのも事実です．例えば本文中の図 26.2 を分布図で書くと下図のようになります．明らかに項目選択後の方がよくありません．これを本文図 26.2 と比べると SN 比は著しく感度が下がっています．このおかしさは人の感覚で信号を決めているからです．MT システムでも信号（真の値）の重要性が分かると思います．

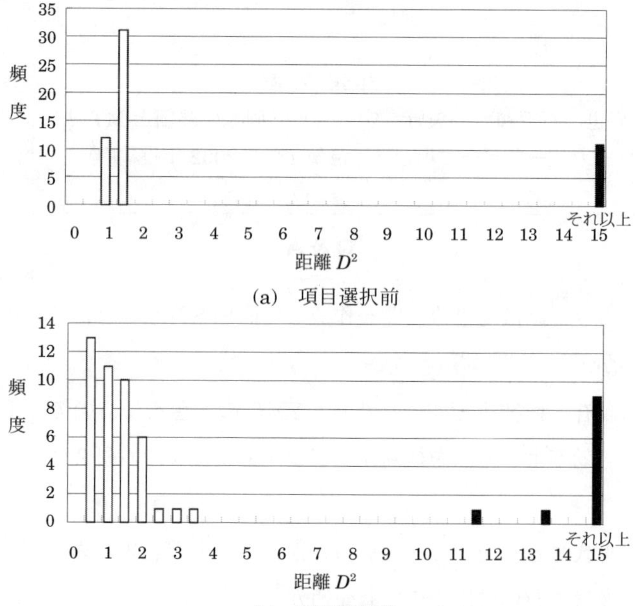

図　モノクロ画像の単位空間における最適化前後の距離 D^2 の分布

第 27 章　MT 法による健康状態の予測と健康診断の経費削減

2 年間にわたる健康診断の結果から，マハラノビスの距離による健康人と不健康人の予測の結果に対し，項目選択及び経済性の観点から損失関数による評価を行い，経費削減の可能性の検証を行った．すなわち，機能限界 Δ_0 とコスト A，損失 A_0 を求め，距離の許容差 Δ を求めたものである．その結果，損失関数の経済性計算から得られた Δ の値から，健常者と非健常者のしきい値は 1.5 で妥当であることが明らかとなった．またこのことは標準 SN 比の計算結果からも裏付けられた．これらの結果から，しきい値の考慮や項目選択を行うことで，一中事業者規模で 1000 万円以上のコスト削減を可能とし，また 2 年間ないし 3 年間の健康診断のデータから，医師の診断がなくても健康や不健康の判定が可能となることが示唆された．

27.1　MT 法による健康状態予測の課題

マハラノビス・タグチ・システム法（現在の MT 法）による健康診断の判定について，『MT システムの技術開発』（日本規格協会，2002）に紹介を行った．すなわち数値データによりマハラノビスの距離を計算することによって，兼高，長谷川らの報告と同様に，医師の総合診断と極めてよく一致する判定が，医師の判断がなくても可能であることを明らかにした．さらに MT 法を発展させると将来の健康診断の結果の予測が可能であり，我々は 2 年間の健康診断のデータより，マハラノビスの距離のしきい値を 1.5 で区切ると，90% の比率で来年度の健康状態の予測が可能であることを明らかにした．さらに 3 年間のデータを用いると，データ数は減るが，予測の確かさが増す可能性があることも示した．

本研究では，以上の発表における今年度の健康診断のデータから来年度の健康状態を予測した結果を用い，①項目選択によって健康診断に有効な項目を選択することによる経費削減，②来年度健康と予測されるなら，少なくとも来年度の健康診断の省略が可能となり，その結果による健康診断の経費削減の可能性について検討した．さらに③デジタルの標準SN比を用いることで，これらの評価に対する信頼性も明らかにした．

27.2　MT法による健康診断と経費の研究の経過

MT法を用いて行った健康診断の予測と経費の検討の経過を以下に示す．

(1)　検査対象の内訳

対象として，某企業の2年間の健康診断結果を用いた．受診者約5 000名中欠損値のない有効データは1 624名であり，有効健康診断の内容は大きく分類すると以下の19に区分でき，検討に用いた項目は100項目に及んだ．これらの検査項目の，健康保険で決められた料金を**表27.1**に示す．

①加療中病名（1人最大3個まで），②過去の病名（1人最大5個まで），③実の家族の病気（祖父母，父母，兄弟に分類），④嗜好（タバコ，アルコール），⑤自覚症状，⑥食後時間，⑦体側（身長，体重，肥満度），⑧視力，⑨血圧，⑩検尿，⑪他覚症状，⑫聴力，⑬胸部X線，⑭心電図，⑮血液検査（19項目），⑯眼底写真，⑰血液検査追加項目，⑱性別，⑲年齢

表27.1　1998年度健康保険点数表より換算した料金

（円）

検査区分	実施料	判断料
①②③④⑤⑥⑦⑧⑨⑪	内科診察料 740	—
⑩検尿	280	—
⑫聴力	800	—
⑬胸部X-P	650	850
⑭心電図	1 500	—
⑮生化学検査	4 490	2 780
⑯眼底写真	560	—
⑰末梢血検査	1 020	1 260
合　　計	15 680（消費税を含まない）	

(2)　MT 法のための健康診断データの数値化

医師が健康診断結果を検討して，**表 27.2** に示す対象者を ABCG 判定の 4 つに判定する．性別や問診結果のような文字列は「男性＝1」，「女性＝2」などとしてカテゴリーデータとして数値に変換し，年齢や生化学検査値などの数値データはそのまま使用する．単位空間作成に用いたデータの中で，全項目が同じ値である項目及び多重共線性の可能性のある項目は省いた．

表 27.2　健康診断対象者の判定別分布（人数）

2年目＼1年目	A	B	C	G	不明	合計
A	159	129	2	20	10	320
B	67	242	18	37	0	364
C	12	262	37	54	85	450
G	4	38	0	40	0	82
不明	94	262	80	67	0	503
合　計	336	933	137	218	95	1 719

(3)　MT 法を用いた健康診断判定のための単位空間 I の作成

図 27.1 に示すように 2 年間の健康人のデータ数は 159 個，項目数は 67 個で単位空間 I を作成し，健康人（A 判定 159 人），現在療養中（C 判定）37 人の距離を求めた．

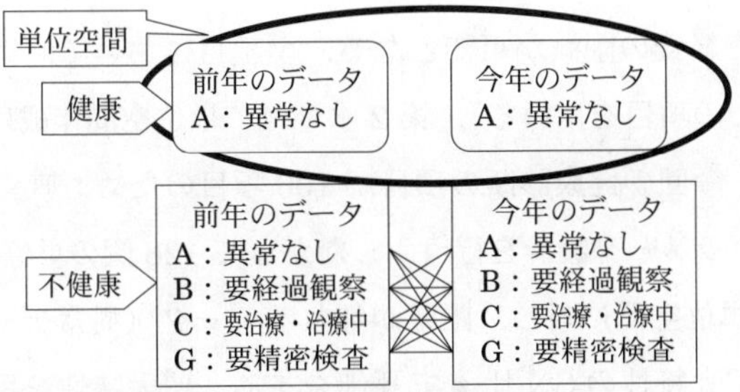

図 27.1　単位空間 I

(4)　MT 法を用いた来年の健康の予測のための単位空間 II の作成

マハラノビスの距離の特筆すべき点は，現在健康かどうかの判定だけでなく，今年度の健康診断から来年度の予測が可能である点である．単位空間IIは**図27.2**の要領で作成する．つまり，今年度健康と判定された対象者の前年度の健康診断のデータで単位空間IIを作成し，これを健康人とする．前年度は健康でも健康でなくてもかまわない．使用するのは今年度健康であるA判定の対象者の前年度の健康診断のデータである．来年度非健康人は，前年度はどのような状態であっても，今年度C判定となった受診者を指す．

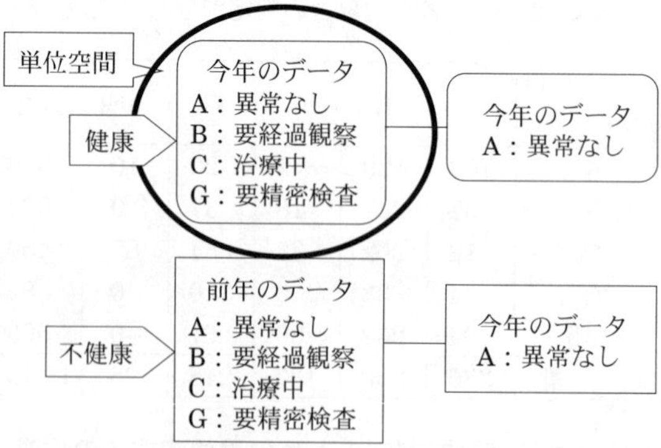

図27.2　単位空間II

(5)　距離を用いた項目選択

距離を用いた予測・判定における項目の必要性を調べるために，単位空間I, IIの作成の際に予測・判定に必要な項目と不要な項目の選択を行う．項目数を減らすことで経費の削減が可能となる．全項目において，第1水準は“単位空間作成にこの項目を用いる”，第2水準は“単位空間作成にこの項目を用いない”とし，今回の健康診断の項目が100項目のため，直交表L_{128}を用いて項目選択のパラメータ設計を行う．したがって128個の単位空間を作成し，その128個の単位空間に対し，距離が離れるデータ（異常データ）の個々の距離を求め，望大特性のSN比ηで評価をする．望大特性を用いるのは異常の程度の判定が明確でないからである．項目選択の方法は，各水準の平均値を求め，要因効果図を作成し評価する．また項目選択により，その結果を反映した単位空間II′が得られる．

(6) 単位空間 III の項目選択

既報ではさらに 3 年間のデータを用いた項目選択を行い，診断の可能性が高くなることを示したが，データ数が減るが，念のために 3 年間のデータの項目選択後のデータを単位空間に用いた解析を行い，単位空間 III とした．

(7) 標準 SN 比の解析

単位空間 I, II, II′, III の誤り率をバランスさせたときの標準 SN 比を求めることで，各々の検出力の比較を行った．

(8) 経費削減の検討

項目選択により健康診断の判定に重要な項目のみにした場合の経費節減，及び来年度健康であると予測可能な場合の，来年度の健康診断を略して隔年の健康診断とした場合の経費の節減について検討する．

27.3 MT 法による健康診断の判定と健康の予測

まず，MT 法による健康診断の判定のしきい値の検討を行い，このしきい値を用いて，来年度の健康の予測の妥当性を検討した．

(1) 単位空間 I と距離を用いた健康診断のしきい値

図 27.1 に示すような分類で，健康人のデータ数は 159 個，項目数は 67 個で単位空間 I を作成した．作成した単位空間に対し，健康人（A 判定）159 人，現在療養中（C 判定）の 37 人の距離を求めた結果を**表 27.3** に示す．それらの結果より，健康人で作成した単位空間 I からのマハラノビスの距離が 1.5 ないし 2.0 程度であればほぼ健康人であり，これよりも大きな距離になると健康人ではないという判定が，医師の判断なしで診断が可能であった．

(2) 単位空間 II と距離による来年度の健康の予測

単位空間に使用したデータは，現在健康な人（A 判定）の前年度の健康診断のデータで，データ数は 336，項目数は 100，全員欠測値なし．非健康人として，現在加療中判定（C 判定）を受けている 137 人の前年度のデータを使用した．**表 27.4** に項目選択前の単位空間 II からの A 判定，C 判定の距離を示す．しきい値を 1.5 あたりにすれば，80% 以上の割合で予測が可能であった．

表 27.3　単位空間Iからの距離

距離	A判定(名)	C判定(名)	A判定(%)	C判定(%)
0	0	0	100	0
0.5	3	0	98	0
1	85	0	45	0
1.5	65	1	4	3
2	3	2	2	8
2.5	3	1	0	11
3	0	6	0	27
3.5	0	3	0	35
4	0	4	0	46
4.5	0	2	0	51
5	0	1	0	54
5.5	0	2	0	59
6	0	1	0	62
6.5	0	2	0	68
7	0	0	0	68
7.5	0	0	0	68
8	0	1	0	70
8.5	0	0	0	70
9	0	1	0	73
9.5	0	1	0	76
10	0	2	0	81
11以上	0	7	0	100
合計	159	37	—	—

(3)　望大特性のSN比を用いた項目選択

項目選択を行い，予測に関係の薄い項目を外し，再度単位空間II′を作り直した．データ数は前回同様336であるが，**表27.5**のように項目数は100から66と減らし，項目選択後の単位空間II′からの距離のデータは**表27.6**のようになった．ここでしきい値を1.5として，しきい値ごとに距離Dを分類すれば，項目を落としても80%以上の割合で予測が可能であった．

27.4　損失関数によるしきい値の検討

しきい値の妥当性についての検証を別な角度から試みることとし，ここでは表27.4のデータを用いて以下の計算を行うこととする．単位空間I, II, II′そ

表 27.4 項目選択前の単位空間 II からの距離

距離	A判定(名)	C判定(名)	A判定(%)	C判定(%)
0	0	0	100	0
0.5	40	0	100	0
1	140	7	88	5
1.5	112	14	46	15
2	39	24	13	33
2.5	4	12	1	42
3	0	18	0	55
3.5	1	18	0	68
4	0	8	0	74
4.5	0	12	0	82
5	0	7	0	88
5.5	0	6	0	92
6	0	1	0	93
6.5	0	2	0	94
7	0	0	0	94
7.5	0	0	0	94
8	0	0	0	94
8.5	0	1	0	95
9	0	0	0	95
9.5	0	0	0	95
10	0	1	0	96
11以上	0	6	0	100
合計	336	137	—	—

表 27.5 項目選択により残った項目

検査区分	項　目 (* 複数項目)
家族歴	脳卒中，心臓病，高血圧，癌
嗜好品	たばこ
体　側	身長，体重
血液検査	AST, ALT, ALP, rGT, T.B, ZTT, T.G, T.C, HDL-C, UA, BS, HbA_1c, WBC, RBC, Hb, Ht, MCHC
問診など	性別，年齢，自覚症状 *，既往歴 *，治療歴 *
血　圧	最高値，最低値
その他	胸部 X-P*，心電図 *，視力 *

表 27.6　項目選択後の単位空間 II′ からの距離

距離	A判定（名）	C判定（名）	A判定（%）	C判定（%）
0	0	0	100	0
0.5	15	0	96	0
1	170	5	45	4
1.5	117	15	10	15
2	31	28	1	35
2.5	3	25	0	53
3	0	17	0	66
3.5	0	12	0	74
4	0	10	0	82
4.5	0	3	0	84
5	0	26	0	88
5.5	0	3	0	91
6	0	2	0	92
6.5	0	0	0	92
7	0	2	0	93
7.5	0	1	0	94
8	0	0	0	94
8.5	0	0	0	94
9	0	1	0	94
9.5	0	1	0	95
10	0	0	0	95
10.5	0	7	0	100
合計	336	158	—	—

れぞれの二元表を作り，さらに表は省略するが，単位空間 III の A 判定と C 判定の二元表を作成した．これより比率を求めて以下の式により標準 SN 比を求めた．

まず 2 年間のデータから得られた単位空間による A 判定と C 判定の結果から，しきい値が 1.5 としたときの二元表を作成し，**表 27.7** の入出力表を得る．表 27.7 では経済性がバランスしないが，健常者を非健常者とする誤り p，非健常者を健常者と診断する誤り q の 2 種類の誤り率がバランスするデジタルの標準 SN 比で解析を行うこととする．

この場合の SN 比 η は，共通な誤り率を p' とすると，

表 27.7　しきい値を 1.5 としたときの誤り率考慮前の入出力表

	診断・判定		合　計
	＜1.5	1.5＞	
A 判定	0.869 048	0.130 952	1
C 判定	0.153 285	0.846 715	1
合　計	1.022 332	0.977 668	2

$$\eta = -10\log\left(\frac{1}{p'}-1\right) = \frac{1}{2}\left[-10\log\left(\frac{1}{p}-1\right)-10\log\left(\frac{1}{q}-1\right)\right]$$

$$= \frac{1}{2}(-10\log 6.636\,385\,851 - 10\log 5.523\,795\,544)$$

$$= -7.82 \quad \text{(db)} \tag{27.1}$$

よって，式 (27.1) の SN 比から p' を求めると，$p'=p=q=0.14$ となり，これは A 判定を C 判定にする誤り 0.130 952 と C 判定を A 判定とする誤り 0.153 285 の平均に等しく，p' は 2 種類の誤り率（標準誤り率）を考慮したしきい値であるといえる．この誤り率を考慮した標準 SN 比 η_0 を求めると，

$$\eta_0 = 10\log\frac{(1-2p')^2}{1-(1-2p')^2} = 10\log\frac{(1-2\times 0.14)^2}{1-(1-2\times 0.14)^2}$$

$$= 0.23 \quad \text{(db)} \tag{27.2}$$

となる．

しきい値を 1.5 としたのは，本来 A 判定と C 判定のバランスする領域で選んだからといえるが，計算の結果もほぼ一致した．以上のことから，デジタルの標準 SN 比で求められたしきい値は，次節で述べる単位空間 II 及び単位空間 II′ で得られたしきい値 1.5 の結果に極めて近く，このしきい値をデジタルの標準 SN 比の誤り率の面から示したことになるといえる．しかし，これには経済性の考慮がないことから，後述するように経済性の観点から改めて許容差（しきい値）を定めている．次いで，表 27.7 についての項目選択後の結果の入出力表を**表 27.8** に示す．

また，従来の予測を考慮しない 2 年連続データでの MT 法による判別を SN

表 27.8　しきい値を 1.5 としたときの項目選択後の誤り率を考慮する前の入出力表

	診断・判定		合　計
	＜1.5	1.5＞	
A 判定	0.898 81	0.101 19	1
C 判定	0.131 387	0.848 613	1
合　計	1.030 196	0.969 804	2

比で行うこことする．単位空間のデータ数と項目数が，2 年連続（単位空間 I）と 2 年間の予測（単位空間 II）とでは異なるために同一の比較はできないので，各々別個に検討することを前提とする．しきい値を 1.5 として，表 27.3 のデータから次の**表 27.9** を得る．また 3 年連続のデータを使った単位空間 III で予測をする場合の SN 比は**表 27.10** から求める．

表 27.9　単位空間 I データでの誤り率を考慮する前の入出力表

	診断・判定		合　計
	＜1.5	1.5＞	
A 判定	0.962 264	0.037 736	1
C 判定	0.027 027	0.972 973	1
合　計	0.989 291	1.010 709	2

表 27.10　単位空間 III の誤り率を考慮する前の入出力表

	診断・判定		合　計
	＜1.5	1.5＞	
A 判定	0.950 0	0.050 0	1
C 判定	0.012 987	0.987 013	1
合　計	0.962 987	1.037 013	2

表 27.8～表 27.10 から，p と q の 2 種類の誤り率を入れたデジタルの標準 SN 比で解析を行った結果を**表 27.11** に示した．したがって単位空間 I のデータのみでの MT 法による判別は，SN 比で比較する限り，式 (27.1) で求められ

表 27.11　しきい値の妥当性に関する式 (27.7) の SN 比による検証結果

	式 (27.1) SN 比 η (db)	標準誤り率 p'	式 (27.2) SN 比 η_0 (db)（誤り率をバランス）
2 年間データで識別	−14.81	0.034	8.18
2 年間で予測（項目選択前）	−7.82	0.14	0.23
2 年間で予測（項目選択後）	−8.84	0.12	1.61
3 年間で予測	−15.79	0.026	9.55

る誤り率を考慮しない SN 比では 7 (db) も低く，判別力がはるかに悪いことが分かる．よって，単位空間 II のデータのみでの MT 法による判別に比べ，3 年連続で作成した単位空間 III の SN 比で比較する限り，式 (27.2) で求められる SN 比 η_0 は向上することが分かる．以上の結果をまとめると，表 27.11 となる．

表 27.11 から，2 年間のデータを用いた単なる A 判定と C 判定の判断ならば，標準 SN 比は 8.18 (db) である．しかし 2 年間のデータから来年度の健常者を予測する場合には標準 SN 比は 0.23 (db) で，単なる判別の SN 比に比べて高くないが，項目選択によって 1.3 (db) 強の向上が図れることは，項目選択の有効性を示している．しかし単位空間 III の 3 年間のデータに対する予測では，データ数は少なくても標準 SN 比は 9.55 (db) に向上している．したがって 2 年よりも 3 年間のデータを用いて予測すれば，予測の信頼性は 9.55 −0.23=9.32 (db) となり，この場合の標準 SN 比は，主に判定の正しさの精度を示すことになる．

27.5　標準 SN 比によるしきい値のバランスポイントにおける経済性検討

健康診断の場合の損失関数による経済性評価は，特性値であるマハラノビスの距離として，機能限界 Δ_0 と，そのときの損失 A_0 から，許容差 Δ を求める．Δ を求めるには，初期の健康診断により正常と判定されなかった人に対しては，診断のための精密検査費と治療費を合わせたコスト A が必要となる．したがってコスト A は疾患により異なるので，一般的な慢性疾患を仮定する．この場合の距離による機能限界 Δ_0 (LD$_{50}$) は，兼高の研究結果から 71 と仮定すると，

$$\Delta_0 \fallingdotseq 5\,000$$

となる．機能限界の Δ_0 の値を 71 とした根拠を医学的見地から考察すると，兼高の論文，及び長谷川らなどの報告に照らし合わせ，また筆者らの肝疾患の診断における医学的な経験からもこの数字は現実的であるといえる．大体肝臓疾患の場合，距離がこの値以上になると回復の可能性はほとんどないのが現状であるといえる．もちろん Δ_0 には個人差があり，もう少し多くても少なくてもいいといった許容範囲はあるといえるが，平均的には妥当であると考える．

このときの損失 A_0 を田口の提案により（1 人当たりの国民所得）×（平均余命）とする．よって，

$$A_0 = 300(\text{万円/年}) \times 40(\text{年}) = 12\,000 \quad (\text{万円}) \tag{27.3}$$

となる．各患者の健康状態を示す距離 D は，非負で小さいほど良い特性であるから，望小特性の SN 比で考えられる損失関数を適用すればよい．すなわち，健康診断の損失 L は

$$L = \frac{A_0}{{\Delta_0}^2} D^2 = \frac{12\,000(\text{万円})}{5\,000} \times D^2 \tag{27.4}$$

で計算することができる．ここで実コストを A として，A 判定を C 判定としたときの被保険者について，実コストを A（万円）としたとき，診断のための精密検査費を，被保険者の 1998 年度健康保険支払基金診療報酬入院外 1 日当たりの平均点数により，1 回 0.623 2（万円）かかるとする．初期診療時の患者負担を 10% と仮定すれば，実費用はその 10 倍として約 6（万円）で，また被保険者の精密検査のための機会損失を 2（万円）と仮定すれば，$A=2+6=8$（万円）となる．したがって許容差 Δ は，

$$\Delta = \sqrt{\frac{8(\text{万円})}{12\,000(\text{万円})}} \times 71 = 1.8 \tag{27.5}$$

となる．

27.6　経済的バランスポイントの妥当性の検討

しきい値をほぼ 1.5 とした $p'=0.14$ の点は経済性の考慮が行われていない．経済性を考慮したしきい値は望小特性の SN 比の損失関数により求めることが可能である．ある疾患名を仮定して実コストを求めたとき，実コストとして診断のための検査費 $A=8$（万円）にバランスする距離（許容差）Δ は 1.8 となる．このとき，C 判定が A 判定に入ったときの損失は，同統計により 1 か月分の検査・治療費を 1.592 2(万円)×10 かかるとする．さらに機会損失を 50（万円）とすれば，

$$A=8+15.922+50\fallingdotseq 73 \quad (万円) \tag{27.6}$$

である．

ここでしきい値を 1.8 にした場合について 3 年間連続データの単位空間 III で見ると，**表 27.12** の入出力表を得る．

表 27.12　単位空間 III のしきい値を 1.8 としたときの入出力表

	診断・判定		合　計
	＜1.8	1.8＞	
A 判定	0.958 333	0.041 667	1
C 判定	0.006 579	0.993 421	1
合　計	0.964 912	1.035 088	2

ここでそれぞれの誤り率が p, q で表されるとき，A を C 判定とする損失 C_p と，C 判定を A 判定とする損失 C_q から，

$$p\times C_p=q\times C_q \tag{27.7}$$

よって，

$$p\times C_p=0.041\,667\times 8=0.333 \quad (万円) \tag{27.8}$$

$$q\times C_q=0.006\,579\times 73=0.480 \quad (万円) \tag{27.9}$$

となり，経済的におおよそバランスしているといえる．

27.7　項目選択及び健康状態の予測による経費の削減

項目選択により有効と判断された項目は，表27.5に示す項目であり，減らせた項目のうち，経費のかからない問診や計算値の項目を除外すると，検査費用のかかる項目は，尿潜血反応，尿糖定性検査，HBs抗原反応，聴力検査であり，表27.1に示す保険診療点数から算出した経費から，削減可能な額は，**表27.13**に示すように，1人当たり3 810円で，今回の検討の対象者が総数1 624名であるため，計6 187 440円であった．

表27.13　予想される経費削減額

	単　価	対象人数	削　減　額
項目選択による削減	3 810円	1 624名	6 187 440円
予測による経費の削減	15 680円	302名	4 735 360円
予想される総削減額			10 922 800円

さらに，予測による経費削減は，2年目がA判定である336名のうち，予測比率が90%のため，336名の90%の302名が来年度健康と予測され，健康診断を省いたとすると，1人当たりの経費が15 680円のため，計4 735 360円の経費節減になると思われる．総額で10 922 800円の経費節減である．

27.8　MT法による健康診断の測定と経済性の考察

以上の結果を踏まえた上での考察を行う．

(1) 2年間のデータを用いた検討では，健康人で作成した単位空間Iから，マハラノビスの距離のしきい値が2.0以下であればほぼ健康であり，2.0より大きくなると健康ではないと医師の判断なしで診断が可能であった．

(2) 今年度A判定を選び，その前年度のデータで単位空間IIを作成し，単位空間IIからのA判定，C判定の距離を検討した．その結果，しきい値を1.5あたりにすれば，約80%の割合で予測できた．

(3) 単位空間の精度を上げ，さらに計測コストの削減を図る目的で項目選択を行った．項目選択後に作成した単位空間 II′ での検討では，しきい値を 1.5 とすると，A 判定と予想されるのが 90% であり，C 判定でありながら A 判定に入るのが 15% であり，かなり良い予測結果となった．

(4) デジタルの標準 SN 比による解析の結果，2 年間のデータから来年度の健常者を予測する場合には −0.23 (db) であるが，3 年間のデータを単位空間にとった予測では 9.55 (db) に向上している．よって，予測の信頼性は 2 年よりも 3 年間のデータを用いた方が高いといえ，さらに経済性を考慮したしきい値のバランスポイントは 1.8 であった．

(5) 項目選択による経費削減は，対象者 1 624 名で，1 人当たり 3 810 円で年間 6 187 440 円の経費削減が可能であり，また予測による経費削減は，対象者 302 名で，1 人当たり 15 680 円，計 4 735 360 円であり，あわせて総計 10 922 800 円の経費削減が 1 年ごとに可能である．今回の検討対象は中堅の一企業であり，この額は企業としては大きいものと思われる．すなわち，一中小企業当たり 1 100（万円)/年の合理化である．

(6) 被保険者の 1998 年度健康保険支払基金診療報酬の平均点数を用いて，経費削減の損失関数による経済性評価の計算を試みた．実コストの仮定に対する距離の許容差 Δ は 1.8（8 万円）と 5.5（73 万円）であり，前者は単位空間に対する A 判定と C 判定のしきい値 1.5 ～ 2.0 に極めて近い．さらに患者になった場合の経費負担を考える場合には，しきい値は 5 前後であることが分かる．なお，このようなしきい値により損失が異なる場合には，デジタルの標準 SN 比で考えた方がより精密な結果が得られるといえる．

従来，企業の健康診断は，産業医と企業が相談し，一般的な疾患の発症年齢や経費との関係から，例えば，20 歳代では採血検査は行わず，また，心電図は 40 歳になったとき，胃のレントゲンは 40 歳から，また血液検査も隔年や，1 年おきに検査項目を変えたりして，経験と予算から検査計画が立てられていたが，MT 法による今回の検討では，項目選択により結果として医学的に意味のある項目に絞られるために，有効に経費が削減でき，また根拠のない隔年の検査と違い，来年度が健康と予測される場合に省略するため，根拠のある経費の削減になっている．このような観点から，MT 法の健康診断への応用は重要な役割を演じていくと思われる．

27.9　MT 法による健康診断の判定と経済性のまとめ

以上の研究の結果，以下 (1)〜(6) の結論を得た．

(1) すでに行った研究の考察と重ねて，MT 法を用いて，2 年間の健康診断のデータから健康と健康でないとの判定が医師の診断がなくても可能となることが再度明らかとなった．

(2) 前項と関連して，2 年間のデータを用いることで，来年度健康であることの予測が，90% の比率で可能であった．

(3) 項目選択により，有効と判定される診断項目は，日常の診療上重要と思われる項目を網羅しており，不要な項目を削除することにより経費削減につながるといえる．

(4) (1) と (2) で用いたしきい値は，損失関数から求めた許容差から見ても妥当である．

(5) デジタルの標準 SN 比でしきい値を求めることで，(1) と (2) で求めた値は裏付けられた．

(6) 来年度健康であることの予測による，来年度の健康診断の省略による経費の削減は，大きな金額として具体的に評価が可能となり，今後の予測の精度を上げることによる MT 法の健康診断への応用が急務である．

引 用 文 献

1)　中島尚登，高田　圭，矢野　宏，矢野耕也，高木一郎，大畑　充，小宮佐和子，戸田剛太郎：MT 法による健康状態の予測と健康診断の経費削減について，品質工学，Vol.12, No.2, pp.63–72, 2004

Q & A

Q27.1　単位空間 I に用いたデータは 1 年目のデータか，2 年目のデータですか？

A：単位空間 I と II では対象が異なります．I は 2 年続けて A（健常）判定な健康人のデータで，II は 2 年目が A 判定となる 1 年目のデータです．

Q27.2　項目数 67 が単位空間 II の場合の 100 より少ない理由が分かりません．

A：理由は，単位空間 I と II で内容が異なるからです．1 年だけ健康という人と，2 年続けて健康という人に違いが項目数に現れています．また項目選択後の項目数は，単位空間 I は 67，II は 66 となりました．

Q27.3　表 27.2 を見ると，1 年目と 2 年目では ABCG 判定の分布が大幅に異なっています．判定の厳しさ（又は判定医師）に差があったのでしょうか？

A：判定基準，判定医は変わっていません．また Q27.1 の A と同様，単位空間が I と II で異なり，また 2 年続けて健康な対象者となる人が変わったり判定が変わったり，連続して受診しない人も出てくるからです．

Q27.4　そうすると，1 年目と 2 年目で ABCG 各判定の分布が，大幅に異なっている理由はどこにあるのでしょうか？

A：1 年目の合計が 1 624 名で，その中の判定不明は 94 名ですが，2 年目の判定で不明が 503 名と大幅に増えており，これは 2 年連続して受診していない人が増えたことが大きな理由と考えられます．

Q27.5　予測による経費削減の計算で，“対象者は 302 名”とありますが，来年度省略可能な対象者 302 名はどうやって選定するのでしょうか？

A：現実に選定するには，データ数を増やして単位空間の精度を上げて選びたいと思います．例えば，2 年目が A 判定の 336 名のうちで予測の確率が 90% であるため，336×0.9=302 名ですが，具体的な選定は，①距離の低いものから選択していく，又は②単位空間の精度を上げて，同様に距離の低いものから順に選んでいくといった 2 通りの方法が妥当と考えられます．

Q27.6　経済性の検討について，効果のバランスとして，社会損失という位置付けをとるなら，使わなかったお金と本人の利得（検査を受けなくても済んだ時間と人数）の経済効果をぜひ検討に加えてください．

A：今後さらに検討したい内容です．例えば本来は健康なはずなのに，健康でないと診断され，検査を受けなくてもいい人が検査を受けることにより発生した損失が，本当は検査を受けなくて済んだ人の経済効果と考えることができると思います．ここで，健康なはずなのに要検査と判定された場合に発生した，本来は使わずに済んだ経済性計算を行っています．これはしきい値を越えていないのに越えたと誤って判定されたのと同じことです．以下の Q27.7 と近い内容にもなると思われますので，Q27.7 の A を参照ください．あくまでも概算ですが，結果として 1600 万円以上の削減というかなりの経済効果が期待できると思われます．

Q27.7　今回の予測から，D^2 の値がしきい値以下の被験者は来年度の一般健康診断を省略し，しきい値を越えた被験者のみ来年度の健康診断を行うことになると思いますので，その場合の A の値は，精密検査（＋治療）費用を含む来年度における，一般検査費用（検査側，被験者側）の総合費用となるのではないでしょうか？

A：ここでいわれる実コスト A は，しきい値を越えた問題のある者が対象になるというので，検査経費（15 680 円）＋治療代（疾患にもよるが，仮に 15 000 円とする）＋翌年の検査側の検査経費（15 680 円）＋翌年の被験者側の費用（丸一日つぶれることによる日当損失を 15 000 円と仮定する）ということになるといわれているのだと思います．ですから，ご指摘のような考えは，翌年の一般の健康診断費用を検査経費として加えて計算することになると思われます．仮にこの考え方でいけば，1 年目の判定がどんな判定であれ，2 年目にしきい値を越えた人（C 判定 137 名と G 判定 218 名）の検査経費は，実コストAから，[(15 680+15 000)+(15 680+15 000)]+(137+128)=16 260 400（円）として概算で算出できると思います.

第 28 章　医療の IT 化と MT 法による EBM の実践

Evidence-Based Medicine（EBM）とは，入手可能で最良の科学的根拠を把握した上で，個々の患者に特有の臨床状況と価値観に配慮した医療を行うための一連の行動指針である．これに MT システムを導入することにより，客観的な裏付けの基礎を作成することが可能となる．さらに，これをシステムとして構成し，日常的にデータの活用が可能になるように，IT 化に対する提案を行っている．まさに情報システムの設計の第一歩である．

28.1　EBM の実践と IT 化の課題

EBM の実践とは，系統的な研究や臨床疫学研究等から適切に利用できる外部の臨床的根拠と個々の臨床的専門技量を統合することを意味する．つまり日常の臨床診断や治療においては，個々の医師の経験や知識に左右されることが多いため，EBM はこれを回避することを目的とした事前・事後評価の手法である．

その手順は**図 28.1** に示すとおりで，Step 1 は問題の抽出・定式化，Step 2 は情報の収集，Step 3 は情報の検証・評価，Step 4 は情報の患者への適用，Step 5 は行為の評価である．実際の診療の場での EBM の実践の手順を**図**

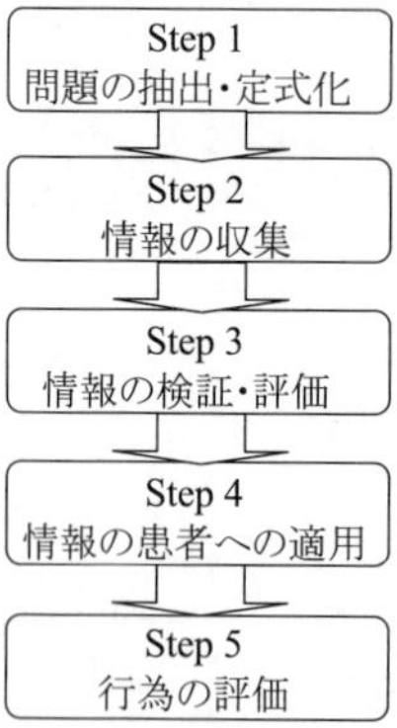

図 28.1　Evidence-Based Medicine 実践における手順

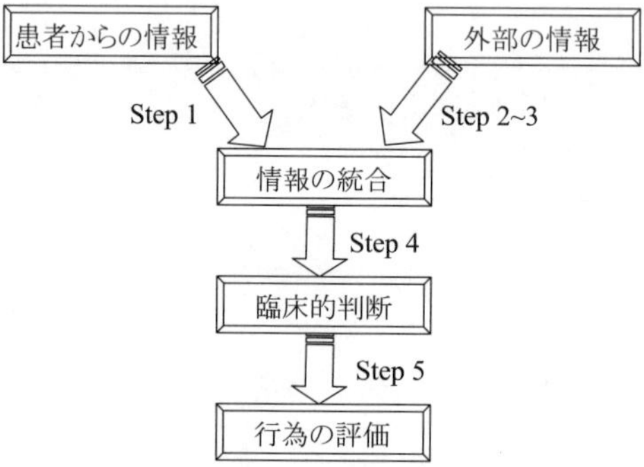

図 28.2　診断の場での Evidence-Based Medicine 実践の手順

28.2 に示す．医師は患者からの情報（Step 1）と外部の情報（Step 2, 3）を統合し，臨床的判断（Step 4）を行っていく．

一方EBMの実践においてIT（Information Technology）は必要不可欠な存在である．EBMの基礎となるEvidenceを作り管理する段階でITが使われ，文献の検索や診療ガイドライン作成等にITが駆使される．またデータベース等Evidenceの提供・検索や，電子カルテ等にもITが関与する．厚生労働省の保険医療情報システム検討会の報告では，医療のIT化として**表28.1**に示す手段をあげており，“質の向上”という過程に対し，対応するITを活用した手段としてEBMをあげている．

表28.1　“医療の課題”とその解決を目的としたIT化
—保険医療情報システム検討会報告より抜粋

医療の課題	対応するITを活用した手順
情報提供	電子カルテシステム レセプト電算処理システム
質の向上	根拠に基づく医療（EBM） 電子カルテシステム 遠隔医療支援
効率化	電子カルテシステム オーダリングシステム レセプト電算処理システム 物流管理システム（電子商取引）
安全対策	オーダリングシステム

しかしながら，このような医療のIT化においては，中心となるのは患者情報であり，この患者情報を個々の医師の経験や知識に左右されないよう，共通の評価尺度を与え管理することが必要になる．そこで，医師が理学的所見や臨床検査等の多数項目を統合化して判断していく思考過程であるパターン認識に対して，個々の医師の経験や知識に左右されない共通の評価尺度を与えるMT法を用いてEBMの実践が必要となる．

28.2 EBM 実践の手順

医療の IT 化をふまえた EBM の実践の Step 1 ～ 5 を示す．

Step 1 の問題の抽出・定式化では，**図 28.3** のように電子カルテデータの統合に MT 法が有用であり，Step 2 の情報の収集には，**図 28.4** のように外部情報として MEDLINE，EMRASE など原著論文である一次資料のデータベースや，Clinical Evidence，Best Evidence など二次媒体のデータベースを用いる．Step 3 での情報の検証・評価では，**図 28.5** のようにこれらデータベースより得た外部資料の臨床成績や患者の臨床検査の統合に MT 法を用いること

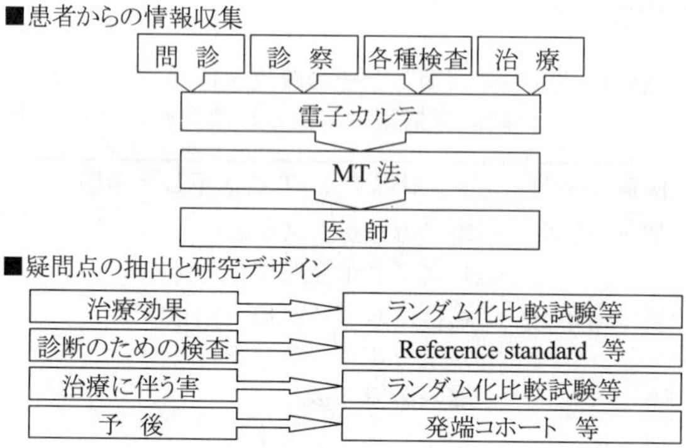

図 28.3　Evidence-Based Medicine 実践の手順
Step 1: 問題の抽出・定式化

■情報源

■教科書
■セミナー，学会
■一次資料・原著論文
　データベース：MEDLINE, EMRASE,
　　Database of Abstracts of Review of Effectiveness 等
■二次媒体・EBM 専門家による一次資料のまとめ
　データベース：Clinical Evidence, Best Evidence,
　　Cochrane Database of Systematic Review

図 28.4　Evidence-Based Medicine 実践の手順
Step 2: 情報の収集

を提案する．

Step 4 の情報の患者への適用では，**図 28.6** のように MT 法で統合された患者情報や外部情報と，個々の医師の臨床的専門技量の統合が MT 法で可能となる．Step 5 では，**図 28.7** のように各々の Step の手順について事後に行為の評価を行う．特に治療，診断のための検査，治療の害及び予後に関する一次資料に対して批判的吟味を行うことにより，各々のステップの行為に対する事

■文献の信頼性の評価

■臨床的重要性の検討
MT 法による治療効果等の再評価

図 28.5 Evidence-Based Medicine 実践の手順
Step 3: 情報の検証・評価

■ MT 法で統合された患者データ

■ MT 法で再評価された一次資料

■これらと医師の臨床的専門技量を MT 法で統合

図 28.6 Evidence-Based Medicine 実践の手順
Step 4: 情報の患者への適用

■各 Step を実践しているか

■治療に関する一次資料の批判的吟味

■診断のための検査に関する一次資料の批判的吟味

■治療の害に関する一次資料の批判的吟味

■予後に関する一次資料の批判的吟味

図 28.7 Evidence-Based Medicine 実践の手順
Step 5: 行為の評価

後評価を行っていくことが大切となる．以上が各々のステップの詳細である．

28.3　MT 法を用いた EBM の実践

EBM の実践手順に従い各種肝疾患の病態を評価する．MT 法を用いた今回の EBM の実践の Step 1 ～ 5 を**図 28.8** に示す．Step 1 としては病態・治療効果の評価があげられる．Step 2 としては患者データをコード化して距離 D^2 を計算する．Step 3 としては距離 D^2 と臨床経過を外部情報と合わせて検証・評価していく．Step 4 としては距離 D^2 での病態・治療効果を結合して患者に適用する．最後に Step 5 で事後評価する．

実際の診療の場では**図 28.9** に示すようになる．つまり医師は，数値データ

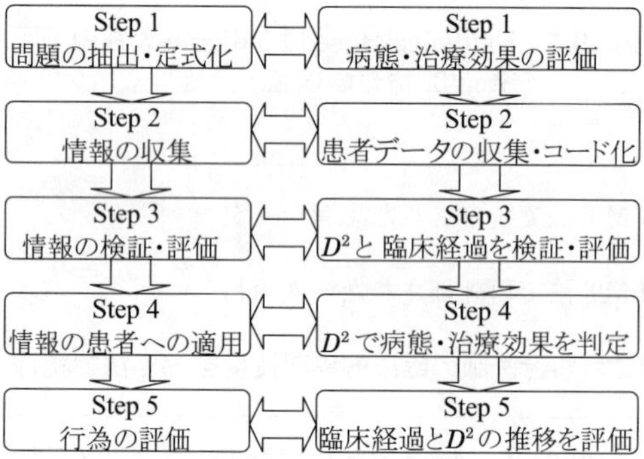

図 28.8　Evidence-Based Medicine 実践のステップと MT 法

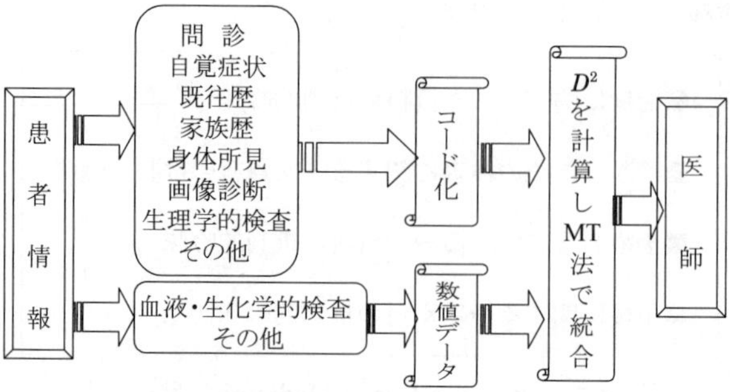

図 28.9　MT 法のステップ

はそのまま用い，それ以外の患者情報はコード化していき，MT 法で距離 D^2 を計算して統合し，病状や治療効果を判定する．その結果，距離 D^2 を計算することにより，医師の経験や知識に左右されずに一つの数値で病状が判定可能となる．

28.4 MT 法を用いた診断の手順

ここで実際に検査データを用いた IT 化による疾患の診断を行うには，検査項目から距離を計算し，それをモニタリングできるシステムの構築が必要である．解析は逆行列を用いる MT 法で行うが，重相関が出る項目がある場合は MTA 法を用いて解析する．検査項目は可能な限り多くとる方が結果の精度が得られるが，検査項目数やデータ数よりも単位空間の整備が課題になる．また，項目数に対してデータ数が極端に少ない場合は逆行列法では精度が上がらない可能性もあり，その場合は項目選択により項目数を減らすか，単位空間のデータ数を増やすことが必要となる．

疾患別に診断する場合は，対象疾患に適した項目を有する単位空間をデータベースとして用意することが必要である．肝臓疾患，腎臓疾患，糖尿病や心臓疾患では検査内容や評価項目が異なる．単位空間には健常者データを用いるので，同一のデータを使用するが，項目は各疾患に対応して全項目か，疾患ごとに項目を設定して別途単位空間を用意する．

診療の場では，各疾患に対して電子カルテを導入することによりデータベースを共有すれば，かなり広範囲での診断が可能となる．さらにデータベースに単位空間作成用の，健康診断などの健常者データを加えておくと，マハラノビスの距離の解析には有用である．ただし健康診断データは，各疾患に特有の詳細な検査項目が含まれていないのが難点であることや，個人情報保護の観点から少なくとも氏名などの個人情報はコード化するなどの必要性があるといえる．健康診断結果のデータベースを生かして，肝臓疾患患者を用いて，計算の手順を示す．

症例は 35 歳男性，全身倦怠感を主訴に当科を受診．血液検査では肝機能異常を認めたが，A 型・B 型・C 型の肝炎ウイルスは検出されなかった．血液生化学検査値を**表 28.2** に示す．健常者のデータベースから以下の解析により距離を求め，その結果を**表 28.3** に示した．特に項目間の強相関は見られないので以下の逆行列法で対応が可能である．検査結果のデータを y_{ip} とし，項目数 $i=1 \sim k$（ここでは $k=19$），データのセット数を $p=1 \sim n$ とし，Y から各項目

表 28.2　血液検査 19 項目の時系列データ

	0 Day	9 Day	57 Day	120 Day	162 Day	195 Day	223 Day	243 Day	335 Day
AST	23	27	23	17	32	27	30	22	17
ALT	43	36	46	17	51	41	43	30	20
LDH	143	146	151	148	153	167	172	158	139
ChE	600	600	613	625	572	608	597	610	577
T.B	0.5	0.5	0.6	0.5	0.5	0.4	0.5	0.5	0.5
ALP	197	186	170	153	169	170	171	166	163
γGT	125	97	129	82	140	85	65	50	43
ZTT	7.8	7.3	7.9	8.0	6.7	7.5	8.4	8.0	8.7
Cr	0.8	0.8	0.8	0.9	0.8	0.8	0.8	0.9	0.8
UA	5.6	5.0	4.6	5.0	5.5	5.2	4.8	5.0	4.4
T.C	185	189	193	209	188	206	221	211	187
T.G	104	84	116	93	86	140	128	124	69
WBC	7 000	5 200	7 000	5 700	6 300	5600	5100	5 000	4 800
RBC	468	470	489	530	481	485	473	487	470
Hb	14.7	14.6	14.9	16.1	14.4	15.1	15.1	15.4	15.1
Ht	43.0	43.4	44.8	49.3	44.5	44.8	43.6	44.7	43.7
MCV	91.8	92.4	92.0	93.0	92.4	92.2	92.2	92.6	92.6
MCH	31.4	31.0	30.6	30.4	30.0	31.0	31.9	32.0	32.0
MCHC	34.1	33.5	33.2	32.7	32,7	33.6	34.6	34.5	34.5

表 28.3　血液検査 19 項目の時系列データより求めた D^2 の推移

Day	0	9	57	120	162	195	223	243	335
距離	1.71	1.49	1.73	1.69	1.79	1.19	1.27	1.12	1.58

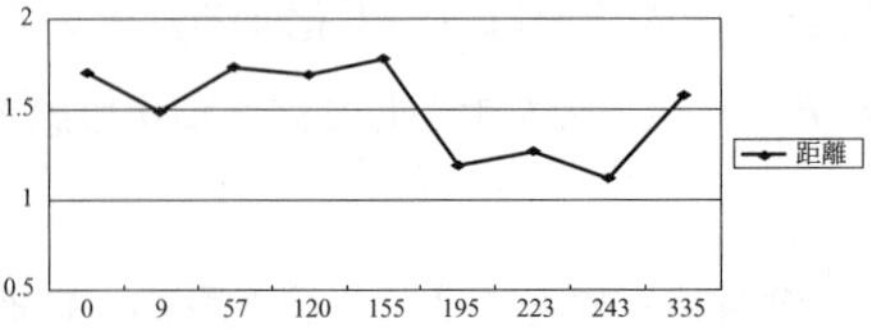

規準化したデータ

$$y_{ip} = \frac{Y_{ip} - m_i}{\sigma_i} \qquad (i=1, 2, \cdots, k \quad p=1, 2, \cdots, n) \quad (28.1)$$

の平均値 m_i と標準偏差 σ_i を計算し，式 (28.1) の規準化を行う．次に規準化の値の相関行列 R を式 (28.2)

相関行列
$$R = \begin{bmatrix} 1 & r_{12} & \cdots & r_{1k} \\ r_{21} & 1 & \cdots & r_{2k} \\ \vdots & \vdots & \ddots & \vdots \\ r_{k1} & r_{k2} & \cdots & 1 \end{bmatrix} \quad (28.2)$$

相関係数
$$r_{ij} = r_{ji} = \frac{1}{n}\sum_{i,j=1}^{k}\sum_{p=1}^{n} y_{ip} y_{jp} \quad (28.3)$$

で求める．相関行列 R の逆行列 R^{-1} の成分を a_{ij} とし，逆行列を A とすれば，

逆行列
$$A = \begin{bmatrix} a_{11} & a_{12} & \cdots & a_{1k} \\ a_{21} & a_{22} & \cdots & a_{2k} \\ \vdots & \vdots & \ddots & \vdots \\ a_{k1} & a_{k2} & \cdots & a_{kk} \end{bmatrix} = \begin{bmatrix} 1 & r_{12} & \cdots & r_{1k} \\ r_{21} & 1 & \cdots & r_{2k} \\ \vdots & \vdots & \ddots & \vdots \\ r_{k1} & r_{k2} & \cdots & 1 \end{bmatrix}^{-1} \quad (28.4)$$

この逆行列の要素を利用し，D^2 を以下の式 (28.5) に従って求める．

距離の 2 乗

$$D^2 = \frac{1}{k}\sum_{i,j=1}^{k}\sum_{p=1}^{n} a_{ij} y_{ip} y_{jp} \quad (28.5)$$

この結果，回復過程が MT 法の距離で的確に示されており，距離が下がった時点で大きく肝機能が回復したといえる．

28.5　各種肝疾患の病態評価

今回我々が検討した肝疾患の病態評価の結果を以下に示す．はじめに**表 28.4** のように肝疾患の評価に必要な検査項目を選び，健常人データで単位空間を作成し，その単位空間に対する各種肝疾患症例の距離 D^2 を計算し，患者情報とした．各種肝疾患の距離 D^2 の分布を**図 28.10** に示す．炎症の程度が最

表 28.4 単位空間作成に用いた臨床検査の16項目

肝細胞障害の指標	AST, ALT, LDH
肝細胞機能低下の指標	PT, HPT, TC, hE, TP, Alb
胆汁うっ滞，閉塞の指標	ALP, LAP, γGT, TB
肝線維化の指標	PLT
身体所見他	Age, Sex, Ascitis, Coma grade

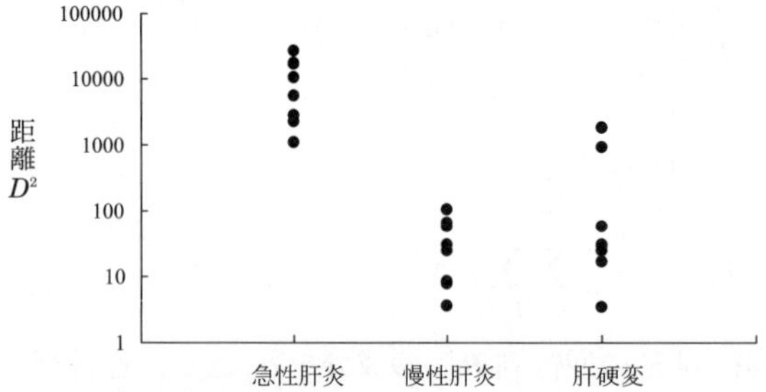

図 28.10 各種肝疾患の単位空間に対する距離 $\log D^2$ の分布

も強い急性肝炎では D^2 は1 000前後から40 000近くまで増加した．しかしながら炎症の程度の弱い慢性肝炎や肝硬変の多くの距離 D^2 は10から100前後に分布した．

図 28.11～**図 28.15** に個々の症例の距離 D^2 の変化を示す．図28.11の急性肝炎では肝炎の沈静化とともに距離 D^2 は減少し退院した．図28.12の劇症肝炎では血漿交換療法を行ったが効果なく臨床検査値は複雑に変動するが距離 D^2 は増加し死亡した．図28.13のC型慢性肝炎ではインターフェロンの投与を行いマハラノビスの距離 D^2 は速やかに減少して退院した．図28.14の肝硬変は腹水と浮腫が悪化し入院した．臨床検査値の変動は少なく黄疸は改善しなかったが，腹水の改善とともに距離 D^2 は減少し退院した．図28.15の肝がん合併肝硬変では，重篤なため臨床検査値は複雑に変動する．この症例では距離 D^2 は徐々に増加し死亡した．

このような症例においては，病態の評価に医師の経験や知識が関与しやすい．これを回避するためにEBMでは，正確な外部情報を収集して医師に評価させ

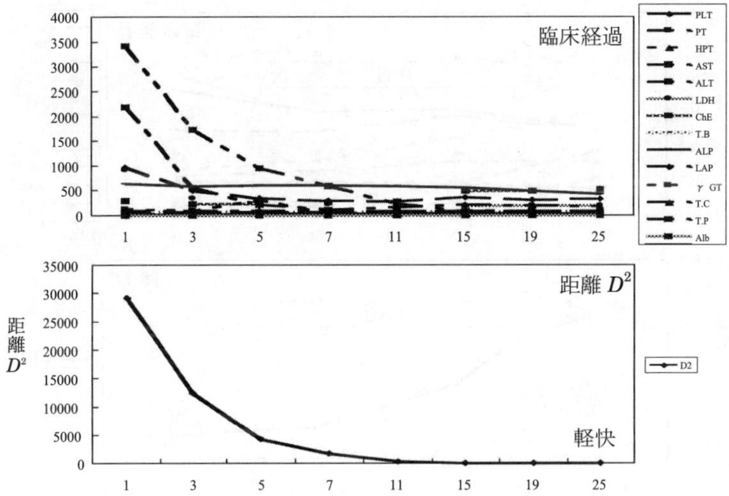

図 28.11　A 型急性肝炎例の臨床検査値と距離 D^2 の推移

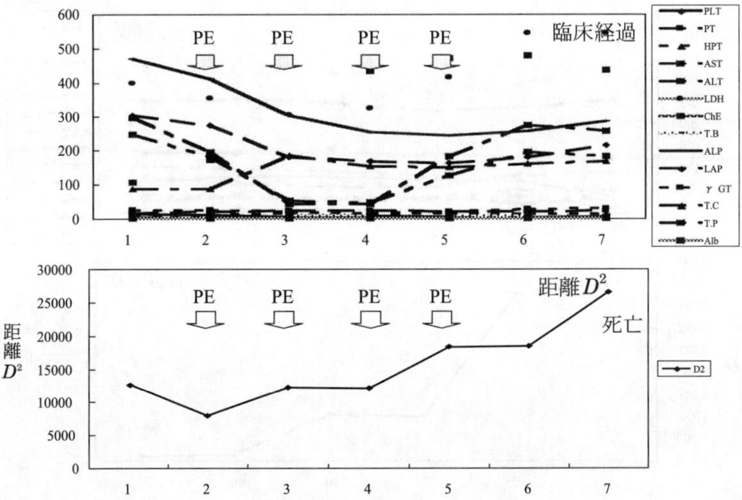

図 28.12　劇症肝炎例の臨床検査値と距離 D^2 の推移

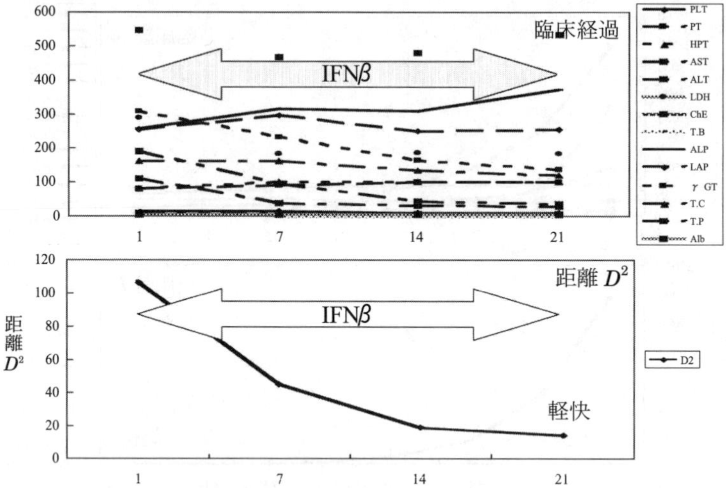

図 28.13　C型慢性肝炎例の臨床検査値と距離 D^2 の推移

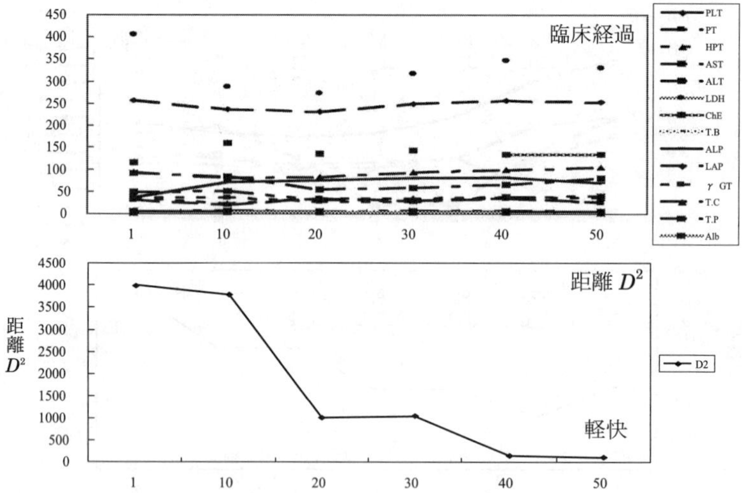

図 28.14　C型肝硬変例の臨床検査値と距離 D^2 の推移

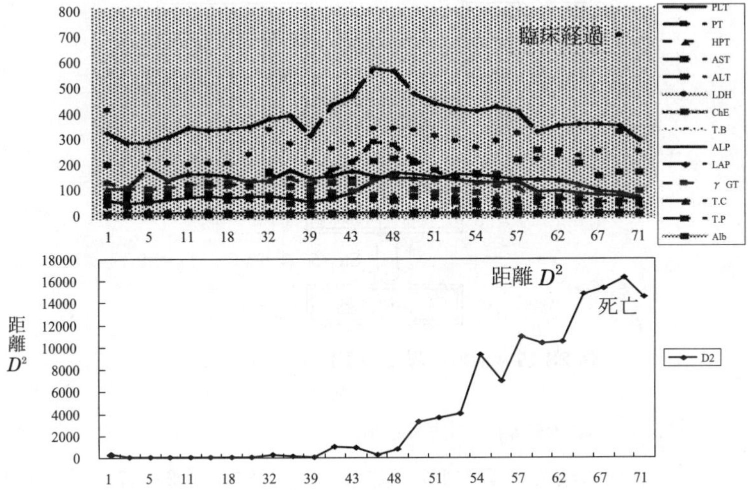

図 28.15　C 型肝硬変・肝がん例の臨床検査値と距離 D^2 の推移

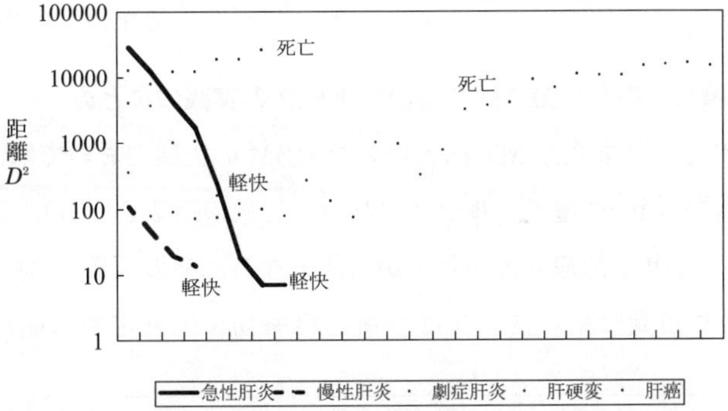

図 28.16　症例別の距離 $\log D^2$ の推移

るようにするが，患者データの評価には原著論文などの情報でも限界が認められる．そこで MT 法によるデータの統合が必要となる．

図 28.16 に個々の症例の距離 D^2 の推移を示す．劇症肝炎や肝がんなどの重篤で複雑な疾患では医師の経験や知識の差が現れる場合も少なくない．しかしながら距離 D^2 で病態の推移を評価すれば，一つの数値で病状の把握が可能である．今回検討した症例では，軽快した症例では距離 D^2 は減少，死亡例では

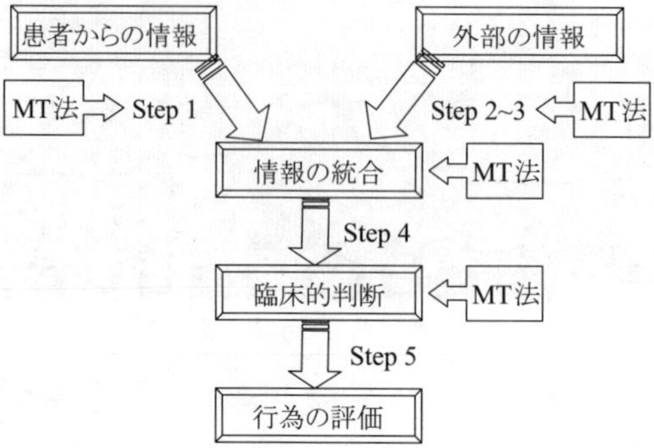

図 28.17　治療の場での EBM 実践と MT 法

距離 D^2 は増加と，臨床経過の判定に有用であった．

このように診療の場での EBM の実践においては，**図 28.17** のように患者からの臨床情報と外部情報を統合し，臨床的判断を行う EBM の各ステップに MT 法の適用が可能である．

28.6　医療の IT 化と MT 法を用いた EBM の実践のまとめ

医療の IT 化を踏まえた MT 法を用いた EBM の実践においては，**図 28.18** に示すように，第一に電子カルテにマハラノビスの距離 D^2 を組み込むことにより，的確な病状や治療効果の判定が可能となる．その結果，診療の場では，医師の経験や知識に左右されずに診断と治療効果の判定が可能となり，**図**

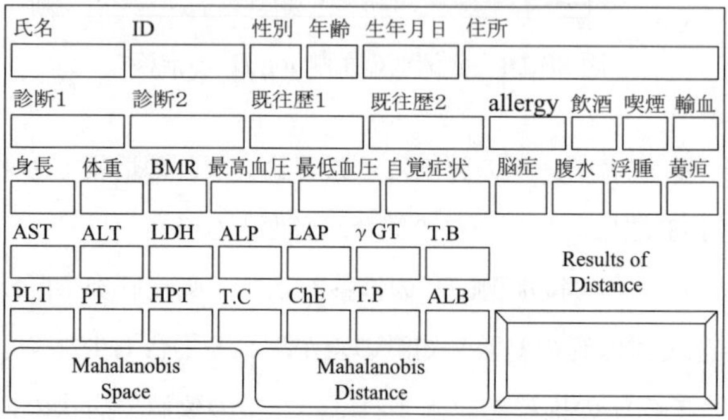

図 28.18　マハラノビスの距離 D^2 を組み入れた肝疾患用電子カルテのイメージ

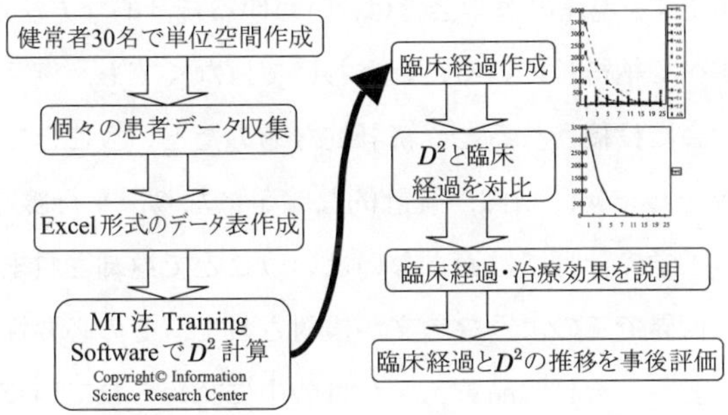

図 28.19　EBM の MT 法実践のステップ

28.19 に示すように臨床経過とマハラノビスの距離 D^2 を患者に示して病状を示すことにより，適切な病状の説明が可能である.

以上のように，検査データというものに科学的な根拠を与えた手法で診断をし，診断の効率化や数値による厳密性を追求していくことが，21 世紀の医療の現場に求められる方法論ではないかと考える.

引 用 文 献

1)　中島尚登，矢野耕也：医療の IT 化と MT 法を用いた Evidence-Based Medicine の実践，品質工学，Vol.12, No.4, 2004（掲載予定）

Q & A

Q28.1　本研究で提案されたことは，医療にとってきわめて重要なものであると思いますが，現実的にはどうなのでしょうか.

A：EBM という考え方は，現在の医療にとっては緊急の課題として，医学の分野では盛んに検討されているものです．しかし，本文にも示したように，具体化するとなるとそう容易ではない問題を含んでいます.

Q28.2　本研究の成果は医学の分野にはどのように受け入れられるでしょうか.

A：まず，EBM の IT 化という前に，MT システムが受け入れられる余地が少ないのが実態です．現在の医学会では，いわゆる統計的な方法が支配的です．それを医師がすべて納得しているというわけではなくても，例えば，本文のようなものが医学会に投稿されると，統計的なものだということで，医学統計に詳しい人が審査をします．当然，統計的な論争になり，平行線をたどります．あるいは，この医学の分野には適さないということで返却されます．したがって，もっと広い世界でこのような論文が検討されて，その必要性が認識される以外にないでしょう．それは品質工学が世の中に認められていくのと同じ過程だと思っています．

Q28.3　このような方法をとると，医療費の削減につながるのでしょうか．

A：当面，こうしたシステムを作るための費用は必要で，上に述べた状況ですから，費用負担となると，すぐには進みません．しかし，医師の診断が自動化され，しかも信頼性が確認されますから，長い目で見れば医療費低減となるはずです．

第29章　漢方問診データのMTシステムによる定量化の研究と多階MMTA法

漢方医学における病態診断の尺度の1つに「気血水」があるが，これは医師の経験や知識に基づく高度なパターン認識である．これに関して，受診者の問診データから単位空間を作成し，気血水の1つである瘀血病態に対し，マハラノビスの距離によった診断・判別を検討した．問診データは，項目数よりもデータ数が多いため，医学的に意味のある群を作ることで複数の単位空間を作成し，マルチ法のマハラノビスの距離を求めた．実際には，200以上ある問診項目を15の大項目に細かく分け，余因子行列法（MTA法）の方法で解析を行った．その結果，健常者群に対して非健常者の距離は，高い判別性を示すことができ，瘀血患者の診断について数量化をすることが可能になった．このことは,和漢診療学の診断に新しい指針を与える可能性を示唆するものである．病態の診断精度については，MMTA法（マルチ法）のSN比を検討することが重要であるが，精度向上の方法論として多階（マルチ）MT法が提示されていることから，1階のMMTA法と3階のMMTA法のSN比に分けて解析を行い，診断の精度について対比を行った．その結果，3階のSN比の利得が大きく得られており，漢方医学的な診断の精度の向上に寄与ができたといえる．

29.1　漢方問診データの検討の課題

漢方の診断においては，ヒトの状態，あるいは病態（体質など）を把握する手段として，200項目以上にわたる問診が用いている．これらのデータは，基本的には0, 1, 2 …といった計数データとして表現することが可能であるが，数多くの問診項目において計数データを用いて総合的に病態を診断するためには，医師に深い経験が要求される．これをある程度客観的に数量化して判断することが，本研究の目的である．

漢方医学には「証」という概念がある．これは個々の患者の表している多くの所見や症状を統合したものであり，患者に適した漢方薬を選択するためには不可欠である．漢方医学的病態認識として，一般には「陰陽」，「虚実」などがよく知られているが，その他にも「気血水」，「六病位」，「五臓」といった概念が用いられる．西洋医学での診断では生化学的な数値を使うことが多いのに対し，漢方医学の診断では，問診表などによる症状の計数値的判定や他覚的所見から，総合的あるいは全人的に患者を捉えている点が大きく異なる．今回の研究では，漢方医学的病態認識の中から，気血水の病態判定尺度を取り上げることとした．「気」という概念は生命エネルギーであり，「血」は血液，「水」は体液を指しているといえば理解しやすい．「気」そのものに具体的な物理量的な計測特性があるわけではないが，これら3つの気・血・水が過不足なく生体内を巡行し，生体の恒常性を維持しているのが正常な状態である．本研究では，気血水の異常病態判定の数値化ということを目的として，問診データのみによるパターン化を試みた．医師は，問診項目によって抽出された多くの症状から経験的に病態診断している．定性的に行われていた診断を，多項目の問診項目のスコア化で，多次元空間におけるパターン認識に置き換えると，漢方の問診というものが，「証」といわれる一種のパターンとして判定されることから，問診項目からの体質の類推は，基本的にパターン認識を行うことと同じであると考えたからである．

以上に述べた気血水の中の瘀血について，問診データを用いたMTシステムによる定量化を行った．今回のデータは，200以上の項目数に対して約180人の調査データであり，通常の解析ではデータ数が少なすぎる．このように項目数に対してデータ数が少ない場合は，統計的な相関係数を求めることは不可能である．つまり，マハラノビスの距離を求めるのに必要な逆行列による相関係数の計算ができないことから，通常の方法によりマハラノビスの距離を求めることは不可能となる．このような場合，従来はデータ数を増す以外に方法がなかったが，データ数が項目数より少なくても解析可能なマルチシステムが，局所MTA法（MMTA法）として提案されている．

ここでは，瘀血と呼ばれる一群の診断結果のそれぞれの判定について，15種類の局所単位空間を作り，患者一人一人の単位空間からの距離をMMTA法により求めた．また，そこで求めた距離の確からしさについてはSN比で判断する必要があると考えられる．そこで，局所空間の作成を考慮し，多階MT法と比較することにより，解析法の相違や局所空間の取り方の違いによるSN比の検討を行った．1階のMMTA法，3階のMMTA法などの回数が変わるMTシステムを多階MT法と呼ぶ．

29.2 証のデータと単位空間の作成

データベースにおける問診データは0, 1, 2と判定され，0判定が「瘀血の傾向がない」，すなわちその証ではないと診断された対象者85名を健常者と判断をして単位空間に用いた．204の項目数に対して症例数が178人と少ないことから，単位空間の解析にはマルチ法を用いた．今回のMMTA法の解析には，(株)オーケン製解析ソフトウェアMTS for Windowsを用い，余因子行列による解析を行った．**表29.1**は瘀血患者において選択された，理想に近いヒトと仮定して選ばれたデータであり，その結果は85名であった．

単位空間の分割方法については，**表29.2**に示すように，1階のMMTA法では問診における大項目により15種類に分類した．これは，局所空間を作成する際に，項目同士に意味のあるものを使用することが重要であるために，医学的な観点を踏まえて15項目にしてある．

また，すべての局所空間にオーバーラップさせる項目があることも重要であるといわれているので，性別というすべてに共通する項目を加えてある．よって問診項目自体は204であるが，性別の重複分が加わり全項目数は218項目となっている．219項目とならないのは，単位空間内に1項目だけσ=0とな

表29.1 瘀血の健常者のスコアデータの一部

患者No.	性別	1	2	3	4	5	6	7	8	9	10	11	12	13	14	……	204
1	1	1	1	1	1	0	0	0	1	2	0	1	1	1	2		0
2	0	4	3	3	3	3	3	0	2	3	3	3	3	3	3		3
3	0	2	0	0	0	2	2	0	2	0	0	1	2	2	0		0
⋮																	
178																	

表 29.2　1階のMMTA法の計算のために分類した項目

大項目	項目数	内　　容
第1項目	22	性別，疲労消耗
第2項目	12	性別，便通
第3項目	8	性別，尿
第4項目	8	性別，食欲
第5項目	9	性別，睡眠
第6項目	9	性別，発汗
第7項目	20	性別，発熱悪寒
第8項目	12	性別，口舌
第9項目	21	性別，頭
第10項目	17	性別，顔・目
第11項目	15	性別，耳・鼻
第12項目	13	性別，胸
第13項目	19	性別，腹
第14項目	13	性別，皮膚
第15項目	20	性別，関節四肢
合　計	218	

る項目を除外したからである．これらに従い，瘀血の判定について，**表 29.3** に示すように15個の単位空間からのマハラノビスの距離を求めると，健常者の人数85名分の15種類のマハラノビスの距離が求められる．この15種類の単位空間を用いて，次に，非健常と診断された患者（93名）についても，15種類の単位空間からの距離を求める．

次に，15個の単位空間をもとに，15項目85名の新たな単位空間が作られ，**表 29.4** のように非健常者と判定された患者の15項目93名の信号データから

表 29.3　健常者85名における15種類の単位空間の作り方

	新しい項目	単位空間 1	単位空間 2	……	単位空間 15
健常者	元問診項目	1 2 3 ……	1 2 3 ……	……	1 2 3 ……
N_1	N_1 の距離	距離 1	距離 1	……	距離 1
N_2	N_2 の距離	距離 2	距離 2	……	距離 2
N_3	N_3 の距離	距離 3	距離 3	……	距離 3
⋮	⋮	⋮	⋮	⋮	⋮
N_{85}	N_{85} の距離	距離 85	距離 85	……	距離 85

表 29.4 15 個の信号空間における非健常者 93 名の単位空間からの距離の求め方

	新しい項目	信号 1	信号 2	……	信号 15
非健常者	元問診項目	1 2 3 ……	1 2 3 ……	……	1 2 3 ……
AB_1	AB_1 の距離	距離 1	距離 1	……	距離 1
AB_2	AB_2 の距離	距離 2	距離 2	……	距離 2
AB_3	AB_3 の距離	距離 3	距離 3	……	距離 3
⋮	⋮	⋮	⋮	⋮	⋮
AB_{93}	AB_{93} の距離	距離 93	距離 93	……	距離 93

非健常者の新しく 15 種類のマハラノビスの距離が求められる．つまり，表 29.4 に示されるように，最終的には 18 項目が 15 項目の 1 つの単位空間にまで多重的に重ねあわされる．このように，分割した単位空間を作成して一度マハラノビスの距離を求めて，再度その結果で単位空間を作成し直すことから，この方法はマルチ法と呼ばれる．このマルチ行列を求める過程では，例えば単位空間を 15 個作って距離を求めているときに，ある非健常者について，大項目 9 番目の単位空間での解析で距離が離れている場合，この対象者は問診大項目の「頭」に関係する部分で異常を訴えていることが，局所空間の計算過程で推測することが可能となる．

29.3 MMTA 法での解析の結果

以上の方法で作成した 15 個の単位空間において，各単位空間で異常と判定された患者のデータから得た距離を，マルチ行列の信号データとして，健常者で作られたマルチ単位空間から異常と判定された患者の距離を計算する．そうすると，結果として瘀血の患者について，マルチの距離 D^2 が一人一人得られる．その結果は**図 29.1** に示されるように，横軸の左側（1 ～ 85）が健常者のマルチ行列の距離であり，右側（89 ～ 181）が非健常者のマルチ行列の距離となる．

図 29.1 の結果から，瘀血の証における異常に該当するほとんどの患者が，距離 D^2 で非常に大きな値をとることが明らかになり，証としての瘀血の判定

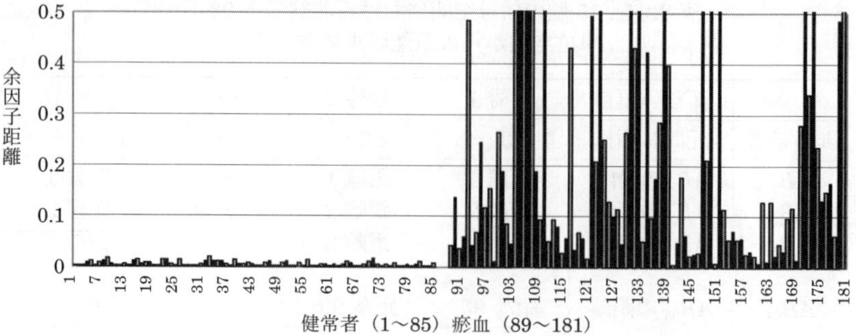

図 29.1　瘀血の非健常者のMMTA法における距離 D^2

そのものの確からしさと，個人ごとの証の傾向の違いも明確になった．単位空間からの距離の大きさの大小は，患者の体質の状況や程度を示している．

29.4　1階のMMTA法と3階のMMTA法の解析とSN比の比較

MTA法は，逆行列の代わりに余因子行列を用いる方法であるが，項目間の相関係数が1.00でも解析ができるなど，重相関の存在に対応できる点が逆行列法にはないメリットである．ここで余因子行列の構造は，$k \times k$ の正方行列となり，i 行 j 列を除いた残りの行列の成分から作った行列の行列式の値に，$(-1)^{i+j}$ をかけたものを ij 成分とする行列である．行列の要素は（X_{ij}）で示され，i 行 j 列を除いた行列は $(k-1)\times(k-1)$ 行列であり，以下のような式で表現される．

$$A_{ij} = (-1)^{i+j} \begin{bmatrix} x_{11} & \cdots & x_{1j-1} x_{1j+1} & \cdots & x_{1k} \\ \vdots & & \vdots & & \vdots \\ x_{i-1,1} & \cdots & x_{i-1,j-1} x_{i-1,j-1} & \cdots & x_{i-1,k} \\ x_{i+1,1} & \cdots & x_{i+1,j+1} x_{i+1,j-1} & \cdots & x_{i+1,k} \\ \vdots & & \vdots & & \vdots \\ x_{k1} & \cdots & x_{kj-1} x_{kj+1} & \cdots & x_{kk} \end{bmatrix} \qquad (29.1)$$

この余因子行列 A_{ij} の値を ij 成分とする以下の行列が余因子行列である．

$$\text{余因子行列} = \begin{bmatrix} A_{11} & A_{12} & \cdots & A_{1k} \\ A_{21} & A_{22} & \cdots & A_{2k} \\ \vdots & \vdots & & \vdots \\ A_{k1} & A_{k2} & \cdots & A_{kk} \end{bmatrix} \tag{29.2}$$

よって，この場合のマハラノビスの距離 D^2 は，項目数が k のとき，各項目の基準ベクトルにおける平均値を $m_1, m_2, \cdots, m_k$ で，標準偏差を $\sigma_1, \sigma_2, \cdots, \sigma_k$，余因子行列を A_{ij} とすると，k 項目のデータ $X_1, \cdots, X_k$ とした場合，距離を求める一般式は以下のようになる．

$$D^2 = \frac{1}{k}\sum_{ij} A_{ij}\left(\frac{X_i - m_i}{\sigma_i}\right)\left(\frac{X_j - m_j}{\sigma_j}\right) \tag{29.3}$$

この解析において余因子行列の要素が小さいものでは，局所空間に分けた単位空間での非健常者の判別性がやや劣っていたことから，15 項目に分けたそれぞれの単位空間における非健常者の判別性に関連があるのではないかと考えられた．

3 階の MMTA 法では，項目間に意味のあるものにより局所空間を形成することが重要であることから，医学的な観点を踏まえ，**表 29.5** に示すように 11 種類に分類した．

表 29.5 に示したように，3 階の MMTA 法を行う際に局所単位空間を 11 に

表 29.5　3 階の MMTA 法の計算のために分類した項目

大項目	表 29.2 大項目との対応	分割合成内容
第 1 項目	第 1 ＋第 15 項目	性別，疲労消耗，関節四肢
第 2 項目	第 2 ＋第 13 項目	性別，便通，腹
第 3 項目	第 3 ＋第 6 項目	性別，尿，発汗
第 4 項目	第 4 項目	性別，食欲
第 5 項目	第 5 項目	性別，睡眠
第 6 項目	第 7 項目	性別，発熱悪寒
第 7 項目	第 8 項目	性別，口舌
第 8 項目	第 9 項目	性別，頭
第 9 項目	第 10 項目	性別，顔・目
第 10 項目	第 11 ＋第 12 項目	性別，耳・鼻，胸
第 11 項目	第 14 項目	性別，皮膚

分類した理由は，第2項目の便通と腹，第3項目の尿と発汗などのように医学的に意味があると推定されたものを1つの項目にまとめたこと，解析が可能である最小単位空間項目が11であったことからである．このように，多階MT法の解析を行う際には余因子行列要素の桁落ちによる解析不能に注意を払う必要がある．このように作成したそれぞれの単位空間において非健常者の距離を計算したところ，1階のMMTAでは**図29.2**，3階のMMTAでは**図29.3**に示した結果が得られた．各々の図では，横軸の説明にあるように，左側が健常者のマルチ行列の距離であり，右側が非健常者のマルチ行列の距離である．

図29.1は相関行列によるMMTA法，図29.2及び図29.3は分散共分散行

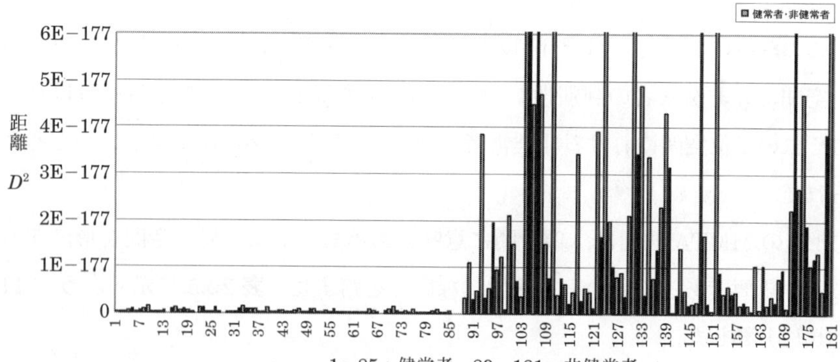

図29.2　瘀血の1階のMMTA法における距離 D^2

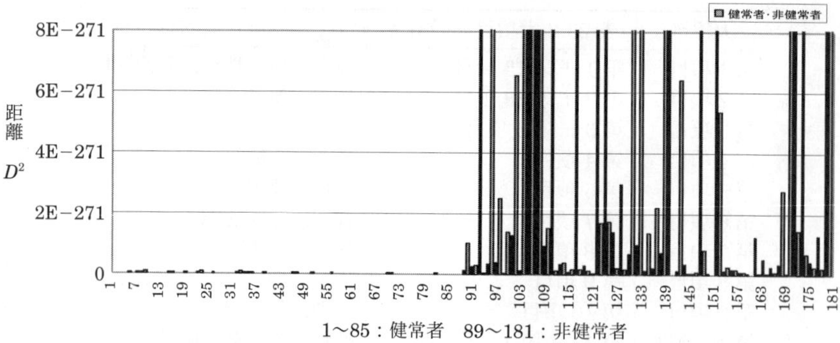

図29.3　瘀血の3階のMMTA法における距離 D^2

列による MMTA 法の解析結果である.

図 29.2 に示すように，瘀血病態の判定における非健常者のほとんどが 1 階の MMTA においても，距離 D^2 は健常者から非常に大きく離れ，また図 29.3 に示したように，3 階の MMTA においても，図 29.2 と同様に非健常者に該当するほとんどにおいて距離が大きく離れていた．このことから，瘀血の判定の確からしさを示すとともに，瘀血病態の程度が個々に異なっていることも明確にしている．しかしながら，図 29.2 と図 29.3 のグラフを比較のみでは，1 階と 3 階のどちらの MMTA による識別精度が高いかは不明確である．そこで，1 階と 3 階の MMTA の SN 比の比較を行い，SN 比の利得の大きさから，1 階と 3 階の MMTA による識別精度を比較検討した.

29.5　漢方問診の MMTA 法における SN 比

SN 比の解析は，項目選択における動特性の SN 比により，1 階の MMTA では 15 項目なので直交表 L_{16}，3 階の MMTA では 11 項目なので直交表 L_{12} を用いて解析を行った．ここで信号因子の作り方が問題となり，同一患者でも 1 階の距離と 3 階の距離が異なる場合があり，両方法に共通した信号因子が必要になる．そこで，問診結果のスコア値の合計は瘀血の程度が強ければ大きくなること，またスコア値は距離に関係しないことから，非健常者 93 人のスコア値の合計をそれぞれについて求め，スコア値の大きさからカテゴリー分けを行った．その結果，スコア値の大小によるカテゴリーでの分類と距離との間に比例関係が認められ，この関係をゼロ点比例式として動特性の SN 比を求めた．SN 比の求め方は以下のようになる.

スコア値の合計を瘀血の程度と考え，スコア値の合計で分けた l（l=6）組を信号因子 $M_1, M_2, M_3, M_4, M_5, M_6$ とし，(29.3) 式で各組 7 つのマハラノビスの距離を求め，その平均値 $M_1 \sim M_6$ を求める.

M_1　$D_1, D_2, D_3, D_4, D_5, D_6, D_7$

M_2　$D_8, D_9, \cdots, D_{14}$

$\vdots$

M_6　$D_{36}, D_{37}, \cdots, D_{42}$

以上のようにクラス分けをしたが，各信号 M の内部でも瘀血の程度は若干異なっており，スコア値の合計の平均値を便宜的に信号因子の真の値と仮定した．ただし M の順番はスコアの大小であるので，$M_1<M_2<\cdots<M_6$ であることは明白である．以下 (29.4) ～(29.10) 式に SN 比解析の手順を示す．

便宜的な信号の値

$$M_1 = \frac{D_1 + D_2 + \cdots + D_7}{7} \tag{29.4}$$

$$\vdots$$

$$M_6 = \frac{D_{36} + \cdots + D_{42}}{7} \tag{29.5}$$

距離の全変動

$$S_T = D_1^{\ 2} + D_2^{\ 2} + \cdots + D_{42}^{\ 2} \qquad (f=42) \tag{29.6}$$

有効除数　$r = M_1^{\ 2} + \cdots + M_6^{\ 2}$　(29.7)

比例項の変動

$$S_\beta = \frac{\left[M_1\left(D_1 + \cdots + D_7\right) + M_2\left(D_8 + \cdots + D_{14}\right) + \cdots + M_6\left(D_{36} + \cdots + D_{42}\right)\right]^2}{M_1^{\ 2} + \cdots + M_6^{\ 2}}$$

$$(f=1) \tag{29.8}$$

誤差変動　$S_e = S_T - S_\beta$　$(f=41)$　(29.9)

誤差分散　$V_e = \dfrac{S_e}{41}$　(29.10)

SN 比　$\eta = 10\log \dfrac{\frac{1}{r}\left(S_\beta - V_e\right)}{V_e}$ (db)　(29.11)

なお，項目選択による動特性の SN 比で，要因効果図において SN 比の高い水準（第 1 水準）のみを使った場合を最適条件とし，SN 比の低い水準（第 2 水準）だけを使用した場合を最悪条件としたとき，両者の SN 比とその利得は**表 29.6** のようになった．その結果，3 階の MMTA の SN 比の利得が高いこ

表 29.6　1 階の MMTA と 3 階の MMTA の SN 比の比較

単位　db

SN 比＼条件	1 階の SN 比	3 階の SN 比
最　適	−26.28	−23.84
最　悪	−33.72	−45.35
利　得	7.44	21.51

とが示され，距離の識別性を重視するならば 3 階の MMTA で求めた方がよいことが示唆された．しかし，1 階の MMTA はマルチにしない 0 階の MTA に比較すると識別性が高く，今回の結果は 1 階の MMTA が不要であるということを示すものではない．

本検討における MMTA 法の解析において，余因子行列の要素を見てみると，15 項目に分けた 1 階の MMTA と，3 階の MMTA で比較をすると，1 階の MMTA では小さいものでも 10^{-177} 程度であるが，3 階の MMTA では大体 10^{-270} 程度のオーダであり，項目の取り方次第では 10^{-300} を超える場合が出現し，その場合には解析が不可能であることが明らかとなった．これらの桁落ちについては解析ソフトウェアの能力に依存する可能性が高く，一般論としてではないが，多階 MT 法では余因子行列の要素が小さくなるため，この程度のオーダまで値が小さくなると実質ゼロに近くなると考えられる．しかし SN 比を用いて利得を求めると，3 階の MMTA では 1 階の MMTA に比較して SN 比の利得が高く，両者の比較については SN 比の利得で議論を行うことが妥当ではないかと考える．SN 比が高いことは健常者に対する非健常者の識別性の高さを示している．すなわち，多階 MT 法により瘀血病態の程度が強い患者の距離が程度の低い患者よりも明確になることを示すものであり，瘀血病態の個々の差をさらに鮮明に出すことが可能になったと考えられる．

29.6　漢方問診データの解析結果のまとめ

証の診断というのは，専門の医師が漢方医学の知見を踏まえて診断をするというパターン認識であるが，これをMT法により理論化して，定量化することができたといえる．また本研究は，漢方医学の専門家である医師が漢方の知見を踏まえて診断をするというパターン認識の妥当性を，SN比で検証することであった．その結果，漢方医学的な病態の診断をMT法により定量化することが可能となり，それらの信頼性もSN比で担保することができたと考えられる．1階のMMTAであってもマルチであれば距離が大きく離れるが，SN比は階数による項目の取り方次第で変化することから，マルチ法を用いる際には，余因子行列の要素の大きさに注意しながら，局所空間の項目の取り方に工夫をする必要があると考えられる．ただし，元データの項目数が少なければ細かく局所空間を分割しても精度を上げることはできない．マルチ法は当初，分割合成法として多重共線性対策を目的に提示された方法であるが，数理的な多重共線性対策もさることながら，本法を用いることにより，距離及びSN比による判定精度を大きく向上させることを可能としたと考えられる．

このように，MMTA法では判別力が極めて鋭敏なため，判定精度を大きく向上させることも可能となった．特に本検討における瘀血病態の非健常者において，スコアで2と診断された者は1名であり，実質的には0・1判定に近い判定であることから，0・1判定であっても厳密に判別可能であることが明らかとなった．さらに，瘀血病態において未判定の患者に対しても，この単位空間を用いて解析を行うことにより，問診データのみによる瘀血病態の推定が可能となる．本手法により得られる距離は，個人個人に対して求めることができるので，漢方が重視するような個の医療の一側面を満足させることが可能になると考えられる．

また，この単位空間を基にすることにより，治療に際しての漢方方剤投与による病態の回復程度を定量的に判定することが可能であり，漢方方剤の有効性の検討，治療変更や中止の判断にも応用可能である．さらに，本方法は一人一人個別の距離の変化を統計的な手法によらずに判定することが可能であることから，患者群を多数集めて薬効判定を行うことが不要となり，小規模の臨床評価で，精度の高い薬効判定も将来的には可能になると推測される．以上のことから，MT システムを漢方医学へ応用することにより，個々の主観的な情報を客観的に定量することが可能となることから，本法は漢方が重視する個の医療に適した方法であると考えられる．

引用文献

1) 柴原直利，矢野耕也，関矢信彦，嶋田豊，寺澤捷年，矢野宏（2003）：漢方問診データの MT システムによる定量化の研究 (1)― MT システムの適用可能性と証のデータの定量化―，品質工学，Vol.11, No.5, pp.78–85
2) 同　(2)―証のデータの定量化における MMT 法と MMTA 法の比較―，品質工学，Vol.11, No.5, pp.86–91
3) 同　(3)―証のデータの定量化における多階 MMTA 法―，品質工学，Vol.11, No.6, pp.40–45

Q & A

Q29.1　瘀血病態とは漢方特有の表現ですが，もう少し詳しい説明をお願いします．

A：漢方医学においては，生体の恒常性は気・血・水の 3 要素が体内を循環することによって維持されると考えます．「気」とは生命活動を営む根源的エネルギーであり，精神活動を含めた機能的活動を統一的に制御するものです．他方，「血」と「水」は生体の物質的側面を支える要素であり，「血」は気の働きを担って生体を巡行する赤色の液体，「水」は気の働きを担って生体を滋潤し，栄養する無色の液体と定義されます．正常な状態では「血」が豊かに全身を巡りますが，この「血」の流通に障害を来し，「血」の流れがスムーズに行かず，途中で停滞したり途絶えてしまう状態を，漢方医学では「瘀血」病態と言います．つまり，瘀血は「脈管中をすらすらと流通すべき血が何らかの原因により，つかえて順調に流通しなくなった病態」と定義され，血液の流通障害を内含する症候群として認識されるものです．

瘀血の症状としては，不眠，嗜眠，精神不穏，顔面の発作的紅潮，筋痛，腰痛といった自覚症状と，顔面色素沈着，眼瞼部のくま，可視粘膜の暗赤紫化，毛細血管拡張，月経の異常，臍傍・下腹都の圧痛，痔疾といった他覚症候があります．漢方医学では，これらの自他覚症候を総合して，瘀血病態の有無，及び程度を判断します．

近年，脳血管障害を中心とした動脈硬化性疾患や自律神経機能といった西洋医学的疾患との関連性についても研究されているものです．

Q29.2　問診が200項目もある場合，患者にとって回答が負担になることはないのでしょうか．何か工夫があるとしたら，コメントをお願いします．

A：漢方医学による治療においては患者全体を診ることが基本であり，医師は一人の患者が持つすべての症候を統合して判断します．このことから，本来は個々の患者に200以上にわたるすべての項目を問診する必要がありますが，時間的な問題もあり，実際にはアンケート形式で行っています．現在のところは問題なく答えていただいています．確かに，患者にとって負担となることも考えられ，今後は，マハラノビスの距離を用いた問診項目の適正化も検討したいと考えております．

Q29.3　図29.1と図29.2では，いわゆる距離の度数分布図を書いています．MTシステムでは距離の分布を考えないといわれますが．

A：MTシステムでは基本的にはSN比を使うべきです．しかし，度数分布図は一般には分かりやすいのは事実です．したがって，とりあえず分布図を使いましたが，後で示すようにSN比も求めています．SN比についてはMTシステムのこれからの課題だと思います．

Q29.4　「局所空間にオーバラップさせる項目」として性別を取り上げていますが，オーバラップしない場合との比較や他の項目をオーバラップさせる検証も必要と思いますがいかがでしょうか．

A：数理的には，オーバラップさせる場合やさせない場合の検討は必要かもしれません．効率的なオーバラップのさせ方というのは，どの項目を使うと

SN 比が高くなるかどうかに関係すると思われます．他の項目で行った場合どうかといえば，項目間の相関が変わるので結果として距離も変わってきます．実際，さらに別のある項目をオーバラップさせた計算もしてみましたが，その場合は距離が若干低くなる結果が得られました．人体ではすべての部位が相関しあって働いていると考えられますし，最後の総合した距離を求める際に，間接的にそれらの情報が入ってくるはずなので，分割した単位空間でのオーバラップには是が非でもとこだわらなくてもいいと考えます．それらは最終段階に SN 比で評価することだと思いますが，SN 比については続報で行いたいと思います．

Q29.5　「MMT 法及び MMTA 法は判別力が極めて鋭敏」とありますが，その理由は何でしょうか．

A：単位空間をマルチにすることで，対象データの判別力がマルチにしない場合に比して大きくなることが本検討から明らかになりました．単位空間を分割して，規準化された複数の単位空間の距離からさらに単位空間を作るので，単位空間の均一性と対象データとの差が明りょうになったためと思われます．

Q29.6　SN 比を求めるに当たり，「スコア値の大小」を信号としているとの記載がありますが，これはある意味での割り切りのように考えられます．なぜなら，スコア値の大小が信号となることが明らかであれば，マハラノビスの距離を求めなくても，スコア値で瘀血の程度が分かることになると思われるからです．そのような認識で構わないでしょうか．

A：SN 比を求める際，信号因子に何をとるかが非常に重要となります．例えば計量値として瘀血の程度をランク付けして使用するのも 1 つの方法であると考えられますが，信号空間であるランク付けを考えた場合，その傾向がない＝0 に対し，傾向あり＝1 及び非常に傾向あり＝2 の 2 段階しかなく，またランク 2 に該当する対象者は 1 名しかいませんでした．信号因子を作るには何らかの順序性のある値が必要なので，瘀血のスコアは目安でしかありませんが，程度に従い数値が増える傾向があることを利用し，問診スコアの合計値を使用しました．また，スコア値の大小だけで瘀血の程度が分かることになるのかという指摘ですが，スコア値の合計では，瘀血か瘀血ではないかどうかの粗い区別は可能かもしれませんが，どの問診大項目でスコアの値が変化をして瘀血病態を呈するかというパターンが問題となり，また非健常者ごとに微妙なパターンの差が存在するため，単純に問診スコアの合計値だけで程度が分かるほど病態認識は容易ではないことから，本文中の「スコア値はマハラノビスの距離と独立な関係である」という記述はスコア値の大小だけでは決められないことを意味しています．ただパターンを厳密に考慮せずに，順序量として信号としている点については，ある意味では割り切りといえるかもしれませんが，気血水病態ではほかに5種類の証があり，ここでの信号は瘀血病態の範囲内での真値なので，大きなずれはないと考えられます．

第 30 章　TS 法による企業財務の利益性の予測

本研究はいわば健康診断の延長で，企業の財務状態を健康状態に見立てて検討したものである．中位の企業を単位空間として，上位の企業を正の異常，下位の企業を負の異常とするから，従来なら MTS（マハラノビス・タグチ・シュミット）法であった．この場合だと，正負の方向が必ずしも明確に分かれない．MT システムの発展により，TS（タグチ・シュミット）法が適用され，この場合には，もはやマハラノビスの距離は消失している．これが MT システムの本命といわれるものである．目下，研究が始まったばかりであり，今後，大きな発展が期待されるものである．

30.1　企業財務評価の課題

経済データは複雑な挙動を示すものであるが，相互依存の上に成立している有機的データという意味では，ヒトの動態と共通する部分がある．もちろんこれは概念的なもので，生体内の代謝や景気動向が同一の現象であるなどと論じるつもりはない．しかし，両者とも時系列的に変化するデータであること，パラメータ同士が相互依存すること，定常状態と非定常状態の差が大きくなることで問題が顕在化することなどに共通点が見いだされる．また MT 法の経営方面への適用も論じられている．そこで，概念的には拡張されるが，MT 法の発展過程で検討されてきた人体データの解析の延長線上に，仮定的に財務データを位置付け，単位空間がデータ群の中心にあり，信号に正と負の方向に距離が発生するような対象の場合に適用する，シュミットの直交展開を用いる TS 法を用いた．特に旧来の MTS 法における符号逆転問題を解決するために，TS 法では項目ごとの SN 比と感度を重視している解析手法である．

本検討は，経済の多次元データの時系列分析を，MT システムの一手法である TS 法で解析を行い，過去 14 期 3.5 年の時系列的な財務データから，目的変数として稼ぎの程度の尺度である営業利益の予測が目的であるので，営業利益は項目に含まれていない．もともとは兼高達貮，中島尚登らにより行われた肝臓疾患の経過例や，柴原利直らによる漢方医学的なヒトの体質の数量化，また人間の定常性を検討した足浴の事例などから，MT 法によるヒトの健康不健康の表現の可能性について，概念的に企業の健康度（定常性）に投影したものである．よって人体と経済の間に数学的な等価性が存在するわけではないが，とりわけ TS 法では単位空間のみならず，信号データの真値が重要であるため，時系列的な真値が明確である財務諸表を使用している．もちろん人体や疾患，ヒトの能力，与信などのパーソナルな領域への応用は十分に可能であるといえるが，真値が明確でなければならない点や個人情報保護の観点から，公開データに基づいて TS 法に関するアルゴリズムと方法論を検討することとした．また MTS 法に代わる汎用技術としての TS 法の適用に力点を置くため，専門分野としての経済や財務関数についての議論をするものでないことをあらかじめ断っておく．

30.2 企業財務の時系列データの定常性について

経済性分析と人体の MT 法的な共通項は，まずはシュミットの方法による符号付けにあると思われる．人体の MT 法的側面は，例えば能力評価の考え方に示されるといえる．平均より能力が高いか低いかといった対立概念により成立する．このことは，高橋和仁及び鈴木隆之により行われたヒトの能力評価などが典型的，「中庸」な人のデータを中心に置き，能力の程度をいずれもシュミットの方法により行われている．経済の場合は定常状態を中心に置き，定常性からの乖離を例えば利益増減などで求めるもので，平均のデータ群に対し，正と負の方向性を持つ対象が存在する場合である．この正負の値の距離が発生する部分が，工業分野における良品と不良品の関係とは異なるといえ，逆行列の MT 法や余因子行列の MTA 法などでは対応できない点である．

MT 法では単位空間の均一性が前提であるが，経済データでも定常性が重要視される．経済の時系列データでは，多数の経済変数や事件，天候などの非経済変数が関係している．同時点のこれらの変数だけではなく，過去に発生したイベントも現在の結果に影響を与えており，時系列的には過去と現在が相互関係を持つ．また人がそうであるが，経済もいつでも外的なノイズにさらされているため，経済データでは時系列の長さの取り方が難しい．解析目的や対象にもよるが，特に近未来の予測や現時点の判断については，長い過去からのトレンドをとるよりも，直近の短期スパンで論じる方が現実的であるといえる．いうまでもなく，社会状況や経済に影響する産業構造が大きく変化しているからである．これは例えば 50 年前の生活習慣データが現在に当てはまりにくいことと似ている．もっとも単位空間に対する信号データの変化なので，MT 法では経済学で問題とされる上記の点についてそれほど大きくはない可能性もある．ただし平均値 m が漸次的でなく急激に変化する場合は注意を要するといえる．

30.3　企業財務評価における TS 法の概念と単位空間

TS 法（MTS 法）は，平均的なデータ群を単位空間として，正と負の距離が発生する場合に適用される．つまり平均を有する大多数の中間を単位空間として，対象（信号）が正の方向か負の方向に位置するかを求めるものである．**図 30.1** に 3 次元の概念図を示すが，実際は n 次元なので平面上に表現することは不可能である．

模式的に表現すると，変数分の次元数が圧縮されたものが推定値 $\hat{M}$ であり，

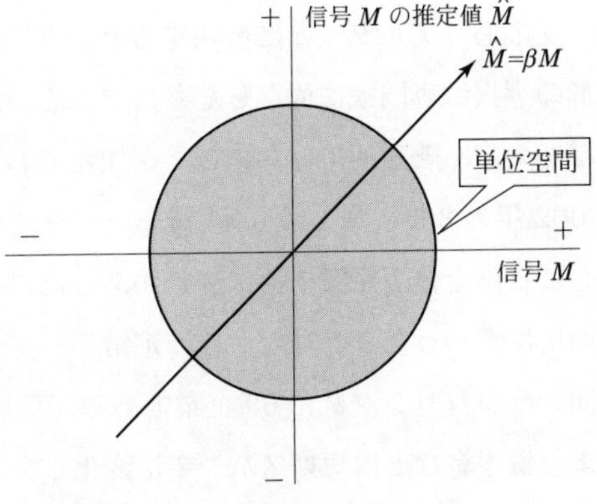

図 30.1　単位空間と TS 法の概念図

信号 M に対して $\hat{M}$ との間に,

$$\hat{M}=\beta M \tag{30.1}$$

の関係が成立するといえる. (30.1) 式は MT システムの基本機能であり, これらの解析法もパラメータ設計の 1 つということが可能である. $\hat{M}$ を出力として直交表実験を行えば, 通常のパラメータ設計と同一である.

次に単位空間を作成する. 単位空間はなるべく均一性を有することが条件であるので, 平均的な企業群とした. ここで用いる平均的な企業の定義は, 次の決算期の利益の伸び率を予測したいので, データベースとして, 2002 年 2 期から 4 期の営業利益の伸び率（対数）について平均企業群の平均が m のとき, 伸び率が $m\pm0.05m$ に入る企業を単位集団として, 各企業の時系列の項目と前年までの経済指標を取り上げる. また以下の①～④も参考にし, 単位空間を選択した.

① 過去 3 年株価の変動が少ない.

② 最低株価は 300 円までである.

③ 最高株価も 2 000 円以下である.

④ 大きな赤字, 黒字を計上していない.

単位空間に選択した平均的な企業群の傾向には①～④も重視し, これはどちらかというと株価安定の観点から選択をしている. 株価は直接間接の経済変数及び非経済変数の影響を受けやすく, 操作されやすいというリスクもあると同時に, 株主や市場の反応もリアルタイムに反映するという一長一短ある指標である. 今回の企業群の選択は専門家に依存したものであるが, 平均的な企業という定義は便宜的なもので, 普遍的ではないことを加えておく. 時系列としては, 1999 年から 2002 年の 3.5 年間 14 期の決算データを使用している. この時期は金融業を中心に日本全体の産業構造に変動があったことや, 会計基準がキャッシュフロー適用に変わったことなどから, 定常データが得られにくかったために, 単位空間のサンプリング数は 63 企業である. 項目は以下の**表 30.1** のとおりである. また資本金などは短期スパンでは変化しないので, 数期にわたり同一データとなり多重共線性が発生するので, 該当する項目は連続して使

表 30.1　企業財務の解析に使用した項目

項目 1	資本金	項目 11	減価償却	項目 21	株価安値
項目 2	総資産	項目 12	研究開発費	項目 22	発行株数
項目 3	株主資本	項目 13	営業 CF	項目 23	売上高
項目 4	株主資本比率	項目 14	投資 CF	項目 24	経常利益
項目 5	連結剰余金	項目 15	財務 CF	項目 25	純利益
項目 6	有利子負債	項目 16	現金同等物	項目 26	一株益
項目 7	ROE	項目 17	特定株	項目 27	外国債
項目 8	ROA	項目 18	浮動株	項目 28	投資信託
項目 9	最高純益	項目 19	平均年収		
項目 10	設備投資額	項目 20	株価高値		

用しなかった．大企業と小企業ではスケール差が出るために，従業員 1 名あたりに換算した．基本的に各項目で 14 期分のデータがあることになるが，キャッシュフロー会計になる前の時期はそれらの項目は含まれていない．なお解析はマルチ法（分割合成法）によっている．

30.4　企業財務の TS 法の解析

解析は(株)オーケン製の「TS for Windows」によった．ヒトの評価，企業評価，経済予測，気象予測などでは，正負の方向と大きさを予測しなければならないので，MT 法，MTA 法は多くの場合使えないと考えられる．このような場合は単位空間を集団全体の中央に置く．例えば企業の 1 年後の利益の伸び率を予測したいときは，データベースとして，昨年から今年の利益の伸び率について多くの企業の平均が m のとき，伸び率が $m\pm0.05m$ に入る企業を単位集団として，各企業の時系列の項目と昨年までの経済指標を取り上げる．ここでは，企業集団全体の中心（平均）に単位空間を布置する．

項目数を k として項目の順番を決める．項目ごとの平均値を単位空間からも単位空間外の真値が分かっている信号からも引く．それを規準化と呼ぶ．単位空間も信号空間も規準化後すべてゼロの項目は除いて次のように解析する．

(1)　第 1 の項目 X_1 で信号空間外の真値 M を推定する比例式の β_1 とその誤

差分散 $\sigma_1^{\ 2}$ を求める．第1項目での信号 M の推定値と，その精度を表すSN比 η は次式で与えられる．

$$M=\frac{x_1}{\beta_1} \qquad \eta_1=\begin{cases} 0 & \left(\dfrac{\beta_1^{\ 2}}{\sigma_1^{\ 2}}\leq\dfrac{1}{r}\text{ のとき}\right. \\ \dfrac{\beta_1^{\ 2}}{\sigma_1^{\ 2}} & \left(\dfrac{\beta_1^{\ 2}}{\sigma_1^{\ 2}}>1\text{ のとき}\right. \end{cases} \tag{30.2}$$

(2)　X_1 で $X_2, X_3, \cdots, X_k$ を表現する．X_2 と表現した $b_{21}X_1$ の差を $x_2=X_2-b_{21}X_1$ とし，単位空間，信号空間のデータを修正する．単位空間では $X_3-b_{31}X_1$，$\cdots$，$X_k-b_{k1}X_1$，信号空間では単位空間の係数を用いて $X_2-b_{21}X_1$，$\cdots$，$X_k-b_{k1}X_1$ である．信号空間で第2項目 $x_2=X_2-b_{21}X_1$ と $M_1, M_2, \cdots, M_k$ の間に比例式をあてはめ，比例定数 β_2 と誤差分散 $\sigma_2^{\ 2}$ を求めて，

$$M=\frac{x_2}{\beta_2} \qquad \eta_2=\begin{cases} 0 & \left(\dfrac{\beta_2^{\ 2}}{\sigma_2^{\ 2}}\leq\dfrac{1}{r}\text{ のとき}\right. \\ \dfrac{\beta_2^{\ 2}}{\sigma_2^{\ 2}} & \left(\dfrac{\beta_2^{\ 2}}{\sigma_2^{\ 2}}>\dfrac{1}{r}\text{ のとき}\right. \end{cases} \tag{30.3}$$

x_2 が単位空間ですべてゼロなら第3項目をスタートとする．X_3 は X_1 と同じである．

(3)　以下同様にして，$x_1\equiv X_1$，$x_2=X_2-b_{21}X_1$，$x_3=X_3-(b_{31}X_1+b_{32}X_2)$，$\cdots$を求める．$x_1, x_2, \cdots, x_k$ は互いに単位空間では直交する．信号空間の真値 M_1, $M_2, \cdots, M_k$ の推定値を重み $\eta_1, \eta_2, \cdots, \eta_k$ で総合する．$x_1, x_2, \cdots, x_k$ は信号空間の修正後の項目である．

$$M=\frac{\eta_1\dfrac{x_1}{\beta_1}+\cdots+\eta_k\dfrac{x_k}{\beta_k}}{\eta_1+\cdots+\eta_k} \tag{30.4}$$

(30.4) 式の推定値と真値 M の差の2乗和を l で割り誤差 σ^2 を求める．このようにして単位空間の距離が得られる．

30.5　企業財務の対象（信号）データの解析結果

信号データには，2002 年 2 期までの真値が明らかな赤字決算及び黒字決算の企業のデータを使用した．信号データを解析する上で重要なことは，信号の真値にいかに的確な値を用いるかということである．真値が求めた距離に対して比例関係にない場合や，距離との相関の低い値を使った場合などは，符号逆転現象が発生してしまう危険性もある．**表 30.2** に信号データから得られたある企業 2 社の真値の推定値と営業利益（単位：百万円）の値の関係を示す．

表 30.2　2002 年 2 期までのデータで予測した A 社，B 社の真値の推定値と営業利益の増減（%）

A　社	決算期	営業利益
真値の推定値： −10.9	2002 年 2 期 2002 年期末 増減（%）	65 827 10 871 −83.49
B　社	**決算期**	**営業利益**
真値の推定値： 13.4	2002 年 2 期 2002 年期末 増減（%）	−4 739 4 800 201.29

ここで A 社，B 社について，A 社は為替損益の結果が営業利益減となって現れており，B 社では業績自体は材料の注文が減り好調ではないが，リストラの効果が現れて一時期の赤字状態から回復基調であることが示されている．

30.6　未知企業の財務の TS 法による予測

前節で得られた真値が明らかな企業 16 社の真値 M を用い，真の値の推定値 $\hat{M}$ と目的変数（営業利益）M との間に比例式 $\hat{M}=\beta M$ を引く．この場合，信号因子 M の水準数は多いほど精度が良い．回帰式はここで用いられた 63 企業の 1999 年 1 期から 2002 年 2 期までの 14 期の時系列データを用いた単位空間を用い，信号企業として選択された 16 社の真の値の推定値 $\hat{M}$ と真値 M から求められた予測式である．ここで未知企業のデータを TS 法により求め

表 30.3　比例定数 β の推定に用いられた信号データの M と $\hat{M}$

項目＼対象企業	1	2	…	16
信　号	M_1	M_2	…	M_{16}
真の値の推定値	$\hat{M}_1$	$\hat{M}_2$	…	$\hat{M}_{16}$

られた真の値の推定値 $\hat{M}$ を代入することで，未知企業の M の推定が可能となる．

表 30.3 から，SN 比 η（db）と感度 S（db）を求め，比例定数 β を求める．

$$S_T = \hat{M}_1^{\ 2} + \hat{M}_2^{\ 2} + \cdots + \hat{M}_{16}^{\ 2} \tag{30.5}$$

$$r = M_1^{\ 2} + M_2^{\ 2} + \cdots + M_{16}^{\ 2} \tag{30.6}$$

$$S_\beta = \frac{\left(M_1\hat{M}_1 + M_2\hat{M}_2 + \cdots + M_{16}\hat{M}_{16}\right)^2}{r} \tag{30.7}$$

$$S_e = S_T = S_\beta \tag{30.8}$$

$$V_e = \frac{S_e}{16-1} \tag{30.9}$$

$$\eta = 10\log\frac{\frac{1}{r}\left(S_\beta - V_e\right)}{V_e} \tag{30.10}$$

$$S = 10\log\frac{1}{r}\left(S_\beta - V_e\right) \tag{30.11}$$

$$\beta = \frac{M_1\hat{M}_1 + M_2\hat{M}_2 + \cdots + M_{16}\hat{M}_{16}}{r} \tag{30.12}$$

(30.12) 式から β=8.971 を求め，以下の (30.13) 式を得た．

$$\text{真値未知の } \hat{M} = 8.971M \tag{30.13}$$

(30.13) 式から求められた，未知企業の C 社，D 社，E 社の予測した利益伸び率の結果を**表 30.4** に示す．また，(30.13) 式の推定誤差は以下の (30.14) 式で求めることも可能である．

表 30.4　C, D, E 社の真の値未知の $\hat{M}$ から推定された予測利益の伸び率

	真の値 $\hat{M}$	予測利益伸び (%)	事後調査値 (%)
C 社	15.15	135.95	145.67
D 社	1.11	9.95	9.76
E 社	−4.2	−37.69	−16.73

$$\text{真値未知の } \hat{M} = \frac{\beta}{M} \pm \frac{1}{\sqrt{\eta}} \tag{30.14}$$

30.7　企業財務評価の考察

経済性分析については，主に社会統計や財務解析の分野では世界中でかなり研究されてきており，最近は金融工学の進展やコンピュータの進歩に伴い独自の処理方法も発表されている．世界的に有名なのは 1968 年に発表された Altman による Z-score で，これは典型的な線形判別関数の応用例であり，汎用的にフィットネスがあることから世界中で広く用いられており，いわば古典的手法といえる．しかし近年の研究では，欧米系の企業のデータでないと分布が不安定で，また金利変動の影響により当てはまりが悪いことも指摘されており，日本企業向けに指標を精査した SAF 2000 などの方法が紹介されているが，これも多変量判別関数の応用である．その他，PRISM という構造方程式モデルを適用した指標も開発されており，それぞれ独自の企業ランキングなどに使われている．そのほかにも経済や財務データについて，回帰分析などを行う試みは非常に多く行われてきているが，それほど簡単にいかないことも多い．

これらを実施する上での問題は，経済的価値というものが需要と供給の均衡のもとに形成するものであるが，価格や利益の背後にある多くの潜在変数の変動により，価格の変化の原因や動機が発生してしまうことであるといえる．ここで適用した財務データは，オプションアプローチなどの債務超過確率を予測

するのではないのでいわゆる多変量モデルに分類されるが，財務諸表などに基づくために説明力は高いといえる．しかし問題点もあり，取得原価主義に基づく点や，粉飾決算の問題，そして決算期データというやや長いスパンで得られる結果しか使えないため，短期的に変動する通貨市場や為替などには時間差が生じてしまうという欠点がある．

TS法の解析問題とは論点が異なるが，使用している公開された財務データそのものに異議が唱えられるケースがあり，使用データがどこまで真値であるかが問題になる場合がある．公開データは原則として商法に則っているので真の値とみなすことになるが，実際は自己申告データなので検証が必要であるといえる．MT法による解析で明らかになったことは，倒産企業の距離はある一定範囲に収束し，公的資金導入・支援による再建中の企業の距離の方が極端に大きく出る場合があることである．疾患に当てはめれば，死者よりも重病人の方の病態が悪いことになり明らかな矛盾であるが，距離というのは多次元の相関係数を意味することから，ある変数を恣意的に変えることで他の変数との相関関係が崩れ，結果としてパターンが大きく乖離してしまい，距離にその結果が反映されると推測される．いずれにしろ，少ない企業数でかなりの短期的スパンで解析をしているために無理がある部分はやむを得ないので，経済学自体で論じる場合にはさらなる検討が必要であるといえる．TS法による解析でも正確な数値が必要であることはいうまでもないが，財務上の指標，また天候や戦争，各種事件などの外的な要因に関するイベントなど，時系列データに対する項目の追加の工夫が今後の課題であるといえる．

30.8　企業財務評価のまとめ

ここでは財務データを用いて，MTS法に代わるTS法の特徴とメリットを提示した．基本的には回帰分析の形式を踏襲しているが，単位空間が与える平均値と標準偏差，また真値が明確な信号データの重要性が大きい．TS法では信号に真値を与えて未知データの値を推定することになり，考え方としてはJIS Z 9090などで適用される校正に近いといえる．また以前のMTS法では符号逆転現象が多く発生したが，TS 法ではほとんど見られない．これは各項目それぞれの SN 比を重視して距離を求めるからであり，MTS 法では実現できなかった点である．また今回の例では単位空間のデータ数もその項目数も不十分といえる．複雑な現象を表現するには，特徴を的確に捉える項目を多数使用することが SN 比を向上させ，結果的に信頼性を高くすることにつながるといえる．本検討の結果は期間，項目，企業数共に多くはないため，純粋に経済やファイナンスを議論する側面では精密度に欠けるが，むしろヒトの能力や体質問題，運動能力やスキルの評価・予測など，健康，経済，学習，労働など他のビジネス分野での TS 法の適用を期待するものである．

引用文献

1) 矢野耕也，田口玄一：TS 法による企業財務の利益性の予測，品質工学 (2004 年投稿中)
2) 田口玄一：標準化と品質管理，Vol.57, No.6, pp.87–94. 2004

Q & A

Q30.1　式 (30.2) の意味をもう少し説明して下さい．

A：第 1 項目 $X_1=x_1$ での信号空間の真値 M の推定で，比例式の β_1 とその誤差分散を $\sigma_1{}^2$，信号 M の推定値と精度を表す SN 比は

$$M=\frac{x_1}{\beta_1}\qquad \eta_1=\begin{cases}0 & \left(\dfrac{\beta_1{}^2}{\sigma_1{}^2}\leqq\dfrac{1}{r}\right.\\[2ex] \dfrac{\beta_1{}^2}{\sigma_1{}^2} & \left(\dfrac{\beta_1{}^2}{\sigma_1{}^2}>1\right.\end{cases}$$

η_1 は $\sigma_1{}^2$ と $\beta_1{}^2$ から $\beta_1{}^2/\sigma_1{}^2$ であり，また $x_1=\beta_1 M$ から $M=x_1/\beta_1$ です．

Q30.2　式 (30.4) の意味ももう少し説明して下さい．

A：信号を $M_1, M_2, \cdots, M_l$ と l 水準にしたときに，第 1 成分から始まる x_1，第 2 成分の x_2，…，第 l 成分の x_l が得られ，以下の表 30.1* のようになります．$x_1=X_1$，$x_2=X_2-b_{21}X_1$，$x_3=X_3-(b_{31}X_1+b_{32}X_2)$，……．そして求められた x_1, x_2,

表 30.1*

成分＼信号	M_1	M_2	$\cdots$	M_l	η	β
第 1 成分	x_{11}	x_{12}	$\cdots$	x_{1l}	η_1	β_1
第 2 成分	x_{21}	x_{22}	$\cdots$	x_{2l}	η_2	β_2
$\vdots$	$\vdots$	$\vdots$	$\vdots$	$\vdots$	$\vdots$	$\vdots$
第 l 成分	x_{k1}	x_{k2}	$\cdots$	x_{kl}	η_k	β_k

$\cdots, x_k$ で，比例式の傾き β を $\beta_1, \beta_2, \cdots, \beta_k$ として，信号空間の真値 $M_1, M_2, \cdots, M_k$ の推定値について，$\eta_1, \eta_2, \cdots, \eta_k$ をかけることで重みを付けるものです．

l 水準の k 項目から信号 M_i を推定するのが式 (30.4) です．各項目における真値 M は x_k/β_k であり，第 1 成分の x_1/β_1，第 2 成分の x_2/β_2，$\cdots$，第 l 成分の x_k/β_k が得られます．

式 (30.2), (30.3) で，第 1，第 2 成分，第 l 成分についての SN 比が得られているので，各真値 x_k/β_k に重みの加重平均をとる η_k をかけることで，真値の推定精度を上げます．

Q30.3　　表 30.2 はどのように見ればよいのでしょうか．

A：表 30.2 は，A 社，B 社 2002 年第 2 期から 2002 年第 4 期（年度末）にかけての営業利益の予測をしたもので，$\hat{M}=\beta M$ の推定式に M を代入して $\hat{M}$ を推定したものです．$\hat{M}=-10.9$ と得られていますが，第 2 期の営業利益を 65827（百万円）としたとき，$\hat{M}=\beta M$ の式から逆推定を行うと，第 4 期では 10871（百万円）となり，-83.49 (%) の利益減となります．B 社では $\hat{M}=13.4$ と出ていますが，$\hat{M}=\beta M$ の式から M を逆推定すると，-4739（百万円）が 4800（百万円）で，+201.29 (%) の利益増となっています．

Q30.4　　30.6 節の説明は計測における SN 比そのもののように思いますが，それでいいのでしょうか．

A：そのとおり全く同じ構造です．多次元データの関係から求めた傾き β に対し，真値 M と推定値 $\hat{M}$ の間に $\hat{M}=\beta M$ という比例式をおきます．秤量ならば分銅の重さという一変量のスカラー値の真値 M ＝推定値 $\hat{M}$ の対応になりますが，この場合は多次元データで，さらに正と負の符号がつく場合の真値 M に対する推定値 $\hat{M}$ との関係になります．

Q30.5　表 30.4 についてもう少し説明して下さい．

A：表 30.4 は，$\hat{M}=\beta M$ の $\hat{M}$ の値から M を逆推定したときの予測の利益の伸び率を求めたものです．

C 社の $\hat{M}$ は 15.15 で，$\hat{M}=\beta M$ から求めた予測利益伸び率 M は 135.95 (%) ですが，過去のデータなので調査をしてみると，145.67 (%) であることが分かりました．D 社では $\hat{M}$ が 1.11 で，予測値 9.95 に対し実データが 9.76 になったということです．

（注）なお，TS 法の推定では，M から $\hat{M}$ を推定しているのですから，本来は $\beta \fallingdotseq 1$ で，$\hat{M}=M$ になるべきなのですが，今回の結果はそのようになっていません．ソフトウェアの欠陥と思われますので，いずれ修正されます．

Q30.6　MT システムでは単位空間に多数のデータを必要とするとしていました．TS 法の場合でも，単位空間のデータの数は大きいことが必要なのでしょうか．

A：TS 法は逆行列を使う MT 法などと違い，相関行列を求めるような σ による規準化を行わず，平均値を引くだけですので，MT 法ほど項目数の数に対してデータ数を気にしないでもかまいません．ただし，平均値 m と標準偏差 σ を使用しますので，データ数は多いにこしたことはありません．

Q30.7　TS 法の場合，求められた値は従来の距離とは異なるのでしょうか．

A：TS 法で求められる値は，信号の真値の推定値 $\hat{M}$ になります．従来の距離というものは単位空間から求められる項目のパターンを一元的尺度で示したものですが，TS 法では真値 M の推定値 $\hat{M}$ になります．

Q30.8　項目の意味が分かりにくいのですが，項目 X とは X の値と考えればよいのでしょうか．

A：項目とは，多変量解析でいう変量のことですが，TS 法では各項目について単位空間の平均値を引いたデータになります．項目 X は X_1 ならば，X_1 の n データのうちの 1 番目なので，観測値 x_{11} から平均値を引いた X_{11}，n 番目ならば $x_{1n}-m_1=X_n$ となり，また $X_{11}+X_{12}+ \cdots +X_{1n}$ の総和＝ 0 になります．よって，項目 X とは以下の表のような平均値を引いた X の値で，n 個のデータは $X_{11}, X_{12}, \cdots, X_{1n}$ と表すことができます．

	1	2		n	平均
X_1	$x_{11}-m_1=X_{11}$	$x_{12}-m_1=X_{12}$	……	$x_{1n}-m_1=X_{1n}$	m_1

第 31 章　直交表を使ったソフトウェアのバグ発見の効率化

ソフトウェアの信頼性の評価というのは，ソフトウェア開発においては，極めて重要な課題である，田口玄一によりバグの効率的な評価の方法が提案されて，早々に試みたのがこの研究である．比較的簡単なもので示されているから，それだけに理解しやすい．現在，ひそかに広がりを見せているようだが，自社ソフトウェアのバグを発表するのに抵抗があるため，まだまだ発表事例は少ない．

31.1　研究の背景

コンピュータソフトウェアにおいて，製品を出荷する前のデバッグ作業というのは，非常に重要な工程の 1 つであり，最も時間と工数を要する工程である．製品出荷後にバグがユーザーの手元で発見された場合，そのソフトだけではなく，ソフトを作っている会社自体の信用問題にかかわる．近年，インターネットが普及したことにより，ソフトにバグがあっても，後でそのバグを回避するソフトをインターネットを通じて，簡単にユーザーに配布することが可能になっている．そのためか，最近はパソコンで使用されるソフトのバグの有無は，軽視されている感もある．しかし，ハードウェアに組み込むソフトウェアは，出荷後に修正をかけるのは簡単ではない．やはり，出荷までの決まった時間の間になるべく多くのバグを取り除ける手法の確立が必要である．

しかし，現在のところ，デバッグにはこれといった手法はない．デバッグの担当者が異なると，デバッグの方法や，デバッグをする範囲は異なり，似たようなソフトウェアでも，そのソフトウェアの品質が異なる場合も考えられる．さらに，デバッグ作業は人海戦術であり，非常にコストがかかっている．より効率よくバグを発見できる手法があれば，かなりのコスト削減が期待できる．

本章では，デバッグに直交表を使った実験を行った結果について報告し，利点，現状の問題点について述べる．

31.2　直交表を使ったバグ発見の方法

田口玄一氏により提案されている直交表を使ったバグ発見の内容を簡単に説明する．この手法は，多信号に対する目的機能の正しさの評価であり，その内容は品質工学というより，実験計画法による評価というニュアンスが強い．

実験方法としては，ユーザーが設定できる項目（信号因子）を，直交表 L_{18} や L_{36} に割り付け，直交表の各行の信号因子の組合せで実際にソフトを動作させ，出力が正常か異常かを 0, 1 で判断する．さらに，その出力に分散や交互作用の計算を行い，どの組合せでバグが出やすいかの解析を行う方法である．この作業を行うことにより，2 因子間，3 因子間の組合せにより発生するバグは，すべて発見することができる．

31.3　直交表を使ったバグ取り実験

社内のあるソフトウェアの β 版を対象に，直交表を使った実験を行った．β 版ならば，バグが多く含まれているうえに，あらかじめバグの所在が分かっているため，実験の有効性の確認が行いやすいと考えた．

信号因子としては，ユーザーが設定できるもので，よく使われるものを 8 つあげ，**表 31.1** に示すとおり直交表 L_{18} に割り付けた．信号因子で 4 水準以上ある場合，例えば 0 〜 100 の連続した数字ならば，0・50・100 で水準を選んだ．パターン 1 〜パターン 5 というように選択できるものについては，ユーザーがよく使うものを 3 つ選択した．実際に割り付けると 2 水準のものが比較的多く，それに関しては，3 水準のところにダミー法により割り付けた（信号及び水準の内容に関しては，社内事情により伏せさせていただく）．

出力としては，そのソフトが直交表 L_{18} で設定した信号どおりの結果を出しているかどうかを，正常＝0，異常＝1 で判定した．ただし，条件によっては「出力がない」ということが正しいという場合があるので，正常か異常かの判断は仕様書と照らし合わせて行う必要がある．

31.4　デバッグの実験結果の解析

表 31.2 の出力結果から，すべての組合せで，近似的な 2 元表を作成する．

A と B ならば，A_1B_1 の組合せで発生したバグの数，以下同様に，A_1B_2, A_1B_3, A_2B_1, A_2B_2, A_2B_3 で発生したバグの数を数える．これをすべての組合せで行った結果を**表 31.3** に示す．この表で，バグの出方に片寄りのある所が，

表 31.1　直交表 L_{18} への信号因子と水準

	1	2	3
A	A_1	A_2	—
B	B_1	B_2	B_3
C	C_1	C_2	C_3
D	D_1	D_2	D_3
E	E_1	E_2	E_2'
F	F_1	F_2	F_1'
G	G_1	G_2	G_1'
H	H_1	H_2	H_3

表 31.2　デバッグのための直交表 L_{18} と出力結果

No.	A	B	C	D	E	F	G	H	出力
1	1	1	1	1	1	1	1	1	0
2	1	1	2	2	2	2	2	2	0
3	1	1	3	3	2′	1′	1′	3	1
4	1	2	1	1	2	2	1′	3	1
5	1	2	2	2	2′	1′	1	1	0
6	1	2	3	3	1	1	2	2	0
7	1	3	1	2	1	1′	2	3	0
8	1	3	2	3	2	1	1′	1	0
9	1	3	3	1	2′	2	1	2	0
10	2	1	1	3	2′	2	2	1	0
11	2	1	2	1	1	1′	1′	2	0
12	2	1	3	2	2	1	1	3	1
13	2	2	1	2	2′	1	1′	2	0
14	2	2	2	3	1	2	1	3	1
15	2	2	3	1	2	1′	2	1	0
16	2	3	1	3	2	1′	1	2	0
17	2	3	2	1	2′	1	2	3	0
18	2	3	3	2	1	2	1′	1	0

表 31.3　直交表 L_{18} からのバグ数の 2 元表

	B_1	B_2	B_3	C_1	C_2	C_3	D_1	D_2	D_3	E_1	E_2	E_2'	F_1	F_2	F_1'	G_1	G_2	G_1'	H_1	H_2	H_3	合計
A_1	1	1	0	1	0	1	1	0	1	0	1	1	0	1	1	0	0	2	0	0	2	2
A_2	1	1	0	0	1	1	0	1	1	1	1	0	1	1	0	2	0	0	0	0	2	2
B_1				0	0	2	0	1	1	0	1	1	1	0	1	1	0	1	0	0	2	**2**
B_2				1	1	0	1	0	1	1	1	0	0	2	0	1	0	1	0	0	2	**2**
B_3				0	0	0	0	0	0	0	0	0	0	0	0	0	0	0	0	0	0	**0**
C_1							1	0	0	0	1	0	0	1	0	0	0	1	0	0	1	1
C_2							0	0	1	1	0	0	0	1	0	1	0	0	0	0	1	1
C_3							0	1	1	0	1	1	1	0	1	1	0	1	0	0	2	2
D_1										0	1	0	0	1	0	0	0	1	0	0	1	1
D_2										0	1	0	1	0	0	1	0	0	0	0	1	1
D_3										1	0	1	0	1	1	1	0	1	0	0	2	2
E_1													0	1	0	1	0	0	0	0	1	1
E_2													1	1	0	1	0	1	0	0	2	2
E_2'													0	0	1	0	0	1	0	0	1	1
F_1																1	0	0	0	0	1	1
F_2																1	0	1	0	0	2	2
F_1'																0	0	1	0	0	1	1
G_1																			0	0	2	**2**
G_2																			0	0	0	**0**
G_1'																			0	0	2	**2**
合計																			**0**	**0**	**4**	4

表 31.4　バグ数の直交表 L_{18} の主効果

要　因	主効果
A	0.00
$\boldsymbol{B}$	**0.44**
C	0.11
D	0.11
E	0.03
F	0.11
$\boldsymbol{G}$	**0.44**
$\boldsymbol{H}$	**1.77**

バグの存在する場所である．例えば，H の合計値を見ると，H_1, H_2 ではバグが発生せず，H_3 のみでバグが発生していることが分かる．片寄りがない例としては，A や C, D, E, F があげられる．

表 31.4 にバグの主効果を計算した結果を示す．これらの結果より，H_3 でバグが発生し，それは，G_1（$=G_1'$，ダミー法により，同じ水準）と B_1, B_2 との組合せで発生することが分かる．この結果から詳しくバグを調べてみると，これらは，1 因子によるテストでは発生しないバグであり，H_3 と G_1 の組合せで，初めて発生するバグであることが分かった．

B_3 は，その水準を選択すると，H_3 の水準が選択できない（無効になる）因子であり，信号因子間に交互作用がある因子のため，このような結果になったと思われる．

また，分散や交互作用の計算方法は以下のとおりである．

$$S_{AB}=\frac{1^2+1^2+0^2+1^2+1^2+0^2}{3}-\frac{4^2}{18}=0.44 \qquad (f=5) \quad (31.1)$$

$$S_A=\frac{2^2+2^2}{9}-\frac{4^2}{18}=0.00 \qquad (f=1) \quad (31.2)$$

$$S_B=\frac{2^2+2^2+0^2}{6}-\frac{4^2}{18}=0.44 \qquad (f=2) \quad (31.3)$$

$$S_{A\times B}=S_{AB}-S_A-S_B=0.44-0.00-0.44$$
$$=0.00 \qquad (f=2) \quad (31.4)$$

さらに，組合せ効果 S_{AB}，交互作用効果 $S_{A\times B}$ を，それぞれ自由度で割る．

$$\text{組合せ効果}=\frac{S_{AB}}{5}=0.09 \quad (31.5)$$

$$\text{交互作用効果}=\frac{S_{A\times B}}{2}=0.00 \quad (31.6)$$

表 31.5 バグ数の組合せ効果及び交互作用効果

要　因	組合せ	交互作用	要　因	組合せ	交互作用
AB	0.09	0.00	*CD*	0.14	0.22
AC	0.09	0.17	*CE*	0.17	0.36
AD	0.09	0.17	*CF*	0.22	0.44
AE	0.09	0.25	*CG*	0.12	0.03
AF	0.04	0.00	*CH*	0.26	0.06
AG	0.15	0.00	*DE*	0.07	0.11
AH	0.36	0.00	*DF*	0.12	0.19
BC	0.26	0.39	*DG*	0.12	0.03
BD	0.14	0.14	*DH*	0.26	0.11
BE	0.17	0.19	*EF*	0.12	0.22
BF	0.42	0.78	*EG*	0.16	0.01
BG	0.22	0.11	*EH*	0.23	0.01
BH	0.39	0.22	*FG*	0.20	0.06
			FH	0.42	0.11
			GH	0.62	0.44

ただし，これらの計算による結果は，あくまで近似的な2元表から求めたものであり，デバッグ時に参考にする程度にとどめておくのがよいと思われる.

31.5　デバッグの実験の結論

このように，組合せで発生するバグを発見することができた．以下に，現状と直交表を使った場合についての違いについて感じたことを述べる.

(1)　バグ発見効率

- 現状：数多くのテストを行って，発見可能なのは，独立で存在するバグが主である．組合せによるバグを発見するには，多くのテスト回数を要する.
- 直交表：実験回数も少なく，発見可能なのは独立なバグと，組合せにより発生するバグの2種類．ただし，水準数が多いものについては，事前に1因子的なテストが必要.

(2)　信号因子の組合せ

- 現状：経験的にバグのありそうなところのチェック．無意識に，「こんな使い方はしないだろう」という組合せを，チェック項目から外す可能性あり.
- 直交表：システマティック．チェックを行う者の主観の入らない組合せができ，バランスがよく，広範囲なチェックが可能.

(3)　労　力

- 現状：数十ページに及ぶチェックシートの作成．さらに，それらすべてのチェック.
- 直交表：信号因子と水準を決めるだけ．組合せは自動生成．チェック回数は，信号因子の数に対して，非常に少ない．ただし，信号因子と水準を決めるのには，ある程度なれが必要.

(4)　バグの所在

- 現状：1回のテストで，1つずつパラメータを変更するので，変えた項目や水準にバグが存在することがすぐに分かる．

- 直交表：解析により，どこにバグがあるかを，全検査が終わった後で数値から判断．

(5)　出力がバグかどうかの判定

- 現状：変えた１因子だけに注目して判断すればよいので，判定は楽．
- 直交表：１つの出力に対し，すべての信号の有効性のチェックをするので，判定するのに多少面倒な部分あり．

(6)　信号因子自体に組合せの交互作用がある場合

- 現状：特に，障害はなし．
- 直交表：直交表の組合せどおりの実験ができないことがあり，やり方に工夫が必要．

31.6　デバッグの今後の課題

まだ，実際にテストを行う際の問題はいくつか残っているが，従来の方法とは違った角度からのデバッグを行うことができ，この方法を行うことによる効果は十分あると考えられる．

また，この方法はユーザー側でも比較的楽に行うことができ，開発されたソフトのバグに関する評価をユーザーが行うことも可能である．実際に，社外のソフトに対してこの方法を適用し，当方でバグを発見している．

引 用 文 献

1)　高田　圭，内川　勝，梶本和博，出口淳一：直交表を使ったソフトウェアのバグ発見の効率化，品質工学，Vol.8, No.1, pp.60–64, 2000

Q & A

Q31.1　31.3 実験で“バグの所在が分かっているので”ということですが，最初から G_1H_3 にバグがあると分かっていたのですか？　今回の実験で見つからなかったバグはないのでしょうか？

A：ソフト開発の履歴があるので，どの開発段階でどのようなバグがあるかは，分かっていました．しかし，今回の直交表を使った検査を行った人には，それらの情報を最初に与えませんでした．ちなみに，今回の組合せの中には1つしかバグがなかったので，見つからなかったバグはありません．

Q31.2　B_3H_3 は実験できない水準組合せのようですが，実験No.7, 17に0が入っていますが，こういう組合せは実験できないからバグもない，したがって0ということですか？

A：この場合は信号因子に対して，その信号因子を選べないという信号であると判断して0を入れてます．また，仕様書でも，その信号の組合せが選べないのが正しいということになっています．逆に，その組合せで出力できたら，バグということになります．

Q31.3　100%バグとなる組合せがほかにも（B_1C_3）（B_2F_2）（D_3H_3）（F_2H_3）とありますが，これらは気にしなくてよいのでしょうか？　もちろんこの組合せは（G_1H_3）の実験No.に重なるのですが．

A：2元表でバグの出方に，片寄りのある部分にバグが存在すると私は判断しています．また，直交表から2元表に持っていっているので，多少の片寄りは誤差の範囲だと思っています．

Q31.4　結論の(5)で，“1つの出力に対し，すべての信号の有効性をチェックする”という言葉の意味がよく分からないのですが．

A：例えば，電車の特急券の自動券売機で，ユーザーは，お金，日時，禁煙席か喫煙席か，自由席か指定席かなど，多くの信号を打ち込みます．しかし最後に出力されるのは切符1枚とお釣りです．このたった2つの出力に対して，打ち込んだ信号どおりになっているか判断する必要があるということです．実際に複数の信号が絡み合った出力に対して良し悪しを判断するので，そのソフトに携わった人でないと，バグかバグでないか判断に悩む場合があります．

Q31.5　従来の方法と比較して，直交表を使った場合は，時間的にどの程度効率化できたのでしょうか．

A：今回の場合，もし直交表を使わず，従来どおり全通りのテストを行っていれば，$2^4 \times 3^4 = 1\,296$ 通りのテスト回数になります．それを直交表 L_{18} を使い，18 回のテスト回数で済ませています．回数的には約 1/70 になりますが，テストの準備等のことを考えれば，おそらく時間的には 1/5 程度になると思われます．

また，テスト回数以外に，チェック表の作成などの手間がなくなり，そのような面でもかなりの効率化ができると思われます．

第 32 章　飲料自動販売機におけるソフトウェアのバグ評価

前章で見られるように，バグの検出では直交表の利用には，それほど厳密さは要求されないが，直交表の特徴が十分に生かされている．通常の品質工学の考え方に慣れた人には，ここのところがひっかかるかもしれない．本章の研究は信号因子の数が多い場合に，いくつかの直交表をつなぎ合わせて，効率よくバグ検出を行う方法である．この考え方は，すでに田口玄一『実験計画法（上）』（丸善，1957）に確率対応法として提案されているものの利用である．

32.1　自動販売機ソフトウェアの課題

昨今，自動販売機（以下，自販機）を含め機器組込型ソフトウェアに対しユーザー側からの要望は多く，またメーカー側としてもソフトウェアによる新規機能をセールストークとするなどソフトリッチ化への歯止めがかからない状況にある．このような状況の中で，製品を出荷してしまった後に，ソフトウェアの不具合（以下，バグ）が発見されると機器購入者側の信用低下だけではなく，改善費用など多大な損失が発生する．

また，後工程における被害の大きさもさることながら限られた開発期間にソフトウェアの品質が確保できなければ製品自体の出荷もできず，機会損失による被害は大きく，いかに効率良く市場の使用に耐え得るレベルにまでデバッグするかが重要な課題である．

ソフトウェア評価方法はプログラム作成工程ごとに多種多様であるが，ここで評価したのはオペレーション工程と呼ばれ，主に自販機実運用時のソフトウェア評価を行う工程である．直交表を取り入れる以前の評価方法としては，過去不具合が発生した事象をもとに作成したチェックリストを，担当者が確認するといった方法が主であった．

評価にあたっては，販売動作に関係する状態や自販機内部で設定できる項目を信号因子として取り上げ，直交表 L_{18} に割り付けた後，各行（計 18 行）の内容を作業手順に落とし込み実際に商品を販売させ，その結果が正常か異常であるかを確認する．

32.2　自動販売機ソフトウェアの評価手順

今回の評価は「缶飲料購入者側からとらえたケース」と「自販機側の設定可能項目をとらえたケース」の 2 種類で行った．前者の場合における信号因子としては，自販機の状態と飲料購入者の動作の中から信号因子を 8 つ取り上げ，直交表に割り付けた．また，後者のパターンの場合には機器が設定できる項目を信号因子として取り上げ，直交表に割り付けた．なお，設定項目については約 40 項目ほどあり，複数の直交表に割り付け評価を行った．また，後者の水準選択において 3 水準を超える場合には，出荷時設定を標準値とし，その他の水準は機器購入者側でよく使われる値を選択し水準とした．良否判定については，前者・後者とも販売による缶商品の有無と釣銭状態，さらに次販売が可能であるか，また，その状態が自販機内部データと一致しているかを確認し，正常もしくは異常の判断を行った．

以下に，「缶飲料購入者側からとらえたケース」での信号因子と水準の抽出例，さらには割り付けの一部を**表 32.1**，**表 32.2** に示す．詳しい内容は省略する．

なお，今回のテストケースは主にプログラムの外部仕様に着目しロジックの良否を判定していることになるが，実際の市場稼働状況を想定したデバッグと

表 32.1　自販機の状態と缶飲料購入者の信号と水準数

信　号　名	水準数	信号因子
販売本数	10	A
投入硬貨	5	B
釣銭有無	3	C
販売商品	64	—
⋮	⋮	$D \sim G$
自販機状態 1	10	—
自販機状態 2	4	H
自販機状態 3	2	—

表 32.2　機器設定の信号因子と水準

信号因子	水準 1	水準 2	水準 3
販売本数	1 本販売	連続販売	—
投入硬貨	10 円	100 円	1 000 円
釣銭有無	あり	10 円切れ	100 円切れ
D	D_1	D_2	D_3
E	E_1	E_2	E_3
F	F_1	F_2	F_3
G	G_1	G_2	G_3
H	H_1	H_2	H_3

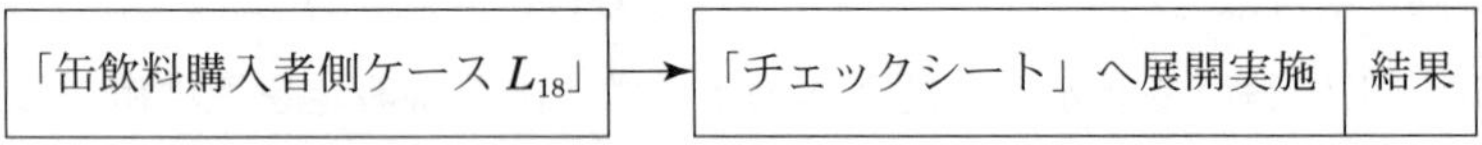

図 32.1　ソフトウェア単独テストケース作成のイメージ

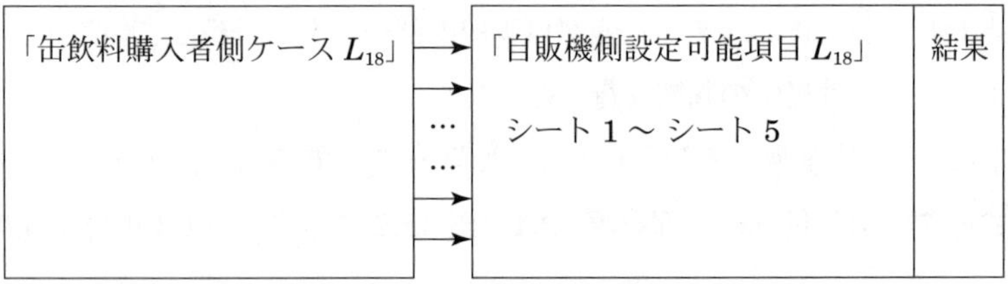

図 32.2　ソフトウェア複数テストケース作成のイメージ

しては信号としてすべて取り上げた状態ではない．そこで，さらに「缶飲料購入者側からとらえたケース」を用いてタイミング要素を含んだ信号を取り込み評価を行った．**図 32.1** と**図 32.2** に単独の評価とシリーズの評価の比較を示した．

すなわち，直交表が 1 つで納まらない「自販機側の設定可能項目をとらえたケース」のような場合には，直交表を複数作成し（今回は 5 シート）同時に評価を行った．また，「自販機側の設定可能項目をとらえたケース」は主に機能選択の信号因子が多く単独では結果の判断ができないため，「缶飲料購入者側からとらえたケース」と組み合わせて評価を行った．

(1)　基準信号条件によるデバッグ

信号因子と水準を直交表 L_{18} に割り付けた中で標準的な組合せ（製品出荷設定状態）を基準信号とし，この状態で機能が正しく動作することを確認した．結果としてバグの発生はなかった．

(2)　信号因子の水準別デバッグ

信号因子の中で，水準数が 2 より大きい因子に対して 1 因子ごとに水準を変化させ，他の因子は固定した状態にしておき動作の確認を行う．なお，今回は後づけであるが実施し，バグの発生はなかった．

(3)　直交表によるデバッグ

各デバッグによりバグの発生がなかった場合，表 32.2 の信号因子と水準から作成した直交表をもとにテストケースとしてチェックリスト化し評価を行った．

32.3　自動販売機ソフトウェアのテスト結果とまとめ

表 32.3 にタイミング要素を取り入れたテストケースの結果を示す．バグ発生がなく動作が正常であれば「0」，バグにより動作が異常の場合は「1」と結果欄に表した．なお，上記バグ自体は不具合を再現させ再現時のプログラムの挙動を調査した結果，同期制御に問題があることが判明したのでソフト修正を行った．修正後，再度テストケースによる動作確認を行いバグ発生のないことを確認した．

また，表 32.3 以外の「缶飲料購入者側からとらえたケース」と「自販機側の設定可能項目をとらえたケース」についてバグの発生はなかった．

今回行った直交表を用いたテストケース作成における効果を以下にまとめる．

(1)　バグ取り効果：信号因子の取り方に左右される可能性はあるが，少ないテストケースで組合せによるバグも発見できる．ブラックボックステストによる評価を行っている工程の場合には，デバッグ効率が上がりバグの検出率の向上につながる可能性が大きい．

表 32.3　自動販売機ソフトウェアの直交表 L_{18} の単独テスト結果

No.	A	B	C	D	E	F	G	H	結果
1	1	1	1	1	1	1	1	1	0
2	1	1	2	2	2	2	2	2	0
3	1	1	3	3	3	3	3	3	0
4	1	2	1	1	2	2	3	3	1
5	1	2	2	2	3	3	1	1	0
6	1	2	3	3	1	1	2	2	0
7	1	3	1	2	1	3	2	3	1
8	1	3	2	3	2	1	3	1	0
9	1	3	3	1	3	2	1	2	1
10	2	1	1	3	3	2	2	1	0
11	2	1	2	1	1	3	3	2	0
12	2	1	3	2	2	1	1	3	0
13	2	2	1	2	3	1	3	2	0
14	2	2	2	3	1	2	1	3	0
15	2	2	3	1	2	3	2	1	0
16	2	3	1	3	2	3	1	2	0
17	2	3	2	1	3	1	2	3	0
18	2	3	3	2	1	2	3	1	0

(2)　再現性：バグ発生時の手順が明確であり，前回試験状態も分かることから，不具合現象の再現自体が以前と比較し容易である．

(3)　試験者の評価技術レベル：試験担当者自身の評価技術レベルに左右されることが少なく，人員の固定化を緩和できる可能性がある．

ブラックボックス工程を中心に仕組みとして「直交表を用いたテストケースによる評価」に取り組んでいるが，L_{36} の直交表サイズへの見直しを図りたい．また，今後はホワイトボックステスト領域での本手法の適応を検討していきたい．

引用文献

1)　伊藤幸和：飲料自動販売機におけるソフトウェアのバグ評価，品質工学，Vol.9, No.6, pp.57–60, 2001

Q & A

Q32.1　「缶飲料購入者側からとらえたケース」と「自販機側の設定可能項目をとらえたケース」というのが理解しかねます.

A：缶飲料購入者側からとらえたケース：本ケースは，商品を購入する側で見れば，自販機の外部から確認できる状態や商品売切れや釣銭切れ商品を購入する本数等購入者本人の動作を因子としてとらえチェックケースを作成したものです（自販機側の設定は出荷時の設定です）.

自販機側の設定可能項目をとらえたケース：この場合は，自販機自体に持っている設定機能を因子にとらえチェックケースを確認しています．機能を動作させることを目的にテストケースを作成しています.

Q32.2　表 32.1 と表 32.2 に同じ因子が入っていますが，どう違うのでしょうか（例えば販売本数）.

A：表 32.1 は「缶飲料購入者側からとらえたケース」で各信号と水準の例を記載したものであり，表 32.2 は表 32.1 の信号因子から選択し直交表に割り付けたものを例として記載したものです.

Q32.3　表 32.3 では 3 つのバグが発見されていますが，非常にレベルが悪いのではないでしょうか．修正後は周辺の因子，水準を直交表に入れて検査する必要があるのではないでしょうか.

A：ご指摘のとおりバグが発生すること自体はレベルを問わず正しく仕事ができていない結果であると思いますが，デバッグ途中であり“いかに早く問題点を見つけることができるか”を主眼に実施しており，発生頻度の低いバグを見つけられること自体非常に意味があるかと思います.

修正後の確認方法ですが，今回ブラックボックステストへの取組みであり，周辺の因子や水準は取り入れていませんが，ホワイトボックステスト等で行う場合には周辺因子の考慮は必要と考えます.

Q32.4　タイミング要素を入れた実験を行っているようですが，お金を入れるタイミング，ボタンを押すタイミングだとすればコントロールするのが難しいような気がします．なにか工夫がありましたら教えてください．

A：タイミングについては，過去の不具合分析結果や市場での使われ方（設置されているロケーションにより特徴があります）の結果より決めています．

例えば，商品選択ボタンを押すにも，①お金を入れる前からボタンを押す，②ボタンを連打する，③商品販売ランプが点灯した直後にボタンを押す，④ボタンを押すと同時に返金操作を行う，などがありますが，厳密に時間単位での操作は難しく，1 販売で判断するのではなく複数回同一条件での販売による確認で補っています．

Q32.5　実験を 5 つの直交表に分けたと書かれていますが，どのように割り振ったのですか．もし直交表ごとに因子や水準が違うのであれば直交表をまたぐ因子間の交互作用は見られなくなりますが，どのように考えていますか．

A：キーボード上で設定できる機能を L_{18} の直交表に割り付けていますが，グルーピングとしては，機能分類ごと（価格設定・タイマ機能など）に分割しています．今回の場合は，因子間の交互作用は確認できませんが，本来であれば L_{18} による割り付けの方が良かったのではないかと思います（今回の自販機側設定可能項目をとらえたケースのような 2 値選択機能の場合）．

Q32.6　論文中では水準数が 2 を超える因子については多因子を固定させて実験していますが，L_{18} なら 3 水準まで割り付けられるのではないでしょうか．また，直交表に入れる水準とこのように単独で実験する水準はどうやって選択したのでしょうか．単独で実験したのでは他因子との交互作用は見られませんが，いいのでしょうか．

A：因子個々の水準ごとにおける機能確認の意味で“水準が 2 を超える…”という方法で動作確認しています（本来は事前確認で行うべきでしょうが，今回は後で確認を行いました）．水準が 2 以上ある因子については，水準 1・水準 2・水準 3 と変化させ動作確認を行っており，3 水準割り付けられるものにつきましては 3 水準割り付けています．

なお，直交表と単独で実験する水準はいずれも同一の因子と水準で行っています．単独試験は，あくまでも直交表で試験する前段階での確認で行っており，その後，同一因子・水準で割り付けた直交表で確認しています．

第33章　直交表を利用した使用者によるコピー機の機能評価

ソフトウェアのバグ評価を，ソフトウェアそのものではなく，実際のコピー機に適用を試みたものである．コピー機であるから，実際にコピーを行って，原画に対してコピーしようとした指令どおりにコピーできたかどうかで，バグの有無を判定する．コピー機の仕様にもよるが，1台のコピー機が30分程度で試験できるので，総務部なり購買なりが，コピーを導入するときに簡単に活用できる．機能そのものの不具合であり，品質工学で誤差因子を設定して機能のばらつきを見るものではないから，題名も機能評価としてある．

33.1　コピー機の機能評価の目的

コピー機は今やオフィスにはなくてはならないOA機器の1つである．現在使われているコピー機は多くの機能を持っており，様々な設定で原稿をコピーすることができる．しかし，普通に機能を設定しただけでは，コピー画像の程度が悪くてコピーをとり直すことや，コピーする前に試し刷りを行う場合がしばしばある．そこで，コピー機に表示されている指示を信号と考え，出力としてコピー画像が指示どおりにコピーされているかを0, 1データとして評価した．コピー画像であるから，正しくは0, 1データとはいえないが，後述するように0, 1データとして判断して差し支えないような評価項目を設定した．コピー機は，1機種ではなく比較のためにいくつかのメーカーのものを使用した．

33.2　コピー機のソフトウェアの機能評価の実験

本研究で用いるソフトウェアの機能評価とは，ソフトウェアの持っているバグを効率よく見つけるためのものである．具体的な内容としては，ユーザーが利用する機能やユーザーが設定する項目を信号因子として直交表に割り付け，直交表の各行の条件でテストし，出力が正常の場合は0，異常の場合は1というデータを求める．そして，出力データから2元表を利用して分散や交互作用を求め，どの組合せがバグ発生に影響しているかを調べる．

実験では，コピー機の機能を信号因子として 8 つ設定した．コピー機の機能はメーカーや機種によって若干異なるので，実験で使用した信号因子はコピー機ごとに設定し，**表 33.1** (a) (b) のどちらか一方の組合せを使用した．

なお，共通の機能以外については機能名をふせ，すべてコピーモードとした．明示し得る信号因子については以下のとおりである．

原稿種類（B）：

コピーする原稿は，カラー原稿，新聞紙，コピー紙を設定した．カラー原稿は，両面に写真及び文字が印刷されたものを用いた．

新聞紙は，写真及び文字があるページを用いた．コピー紙は，図と文字を両面にコピーしたものを用いた．

表 33.1 コピー機の機能評価

(a) 機種 1

信号因子	1	2	3
A：コピーモード	モード 1	モード 2	
B：原稿種類	カラー原稿	新聞紙	コピー紙
C：拡大縮小	50%	100%	200%
D：出力紙サイズ	B5	A4	B4
E：濃度選択	薄い	普通	濃い
F：コピーモード	モード 1	モード 2	モード 3
G：コピーモード	モード 1	モード 2	モード 3
H：コピーモード	モード 1	モード 2	モード 3

(b) 機種 2

信号因子	1	2	3
A：コピーモード	モード 1	モード 2	
B：原稿種類	カラー原稿	新聞紙	コピー紙
C：拡大縮小	50%	100%	200%
D：出力紙サイズ	B5	A4	B4
E：濃度選択	薄い	普通	濃い
F：枠消し	最小	中間	最大
G：折り目消し	最小	中間	最大
H：コピーモード	モード 1	モード 2	モード 3

拡大縮小（C）：

拡大縮小の倍率は，50%，100%，200% を設定した．

濃度選択（E）：

コピーする画像の濃度は，使用するコピー機で最も薄く設定できるところを「薄い」とし，最も濃く設定できるところを「濃い」とした．「普通」はその中間である．

枠消し（機種 2 F）：

使用するコピー機で設定できる最小の枠消し幅を「最小」とし，最大の枠消し幅を「最大」とした．

折り目消し（機種 2 G）：

使用するコピー機で設定できる最小の折り目消し幅を「最小」とし，最大の折り目消し幅を「最大」とした．

直交表 L_{18} に信号因子を割り付け，各行の条件でコピーを行い，出力されたコピー画像を評価した．また，使用したコピー機でカラーコピーできるものでもモノクロでコピーを行った．各コピー機の特徴の違いについて以下のとおりである．

コピー機 1：多機能であるが数値での細かい設定ができない．デジタル式．表 33.1 (a) の信号因子を使用．

コピー機 2：アナログ式で数値での細かい設定ができる．表 33.1 (b) の信号因子を使用．

コピー機 3：多機能であり，数値での細かい設定も可能．デジタル式．表 33.1 (b) の信号因子を使用．

コピー機 4：メーカーは異なるがコピー機 1 と同等の機能を持つ．アナログ式．表 33.1 (b) の信号因子を使用．

コピー機 5：コピー機 2 と同じメーカーの異機種のアナログ式コピー機．表 33.1 (b) の信号因子を使用．

コピー機 6：コピー機 4 と同じメーカーで多機能であり数値での細かい設定も可能．アナログ式．表 33.1 (b) の信号因子を使用．

コピー機 7：コピー機 4 と同じメーカーで **FAX** 兼用．数値での細かい設定も可能．デジタル式．表 33.1 (b) の信号因子を使用（機能が少ないため A, H を省略）．

また，コピー機の状態は，学校やオフィスなどにあるもので，使用前にメンテナンス等の特別な処理をしていない状態で行った．

33.3　コピー機の機能評価データの分析

出力された 18 枚のコピー画像を次の項目に着目して 0・1 で評価した．

① 裏ページの画像が写る：両面に印刷された原稿をコピーしたときに裏のページの画像までもがコピーされてしまう．

② 濃度の均一性がない：原稿をコピーしたときに均一な濃度の部分が明らかに再現されていない．

③ コピー画像の輪郭がはっきりしない：出力されたコピー画像の一部がにじんでいるようになっていたり，あるいはある方向に流れているような画像になっている．

評価項目について，どれも当てはまらなければ 0，どれか 1 つでも項目が当てはまれば 1 とする場合と項目ごとに 0・1 で評価する場合の 2 つの方法で分析を行った．**表 33.2** に表 33.1 (a) の信号におけるコピー機 1 の分析結果を示す．

この結果から主効果，組合せ効果，交互作用効果を求める．本来であれば，直交表 L_{18} からでは交互作用は求められないが，要因のすべての組合せでの 2 元表を作成し，2 元表から近似的に交互作用を求める．主効果，組合せ効果，交互作用効果の計算方法を BC の場合を例として以下に示す．まず，表 33.2 から**表 33.3** の BC の 2 元表を作成する．

B 間の変動

$$S_B = \frac{0^2+1^2+5^2}{6} - \frac{6^2}{18} = 2.33 \qquad (f=2) \quad (33.1)$$

表 33.2　コピー機 1 の画像の直交表 L_{18} の分析結果

No.	*A*	*B*	*C*	*D*	*E*	*F*	*G*	*H*	判定
1	1	1	1	1	1	1	1	1	0
2	1	1	2	2	2	2	2	2	0
3	1	1	3	3	3	3	3	3	0
4	1	2	1	1	2	2	3	3	0
5	1	2	2	2	3	3	1	1	0
6	1	2	3	3	1	1	2	2	0
7	1	3	1	2	1	3	2	3	0
8	1	3	2	3	2	1	3	1	1
9	1	3	3	1	3	2	1	2	1
10	2	1	1	3	3	2	2	1	0
11	2	1	2	1	1	3	3	2	0
12	2	1	3	2	2	1	1	3	0
13	2	2	1	2	3	1	3	2	0
14	2	2	2	3	1	2	1	3	0
15	2	2	3	1	2	3	2	1	1
16	2	3	1	3	2	3	1	2	1
17	2	3	2	1	3	1	2	3	1
18	2	3	3	2	1	2	3	1	1

表 33.3　コピー機 1 の画像の *BC* の
2 元表の例

	C_1	C_2	C_3	計
B_1	0	0	0	0
B_2	0	0	1	1
B_3	1	2	2	5
計	1	2	3	6

C 間の変動

$$S_C = \frac{1^2+2^2+3^2}{6} - \frac{6^2}{18} = 0.33 \qquad (f=2) \quad (33.2)$$

BC の組合せ変動

$$S_{BC} = \frac{0^2+0^2+0^2+0^2+0^2+1^2+1^2+2^2+2^2}{2} - \frac{6^2}{18}$$

$$= 3.00 \qquad (f=8) \quad (33.3)$$

そして，組合せ間変動 S_{BC}，交互作用変動 $S_{B\times C}$ をそれぞれの自由度で割り，組合せ効果と交互作用効果を求める．

B と C の交互作用の変動

$$S_{B\times C}=S_{BC}-S_B-S_C=3.00-2.33-0.33 \\ =0.33 \qquad (f=4) \quad (33.4)$$

$$\text{組合せ効果の分散}=\frac{S_{BC}}{8}=0.38 \qquad (33.5)$$

表 33.4　コピー機 1 の主効果，組合せ効果及び交互作用効果の表

要　因	主効果	要　因	組合せ	交互作用	要　因	組合せ	交互作用
A	0.22	AB	0.53	0.06	CE	0.13	0.08
B	2.33	AC	0.13	0.06	CF	0.38	0.67
C	0.33	AD	0.13	0.06	CG	0.13	0.17
D	0.33	AE	0.13	0.06	CH	0.25	0.33
E	0.33	AF	0.13	0.22	DE	0.38	0.58
F	0.00	AG	0.13	0.22	DF	0.13	0.17
G	0.00	AH	0.13	0.06	DG	0.25	0.42
H	0.33	BC	0.38	0.08	DH	0.13	0.08
		BD	0.38	0.08	EF	0.25	0.42
		BE	0.38	0.08	EG	0.13	0.17
		BF	0.38	0.17	EH	0.25	0.33
		BG	0.38	0.17	FG	0.13	0.25
		BH	0.38	0.08	FH	0.13	0.17
		CD	0.25	0.33	GH	0.38	0.67

表 33.5　コピー機 2 ～ 7 の主効果

要　因	コピー機 2	コピー機 3	コピー機 4	コピー機 5	コピー機 6	コピー機 7
A	0.00	0.06	0.22	0.22	0.00	—
B	0.44	1.33	0.00	1.33	0.78	0.11
C	0.11	0.00	0.33	0.00	0.11	0.11
D	1.78	0.33	0.33	0.33	0.78	0.11
E	0.44	0.33	2.33	1.00	0.78	3.44
F	0.11	0.33	0.00	0.00	0.78	0.11
G	0.11	0.00	0.33	0.33	0.44	0.11
H	0.11	0.33	0.00	0.33	0.44	—

表 33.6　コピー機の組合せ効果及び交互作用効果

	組合せ	交互作用
コピー機 2	0.39 (*BD*, *BE*, *DE*)	0.56 (*BE*)
コピー機 3	0.63 (*AB*)	0.89 (*AB*)
コピー機 4	0.53 (*AE*)	0.72 (*AG*)
コピー機 5	0.40 (*AB*)	0.42 (*CG*, *DE*, *FH*)
コピー機 6	0.41 (*BH*, *CE*)	0.67 (*AG*)
コピー機 7	0.47 (*BD*, ⋯, *EG*)	0.89 (*BD*)

$$\text{交互作用効果の分散} = \frac{S_{B\times C}}{4} = 0.08 \tag{33.6}$$

以下同様に，すべての組合せについて主効果，組合せ効果，交互作用効果を求める．計算結果を**表 33.4** に示す．他のコピー機について同様の計算を行い，主効果を**表 33.5** に，組合せ効果及び交互作用効果は，効果の大きいものをまとめ，**表 33.6** に示す．

33.4　コピー機の機能評価の結果

項目ごとに分析した結果を示す．

① 裏ページの画像が写る：7 台のコピー機の主効果を**表 33.7** に，組合せ効果及び交互作用効果のまとめたものを**表 33.8** に示す．

② 濃度の均一性がない：7 台のコピー機の主効果を**表 33.9** に，組合せ効果及び交互作用効果のまとめたものを**表 33.10** に示す．

③ コピー画像の輪郭がはっきりしない：7 台のコピー機の主効果を**表 33.11** に，組合せ効果及び交互作用効果のまとめたものを**表 33.12** に示す．

表 33.7　コピー機裏ページ画像の主効果

要因	コピー機 1	コピー機 2	コピー機 3	コピー機 4	コピー機 5	コピー機 6	コピー機 7
A	0.22	0.00	0.06	0.06	0.00	0.22	—
B	2.33	0.44	0.11	0.11	1.44	0.78	0.00
C	0.33	0.11	0.11	0.11	0.11	0.11	0.00
D	0.33	0.44	0.11	0.11	0.78	0.44	0.00
E	0.33	3.11	0.11	3.44	0.44	0.78	4.00
F	0.00	0.11	0.11	0.11	0.11	0.44	0.00
G	0.00	0.11	0.11	0.11	0.44	0.11	0.00
H	0.33	0.11	0.11	0.11	0.78	0.11	—

表 33.8　コピー機裏ページ画像の組合せ効果及び交互作用効果

	組合せ	交互作用
コピー機 1	0.53 (AB)	0.67 (CF, GH)
コピー機 2	0.62 (AE)	1.67 (AG)
コピー機 3	0.06	0.06
コピー機 4	0.72 (AE)	0.89 (BD)
コピー機 5	0.43 (BD, BE, DE)	0.67 (AG)
コピー機 6	0.26 (BD, ⋯, FH)	0.39 (AG, DG, FH)
コピー機 7	0.50 (BD, ⋯, EG)	1.00 (BD)

3 つの評価項目のうち 1 つでも当てはまれば 1 とする場合，項目ごとの評価についてもコピー機ごとに効果のある要因が異なるという結果が得られた．このことは，コピー機の個性の差が出たといえる．

裏ページが写るという評価項目については，濃くコピーすれば裏ページが写るのは当然の結果であるという考え方もできるが，今回は，使用者の要求として裏ページは写ってほしくないとしているのでエラーということになる．した

表 33.9　コピー機濃度の均一性の主効果

要因	コピー機 1	コピー機 2	コピー機 3	コピー機 4	コピー機 5	コピー機 6	コピー機 7
A	0.00	0.00	0.06	0.00	0.06	0.00	—
B	0.00	0.78	0.44	0.00	0.11	0.00	0.11
C	0.00	0.78	0.78	0.00	0.11	0.00	0.11
D	0.00	0.78	0.78	0.00	0.11	0.00	0.11
E	0.00	0.11	0.44	0.00	0.11	0.00	0.11
F	0.00	0.11	0.11	0.00	0.11	0.00	0.11
G	0.00	0.11	0.11	0.00	0.11	0.00	0.11
H	0.00	0.11	0.44	0.00	0.11	0.00	—

表 33.10　コピー機濃度の均一性の組合せ効果及び交互作用効果

	組合せ	交互作用
コピー機 1	0.00	0.00
コピー機 2	0.26 (BC, ⋯, DG)	0.31 (BE, ⋯, DG)
コピー機 3	0.32 (AG)	0.72 (AG)
コピー機 4	0.00	0.00
コピー機 5	0.06	0.06
コピー機 6	0.00	0.00
コピー機 7	0.06	0.06

がって，使用者が変わればコピー機に対する要求も変わってくることも考えられる．

33.5　コピー機の機能評価のまとめ

コピー機によって信号因子が異なるため，どのコピー機が優れているという比較はできないが，メーカーによってコピー機の特徴が異なることが分かった．

表 33.11 コピー機画像の輪郭の主効果

要因	コピー機 1	コピー機 2	コピー機 3	コピー機 4	コピー機 5	コピー機 6	コピー機 7
A	0.00	0.00	0.06	0.06	0.06	0.22	—
B	0.00	0.44	0.78	0.11	0.33	0.11	0.11
C	0.00	0.11	0.78	0.11	0.00	0.44	0.11
D	0.00	0.44	0.11	0.11	0.33	0.11	0.11
E	0.00	1.78	0.44	2.78	1.00	1.78	2.78
F	0.00	0.11	0.11	0.11	0.00	0.11	0.11
G	0.00	0.11	0.11	0.11	0.33	0.11	0.11
H	0.00	0.11	0.44	0.11	0.33	0.11	—

表 33.12 コピー機画像の輪郭の組合せ効果及び交互作用効果

	組合せ	交互作用
コピー機 1	0.00	0.00
コピー機 2	0.39 (BD, BE, DE)	0.56 (BD)
コピー機 3	0.39 (CF)	0.56 (CF)
コピー機 4	0.59 (AE)	0.72 (AG, BD)
コピー機 5	0.25 (BD, ⋯, EH)	0.39 (AG)
コピー機 6	0.49 (AE)	0.47 (BD)
コピー機 7	0.39 (BD, ⋯, EG)	0.72 (BD)

評価項目によってはそれがコピー機のエラーだとは一概にはいえないものもあったが，明らかにソフトウェアのバグに相当するような原稿をきちんとコピーされていない画像もあった．今回は，出力された画像を評価しているのでハードウェアのエラーであるのかソフトウェアのエラーであるのかは不明である．しかし，ユーザーの立場から見れば，エラーの原因追及よりも指示どおりにコピーできるかどうかの方が重要であると思われる．

今回の評価項目は評価者のコピー機に対する要求が反映されているため，ユーザーの使用目的に合わせて評価項目を設定すれば，そのユーザーに適したコピー機を見つけることができる．このことから，直交表を利用したこの評価方法はソフトウェア以外にも適用は可能であると思われる．今後の課題としては，信号因子として設定できたのが 8 つであったため，多機能のコピー機においては，設定していない機能がある．よって，信号因子を増やし直交表 L_{36} を用いて実験を行うことが必要である．

コピー機のように多数のユーザーが使用する機器は，ユーザーが説明書を見なくても使用可能で，かつトラブルが発生しても画面指示で修正できるようにユーザーフレンドリーであることが必要である．

引用文献

1)　鈴木隆之，高橋宗雄，矢野　宏：直交表を利用した使用者によるコピー機の機能評価，品質工学，Vol.9, No.1, pp.31–36, 2001

Q & A

Q33.1　7 種類のコピー機についてベンチマーク評価されていますが，メンテナンス後の使用状態や評価時の環境などのノイズ条件は同一条件になっているのでしょうか．

A：今回の実験に使用したコピー機は，いくつかの学校及びオフィスにあるものを使用したので使用環境が同一であるとはいえませんが，使用環境はあまり変わらないと思います．また，メンテナンス後の使用状態ですが，コピー機 2 については数日後に再度実験を行いましたが評価結果に変化はありませんでした．したがって，メンテナンス後の使用による劣化の影響はないと思います．

Q33.2　コピー機の機能を「主効果」，「組合せ効果」，「交互作用効果」で評価していますが，それぞれの意味について教えてください．

A：まず，主効果というのは，コピー機の機能単独によって起こるエラーの効果です．次に組合せ効果ですが，これは全分散のことで，コピー機の 2 つの機能を組み合わせた場合に起こるエラーの効果です．そして交互作用効果というのは，コピー機の 2 つの機能がお互いに影響し合って起こるエラーの効果です．

Q33.3　ユーザーの立場に立った興味深いベンチマーク評価だと思います．各機能（信号）ごとの評価を別々に行うよりも多信号を直交表で組み合わせて評価することによりエラーが出やすくなったと考えてよいのでしょうか．また，信号を割り付ける列を入れ替えることによって結果が変わることはないのでしょうか．

A：2 元表を用いて近似的ではありますが分散や交互作用を求めていますので，各機能の組合せによって起こるエラーは，ほぼ見つけることができます．また,信号を割り付ける列を入れ替えても結果が変わることはないと思います．この直交表を利用した方法は，各機能の評価を別々に行うよりも効率的な評価方法だといえます．

Q33.4　将来，このようなベンチマーク評価を公的機関が実施し，結果を公表するようになるとメーカーなどにも大きなインパクトになると思います．その際，評価方法は非公開とすべきではないでしょうか．評価方法が公開されればその条件に合うようにチューニングされることも考えられます．

A：公的機関が評価の結果を公表するのであれば，その評価方法も公表するべきだと思います．今回の場合では，評価項目は使用者のコピー機に対する要求が反映されたものとなっています．条件に合うようにチューニングされるということは，使用者のコピー機に対する要求が反映されたチューニングをするということになるので問題ないと思います．

索　　引

A–Z

あ

こ

さ

し

す

せ

そ

た

品質工学応用講座
コンピュータによる情報設計の技術開発
<シミュレーションとMTシステム>　定価：本体4,300円(税別)

2004年6月17日　第1版第1刷発行

刊行委員長　田口　玄一
編集主査　矢野　宏
発行者　坂倉　省吾
発行所　財団法人 日本規格協会
〒107-8440　東京都港区赤坂4丁目1-24
電話（編集）(03) 3583-8007
http://www.jsa.or.jp
振替　00160-2-195146

印刷所　株式会社平文社

権利者との協定により検印省略

ISBN4-542-51115-4